混凝土结构工程施工
（第3版）

主　编　徐明霞　刘广文　赵继强

副主编　王向阳　吕明谦　宫淑燕

参　编　魏文明　李见伟　胡承意

主　审　牟培超

北京理工大学出版社
BEIJING INSTITUTE OF TECHNOLOGY PRESS

内 容 提 要

本书以混凝土结构工程施工过程为主线，以建筑行业职业资格标准为依据，构建课程内容和知识体系。课程内容和知识的选取紧紧围绕工作任务完成的需要，同时融合了相关执业资格考试对知识、技能和素质的要求。本书共分为三篇，第一篇：钢筋混凝土主体结构施工，学习内容依据真实的工程施工实践活动，划分为柱、墙、梁板、楼梯四个学习项目，通过构件的形成过程来讲解任务，以项目、任务、问题的形式展现施工过程，实现"在做中学，在学中做"，融实践教学和理论教学为一体；第二篇：高层建筑施工，介绍了高层建筑施工的特点，高层建筑施工的主要垂直运输设备，高层建筑在模板、钢筋、混凝土方面的施工方法，其目的是在第一篇共性知识的基础上，侧重介绍高大建筑物的施工技术、方法及技术发展趋势，本篇最后介绍了高层建筑施工的安全；第三篇：预应力混凝土工程及装配式混凝土结构工程施工重点介绍了预应力的原理、先张法、后张法、无粘结等预应力混凝土结构施工的过程。

本书可作为高等院校土木建筑类相关专业的教材，也可供建筑工程施工技术人员参考使用。

版权专有　侵权必究

图书在版编目（CIP）数据

混凝土结构工程施工 / 徐明霞，刘广文，赵继强主编.—3版.—北京：北京理工大学出版社，2020.6

ISBN 978-7-5682-8559-9

Ⅰ.①混…　Ⅱ.①徐…　②刘…　③赵…　Ⅲ.①混凝土结构—混凝土施工—高等学校—教材　Ⅳ.①TU755

中国版本图书馆CIP数据核字（2020）第098024号

出版发行 / 北京理工大学出版社有限责任公司	
社　　址 / 北京市海淀区中关村南大街5号	
邮　　编 / 100081	
电　　话 / （010）68914775（总编室）	
（010）82562903（教材售后服务热线）	
（010）68948351（其他图书服务热线）	
网　　址 / http://www.bitpress.com.cn	
经　　销 / 全国各地新华书店	
印　　刷 / 北京紫瑞利印刷有限公司	
开　　本 / 787毫米×1092毫米　1/16	
印　　张 / 23	
插　　页 / 14	责任编辑 / 多海鹏
字　　数 / 616千字	文案编辑 / 多海鹏
版　　次 / 2020年6月第3版　2020年6月第1次印刷	责任校对 / 周瑞红
定　　价 / 75.00元	责任印制 / 边心超

图书出现印装质量问题，请拨打售后服务热线，本社负责调换

FOREWORD 第3版前言

　　随着混凝土结构工程相关规范、标准、技术规程、图集的修订更新发布，本次修订在第 2 版的基础上更新了教材的相应内容。

　　在第一篇钢筋混凝土主体结构施工项目一钢筋混凝土柱施工的任务一柱钢筋制作与安装中增加了钢筋新技术内容，主要包括高强钢筋应用技术、钢筋焊接网应用技术、建筑用成型钢筋制品加工与配送技术、钢筋机械锚固技术；在任务三柱混凝土施工中增加了混凝土新技术内容，主要有高耐久性混凝土技术、高强高性能混凝土技术、自密实混凝土技术、再生骨料混凝土技术、超高泵送混凝土技术、混凝土裂缝控制技术。

　　将原第三篇高层建筑施工调整为第二篇，加强了与第一篇的结合。将原第二篇预应力混凝土结构工程施工修改为第三篇预应力混凝土工程及装配式混凝土结构工程施工，其中装配式混凝土结构工程施工包括基本规定、施工技术及质量验收。

　　另外，根据混凝土结构工程最新规范、标准、技术规程、图集对相应文字、图片进行了修改，尤其是对钢筋施工图识读部分内容图片修改较大，并增加动画视频以加强学生对教材中难点的理解。

　　本书由徐明霞、刘广文、赵继强担任主编，王向阳、吕明谦、宫淑燕担任副主编，魏文明、李见伟、胡承意参与了本书的编写工作。全书由牟培超主审。另外，对本书编写时所参考的参考文献的作者表示感谢。

　　由于编者水平有限，加之编写时间较紧，书中不妥与错误之处在所难免，恳请读者批评指正。

编　者

第2版前言 FOREWORD

本书以混凝土结构工程施工过程为主线，以建筑行业职业资格标准为依据，构建课程内容和知识体系。课程内容和知识的选取紧紧围绕工作任务完成的需要，同时融合了相关职业资格证书对知识、技能和素质的要求。

本书共分三篇。第一篇：主体结构施工，学习内容依据真实的职业实践活动，划分为由柱、墙、梁、板、楼梯四个学习项目，通过构件的形成过程来讲解任务，以项目、任务、问题的形式展现，实现在"做中学，学中做"，融实践教学和理论教学为一体。第二篇：预应力混凝土工程施工，预应力部分重点介绍预应力的原理、先张法、后张法、无粘结等预应力混凝土结构施工的过程。第三篇：高层建筑施工，介绍了高层建筑施工的特点，高层建筑施工的主要垂直运输设备，高层建筑施工在钢筋、模板、混凝土方面的施工方法，最后介绍了高层建筑施工的安全，目的是在第一篇共性知识的基础上侧重介绍高大建筑物的施工技术、方法及技术发展趋势。

本书由徐明霞、刘广文、孙明廷担任主编，王向阳、宫淑燕、吕明谦担任副主编，参编人员有徐国宝、徐静、陈炳利。本书由牟培超审核。

由于编者水平有限，时间较紧，书中肯定存在不少缺点与错误，恳请批评指正。

编 者

本书以混凝土结构工程施工过程为主线，以建筑行业职业资格标准为依据，构建课程内容和知识体系。课程内容和知识的选取紧紧围绕工作任务完成的需要，同时融合了相关执业资格证书对知识、技能和素质的要求。

本书共分三篇。第一篇：钢筋混凝土主体结构施工，依据真实的工程施工实践活动，划分为柱、墙、梁板、楼梯四个学习项目，通过构件的形成过程来讲解任务，以项目、任务、问题的形式展现施工过程，实现"在做中学，在学中做"，融实践教学和理论教学为一体。第二篇：预应力混凝土工程施工，重点介绍预应力的原理，先张法、后张法、无粘结等预应力混凝土结构施工的过程。第三篇：高层建筑施工，介绍了高层建筑施工的特点，高层建筑施工的主要垂直运输设备，高层建筑施工在模板、钢筋、混凝土方面的施工方法，目的是在第一篇共性知识的基础上侧重介绍高层建筑物的施工技术、方法及技术发展趋势。本篇最后介绍了高层建筑施工的安全。

由于编者水平有限，书中不妥与错误之处恳请读者批评指正。

编　者

CONTENTS 目录

绪论·············· **1**

一、混凝土结构工程施工的发展概况········· 1

二、混凝土结构工程施工课程的研究

对象和任务············· 1

三、本课程的特点和学习要求············· 1

第一篇　钢筋混凝土主体结构施工

项目一　钢筋混凝土柱施工············· **3**

任务一　柱钢筋制作与安装············· **3**

一、钢筋的基本知识············· 4

二、钢筋新技术············· 33

三、框架柱钢筋制作与安装············· 38

任务二　柱模板安装············· **53**

一、模板的基本知识············· 54

二、模板的选材············· 55

三、模板的设计············· 62

四、模板的配制············· 66

五、模板的安装、拆除、质量验收及

安全管理············· 67

六、柱模板施工············· 73

任务三　柱混凝土施工············· **82**

一、混凝土基本知识············· 82

二、混凝土雨期施工及冬期施工············· 102

三、结构实体检验············· 111

四、混凝土新技术············· 113

五、柱混凝土施工············· 121

项目二　钢筋混凝土墙施工············· **125**

任务一　墙的钢筋制作安装············· **125**

一、剪力墙平法施工图的制图规则············· 126

二、墙体钢筋的排布规则············· 127

三、墙体钢筋的配料············· 142

四、墙体钢筋的绑扎与安装············· 142

五、钢筋安装质量检查与验收············· 143

任务二　墙体模板安装············· **143**

一、墙体模板构造············· 144

二、墙体模板的选材············· 144

三、墙体模板设计与配制············· 151

四、墙体模板的安装、拆除、质量

验收及安全管理············· 152

任务三　墙体混凝土浇筑············· **155**

项目三　钢筋混凝土梁、板施工······ **157**

任务一　梁、板模板安装············· **157**

一、梁、板模板的构造············· 157

CONTENTS

二、梁、板模板的选材·············· 158

三、梁、板模板的安装、拆除、质量

验收与安全管理·············· 159

任务二　梁、板钢筋制作与安装········ 169

一、框架梁、板平法施工图制图规则······· 169

二、梁、板钢筋的排布规则·········· 175

三、梁、板钢筋配料·············· 189

四、梁、板钢筋加工与安装········· 189

任务三　梁、板混凝土浇筑施工········ 194

一、混凝土浇筑与振捣施工要点······· 195

二、现浇混凝土框架结构浇筑········· 195

项目四　钢筋混凝土楼梯施工········ **197**

任务一　钢筋混凝土楼梯模板制作与

安装···················· 197

一、楼梯的类型及组成·········· 197

二、楼梯模板的构造············· 201

三、楼梯模板施工·············· 203

任务二　钢筋混凝土楼梯钢筋制作与

安装···················· 204

一、现浇混凝土楼梯结构施工图

制图规则················· 204

二、现浇混凝土板式楼梯钢筋的

排布规则················· 205

三、楼梯钢筋绑扎与安装········· 211

任务三　钢筋混凝土楼梯混凝土的浇筑··· 212

第二篇　高层建筑施工

项目五　高层建筑及其施工特点······· **213**

任务一　认识高层建筑············ 213

任务二　认识高层建筑的施工特点······ 215

一、高层建筑的主要特点·········· 215

二、高层建筑结构的主要特点········ 215

三、高层建筑设备和电气的主要特点······ 216

四、高层建筑的施工特点·········· 216

五、高层建筑综合问题··········· 216

项目六　高层建筑垂直运输·········· **218**

任务一　选择合适的塔式起重机········ 218

一、垂直运输设施的常见类型········ 218

二、垂直运输设施的设置要求········ 223

三、高层施工塔式起重机的选择······· 224

任务二　选择合适的施工升降机········ 228

一、施工升降机的分类、性能和架设

高度···················· 228

二、施工升降机的安全装置········· 233

三、施工升降机的使用注意事项······· 235

任务三　选择混凝土泵············ 236

一、认识混凝土泵·············· 236

二、混凝土泵的选型············· 236

三、混凝土泵的设置要求·········· 238

CONTENTS

项目七 高层建筑模板·············· **239**

任务一 大模板施工·············· **239**

一、大模板施工流水段的划分与设计····· 239

二、大模板安装与拆除···· 240

三、大模板施工安全要求···· 241

任务二 爬升模板施工·············· **242**

一、认识爬升模板·············· 242

二、导轨式液压爬升模板···· 243

任务三 滑升模板施工·············· **246**

一、滑模装置的组成·············· 248

二、滑模施工工程的设计···· 252

三、一般滑模施工·············· 252

项目八 高层建筑钢筋工程·············· **259**

任务一 高层建筑基础的钢筋施工····· **259**

一、梁板式箱形基础、筏形基础钢筋

构造·············· 259

二、筏形基础、箱形基础的钢筋下料····· 260

三、筏形基础、箱形基础的钢筋施工

工艺·············· 260

任务二 柱、墙钢筋施工·············· **261**

一、柱钢筋施工·············· 262

二、墙钢筋施工·············· 263

任务三 梁、板钢筋施工·············· **264**

一、梁钢筋施工·············· 264

二、板钢筋施工·············· 265

任务四 型钢混凝土中的钢筋施工····· **266**

项目九 高层建筑混凝土工程·········· **268**

任务一 基础大体积混凝土施工·········· **268**

一、基础大体积混凝土施工的内容及要求··· 268

二、基础大体积混凝土的原材料、配合比、制

备及运输·············· 269

三、基础大体积混凝土的施工·············· 271

任务二 混凝土的泵送·············· **273**

一、泵送混凝土原材料和配合比·············· 273

二、泵送混凝土供应·············· 274

三、混凝土泵送管道的选择与布置·········· 275

四、混凝土的泵送·············· 276

任务三 混凝土的浇筑·············· **278**

一、泵送混凝土的浇筑·············· 278

二、确保节点核心区的混凝土强度·········· 279

任务四 混凝土的养护·············· **279**

一、混凝土养护的要求·············· 280

二、温控施工的现场监测与试验·········· 280

三、泵送混凝土质量控制················· 281

项目十 高层建筑施工的安全········· **282**

一、危险源的辨识与评价·············· 282

二、安全防护措施·············· 284

CONTENTS

三、消防管理措施·············· 287

四、环保管理措施·············· 288

第三篇　预应力混凝土工程及装配式混凝土结构工程施工

项目十一　预应力混凝土工程施工··· 289

任务一　预应力混凝土结构的基本知识·············· 289

一、预应力混凝土的应用············· 289

二、预应力混凝土的基本原理及分类··· 290

三、预应力混凝土材料·············· 291

四、夹具、锚具与连接器············ 292

五、张拉设备·················· 295

任务二　预应力混凝土结构施工········ 297

一、先张法预应力混凝土结构施工········ 298

二、后张法预应力混凝土结构施工········ 301

三、无粘结预应力混凝土结构施工········ 305

四、预应力混凝土结构质量验收·········· 311

五、安全措施·················· 315

项目十二　装配式混凝土结构施工··· 316

一、装配式混凝土结构工程施工基本规定·············· 317

二、装配式混凝土结构工程施工········ 317

三、装配式结构质量验收·············· 327

附录·················· 332

附录一　质量验收表·············· 332

附录二　材料强度·············· 348

附录三　钢筋锚固长度及搭接长度······ 350

附录四　二跨、三跨等截面连续梁的内力及变形表·············· 353

附录五　混凝土结构的环境类别········· 356

参考文献·················· 357

绪　　论

一、混凝土结构工程施工的发展概况

混凝土结构最初应用于土木工程，距今仅 150 多年。与砖石结构、钢木结构相比，混凝土结构的历史并不长，但其发展非常迅速，目前已成为土木工程结构中应用最为广泛的结构，而且高性能混凝土和新型混凝土的结构形式还在不断发展。混凝土结构工程施工的发展大致经历了三个阶段：第一阶段，从钢筋混凝土的发明至 20 世纪初。此阶段的特点是钢筋和混凝土的强度都比较低，主要用于建造中小型楼板、梁、柱、拱和基础等构件。第二阶段，从 20 世纪 20 年代到第二次世界大战前后。在这一阶段中，混凝土和钢筋强度不断提高。1928 年法国杰出的土木工程师 E. Freyssnet 发明了预应力混凝土，使得混凝土结构可以用来建造大跨度建筑物。第三阶段，第二次世界大战之后至现在。因建设速度加快，对材料性能和施工技术提出了更高的要求，出现了装配式钢筋混凝土结构、泵送商品混凝土等工业化生产技术。高强度混凝土和高强度钢筋的发展、计算机的采用和先进施工机械设备的发明，以及以此为手段建造的一大批超高层建筑、大跨度桥梁、特长跨海隧道、高耸结构等大型工程，成为现代土木工程的标志。1824 年，英国人阿斯普丁(J. Aspdin)发明了硅酸盐水泥。1849 年，法国人朗波(L. Lambot)制造了第一条钢筋混凝土小船。1872 年，纽约建造第一所钢筋混凝土房屋。

二、混凝土结构工程施工课程的研究对象和任务

混凝土结构工程施工是建筑工程及相关专业的专业核心课程之一，是从事建筑工程相关工作(如施工管理、造价、监理等)必须掌握的基本知识。混凝土结构工程施工在建筑施工中占有重要的地位，对整个工程施工的工期、成本、质量都有极大的影响。

1. 混凝土结构工程施工的研究对象

钢筋混凝土结构工程施工是研究钢筋混凝土结构的施工工艺、技术和方法的学科，它包括柱、墙、梁板、楼梯各构件的施工工艺、施工技术、施工方法，即依据施工对象的特点、规模和实际情况，采用合适的施工工艺、技术和方法，完成符合设计要求的工程。

2. 混凝土结构工程施工的研究任务

2019 年国内已经出现了由于混凝土强度不足而拆除建筑的事故，这种现象的出现，使得"混凝土结构工程施工"这门课程的意义更加重大。混凝土结构工程在建筑施工中占有重要的地位，它对整个工程施工的工期、成本、质量都有极大的影响。混凝土结构工程由钢筋工程、模板工程和混凝土工程三部分组成，施工中三者之间紧密配合，才能确保工程质量和工期。

为了保证工程质量及施工安全，需要了解我国的建设方针、政策、规范及国外新技术的发展动态；制定施工组织设计或施工方案，按照施工组织设计要求组织科学的施工，探索建筑施工的一般规律。

三、本课程的特点和学习要求

(1)"混凝土结构工程施工"是一门综合性、实践性很强的专业核心课程，要学好本课程，必

须先掌握建筑材料、建筑力学、房屋建筑学、建筑工程测量、建筑结构、建筑构造、建筑机械、建筑施工技术等基础课程的知识。

(2)学习和掌握建筑工程施工验收相关标准与规范。如《混凝土结构工程施工质量验收规范》(GB 50204—2015)、《混凝土结构工程施工规范》(GB 5066—2011)等标准规范。

(3)本课程涉及的理论知识面广、实践性强，而且相关技术发展迅速。学习中应坚持做到各部分融会贯通，坚持循序渐进、理论联系实际。另外，可有意识地就近选择一些典型的施工工地，结合教材中的内容，多参观，多学习，增强建筑施工的感性认识和现场知识。

第一篇 钢筋混凝土主体结构施工

项目一 钢筋混凝土柱施工

知识目标

◆了解钢筋的种类、规格、性能；掌握钢筋下料长度的计算方法及钢筋的制作、加工施工要点。掌握钢筋机械连接、焊接、绑扎安装施工要点；熟悉框架柱施工图的制图规则及柱钢筋的排布规则与质量检查要点。

◆了解各种模板特点；掌握柱模板设计计算及施工要点。

◆掌握混凝土搅拌、运输要求和运输方式及设备选择要点；熟练掌握柱混凝土浇筑、振捣及养护的施工要点；熟悉混凝土冬、雨期的施工要点及混凝土结构实体检测的相关规定。

柱钢筋箍筋摆放，连接，支模，浇筑

能力目标

◆能进行框架柱结构施工图的识读、柱钢筋的下料计算；能编写钢筋加工与制作的技术交底；能进行钢筋的质量检查。若施工中出现质量问题，能对其进行简单的分析与处理。

◆能够根据柱的特点选用模板并能进行模板设计；能够编写技术交底、做质量检测并记录。若施工中出现质量问题，能对其进行简单的分析与处理。

◆能够编写混凝土施工技术交底，若施工中出现质量问题，能对其进行简单的分析与处理。

任务一 柱钢筋制作与安装

引导问题

1. 钢筋混凝土柱是如何形成的？柱子的施工顺序是怎样安排的？

2. 钢筋的种类有哪些？连接方式有哪些？

3. 柱钢筋有哪些构造要求？其是如何加工而成的？

工作任务

某单层厂房(见附图一)，设计合理使用年限为50年，安全等级为二级，环境类别为一类，二级抗震。其中框架柱KZ3，截面尺寸为550 mm×550 mm，混凝土强度等级为C30，$f_t=1.43$ MPa。框架柱中纵筋应采用机械连接方式，梁、柱钢筋最外层钢筋的混凝土保护层厚度为35 mm，柱配筋如图1-1及表1-1所示，KZ3净高为10.65 m，顶层梁截面尺寸为300 mm×650 mm，楼板板厚为110 mm。独立基础配直径

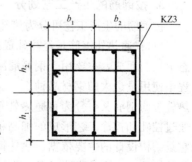

图1-1 框架柱KZ3配筋示意图

为 16 mm 的双向钢筋网片基础高度为 700 mm，混凝土强度等级为 C30，底板保护层厚度为 40 mm。

任务要求：1. 填写钢筋原材料检验批质量验收记录表。

2. 完成施工图纸中 KZ3 的配料计算。

3. 填写钢筋加工检验批质量验收记录表。

4. 在本工程中柱子采用电渣压力焊，请编写钢筋电渣压力焊施工技术交底。

5. 填写钢筋安装工程检验批质量验收记录表，以及钢筋电渣压力焊接头和钢筋安装工程检验批质量验收记录表。

表 1-1　柱配筋一览表

mm

柱号	标高	$b \times h$	b_1	b_2	h_1	h_2	主筋总数	角筋	b 边一侧中部钢筋	h 边一侧中部钢筋	箍筋类型	箍筋
KZ1	基础顶～10.000	550×550	275	275	275	275	16⊕25	4⊕25	3⊕25	3⊕25	4×4	⊕10@100
KZ2	基础顶～4.750	550×550	275	275	275	275	20⊕22	4⊕22	4⊕22	4⊕22	4×4	⊕10@100/200
KZ2	4.750～10.000	550×550	275	275	275	275	16⊕22	4⊕22	3⊕22	3⊕22	4×4	⊕10@100/200
KZ3	基础顶～10.000	550×550	275	275	275	275	16⊕22	4⊕22	3⊕22	3⊕22	4×4	⊕10@100/200

知识链接

一、钢筋的基本知识

(一)钢筋的分类

1. 按钢筋在构件中的作用划分

按钢筋在构件中的作用可分为受力钢筋、构造钢筋。受力钢筋是指在外荷载作用下，通过计算得出的构件所需配置的钢筋，包括受压钢筋、受拉钢筋、弯起钢筋等；构造钢筋是指因构件的构造要求和施工需要而配置的钢筋，包括架立筋、分布筋、箍筋及拉筋等。

2. 按钢筋的外形划分

按钢筋的外形可分为光圆钢筋、带肋钢筋、钢丝、钢绞线。光圆钢筋是指表面光滑而截面为圆形的钢筋；带肋钢筋是指在钢筋表面轧制一定纹路的钢筋，有人字形、月牙形、螺旋形；肋起增加摩阻力及增加混凝土的握裹力的作用；钢丝是指直径在 5 mm 以下的钢筋；钢绞线是由多根钢丝绞合构成的钢铁制品，碳钢表面可以根据需要增加镀锌层、锌铝合金层、包铝层(aluminum clad)、镀铜层和涂环氧树脂(epoxy coated)等。

3. 按钢筋的生产工艺划分

按钢筋的生产工艺可分为热轧钢筋和冷加工钢筋。

(1)普通热轧钢筋是经热轧成型并自然冷却的成品钢筋，由低碳钢和普通合金钢在高温状态下压制而成，主要用于钢筋混凝土的钢筋和预应力混凝土结构中的非预应力筋，是建筑工程中使用量最大的钢材品种之一。普通热轧钢筋可分为热轧光圆钢筋和热轧带肋钢筋两种。热轧带肋钢筋又可分为普通热轧钢筋和细晶粒热轧钢筋。细晶粒热轧钢筋是在热轧过程中，通过控轧和控冷工艺形成的细晶粒钢筋。热轧钢筋应具备一定的强度，即屈服点和抗拉强度，它是结构设计的主要依据。热轧钢筋出厂产品有圆盘钢筋和直条钢筋之分，直径在 12 mm 以下的钢筋，大多数卷成盘条；直径在 12 mm 以上的一般是 6～12 m 长的直条。常用钢筋牌号、符号及含义见表 1-2。

表 1-2　常用钢筋牌号、符号及含义

产品名称	牌号	牌号构成	英文字母含义
热轧光圆钢筋	HPB300	HPB+屈服强度特征值构成	HPB——热轧光圆钢筋(Hot rolled Plain Bars)的英文缩写
普通热轧钢筋	HRB400	HRB+屈服强度特征值构成	HRB——热轧带肋钢筋的英文(Hot rolled Ribbed Bars)缩写。 E——"地震"的英文(Earthquake)首位字母
	HRB500		
	HRB600		
	HRB400E	HRB+屈服强度特征值+E构成	
	HRB500E		
细晶粒热轧钢筋	HRBF400	HRBF+屈服强度特征值构成	HRBF——在热轧带肋钢筋的英文缩写后加"细"的英文(Fine)首位字母。 E——"地震"的英文(Earthquake)首位字母
	HRBF500		
	HRBF400E	HRBF+屈服强度特征值+E构成	
	HRBF500E		

(2)冷加工钢筋包括冷轧带肋钢筋、冷轧扭钢筋、冷拔螺旋钢筋、冷拉钢筋等。

1)冷轧带肋钢筋是热轧圆盘条经冷轧或冷拔减径后在其表面冷轧成三面或两面有肋的钢筋。冷轧带肋钢筋应符合国家标准《冷轧带肋钢筋》(GB/T 13788—2017)的规定。冷轧带肋牌号由 CRB 和抗拉强度最小值构成,有 CRB550、CRB650、CRB800、CRB600H、CRB680H、CRB800H 六种牌号。其中,CRB550、CRB600H 级钢筋为普通钢筋混凝土用钢筋;CRB650、CRB800、CRB800H 为预应力混凝土用钢筋;CRB680H 既可作为普通钢筋混凝土用钢筋,也可作为预应力混凝土用钢筋使用。

2)冷轧扭钢筋是用低碳钢钢筋(含碳量低于 0.25%)经冷轧扭工艺制成,其表面呈连续螺旋形(图 1-2)。这种钢筋具有较高的强度,而且有足够的塑性,与混凝土粘结性能优异,代替 HPB300 级钢筋可节约钢材约 30%。一般用于预制钢筋混凝土圆孔板、叠合板中的预制薄板,以及现浇钢筋混凝土楼板等。

3)冷拔螺旋钢筋是热轧圆盘条经冷拔后在表面形成连续螺旋槽的钢筋,冷拔螺旋钢筋的外形如图 1-3 所示。该钢筋具有强度适中、握裹力强、塑性好、成本低等优点。可用于钢筋混凝土构件中的受力钢筋,以节约钢材;用于预应力空心板可提高延性,改善构件使用性能。

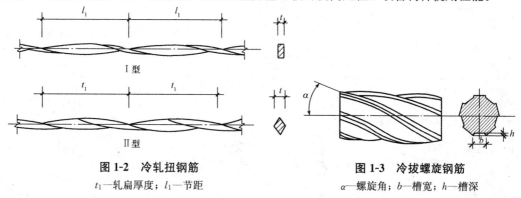

图 1-2　冷轧扭钢筋
t_1—轧扁厚度;l_1—节距

图 1-3　冷拔螺旋钢筋
α—螺旋角;b—槽宽;h—槽深

4)冷拉钢筋是在常温条件下,以超过原来钢筋屈服点强度的拉应力,强行拉伸钢筋,使钢筋产生塑性变形以达到提高钢筋屈服点强度和节约钢材为目的,同时使其硬度变大,韧性变差。

(二)钢筋的性能

在建筑工程中，钢筋性能主要包括力学性能、工艺性能、锚固性能。其中，工艺性能中又包括冷弯性能及焊接性能。

1. 钢筋的力学性能

钢筋的力学性能，可通过钢筋拉伸过程中的应力-应变图加以说明。热轧钢筋具有软钢性质，有明显的屈服点，其应力-应变图如图1-4所示。从图中可以看出，钢筋从开始受力到断裂主要经过了弹性阶段（Oa 段）、屈服阶段（ac 段）、强化阶段（cd 段）、颈缩阶段（de 段）四个阶段。对应于 a 点的应力值称为比例极限；屈服阶段最低点 c 点称为屈服点；屈服点对应的应力值称为屈服强度，在钢筋混凝土结构设计中所用的钢筋标准强度就是以钢筋屈服点为取值依据的；对应于 d 点的应力值称为抗拉强度（强度极限），抗拉强度表示钢筋抵抗拉力破坏作用的最大能力。热轧钢筋的力学性能见表1-3。

钢筋从开始受力至拉断其长度是不断伸长的过程。钢筋从开始受拉至断裂，被拉长的那部分长度与原长度的百分比称为伸长率（延伸率），一般用"δ"表示，它是一个衡量钢筋塑性的指标，它的数值越大，表示钢筋的塑性越好。

冷轧带肋钢筋无明显屈服现象，其应力-应变图（图1-5）呈硬钢性质，无明显屈服点。一般将对应于塑性应变为 0.2% 时的应力定为屈服强度，并以 $\sigma_{0.2}$ 表示。

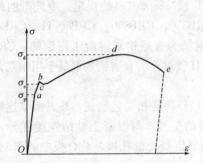

图1-4 热轧钢筋的应力-应变图

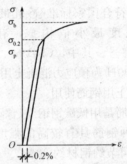

图1-5 冷轧带肋钢筋的应力-应变图

表1-3 热轧钢筋的力学性能

牌号	下屈服强度/MPa	抗拉强度/MPa	断后伸长率/%	最大力总延伸率/%	冷弯试验180° d—弯芯直径；a—钢筋公称直径
	不小于				
HPB300	300	420	25	10	$d=a$
HRB400 HRBF400	400	540	16	7.5	
HRB400E HRBF400E			—	9	
HRB500 HRBF500	500	630	15	7.5	
HRB500E HRBF500E			—	9	
HRB600	600	730	14	7.5	

2. 钢筋的工艺性能

（1）冷弯性能。冷弯性能是将钢筋试样在规定直径的弯心上弯到 90°或 180°，然后检查试样有无裂缝、鳞落、断裂等现象。钢筋的冷弯性能是考核钢筋塑性的指标，也是钢筋加工所需要的。钢筋弯折、做弯钩时应避免钢筋裂缝和折断。低强度的热轧钢筋冷弯性能较好，强度较高的冷弯性能稍差，冷加工钢筋的冷弯性能最差。

（2）焊接性能。钢材的可焊性是指被焊钢材在采用一定焊接材料、焊接工艺条件下，获得优质焊接接头的难易程度，也就是钢材对焊接加工的适应性。其包括以下两个方面：

1）工艺焊接性，也就是接合性能，是指在一定焊接工艺条件下焊接接头中出现各种裂纹及其他工艺缺陷的敏感性和可能性。这种敏感性和可能性越大，则其工艺焊接性越差。

2）使用焊接性，是指在一定焊接条件下焊接接头对使用要求的适应性，以及影响使用可靠性的程度。这种适应性和使用可靠性越大，则其使用焊接性越好。

3. 钢筋的锚固性能

在钢筋混凝土结构中，两种性能不同的材料能够共同受力是由于它们之间存在着粘结锚固作用，这种作用使接触界面处的钢筋与混凝土之间能够实现应力传递，从而在钢筋与混凝土中建立起结构承载所必需的工作应力。

钢筋在混凝土中的粘结锚固作用有：胶结力，即接触面上的化学吸附作用，但其影响不大；摩阻力，它与接触面的粗糙程度及侧压力有关，且随滑移发展其作用逐渐减小；咬合力，这是带肋钢筋对肋前混凝土挤压而产生的，为带肋钢筋锚固力的主要来源；机械锚固力，是指弯钩、弯折及附加锚固等措施（如焊锚板、贴焊钢筋等）提供的锚固作用。

钢筋与混凝土之间要有足够的锚固长度，否则钢筋所受的力就不能有效传递给锚固体，锚固长度是为保证钢筋传力效果而设定的。钢筋的锚固长度一般指梁、板、柱等构件的受力钢筋伸入支座或基础中的总长度，包括直线及弯折部分。

钢筋基本锚固长度取决于钢筋强度及混凝土抗拉强度，并与钢筋的外形有关。若计算中充分利用钢筋的抗拉强度，则受拉钢筋的锚固应符合下列要求：

（1）基本锚固长度应按下列公式计算：

普通钢筋 $$l_{ab} = \alpha \frac{f_y}{f_t} d$$

式中　α——锚固钢筋的外形系数，按表 1-4 取用；

　　　l_{ab}——受拉钢筋的基本锚固长度；

　　　f_y——普通钢筋的屈服强度设计值，可按附录二取值；

　　　f_t——混凝土轴心抗拉强度设计值，可按附录二取值；当混凝土强度等级高于 C60 时，按 C60 取值；

　　　d——锚固钢筋的直径。

表 1-4　锚固钢筋的外形系数

钢筋的类型	光圆钢筋	带肋钢筋	螺旋肋钢丝	三股钢绞线	七股钢绞线
α	0.16	0.14	0.13	0.16	0.17
注：光圆钢筋末端应做 180°弯钩，弯后平直段的长度不应小于 $3d$，但作为受压筋时可不做弯钩。						

（2）受拉钢筋的锚固长度应根据具体锚固条件按下列公式计算，且不应小于 200 mm：

$$l_a = \xi_a l_{ab}$$

式中　l_a——受拉钢筋的锚固长度；

　　　ξ_a——锚固长度修正系数，当修正系数多于一项时，可按连乘计算，但不应小于 0.6。

式中其他符号意义同前。

纵向受拉普通钢筋的锚固长度修正系数 ξ_a 应根据钢筋的锚固条件按下列规定取用：

1)当带肋钢筋的公称直径大于 25 mm 时取 1.10；

2)环氧树脂涂层带肋钢筋取 1.25；

3)在施工过程中易受扰动的钢筋取 1.10；

4)当纵向受力钢筋的实际配筋面积大于其设计计算面积时，修正系数取设计计算面积与实际配筋面积的比值，但对有抗震设防要求及直接承受动力荷载的结构构件，不应考虑此项修正；

5)锚固区保护层厚度为 3d 时修正系数可取 0.80，保护层厚度为 5d 时修正系数可取 0.70，中间按内插取值，此处 d 为锚固钢筋的直径。

(3)当纵向受拉普通钢筋末端采用钢筋弯钩或机械锚固措施时，包括弯钩或锚固端头在内的锚固长度（投影长度）可取为基本锚固长度 l_{ab} 的 0.6 倍。钢筋弯钩和机械锚固的形式和技术要求应符合表 1-5 及图 1-6 的规定。

表 1-5 钢筋弯钩和机械锚固的形式和技术要求

锚固形式	技术要求
90°弯钩	末端 90°弯钩，弯钩内径 4d，弯后直线段的长度 12d
135°弯钩	末端 135°弯钩，弯钩内径 4d，弯后直线段的长度 5d
一侧贴焊锚筋	末端一侧贴焊长 5d 同直径钢筋
两侧贴焊锚筋	末端两侧贴焊长 3d 同直径钢筋
焊墙锚板	末端与厚度 d 的锚板穿孔塞焊
螺栓锚头	末端旋入螺栓锚头

注：1. 锚板或锚头的承压净面积应不小于锚固钢筋计算截面面积的 4 倍；

2. 螺栓锚头产品的规格、尺寸应满足螺纹连接的要求，并应符合相关标准的要求；

3. 当螺栓锚头和焊接锚板的间距不大于 3d 时，宜考虑群锚效应对锚固的不利影响；

4. 截面角部的弯钩和一侧贴焊锚筋的布筋方向宜向内偏置。

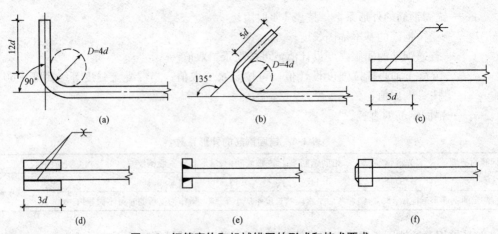

图 1-6 钢筋弯钩和机械锚固的形式和技术要求

(a)90°弯钩；(b)135°弯钩；(c)一侧贴焊锚筋；

(d)两侧贴焊锚筋；(e)穿孔塞焊锚板；(f)螺栓锚头

(4)混凝土结构中的纵向受压钢筋,当计算中充分利用钢筋的抗压强度时,受压钢筋的锚固长度不应小于相应受拉锚固长度的0.7倍。受压钢筋不应采用末端弯钩和一侧贴焊锚筋的锚固措施。受压钢筋锚固长度范围内的横向构造钢筋应符合相关规定的要求。

(5)承受动力荷载的预制构件,应将纵向受力普通钢筋末端焊接在钢板或角钢上,钢板或角钢应可靠地锚固在混凝土中。钢板或角钢的尺寸应按计算确定;其厚度不宜小于10 mm。其他构件中的受力普通钢筋的末端也可通过焊接钢板或型钢实现锚固。

(6)当锚固钢筋保护层厚度不大于5d时,锚固长度范围内应配置横向构造钢筋,其直径不应小于$d/4$;对梁、柱等杆状构件间距不应大于5d;对板、墙等平面构件间距不大于10d,且均不应小于100 mm,此处d为锚固钢筋的直径。

(7)有抗震要求的混凝土结构构件的纵向受力筋的锚固和连接还应符合下列要求:

$$l_{aE} = \xi_{aE} l_a$$

式中　ξ_{aE}——纵向受拉钢筋抗震锚固长度修正系数,对一、二级抗震等级取1.15,对三级抗震等级取1.05,对四级抗震等级取1.00;

　　　l_a——纵向受拉钢筋的锚固长度。

为了方便使用,受拉钢筋锚固长度也可以按附录三确定。

(三)钢筋进场验收存放

《混凝土结构工程施工质量验收规范》(GB 50204—2015)规定,将各分项工程验收项目分为主控项目与一般项目。主控项目是指关键项目,对质量、安全、节能、环境保护、主要使用功能等起决定作用的检验项目,是硬性的规定,主控项目经抽样检验全部合格;一般项目是指次关键项目,影响表面质量、观感等项目,一般项目的质量经抽样检验合格,当采用计数检验时除有专门要求外,一般项目的合格点率应达到80%及以上,且不得有严重缺陷。

钢筋的质量合格与否,直接影响结构的使用安全,故应重视钢筋进厂验收和质量检查工作。

1. 进场验收要求

主控项目:

(1)钢筋进场时,应按国家现行相关标准的规定抽取试件作屈服强度、抗拉强度、伸长率、弯曲性能和重量偏差检验,检验结果必须符合相关标准的规定。

检查数量:按进场批次和产品的抽样检验方案确定。

检验方法:检查质量证明文件和抽样检验报告。

(2)成型钢筋进场时,应抽取试件作屈服强度、抗拉强度、伸长率和重量偏差检验,检验结果必须符合国家现行有关标准的规定。

检查数量:同一工程、同一类型、同一原材料来源、同一组生产设备生产的成型钢筋,检验批量不应大于30 t。

检验方法:检查质量证明文件和抽样检验报告。

(3)对按一、二、三级抗震等级设计的框架和斜撑构件(含梯段)中的纵向受力普通钢筋应采用 HRB335E、HRB400E、HRB500E、HRBF335E、HRBF400E 或 HRBF500E 钢筋,其强度和最大力下总伸长率的实测值应符合下列规定:

1)抗拉强度实测值与屈服强度实测值的比值不应小于1.25;

2)屈服强度实测值与屈服强度标准值的比值不应大于1.30;

3)最大力下总伸长率不应小于9%。

检查数量:按进场的批次和产品的抽样检验方案确定。

检验方法:检查抽样检验报告。

一般项目：

(1)钢筋应平直、无损伤，表面不得有裂纹、油污、颗粒状或片状老锈。

检查数量：全数检查。

检验方法：观察。

(2)成型钢筋的外观质量和尺寸偏差应符合国家现行相关标准规定。

检查数量：同一厂家、同一类型的成型钢筋，不超过30 t为一批，每批随机抽取3个成型钢筋试件。

检验方法：观察、尺量。

(3)钢筋机械连接套筒、钢筋锚固板以及预埋件等的外观质量应符合国家现行相关标准的规定。

检查数量：按国家现行相关标准的规定确定。

检查方法：检查产品质量证明文件；观察、尺量。

2. 外观检查

从每批钢筋中抽取5%进行外观检查。钢筋表面不得有裂纹、结疤和折叠。钢筋表面允许有凸块，但不得超过横肋的高度，钢筋表面上其他缺陷的深度和高度不得大于所在部位尺寸的允许偏差。钢筋可按实际重量或公称重量交货。当钢筋按实际重量交货时，应随机抽取10根(6 m长)钢筋称重，如重量偏差大于允许偏差，则应与生产厂家交涉，以免损害用户利益。

3. 堆放要求

运入施工现场的钢筋，必须严格按批分等级、牌号、直径、长度挂牌存放，并注明数量，不得混淆。钢筋应尽量堆入仓库或料棚内。当条件不具备时，应选择地势较高、土质坚实、平坦的露天场地存放。在仓库或场地周围挖排水沟，以利于泄水。堆放时钢筋下面要加垫木，距离地面不宜少于200 mm，以防止钢筋锈蚀和污染。

钢筋成品要分工程名称和构件名称，按号码顺序存放。同一项工程与同一构件的钢筋要存放在一起，按号挂牌排列，牌上注明构件名称、部位、钢筋类型、尺寸、钢号、直径、根数，不能将几项工程的钢筋混放在一起。同时不要和产生有害气体的车间靠近，以免污染和腐蚀钢筋。

(四)钢筋的下料计算

1. 纵向钢筋下料计算的基本原理和方法

(1)计算原理。钢筋配料就是根据施工图中构件的设计配筋，先计算出每个编号的钢筋应截取的直线总长度及弯折加工后各段尺寸，然后编制钢筋配料单，依据钢筋配料单进行剪切弯折等加工。其中钢筋下料长度的计算是关键。

一般设计图中注明的钢筋尺寸是其外轮廓尺寸(从外皮到外皮量取)，称为钢筋的外包尺寸或量度尺寸，如图1-7所示，钢筋加工完毕后，也按该尺寸检查验收。钢筋弯曲后的特点是在弯曲处内皮被压缩，外皮被拉长，而中心长度加工前后不变，此长度值即为在直段钢筋上应截取的长度，即下料长度。下料长度计算的基本原理是把弯折加工后的中心长度(各直线段中心长度和各弧线段中心长度之和)计算出来，在中间弯折处钢筋的外包尺寸大于中心长度，两者之差称为弯曲调整值；在末端有

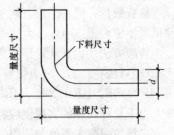

图1-7 钢筋弯曲时的量度方法

弯钩时，钢筋的外包尺寸小于中心长度，两者之差称为末端弯钩增加长度。则下料长度的计算公式如下：

$$钢筋下料长度＝外包尺寸之和－弯曲调整值＋末端弯钩加长值$$

对于几种常见的不同形式的钢筋，其下料长度可按下式计算：

$$直钢筋下料长度＝构件长度－保护层厚度＋弯钩增加长度$$

$$弯起钢筋下料长度＝直段长度＋斜段长度－弯曲调整值＋弯钩增加长度$$

上述钢筋需要搭接的话，还应增加钢筋搭接长度。

（2）弯曲调整值。当设计要求钢筋末端需作135°弯钩时，HRB335级、HRB400级钢筋的弯弧内直径不应小于钢筋直径的4倍，弯钩的弯后平直部分长度应符合设计要求；钢筋作不大于90°的弯折时，弯折处的弯弧内直径不应小于钢筋直径的5倍。根据理论推算并结合实践经验，计算结果详见表1-6。

表1-6　钢筋弯曲调整值

钢筋弯曲角度	30°	45°	60°	90°	135°
光圆钢筋弯曲调整值	$0.3d$	$0.54d$	$0.9d$	$1.75d$	$0.38d$
热轧带肋钢筋弯曲调整值	$0.3d$	$0.54d$	$0.9d$	$2.08d$	$0.11d$

注：d 为钢筋直径。

（3）弯钩增加长度。光圆钢筋末端应作180°弯钩，其弯弧内直径不应小于钢筋直径的2.5倍，弯钩的弯后平直部分长度不应小于钢筋直径的3倍。

钢筋的弯钩形式有半圆弯钩、直弯钩及斜弯钩三种，如图1-8所示。在图示情况下（弯弧内直径为$2.5d$、平直部分为$3d$）弯钩增加长度可按如下规定取值：半圆弯钩为$6.25d$；直弯钩为$3.5d$；斜弯钩为$4.9d$。

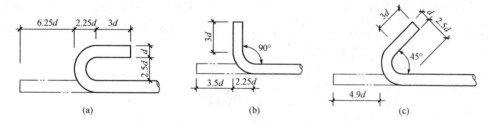

图1-8　钢筋弯钩计算简图

（a）半圆弯钩；（b）直弯钩；（c）斜弯钩

在生产实践中，由于实际弯心直径与理论弯心直径有时不一致、钢筋粗细和机具条件不同等而影响平直部分的长短（手工弯钩时平直部分可适当加长，机械弯钩时可适当缩短），因此在实际配料计算时，对弯钩增加长度常根据具体条件，采用经验数据，见表1-7。

表1-7　半圆弯钩增加长度参考表（用机械弯钩）

钢筋直径/mm	≤6	8～10	12～18	20～28	32～36
一个弯钩长度/mm	$4d$	$6d$	$5.5d$	$5d$	$4.5d$

2. 箍筋下料和箍筋调整值

箍筋下料的基本原理同前，仍可按钢筋下料长度＝外包尺寸之和－弯曲调整值＋末端弯钩加长值。

除焊接封闭环式箍筋外，箍筋的末端应作弯钩，弯钩形式应符合设计要求；当设计无具体要求时，应符合下列规定：

1）箍筋弯钩的弯弧内直径除应满足上述的规定外，还应小于受力钢筋的直径。

2)箍筋弯钩弯折角度，一般结构不应小于90°，对有抗震要求的结构应为135°。

3)箍筋弯后平直部分长度，对一般结构不宜小于箍筋直径的5倍，对有抗震要求的结构不应小于箍筋直径的10倍。

由于箍筋形式、弯折数量和角度等几项参数可事先已知，为使下料计算简单方便，对于箍筋的下料可按下式计算：

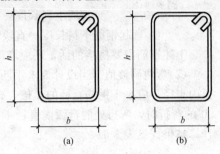

图1-9　箍筋量度方法
(a)量外包尺寸；(b)量内皮尺寸

箍筋下料长度＝箍筋周长＋箍筋调整值

箍筋调整值，即弯钩增加长度和弯曲调整值两项代数和，根据箍筋量外包尺寸或内皮尺寸确定，如图1-9与表1-8所示。

表1-8　箍筋调整值

箍筋量度方法	箍筋直径/mm			
	4～5	6	8	10～12
量外包尺寸	40	50	60	70
量内皮尺寸	80	100	120	150～170

3. 钢筋配料单与料牌

钢筋配料计算完毕后，应填写配料单，再将每一编号的钢筋制作一块料牌，作为钢筋加工的依据。钢筋料牌和配料单分别如图1-10与表1-9所示，应严格校核，必须准确无误，以免返工浪费。

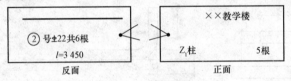

图1-10　钢筋料牌

表1-9　钢筋配料单

构件名称与编号	钢筋编号	简图	直径/mm	钢筋级别	下料长度/m	单位根数	合计根数	质量/kg
合计								

4. 钢筋代换

(1)代换原则。施工中遇有钢筋的品种或规格与设计要求不符时，可参照以下原则进行钢筋代换，当需要作变更时，应办理设计变更文件。

1)等强度代换：当构件受强度控制时，钢筋可按强度相等原则进行代换。

2)等面积代换：当构件按最小配筋率配筋时，钢筋可按面积相等原则进行代换。

当构件受裂缝宽度或挠度控制时，代换后应进行裂缝宽度或挠度验算。

(2)等强代换方法。

$$n_2 \geqslant \frac{n_1 d_1^2 f_{y1}}{d_2^2 f_{y2}}$$

式中 n_2——代换钢筋根数；

           n_1——原设计钢筋根数；

           d_2——代换钢筋直径；

           d_1——原设计钢筋直径；

           f_{y2}——代换钢筋抗拉强度设计值(见附录)；

           f_{y1}——原设计钢筋抗拉强度设计值。

(3)等面积代换方法。

$$A_{s1} \leqslant A_{s2} \quad \text{或} \quad n_2 d_2^2 \geqslant n_1 d_1^2$$

式中 A_{s1}，n_1，d_1——分别为原设计钢筋的面积、根数、直径；

           A_{s2}，n_2，d_2——分别为代换后钢筋的面积、根数、直径。

(4)代换注意事项。钢筋代换时，必须充分了解设计意图和代换材料性能，并严格遵守现行《混凝土结构设计规范(2015 年版)》(GB 50010—2015)的各项规定；凡重要结构中的钢筋代换，应征得设计单位同意。

1)对某些重构件，如吊车梁、薄腹梁、桁架下弦等，不宜用 HPB300 级光圆钢筋代替 HRB335 和 HRB400 级等带肋钢筋。

2)钢筋代换后，应满足配筋构造规定，如钢筋的最小直径、间距、根数、锚固长度等。

3)同一截面内，可同时配有不同种类和不同直径的代换钢筋，但每根钢筋的拉力差不应过大(如同品种钢筋的直径差值一般不大于 5 mm)，以免构件受力不匀。

4)梁的纵向受力钢筋与弯起钢筋应分别代换，以保证正截面与斜截面强度。

5)偏心受压构件(如框架柱、有吊车厂房柱、桁架上弦等)或偏心受拉构件作钢筋代换时，不取整个截面配筋量计算，应按受力面(受压或受拉)分别代换。

(五)钢筋加工

钢筋制作加工工艺流程如图 1-11 所示。钢筋的加工包括除锈、调直、剪切、弯曲等工作。

1. 除锈

钢筋在存放过程中，其表面常常会接触到水和空气而发生氧化反应，其结果是在钢筋表面结成一层氧化铁，即铁锈。生锈的钢筋与混凝土不能很好地粘结，从而影响了钢筋与混凝土的共同受力工作。

按钢筋的锈蚀程度，可将钢筋的锈蚀分为浮锈、陈锈、老锈三种。浮锈呈黄褐色，处于铁锈形成的初期，在混凝土中不影响钢筋与混凝土粘结，因此除焊接操作时在焊点附近需擦干净外，一般可不做处理。但是，有时为了防止锈迹污染，也可用麻袋布擦拭。陈锈呈红褐色，在钢筋表面已有铁锈粉末，影响钢筋与混凝土的粘结力时，一定要清除干净。老锈呈深褐色或黑色，钢筋表面带有颗粒状或片状的分离现象，必须清除干净后才能使用。

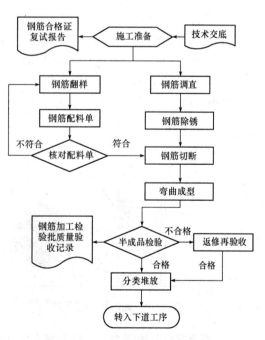

图 1-11   钢筋制作加工工艺流程

钢筋除锈的方法有多种，常用的有人工除锈、钢筋冷拉除锈、钢丝调直除锈、机械除锈、酸洗除锈等。

(1)人工除锈一般用于除浮锈、陈锈,常用钢丝刷、沙盘(图1-12)、麻袋布等除锈。

(2)钢丝调直除锈就是钢筋在调直过程中,钢筋表面的锈渣(氧化膜)被自动去除。

(3)机械除锈可用电动除锈机除锈(图1-13)及喷砂除锈。除锈机的圆盘钢丝刷有成品供应,也可用废钢丝绳头拆开编成,其直径为20~30 cm,厚度为5~15 cm,转速为1 000 r/min左右,电动机功率为1.0~1.5 kW。为了减少除锈时灰尘飞扬,应装设排尘罩和排尘管道。喷砂除锈主要用空压机、储砂罐、喷砂管、喷头等设备,利用空压机产生的强大气流形成高压砂流除锈。喷砂除锈适用于大量除锈工作,除锈效果好。

(4)酸洗除锈就是将钢筋放入硫酸或盐酸溶液中,经化学反应除锈。

在除锈过程中发现钢筋表面的氧化铁皮鳞落现象严重并已损伤钢筋截面,或在除锈后钢筋表面有严重的麻坑、斑点伤蚀截面时,应降级使用或剔除不用。

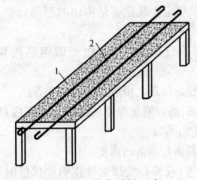

图1-12 沙盘除锈示意

1—沙盘;2—钢筋

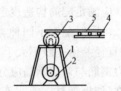

图1-13 电动除锈机

1—支架;2—电动机;3—圆盘钢丝刷;4—滚轴台;5—钢筋

2. 调直

钢筋调直是钢筋加工过程中重要的工序,若处理不好会影响钢筋的下料、成型、绑扎等过程的准确性,甚至会影响构件的受力性能。

钢筋调直可分为人工调直和机械调直。人工调直常采用调直台调直、手绞车调直及蛇形管调直(图1-14);工地上机械调直常采用冷拉调直和调直机调直,其中以调直机调直较为常见,可调直 $\phi 4 \sim \phi 14$ mm的钢筋。GT3/8型钢筋调直机外形如图1-15所示。

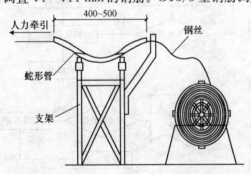

图1-14 蛇形管调直示意

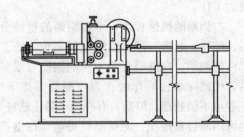

图1-15 GT3/8型钢筋调直机外形

数控钢筋调直切断机是在原有调直机的基础上应用电子控制仪,准确控制钢丝断料长度,并自动计数,如图1-16所示。钢筋数控调直切断机已在一些构件厂采用,断料精度高(偏差仅1~2 mm),并实现了钢丝调直切断自动化。采用此机时,要求钢丝表面光洁、截面均匀,以免钢丝移动时速度不匀,影响切断长度的精确性。

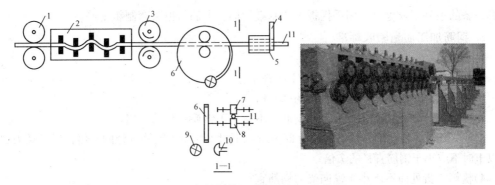

图 1-16　数控钢筋调直切断机工作简图

1—调直装置；2—牵引轮；3—钢筋；4—上刀口；5—下刀口；6—光电盘；7—压轮；8—摩擦轮；9—灯泡；10—光电管

钢筋宜采用无延伸功能的机械设备进行调直，也可采用冷拉方法调直。当采用冷拉方法调直时，其冷拉率应符合相应要求。盘圆钢筋加工前应先进行调直。

3. 剪切

钢筋弯折加工前须按下料长度进行切断。钢筋切断可采用钢筋切断机或手动剪切器(图 1-17、图 1-18)，前者可切断直径不大于 40 mm 的钢筋；后者一般用于切断直径小于 16 mm 的钢筋。大于 40 mm 的钢筋需用氧乙炔焰或电弧割切。

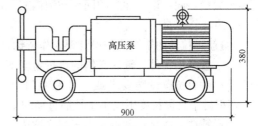

图 1-17　DYQ32B 电动液压切断机

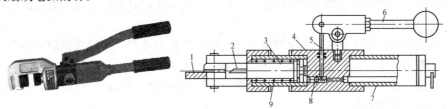

图 1-18　手动剪切器及手动液压切断器

1—滑轨；2—刀片；3—活塞；4—缸体；5—柱塞；6—压杆；7—贮油筒；8—吸油阀；9—回位弹簧

钢筋剪切前，应根据配料单将同级别、同直径、不同构件的钢筋汇总，按钢筋原料的长度统一排料，一般应先断长料，后断短料，尽量减少加工损耗。断料时应避免用短尺量长料，防止在量料中产生累计误差。为此，宜在工作台上标出尺寸刻度线并设置控制断料尺寸用的挡板。在切断过程中，如发现钢筋有劈裂、缩头或严重的弯头等必须切除。如发现钢筋的硬度与该钢种有较大的出入，应及时向有关人员反映，查明情况。钢筋的断口不得有马蹄形或起弯等现象。

4. 弯曲

钢筋切断后，要根据图纸要求弯曲成一定的形状。钢筋弯曲前应根据弯曲设备的特点进行划线或在加工案板上做出标志，以便弯成图纸所要求的形状和尺寸(外包尺寸)。当弯曲形状较复杂的钢筋时，可先放出实样，再进行弯曲。

钢筋弯曲成型有手工弯曲和机械弯曲两种方法。钢筋弯曲宜采用钢筋弯曲机(图 1-19)，弯曲机可弯直径为 6～40 mm 的钢筋。直径小于 25 mm 的钢筋，当无弯曲机时也可采用板钩弯曲。在缺少

图 1-19　钢筋弯曲机

机具设备的条件下，也可采用手摇扳手弯制细钢筋、卡筋与扳头弯制粗钢筋。

5. 钢筋加工质量验收标准

主控项目：

(1)钢筋弯折的弯弧内直径应符合下列规定：

1)光圆钢筋，不应小于钢筋直径的 2.5 倍；

2)335 MPa 级、400 MPa 级带肋钢筋，不应小于钢筋直径的 4 倍；

3)500 MPa 级带肋钢筋，当直径为 28 mm 以下时不应小于钢筋直径的 6 倍，当直径为 28 mm 及以上时不应小于钢筋直径的 7 倍；

4)箍筋弯折处尚不应小于纵向受力钢筋直径。

检查数量：同一设备加工的同一类型钢筋，每工作班抽查不应少于 3 件。

检验方法：尺量。

(2)纵向受力钢筋的弯折后平直段长度应符合设计要求。光圆钢筋末端作 180°弯钩时，弯钩的平直段长度不应小于钢筋直径的 3 倍。

检查数量：同一设备加工的同一类型钢筋，每工作班抽查不应少于 3 件。

检验方法：尺量。

(3)箍筋、拉筋的末端应按设计要求作弯钩，并应符合下列规定：

1)对一般结构构件，箍筋弯钩的弯折角度不应小于 90°，弯折后平直段长度不应小于箍筋直径的 5 倍；对有抗震设防要求或设计有专门要求的结构构件，箍筋弯钩的弯折角度不应小于 135°，弯折后平直段长度不应小于箍筋直径的 10 倍；

2)圆形箍筋的搭接长度不应小于其受拉锚固长度，且两末端弯钩的弯折角度不应小于 135°，弯折后平直段长度对一般结构构件不应小于箍筋直径的 5 倍，对有抗震设防要求的结构构件不应小于箍筋直径的 10 倍；

3)拉筋用作梁、柱复合箍筋中单肢箍筋或梁腰筋间拉结筋时，两端弯钩的弯折角度均不应小于 135°，弯折后平直段长度应符合上述 1)对箍筋的有关规定。

检查数量：按每工作班同一类型钢筋、同一加工设备抽查不应少于 3 件。

检验方法：尺量检查。

(4)盘卷钢筋调直后应进行力学性能和质量偏差的检验，其强度应符合国家现行有关标准的规定，其断后伸长率、质量偏差应符合表 1-10 的规定。力学性能和质量偏差检验应符合下列规定：

1)应对 3 个试件先进行质量偏差检验，再取其中 2 个试件进行力学性能检验。

2)质量偏差应按下式计算：

$$\Delta = \frac{W_d - W_0}{W_d} \times 100$$

式中　Δ——质量偏差(%)；

　　　W_d——3 个调直钢筋试件的实际质量之和(kg)；

　　　W_0——钢筋理论质量(kg)，取每米理论质量(kg/m)与 3 个调直钢筋试件长度之和(m)的乘积。

3)检验质量偏差时，试件切口应平滑并与长度方向垂直，其长度不应小于 500 mm；长度和质量的量测精度分别不应低于 1 mm 和 1 g。

采用无延伸功能的机械设备调直的钢筋，可不进行本条规定的检验。

检查数量：同一加工设备加工的同一牌号、同一规格的调直钢筋，重量不大于 30 t 为一批，每批见证抽取 3 个试件。

检验方法：检查抽样检验报告。

表 1-10 盘卷钢筋和直条钢筋调直后的断后伸长率、质量偏差要求

钢筋牌号	断后伸长率 A/%	质量偏差/%	
		直径 6~12 mm	直径 14~16 mm
HPB300	≥21	≥-10	—
HRB335、HRBF335	≥16		
HRB400、HRBF400	≥15	≥-8	≥-6
RRB400	≥13		
HRB500、HRBF500	≥14		
注：断后伸长率 A 的量测标距为 5 倍钢筋公称直径。			

一般项目：

(1)钢筋加工的形状、尺寸应符合设计要求，其偏差应符合表 1-11 的规定。

检查数量：同一加工设备加工的同一类型钢筋，按每工作班抽查不应少于 3 件。

检验方法：尺量。

表 1-11 钢筋加工的允许偏差

项 目	允许偏差/mm
受力钢筋沿长度方向的净尺寸	±10
弯起钢筋的弯折位置	±20
箍筋外廓尺寸	±5

(六)钢筋连接

工程中钢筋往往因为长度不足或施工工艺要求等必须进行连接，常用的连接方式有绑扎连接、焊接连接及机械连接。轴心受拉及小偏心受拉杆件的纵向受力钢筋不得采用绑扎搭接；其他构件中的钢筋采用绑扎搭接时，受拉钢筋直径不宜大于 25 mm，受压钢筋直径不宜大于 28 mm。接头的类型及质量应符合设计要求及国家现行有关标准的规定。混凝土结构中受力钢筋的连接接头宜设置在受力较小处。有抗震设防要求的结构中，梁端、柱端箍筋加密区范围内不宜设置钢筋接头且不应进行钢筋搭接。同一纵向受力筋不宜设置两个或两个以上接头。

1. 钢筋的绑扎

(1)绑扎接头面积允许百分率。同一构件中相邻纵向受力钢筋的绑扎搭接接头宜互相错开。钢筋绑扎搭接接头连接区段的长度为 1.3 倍搭接长度，凡搭接接头中点位于该连接区段长度内的搭接接头均属于同一连接区段，如图 1-20 所示。同一连接区段内纵向受力钢筋搭接接头面积百分率为该区

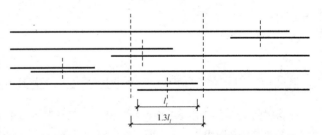

图 1-20 同一连接区段内的纵向受拉钢筋绑扎搭接接头

段内有搭接接头的纵向受力钢筋与全部纵向受力钢筋截面面积的比值。当直径不同的钢筋搭接时，按直径较小的钢筋计算搭接长度。

并筋采用绑扎搭接连接时，应按每根单筋错开搭接的方式连接，接头面积百分率应按同一连接区段内所有的单根钢筋计算。并筋中钢筋的搭接长度应按单筋分别计算。

(2)绑扎接头搭接长度。

1)纵向受拉钢筋绑扎搭接接头的搭接长度，应根据位于同一连接区段内的钢筋搭接接头面积百分率按下列公式计算，且不应小于 300 mm。

$$l_l = \xi_l l_a$$

式中　l_l——纵向受拉钢筋的搭接长度；

　　　l_a——纵向受拉钢筋的锚固长度；

　　　ξ_l——纵向受拉钢筋搭接长度修正系数，按表 1-12 取用。

表 1-12　纵向受拉钢筋搭接长度修正系数

纵向搭接钢筋接头面积百分率/%	≤25	50	100
ξ_l	1.2	1.4	1.6

2)构件中的纵向受压钢筋，当采用搭接连接时，其受压搭接长度不应小于纵向受拉钢筋搭接长度的 0.7 倍，且在任何情况下不应小于 200 mm。

3)在梁、柱类构件的纵向受力钢筋搭接长度范围内，应按设计要求配置箍筋。当设计无具体要求时，应符合下列规定：箍筋直径不应小于搭接钢筋较大直径的 0.25 倍；受拉搭接区段的箍筋间距不应大于搭接钢筋较小直径的 5 倍，且不应大于 100 mm；受压搭接区段的箍筋的间距不应大于搭接钢筋较小直径的 10 倍，且不应大于 200 mm；当柱中纵向受力钢筋直径大于25 mm 时，应在搭接接头两个端面外 100 mm 范围内各设置两个箍筋，其间距宜为 50 mm。

当出现下列情况，如钢筋直径大于 25 mm、混凝土凝固过程中受力钢筋易受扰动、涂环氧的钢筋、带肋钢筋末端采取机械锚固措施、混凝土保护层厚度大于钢筋直径的 3 倍时，纵向受拉钢筋的最小搭接长度按锚固长度的调整系数进行调整。

抗震结构构件采用搭接接头时，纵向受拉钢筋的抗震搭接长度 l_{lE}，应按下列公式计算：

$$l_{lE} = \xi_l l_{aE}$$

式中　l_{aE}——有抗震要求的混凝土结构构件的纵向受力筋的锚固；

　　　ξ_l——纵向受拉钢筋搭接长度修正系数，见表 1-12。

4)纵向受力钢筋的最小搭接长度。当纵向受拉钢筋的绑扎搭接接头面积百分率不大于 25%时，其最小搭接长度应符合表 1-13 的规定。

表 1-13　纵向受拉钢筋的最小搭接长度

钢筋类型		混凝土强度等级								
		C20	C25	C30	C35	C40	C45	C50	C55	≥C60
光面钢筋	300 级	48d	41d	37d	34d	31d	29d	28d	—	—
带肋钢筋	335 级	46d	40d	36d	33d	30d	29d	27d	26d	25d
	400 级	—	48d	43d	39d	36d	34d	33d	31d	30d
	500 级	—	58d	52d	47d	43d	41d	39d	38d	36d
注：d 为搭接钢筋直径。两根直径不同钢筋的搭接长度，以较细钢筋的直径计算。										

当纵向受拉钢筋搭接接头面积百分率大于 25%但不大于 50%时，其最小搭接长度应按表 1-14 中的数值乘以系数 1.2 取用，当接头面积百分率大于 50%时，应按表 1-14 中的数值乘以系数 1.35 取用。

当符合下列条件时，按上述规定确定的纵向受拉钢筋的最小搭接长度还应按下列规定进行修正：当带肋钢筋的直径大于 25 mm 时，其最小搭接长度应按相应数值乘以系数 1.1 取用；对环氧树脂涂层的带肋钢筋，其最小搭接长度应按相应数值乘以系数 1.25 取用；当在混凝土凝固过程中受力钢筋易受扰动时(如滑模施工)，其最小搭接长度应按相应数值乘以系数 1.1 取用；对末端采用机械锚固措施的带肋钢筋，其最小搭接长度可按相应数值乘以系数 0.7 取用；当带肋钢筋的混凝土保护层厚度大于搭接钢筋直径的 3 倍，且配有箍筋时，其最小搭接长度可按相应数值乘以系数 0.8 取用；对有抗震设防要求的结构构件，其受力钢筋的最小搭接长度对一、二级抗震等级应相应数值乘以系数 1.15 采用，对三级抗震等级应按相应数值乘以系数 1.05采用。在任何情况下受拉钢筋的搭接长度不应小于 300 mm。

纵向受压钢筋搭接时，其最小搭接长度应乘以系数 0.7 取用，在任何情况下受压钢筋的搭接长度不应小于 200 mm。

为了方便使用钢筋搭接长度也可以按附录三确定。

（3）绑扎搭接施工要点。

1）核对成品钢筋的钢号、直径、形状、尺寸和数量等是否与料单料牌相符。如有错漏，应纠正增补。

2）准备绑扎用的铁丝、绑扎工具（如钢筋钩、带扳口的小撬棍）、绑扎架等。

钢筋绑扎用的铁丝，可采用 20～22 号铁丝，其中 22 号铁丝只用于绑扎直径 12 mm 以下的钢筋。铁丝长度可参考表 1-14 的数值采用。因铁丝是成盘供应的，故习惯上是按每盘铁丝周长的几分之一来切断。

表 1-14　钢筋绑扎铁丝长度参考表

钢筋直径/mm	3～5	6～8	10～12	14～16	18～20	22	25	28	32
3～5	120	130	150	170	190				
6～8		150	170	190	220	250	270	290	320
10～12			190	220	250	270	290	310	340
14～16				250	270	290	310	330	360
18～20					290	310	330	350	380
22						330	350	370	400

3）准备控制混凝土保护层用的水泥砂浆垫块或塑料卡。

目前，工程中用于控制混凝土保护层的垫块种类较多，此处仅介绍水泥砂浆垫块及塑料卡。水泥砂浆垫块的厚度应等于保护层厚度。垫块的平面尺寸：当保护层厚度等于或小于 20 mm 时为 30 mm×30 mm，大于 20 mm 时为 50 mm×50 mm。当在垂直方向使用垫块时，可在垫块中埋入 20 号铁丝。

塑料卡的形状有塑料垫块和塑料环圈两种，如图 1-21 所示。塑料垫块用于水平构件（如梁、板），在两个方向均有凹槽，以便适应两种保护层厚度；塑料环圈用于垂直构件（如柱、墙），使用时钢筋从卡嘴进入卡腔；由于塑料环圈有弹性，可使卡腔的大小能适应钢筋直径的变化。

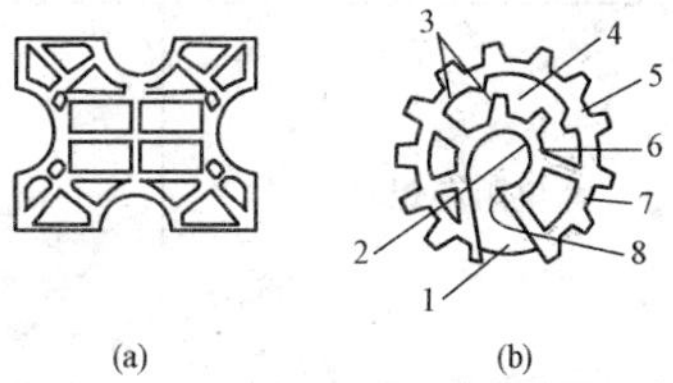

图 1-21　控制混凝土保护层用的塑料卡
（a）塑料垫块；（b）塑料环圈
1—卡嘴；2—卡腔；3—环栅；4—环孔；
5—环壁；6—内环；7—外环；8—卡喉

4）划出钢筋位置线。平楼板的钢筋，在模板上划线；柱的箍筋，在两根对角线主筋上划点；梁的箍筋，则在架立筋上划点；基础的钢筋，在两向各取一根钢筋划点或在垫层上划线。钢筋接头的位置，应根据来料规格，结合有关接头位置、数量的规定，使其错开。

5）绑扎形式复杂的结构部位时，应先研究逐根钢筋穿插就位的顺序，并与模板工联系讨论支模和绑扎钢筋的先后次序，以减少绑扎困难。

6）钢筋绑扎接头宜设置在受力较小处。同一纵向受力钢筋不宜设置两个或两个以上接头。接头末端至钢筋弯起点的距离不应小于钢筋直径的 10 倍。

7）同一构件中相邻纵向受力钢筋的绑扎搭接接头宜相互错开。同一连接区段内，纵向受拉钢筋绑扎搭接接头面积百分率及箍筋配置要求应符合接头面积允许百分率规定。绑扎搭接接头中钢筋的横向间距不应小于钢筋直径，且不应小于 25 mm。

8）在绑扎接头的搭接长度范围内，应采用铁丝绑扎三点。

2. 焊接连接

一般规定。钢筋焊接连接成本低，质量可靠，宜优先选用。焊接方法包括闪光对焊、电弧焊、电渣压力焊、气压焊等焊接工艺。钢筋焊接方法的适用范围见表1-16。从事钢筋焊接施工的焊工必须持有焊工考试合格证才能上岗操作。凡施焊的各种钢筋、钢板均应有质量证明书；焊条、焊剂应有产品合格证。钢筋焊接质量检验应符合行业标准《钢筋焊接及验收规程》(JGJ 18—2012)和《钢筋焊接接头试验方法标准》(JGJ/T 27—2014)的规定。

钢筋焊接的一般规定如下：

1)在工程开工正式焊接之前，参与该项施焊的焊工应进行现场条件下的焊接工艺试验，并经试验合格后方可正式生产。

2)钢筋焊接施工之前，应清除钢筋、钢板焊接部位以及钢筋与电极接触处表面上的锈斑、油污、杂物等；钢筋端部当有弯折、扭曲时，应予以矫直或切除。

3)带肋钢筋进行闪光对焊、电弧焊、电渣压力焊和气压焊时，宜将纵肋对纵肋安放和焊接。

4)焊剂应存放在干燥的库房内，当受潮时，在使用前应经250 ℃～350 ℃烘焙2 h。使用中回收的焊剂应清除熔渣和杂物，并应与新焊剂混合均匀后使用。

5)两根同牌号、不同直径的钢筋可进行闪光对焊、电渣压力焊或气压焊。闪光对焊时钢筋径差不超过4 mm，电渣压力焊或气压焊时钢筋径差不超过7 mm。焊接工艺参数可在大、小直径钢筋焊接工艺参数之间偏大选用，两根钢筋的轴线应在同一直线上，轴线偏移的允许值应按较小直径钢筋计算；对接头强度要求，应按较小直径钢筋计算。

6)两根同直径、不同牌号的钢筋可进行闪光对焊、电弧焊、电渣压力焊或气压焊，其钢筋牌号应在表1-15规定的范围内。焊条、焊丝和焊接工艺参数应按较高牌号钢筋选用，对接头强度要求应按较低牌号的钢筋强度计算。

表1-15　钢筋焊接方法的适用范围

焊接方法		接头形式	适 用 范 围	
			钢筋等级	钢筋直径/mm
电阻点焊			HPB300	6～16
			HRB335、HRBF335	6～16
			HRB400、HRBF400	6～16
			HRB500、HRBF500	6～16
			CRB550	4～12
			CDW550	3～8
闪光对焊			HPB300	8～22
			HRB335、HRBF335	8～40
			HRB400、HRBF400	8～40
			HRB500、HRBF500	8～40
			RRB400W	8～32
箍筋闪光对焊			HPB300	6～18
			HRB335、HRBF335	6～18
			HRB400、HRBF400	6～18
			HRB500、HRBF500	6～18
			RRB400W	6～18
电弧焊	帮条焊	双面焊	HPB300	10～22
			HRB335、HRBF335	10～40
			HRB400、HRBF400	10～40
			HRB500、HRBF500	10～32
			RRB400W	10～25
		单面焊	HPB300	10～22
			HRB335、HRBF335	10～40
			HRB400、HRBF400	10～40
			HRB500、HRBF500	10～32
			RRB400W	10～25

焊接方法			接头形式	适用范围	
				钢筋等级	钢筋直径/mm
电弧焊	搭接焊	双面焊		HPB300	10～22
				HRB335、HRBF335	10～40
				HRB400、HRBF400	10～40
				HRB500、HRBF500	10～32
				RRB400W	10～25
		单面焊		HPB300	10～22
				HRB335、HRBF335	10～40
				HRB400、HRBF400	10～40
				HRB500、HRBF500	10～32
				RRB400W	10～25
	熔槽帮条焊			HPB300	20～22
				HRB335、HRBF335	20～40
				HRB400、HRBF400	20～40
				HRB500、HRBF500	20～32
				RRB400W	20～25
	坡口焊	平焊		HPB300	18～22
				HRB335、HRBF335	18～40
				HRB400、HRBF400	18～40
				HRB500、HRBF500	18～32
				RRB400W	18～25
		立焊		HPB300	18～22
				HRB335、HRBF335	18～40
				HRB400、HRBF400	18～40
				HRB500、HRBF500	18～32
				RRB400W	18～25
	钢筋与钢板搭接焊			HPB300	8～22
				HRB335、HRBF335	8～40
				HRB400、HRBF400	8～40
				HRB500、HRBF500	8～32
				RRB400W	8～25
	窄间隙焊			HPB300	16～22
				HRB335、HRBF335	16～40
				HRB400、HRBF400	16～40
				HRB500、HRBF500	18～32
				RRB400W	18～25

焊接方法		接头形式	适用范围	
			钢筋等级	钢筋直径/mm
电弧焊	预埋件钢筋	角焊	HPB300	6～22
			HRB335、HRBF335	6～25
			HRB400、HRBF400	6～25
			HRB500、HRBF500	10～20
			RRB400W	10～20
		穿孔塞焊	HPB300	20～22
			HRB335、HRBF335	20～32
			HRB400、HRBF400	20～32
			HRB500	20～28
			RRB400W	20～28
		埋弧压力焊	HPB300	6～22
		埋弧螺柱焊	HRB335、HRBF335	6～28
			HRB400、HRBF400	6～28
电渣压力焊			HPB300	12～22
			HRB335	12～32
			HRB400	12～32
			HRB500	12～32
气压焊		固态	HPB300	12～22
			HRB335	12～40
		熔态	HRB400	12～40
			HRB500	12～32

注：1. 电阻点焊时，适用范围的钢筋直径指两根不同直径钢筋交叉叠接中较小钢筋的直径；

2. 电弧焊含焊条电弧焊和二氧化碳气体保护电弧焊两种工艺方法；

3. 在生产中，对于有较高要求的抗震结构用钢筋，在牌号后加 E，焊接工艺可按同级别热轧钢筋施焊，焊条应采用低氢型碱性焊条；

4. 生产中，如果有 HPB235 钢筋需要进行焊接，可按 HPB300 钢筋的焊接材料和焊接工艺参数，以及接头质量检验与验收的有关规定施焊。

7)在环境温度低于—5 ℃条件下施焊时，焊接工艺应符合下列要求：

①闪光对焊时，宜采用预热—闪光焊或闪光—预热—闪光焊；可增加调伸长度，采用较低变压器级数，增加预热次数和间歇时间。

②电弧焊时，宜增大焊接电流，降低焊接速度。电弧帮条焊或搭接焊时，第一层焊缝应从中间引弧，向两端施焊，以后各层控温施焊，层间温度控制在 150 ℃～350 ℃。多层施焊时，可采用回火焊道施焊。

8)雨天、雪天在现场进行施焊时，应采取有效遮蔽措施。焊后未冷却接头不得碰到雨和冰雪，并应采取有效的防滑、防触电措施，确保人身安全。

当焊接区风速超过 8 m/s 在现场进行闪光对焊或焊条电弧焊，风速超过 5 m/s 进行气压焊，或风速超过 2 m/s 进行二氧化碳气体保护电弧焊时，均应采取挡风措施。

9)进行电阻点焊、闪光对焊、电渣压力焊、埋弧螺柱焊时，应随时观察电源电压的波动情况，当电源电压下降大于5%、小于8%时，应采取提高焊接变压器级数的措施；当大于或等于

8%时，不得进行焊接。当环境温度低于－20 ℃时，不应进行各种焊接。

10)焊机应经常维护保养和定期检修，确保正常使用。

(1)钢筋电阻点焊。电阻点焊是将两钢筋(丝)安放成交叉叠接形式，压紧于两电极之间，利用电阻热熔化母材金属，加压形成焊点的一种压焊方法。混凝土结构中的钢筋骨架和钢筋网片的交叉钢筋焊接宜采用电阻点焊(图1-22)。采用点焊代替绑扎，可以提高工效，便于运输。在钢筋骨架和钢筋网成型时优先采用电阻点焊。

工艺过程：预压→通电→锻压。

预压阶段：在压力作用下，两交叉钢筋紧密接触；通电阶段：即加热熔化阶段，在通电开始一段时间内，接触点面积扩大，固态金属因加热而膨胀，在焊接压力作用下，焊接处金属产生塑性变形，并挤向钢筋间缝隙中；继续加热后，开始出现熔化点，并逐渐扩大成所要求的核心尺寸时切断电流；锻压阶段：由切断电流开始，熔核冷却并逐渐凝固，这时要施加必要的锻压，有足够的锻压力，才可以补充塑性区的变形。

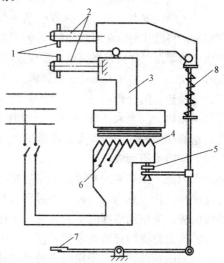

图1-22 点焊机工作原理

1—电极；2—电极臂；3—变压器的次级线圈；
4—变压器的初级线圈；5—断路器；
6—变压器的调节开关；7—踏板；8—压紧机构

钢筋电阻点焊的规定如下：

1)混凝土结构中的钢筋焊接骨架和钢筋焊接网，宜采用电阻点焊制作。

2)当两根钢筋直径不同时，焊接骨架较小钢筋直径小于或等于10 mm时，大、小钢筋直径之比不宜大于3；当较小钢筋直径为12～16 mm时，大、小钢筋直径之比不宜大于2。焊接网较小钢筋直径不得小于较大钢筋直径的0.6倍。

3)电阻点焊的工艺参数应根据钢筋牌号、直径及焊机性能等具体情况，选择变压器级数、焊接通电时间和电极压力。

4)焊点的压入深度应为较小钢筋直径的18%～25%。

5)钢筋焊接网、钢筋焊接骨架宜用于成批生产。焊接时应按设备使用说明书中的规定进行安装、调试和操作，根据钢筋直径选用合适电极压力和焊接通电时间。

6)在点焊生产中，应经常保持电极与钢筋之间接触面的清洁平整；当电极使用变形时，应及时修整。

7)钢筋点焊生产过程中，随时检查制品的外观质量，当发现焊接缺陷时，应查找原因并采取措施，及时消除。

(2)钢筋闪光对焊。钢筋闪光对焊是将两根钢筋安放成对接形式，利用焊接电流通过两根钢筋接触点产生的电阻热，使接触点金属熔化，产生强烈飞溅，形成闪光，迅速施加顶锻力完成的一种压焊方法。钢筋闪光对焊原理如图1-23所示。

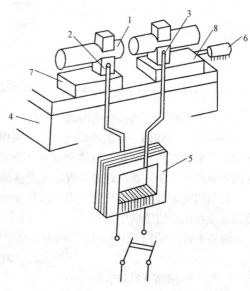

图1-23 钢筋闪光对焊原理

1—焊接的钢筋；2—固定电极；3—可动电极；
4—机座；5—变压器；6—手动顶压机构

1)钢筋闪光对焊的焊接工艺可分为连续闪光焊、预热—闪光焊和闪光—预热—闪光焊等。生产中可以根据钢筋品种、直径、焊机功率、施焊部位等因素选用。

①连续闪光焊：其工艺过程包括连续闪光和顶锻过程。施焊时，先闭合一次电路，使两根钢筋端面轻微接触，此时端面的间隙中即喷射出火花般熔化的金属微粒形成闪光。接着徐徐移动钢筋使两端面仍保持轻微接触，形成连续闪光。当闪光到预定的长度，使钢筋端头加热到将近熔点时，就以一定的压力迅速进行顶锻。先带电顶锻，再无电顶锻到一定长度，焊接接头即告完成。

②预热—闪光焊：是在连续闪光焊前增加一次预热过程，以扩大焊接热影响区。其工艺过程包括预热、闪光和顶锻过程。施焊时先闭合电源，然后使两根钢筋端面交替地接触和分开，这时钢筋端面的间隙中即发出断续的闪光，而形成预热过程。当钢筋达到预热温度后进入闪光阶段，随后顶锻而成。

③闪光—预热—闪光焊：是在预热闪光焊前加一次闪光过程，目的是使不平整的钢筋端面烧化平整，使预热均匀。其工艺过程包括一次闪光、预热、二次闪光及顶锻过程。施焊时首先连续闪光，使钢筋端部闪平，然后同预热闪光焊。

2)钢筋对接焊接的规定如下：

钢筋的对接焊接宜采用闪光对焊。其焊接工艺方法按下列规定选择：

当钢筋直径较小，钢筋牌号较低，在表 1-16 的规定范围内时，可采用"连续闪光焊"；当钢筋直径超过表中规定，且钢筋端面较平整时，宜采用"预热—闪光焊"；当钢筋直径超过表中规定，且钢筋端面不平整时，应采用"闪光—预热—闪光焊"。

表 1-16　连续闪光焊钢筋上限直径

焊机容量/(kV·A)	钢筋牌号	钢筋直径/mm
160(150)	HRB300	22
	HRB335、HRBF335	22
	HRB400、HRBF400	20
100	HRB300	20
	HRB335、HRB335	20
	HRB400、HRBF400	18
80(75)	HRB300	16
	HRB335、HRBF335	14
	HRB400、HRBF400	12

闪光对焊时，应选择合适的调伸长度、烧化留量、顶锻留量及变压器级数等焊接参数。

HRB500、HRBF500 钢筋焊接时，应采用预热闪光焊或闪光—预热闪光焊工艺。当接头拉伸试验结果发生脆性断裂，或弯曲试验不能达到规定要求时，还应在焊机上进行焊后热处理。在闪光对焊生产中，当出现异常现象或焊接缺陷时，应查找原因，采取措施，及时消除。

箍筋闪光对焊的焊点位置宜设在箍筋受力较小一边的中部。不等边的多边形柱箍筋对焊点位置宜设在两个边上的中部。

箍筋下料长度应预留焊接总留量(Δ)，其中包括烧化留量(A)、预热留量(B)、和顶锻留量(C)。

$$L_g = 2(a_g + b_g) + \Delta$$

式中　L_g——箍筋下料长度(mm)；

　　　a_g——箍筋内净长度(mm)；

　　　b_g——箍筋内净宽度(mm)；

　　　Δ——焊接总预留量(mm)。

当切断机下料，增加压痕长度，采用闪光—预热闪光焊工艺时，预留焊接总留量(Δ)随之增大，约为 $0.1d$(d 为箍筋直径)。箍筋下料长度经试焊后核对，箍筋外皮尺寸应符合设计图纸的规定。

(3)钢筋电弧焊。采用钢筋电弧焊时，可采用焊条电弧焊或二氧化碳气体保护电弧焊两种工艺方法。焊条电弧焊是以焊条作为一极，钢筋为另一极，利用弧焊机使焊条和焊件之间产生高温电弧，熔化焊条和高温电弧范围内的焊件金属，熔化的金属凝固后形成焊接接头；钢筋二氧化碳气体保护电弧焊(简称 CO_2 焊)是以焊丝作为一极，钢筋为另一极，并以二氧化碳气体作为电弧介质，保护金属熔滴、焊接熔池和焊接区高温金属的一种熔焊方法。

钢筋电弧焊包括帮条焊、搭接焊、坡口焊、窄间隙焊和熔槽帮条焊等接头形式。焊接时应符合下列要求：应根据钢筋牌号、直径、接头形式和焊接位置，选择焊接材料，确定焊接工艺和焊接参数；焊接时，引弧应在垫板、帮条或形成焊缝的部位进行，不得烧伤主筋；焊接地线与钢筋应接触紧密；焊接过程中应及时清渣，焊缝表面应光滑，焊缝余高应平缓过渡，弧坑应填满。

1)帮条焊时，宜采用双面焊[图 1-24(a)]；当不能进行双面焊时，可采用单面焊[图 1-24(b)]。帮条长度 l 应符合表 1-17 的规定。当帮条牌号与主筋相同时，帮条直径可与主筋相同或小一个规格；当帮条直径与主筋相同时，帮条牌号可与主筋相同或低一个牌号。

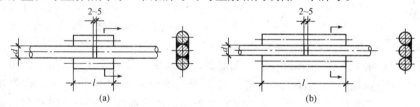

图 1-24 钢筋帮条焊接头

(a)双面焊；(b)单面焊

d—钢筋直径；l—帮条长度

表 1-17　钢筋帮条长度

钢筋牌号	焊缝形式	帮条长度(l)
HPB300	单面焊	≥8d
	双面焊	≥4d
HRB335、HRB400、HRBF335、HRBF400、HRB500、HRBF500、RRB400W	单面焊	≥10d
	双面焊	≥10d

2)搭接焊时，宜采用双面焊[图 1-25(a)]。当不能进行双面焊时，可采用单面焊[图 1-25(b)]。搭接长度可与表 1-18 帮条长度相同。帮条焊接头或搭接焊接头的焊缝厚度 s 不应小于主筋直径的 0.3 倍；焊缝宽度 b 不应小于主筋直径的 0.8 倍(图 1-26)。

帮条焊或搭接焊时，钢筋的装配和焊接应符合下列要求：帮条焊时，两主筋端面的间隙应为 2～5 mm；搭接焊接端钢筋应预弯，并应使两钢筋的轴线在同一直线上；帮条与主筋之间应用四点定位焊固定；搭接焊时，应用两点固定；定位焊缝与帮条端部或搭接端部的距离宜大于或等于 20 mm；焊接时，应在帮条焊或搭接焊形成焊缝中引弧；在端头收弧前应填满弧坑，并应使主焊缝与定位焊缝的始端和终端熔合。

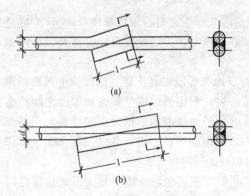

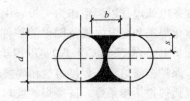

图 1-25 钢筋搭接焊接头

(a)双面焊;(b)单面焊

d—钢筋直径;l—搭接长度

图 1-26 焊缝尺寸示意

b—焊缝宽度;s—焊缝有效厚度;d—钢筋直径

3)坡口焊的准备工作和焊接工艺应符合下列要求:坡口面应平顺,切口边缘不得有裂纹、钝边和缺棱;坡口角度可按图 1-27 规定范围选用;钢垫板厚度宜为 4~6 mm,长度宜为 40~60 mm;平焊时,垫板宽度应为钢筋直径加 10 mm;立焊时,垫板宽度宜等于钢筋直径;焊缝的宽度应大于 V 形坡口的边缘 2~3 mm,焊缝余高应为 2~4 mm,并平缓过渡至钢筋表面;钢筋与钢垫板之间,应加焊二、三层侧面焊缝;当发现接头中有弧坑、气孔及咬边等缺陷时,应立即补焊。

4)窄间隙焊适用于直径 16 mm 及以上钢筋的现场水平连接。焊接时,钢筋端部应置于铜模中,并应留出一定间隙,用焊条连续焊接,熔化钢筋端面和使熔敷金属填充间隙并形成接头(图 1-28)。其焊接工艺应符合下列要求:钢筋端面应平整;应选用低氢型碱性焊接材料;从焊缝根部引弧后应连续进行焊接,左右来回运弧,在钢筋端面处电弧应少许停留,并使之熔合;当焊至端面间隙的 4/5 高度后,焊缝逐渐扩宽;当熔池过大时,应改连续焊为断续焊,避免过热;焊缝余高应为 2~4 mm,且应平缓过渡至钢筋表面。

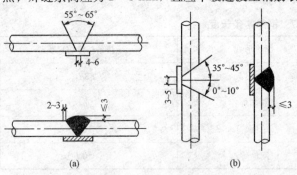

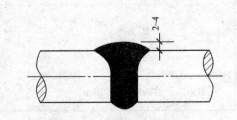

图 1-27 钢筋坡口焊接头

(a)平焊;(b)立焊

图 1-28 钢筋窄间隙焊接头

5)熔槽帮条焊适用于直径 20 mm 及以上钢筋的现场安装焊接。焊接时应加角钢作垫板模。接头形式、角钢尺寸和焊接工艺应符合下列要求(图 1-29):角钢边长宜为 40~60 mm;钢筋端头应加工平整;从接缝处垫板引弧后应连续施焊,并应使钢筋端部熔合,防止

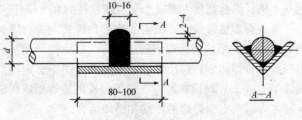

图 1-29 钢筋熔槽帮条焊接头

未焊透、气孔或夹渣；焊接过程中应停焊清渣；焊平后，再进行焊缝余高的焊接，其高度为2～4 mm；钢筋与角钢垫板之间，应加焊侧面焊缝1～3层，焊缝应饱满，表面应平整。

6）预埋件钢筋电弧焊T形接头可分为角焊和穿孔塞焊两种（图1-30）。装配和焊接时，应符合下列要求：当采用HPB300钢筋时，角焊缝焊脚（k）不得小于钢筋直径的0.5倍；采用其他牌号钢筋时，焊脚（k）不得小于钢筋直径的0.6倍；施焊中，不得使钢筋咬边和烧伤。

7）钢筋与钢板搭接焊时，焊接接头（图1-31）应符合下列要求：

HPB300钢筋的搭接长度（l）不得小于4倍钢筋直径，其他牌号钢筋搭接长度（l）不得小于5倍钢筋直径；焊缝宽度不得小于钢筋直径的0.6倍，焊缝厚度不得小于钢筋直径的0.35倍。

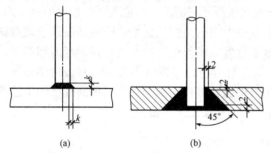 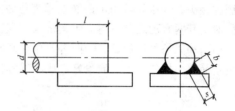

图1-30　预埋件钢筋电弧焊T形接头

（a）角焊；（b）穿孔塞焊

k—焊脚

图1-31　钢筋与钢板搭接焊接头

d—钢筋直径；l—搭接长度；b—焊缝宽度；

s—焊缝厚度

（4）电渣压力焊。电渣压力焊是将两钢筋安放成竖向对接形式，利用焊接电流通过两钢筋端面间隙，在焊剂层下经过电弧过程和电渣过程，产生电弧热和电阻热熔化钢筋，加压完成的一种压焊方法。

电渣压力焊应用于现浇混凝土结构中竖向钢筋或斜向（倾斜度不大于10°）钢筋的连接。与电弧焊比较，其工效高、成本低、节约钢材，在高层建筑施工中广泛应用。电渣压力焊的焊接设备包括焊接电流、焊接机头、控制箱、焊剂填装盒等，如图1-32和图1-33所示。

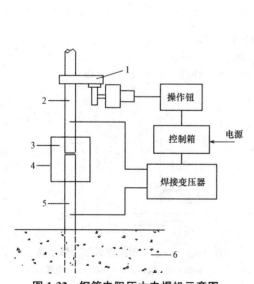 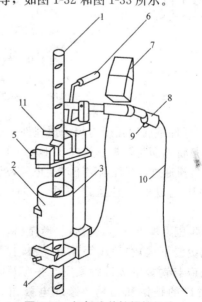

图1-32　钢筋电阻压力电焊机示意图

1—焊接夹具系统；2—上钢筋；3—焊剂；
4—焊剂盒；5—下钢筋；6—混凝土

图1-33　杠杆式单柱焊接机头

1—钢筋；2—焊剂盒；3—单导柱；4—固定夹头；
5—活动夹头；6—手柄；7—监控仪表；8—操作把；
9—开关；10—控制电缆；11—电缆插座

电渣压力焊的工艺过程包括引弧、电弧、电渣和顶压过程。焊接时，焊接夹具的上下钳口应夹紧上、下钢筋上；钢筋一经夹紧，不得晃动；引弧可采用直接引弧法，或铁丝圈（焊条芯）引弧法；引燃电弧后，应先进行电弧过程，然后加快上钢筋下送速度，使钢筋端面插入液态渣池约 2 mm，转变为电渣过程，最后在断电的同时迅速下压上钢筋，挤出熔化金属和熔渣；接头焊毕，应稍作停歇，方可收焊剂和卸下焊接夹具；敲去渣壳后，四周焊包凸出钢筋表面的高度，当钢筋为 25 mm 及以下时不得小于 4 mm；当钢筋为 28 mm 及以上时不得小于 6 mm。

（5）钢筋气压焊。钢筋气压焊是采用氧乙炔火焰或其他火焰对两钢筋对接处加热，使其达到塑性态，加压完成的一种压焊方法（图 1-34）。由于加热和加压使接合面附近金属受到镦锻式压延，被焊金属产生强烈的塑性变形，促使两接合面接近原子间的距离，进入原子作用的范围内，实现原子间的互相嵌入扩散及键合，并在热变形过程中完成晶粒重新组合的再结晶过程而获得牢固的接头。气压焊可用于钢筋在垂直位置、水平位置或倾斜位置的对接焊接。当两钢筋直径不同时，其两直径之差不得大于 7 mm。气压焊按加热温度和工艺方法的不同，可分为熔态气压焊（开式）和固态气压焊（闭式）两种，施工单位应根据设备等情况选择采用。钢筋气压焊工艺具有设备简单、操作方便、质量好、成本低等优点，但对焊工要求严格。

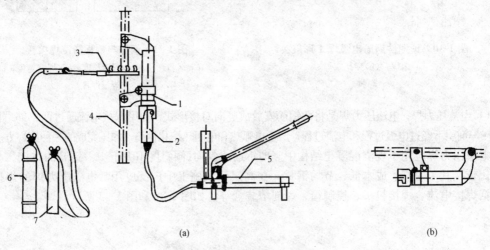

图 1-34　气压焊接设备示意图
（a）竖向焊接；（b）横向焊接
1—压接器；2—顶头油缸；3—加热器；4—钢筋；5—加压器；6—氧气；7—乙炔

（6）预埋件钢筋埋弧压力焊。预埋件钢筋埋弧压力焊是将钢筋与钢板安放成 T 形接头形式，利用焊接电流通过，在焊剂层下产生电弧，形成熔池，加压完成的一种压焊方法，如图 1-35所示。

在埋弧压力焊生产中，引弧、燃弧（钢筋维持原位或缓慢下送）和顶压等环节应密切配合；焊接地线应与铜板电极接触紧密，并应及时消除电极钳口的铁锈和污物，修理电极钳口的形状。

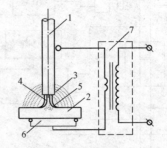

图 1-35　预埋件钢筋埋弧压力焊示意
1—钢筋；2—钢板；3—焊剂；4—电弧；
5—熔池；6—铜板电极；7—焊接变压器

埋弧压力焊工艺过程应符合下列要求：钢板应放平，并与铜板电极接触紧密；将锚固钢筋夹于夹钳内，应夹牢；应放好挡圈，注满焊剂；接通高频引弧装置和焊接电源后，应立即将钢筋上提，引燃电弧，使电弧稳定燃烧，再渐渐下送；顶压时，用力适度；敲去渣壳，四周焊包凸出钢筋表面的高度，当钢筋为 18 mm 及 18 mm 以下时不得小于 3 mm，当钢筋为 20 mm 及 20 mm 以上时不得小于 4 mm。在埋弧压力焊生产中，焊工应自检，当发现焊接缺陷时，应查找原因并采取措施及时消除。

(7)预埋件钢筋埋弧螺柱焊。预埋件钢筋埋弧螺柱焊是用电弧螺柱焊枪夹持钢筋，使钢筋垂直对准钢板，采用螺柱焊电源设备产生强电流、短时间的焊接电弧，在溶剂层保护下使钢筋焊接端面与钢板之间产生熔池后，适时插入熔池，形成 T 形接头的焊接方法。焊接工序如图 1-36 所示。

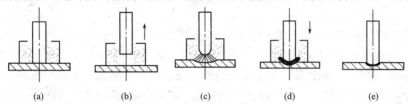

(a)　　　　　　(b)　　　　　　(c)　　　　　　(d)　　　　　　(e)

图 1-36　预埋件钢筋埋弧螺柱焊焊接工序
(a)套上焊剂挡圈，顶紧钢筋，注满焊剂；(b)接通电源，钢筋上提，引燃电弧；
(c)燃弧；(d)钢筋插入熔池，自动断电；(e)打掉渣壳，焊接完成

3. 机械连接

钢筋的机械连接是通过钢筋与连接件的机械咬合作用或钢筋端面的承压作用，将一根钢筋中的力传递至另一根钢筋的连接方法。它具有以下优点：接头质量稳定可靠，不受钢筋化学成分的影响，人为因素的影响也小；操作简便，施工速度快，且不受气候条件影响；无污染、无火灾隐患，施工安全，连接可靠，适用范围广，尤其适用于现场焊接有困难的情况。在粗直径钢筋连接中，钢筋的机械连接有广阔的发展前景。钢筋机械连接方法的分类及适用范围见表 1-18。优先采用直螺纹套筒连接。

表 1-18　钢筋机械连接方法的分类及适用范围

机械连接方法		适用范围	
		钢筋级别	钢筋直径/mm
钢筋套筒挤压连接		HRB335、HRB400 HRBF335、HRBF400、 HRB335E、HRBF335E、 HRB400E、HRBF400E、 RRB400	16～40 16～40
钢筋镦粗直螺纹套筒连接		HRB335、HRBF335、 HRB400、HRBF400、 HRB335E、HRBF335E、 HRB400E、HRBF400E	16～40
钢筋滚压直螺纹套筒连接	直接滚压	HRB335、HRB400、RRB400、 HRBF335、HRBF400、 HRB335E、HRBF335E、 HRB400E、HRBF400E	16～40
	挤肋滚压		16～40
	剥肋滚压		16～40

(1)钢筋套筒挤压连接。带肋钢筋套筒挤压连接是将两根待接钢筋插入钢套筒，用挤压连接设备沿径向挤压钢套筒，使之产生塑性变形，依靠变形后的钢套筒与被连接钢筋纵、横肋产生

的机械咬合成为整体的钢筋连接方法，如图1-37所示。

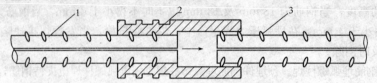

图1-37 钢筋套筒挤压连接
1—已挤压的钢筋；2—钢筋套筒；3—未挤压的钢筋

这种接头质量稳定性好，可与母材等强，但操作工人工作强度大，有时液压油会污染钢筋，综合成本较高。钢筋套筒挤压连接，要求钢筋最小中心间距为90 mm。

(2)钢筋滚压直螺纹套筒连接。钢筋滚压直螺纹套筒连接是将钢筋端部制成螺纹，用内壁有螺纹的直套筒将钢筋相对拧紧，实现连接。钢筋端头的直螺纹成型过程可在现场由专用套丝机一次完成。

根据滚压直螺纹成型方式，可分为直接滚压螺纹、挤肋滚压螺纹和剥肋滚压螺纹三种类型。

1)直接滚压螺纹加工是采用钢筋滚丝机直接滚压螺纹。此法螺纹加工简单，设备投入少。但螺纹精度差，由于钢筋粗细不均导致螺纹直径差异，施工受影响。

2)挤肋滚压螺纹加工是采用专用挤压设备滚轮先将钢筋的横肋和纵肋进行预压平处理，然后再滚压螺纹。其目的是减轻钢筋肋对成型螺纹的影响。此法对螺纹精度有一定提高，但仍不能从根本上解决钢筋直径差异对螺纹精度的影响，螺纹加工需要两套设备。

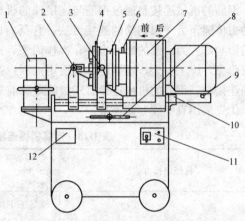

3)剥肋滚压螺纹加工是采用钢筋剥肋滚丝机，先将钢筋的横肋和纵肋进行剥切处理后，使钢筋滚丝前的柱体直径达到同一尺寸，然后再进行螺纹滚压成型。此法螺纹精度高，接头质量稳定，施工速度快，价格适中，具有较大的发展前景。

钢筋剥肋滚丝机的外形如图1-38所示。

检查丝头加工质量，应每加工10个丝头用通、环止规检查一次，如图1-39所示。经自检合格的丝头，应由质检员随机抽样进行检验，以一个工作班内生产的丝头为一个验收

图1-38 标准型接头安装

1—台钳；2—涨刀触头；3—收刀触头；4—剥肋机构；
5—滚丝头；6—上水管；7—减速机；8—进给手柄；
9—行程挡块；10—行程开关；11—控制面板；12—标牌

批，随机抽样10%，且不得少于10个。当合格率小于95%时，应加倍抽检，复检中合格率仍小于95%时，应对全部钢筋丝头逐个进行检验，切去不合格丝头，查明原因，并重新加工螺纹。

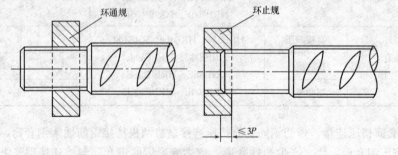

图1-39 正反丝扣型接头安装

滚压直螺纹接头用的连接套筒应采用优质碳素结构钢。连接套筒的类型有标准型、正反丝扣型、变径型、可调型等。直螺纹套筒连接施工的要点如下：

①连接钢筋时，钢筋规格和套筒的规格必须一致，钢筋和套筒的丝扣应干净、完好无损。

②采用预埋接头时，连接套筒的位置、规格和数量应符合设计要求。带连接套筒的钢筋应固定牢靠，连接套筒的外露端应有保护盖。

③滚压直螺纹接头应使用扭力扳手或管钳进行施工，将两个钢筋丝头在套筒中间位置相互顶紧，接头拧紧力矩应符合规定。扭力扳手是保证钢筋连接质量的测力扳手，可以按照钢筋直径大小规定的力矩值把钢筋与连接套筒拧紧，并发出声响信号。扭力扳手的精度为±5%。

④经拧紧后的滚压直螺纹接头应做出标记，单边外露丝扣长度不应超过2P。

⑤根据待接钢筋所在部位及转动难易情况，选用不同的套筒类型，采取不同的安装方法，如图1-40～图1-43所示。

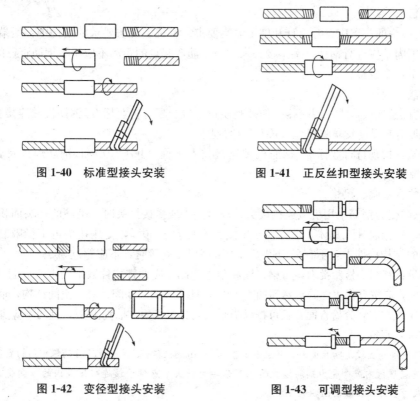

图1-40　标准型接头安装　　　　　图1-41　正反丝扣型接头安装

图1-42　变径型接头安装　　　　　图1-43　可调型接头安装

（3）钢筋镦粗直螺纹套筒连接。钢筋镦粗直螺纹套筒连接是先将钢筋端头镦粗，再切削成直螺纹，然后用带直螺纹的套筒将钢筋两端拧紧，如图1-44所示。钢筋端部经冷镦后不仅直径增大，使套丝后丝扣底部横截面积不小于钢筋原截面积，而且由于冷镦后钢材强度的提高，致使接头部位有很高的强度，断裂均发生在母材处。这种接头的螺纹精度高，接头质量稳定性好，操作简便，连接速度快，价格适中。

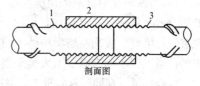

图1-44　钢筋镦粗直螺纹套筒连接
1—已连接的钢筋；2—直螺纹套筒；
3—正在拧入的钢筋

4. 钢筋连接质量验收

主控项目：

（1）钢筋的连接方式应符合设计要求。

检查数量：全数检查。

检验方法：观察。

(2)钢筋采用机械连接或焊接连接时，钢筋机械连接接头、焊接接头的力学性能、弯曲性能应符合国家现行相关标准的规定，接头试件应从工程实体中截取。

检查数量：按现行行业标准《钢筋机械连接技术规程》(JGJ 107)和《钢筋焊接及验收规程》(JGJ 18)的规定确定。

检验方法：检查质量证明文件和抽样检验报告。

(3)钢筋采用机械连接时，螺纹接头应检验拧紧扭矩值，挤压接头应量测压痕直径，检验结果应符合现行行业标准《钢筋机械连接技术规程》(JGJ 107)的相关规定。

检查数量：按现行行业标准《钢筋机械连接技术规程》(JGJ 107)的规定确定。

检验方法：采用专用扭力扳手或专用量规检查。

一般项目：

(1)钢筋接头的位置应符合设计和施工方案要求。有抗震设防要求的结构中，梁端、柱端箍筋加密区范围内不应进行钢筋搭接。接头末端至钢筋弯起点的距离不应小于钢筋直径的 10 倍。

检查数量：全数检查。

检验方法：观察、尺量。

(2)钢筋机械连接接头、焊接接头的外观质量应符合现行行业标准《钢筋机械连接技术规程》(JGJ 107)和《钢筋焊接及验收规程》(JGJ 18)的规定。

检查数量：按现行行业标准《钢筋机械连接技术规程》(JGJ 107)和《钢筋焊接及验收规程》(JGJ 18)的规定确定。

检验方法：观察、尺量。

(3)当纵向受力钢筋采用机械连接接头、焊接接头或搭接接头时，钢筋的接头面积百分率应符合设计要求；当设计无具体要求时，受拉接头不宜大于 50%，受压接头可不受限制；直接承受动力荷载的结构构件中，不宜采用焊接；当采用机械连接时，不应超过 50%。

检查数量：在同一检验批内，对梁、柱和独立基础，应抽查构件数量的 10%，且不应少于 3 件；对墙和板，应按有代表性的自然间抽查 10%，且不应少于 3 间；对大空间结构，墙可按相邻轴线间高度 5 m 左右划分检查面，板可按纵横轴线划分检查面，抽查 10%，且均不应少于 3 面。

检验方法：观察，尺量。

注：1. 接头连接区段是指长度为 35d 且不小于 500 mm 的区段，d 为相互连接两根钢筋的直径较小值。

2. 同一连接区段内纵向受力钢筋接头面积百分率为接头中点位于该连接区段内的纵向受力钢筋截面面积与全部纵向受力钢筋截面面积的比值。

(4)当纵向受力钢筋采用绑扎搭接接头时，接头的横向净间距不应小于钢筋直径，且不应小于 25 mm；同一连接区段内，纵向受拉钢筋的接头面积百分率应符合设计要求；当设计无具体要求时，梁类、板类及墙类构件不宜超过 25%，基础筏板不宜超过 50%，柱类构件不宜超过 50%；当工程中确有必要增大接头面积百分率时，对梁类构件，不应大于 50%。

检查数量：在同一检验批内，对梁、柱和独立基础，应抽查构件数量的 10%，且不应少于 3 件；对墙和板，应按有代表性的自然间抽查 10%，且不应少于 3 间；对大空间结构，墙可按相邻轴线间高度 5 m 左右划分检查面，板可按纵横轴线划分检查面，抽查 10%，且均不应少于 3 面。

检验方法：观察，尺量。

注：1. 接头连接区段是指长度为 1.3 倍搭接长度的区段。搭接长度取相互连接两根钢筋中较小直径计算。

2. 同一连接区段内纵向受力钢筋接头面积百分率为接头中点位于该连接区段长度内的纵向受力钢筋截面面积与全部纵向受力钢筋截面面积的比值。

(5)梁、柱类构件的纵向受力钢筋搭接长度范围内箍筋的设置应符合设计要求；当设计无具体要求时，箍筋直径不应小于搭接钢筋较大直径的1/4；受拉搭接区段的箍筋间距不应大于搭接钢筋较小直径的5倍，且不应大于100 mm；受压搭接区段的箍筋间距不应大于搭接钢筋较小直径的10倍，且不应大于200 mm；当柱中纵向受力钢筋直径大于25 mm时，应在搭接接头两个端面外100 mm范围内各设置两个箍筋，其间距宜为50 mm。

检查数量：在同一检验批内，应抽查构件数量的10%，且不应少于3件。

检验方法：观察，尺量。

5. 钢筋的安装质量检查与验收

主控项目：

(1)钢筋安装时，受力钢筋的牌号、规格和数量必须符合设计要求。

检查数量：全数检查。

检验方法：观察、尺量。

(2)钢筋应安装牢固。受力钢筋的安装位置、锚固方式应符合设计要求。

检查数量：全数检查。

检验方法：观察、尺量。

一般项目：

钢筋安装偏差及检验方法应符合表1-19的规定。受力钢筋保护层厚度的合格点率应达到90%及以上，且不得有超过表中数值1.5倍的尺寸偏差。

检查数量：在同一检验批内，对梁、柱和独立基础，应抽查构件数量的10%，且不应少于3件；对墙和板，应按有代表性的自然间抽查10%，且不应少于3间；对大空间结构，墙可按相邻轴线间高度5 m左右划分检查面，板可按纵、横轴线划分检查面，抽查10%，且均不少于3面。

表1-19 钢筋安装允许偏差和检验方法

项　　目		允许偏差/mm	检验方法
绑扎钢筋网	长、宽	±10	尺量
	网眼尺寸	±20	尺量连接三档，取最大偏差值
绑扎钢筋骨架	长	±10	尺量
	宽、高	±5	尺量
纵向受力钢筋	锚固长度	−20	尺量
	间距	±10	尺量两端、中间各一点，取最大偏差值
	排距	±5	
纵向受力钢筋及箍筋保护层厚度	基础	±10	尺量
	柱、梁	±5	尺量
	板、墙、壳	±3	尺量
绑扎箍筋、横向钢筋间距		±20	尺量连接三档，取最大偏差值
钢筋弯起点位置		20	尺量
预埋件	中心线位置	5	尺量
	水平高差	+3,0	塞尺量测

注：检查中心线位置时，沿纵、横两个方向量测，并取其中偏差的较大值。

二、钢筋新技术

(一)高强度钢筋应用技术

1. 热轧高强度钢筋应用技术

(1)技术内容。高强度钢筋是指国家标准《钢筋混凝土用钢 第2部分：热轧带肋钢筋》(GB

1499.2)中规定的屈服强度为 400 MPa 和 500 MPa 级的普通热轧带肋钢筋(HRB)以及细晶粒热轧带肋钢筋(HRBF)。

通过加钒(V)、铌(Nb)等合金元素微合金化的,其牌号为 HRB;通过控轧和控冷工艺,使钢筋金相组织的晶粒细化的,其牌号为 HRBF;还有通过余热淬水处理的,其牌号为 RRB。这三种高强度钢筋,在材料力学性能、施工适应性以及可焊性方面,以微合金化钢筋(HRB)为最可靠;细晶粒钢筋(HRBF)其强度指标与延性性能都能满足要求,可焊性一般;而余热处理钢筋其延性较差,可焊性差,加工适应性也较差。

经对各类结构应用高强度钢筋的比对与测算,通过推广应用高强度钢筋,在考虑构造等因素后,平均可减少钢筋用量 12%～18%,具有很好的节材作用。按房屋建筑中钢筋工程节约的钢筋用量考虑,土建工程每平方米可节约 25～38 元。因此,推广与应用高强度钢筋的经济效益也十分巨大。

高强度钢筋的应用可以明显提高结构构件的配筋效率。在大型公共建筑中,普遍采用大柱网与大跨度框架梁,若对这些大跨度梁采用 400 MPa、500 MPa 级高强度钢筋,则可有效减少配筋数量,有效提高配筋效率,并方便施工。

在梁柱构件设计中,有时由于受配置钢筋数量的影响,为保证钢筋间的合适间距,不得不加大构件的截面宽度,导致梁柱截面混凝土用量增加。若采用高强度钢筋,则可显著减少配筋根数,使梁柱截面尺寸得到合理优化。

400 MPa 级钢筋在国内高层建筑、大型公共建筑等得到大量应用。比较典型的工程有:北京奥运工程、上海世博工程、苏通长江公路大桥等。500 MPa 级钢筋应用于中国建筑科学研究院新科研大楼、郑州华林都市家园、河北建设服务中心等多项工程。

(2)技术指标。400 MPa 和 500 MPa 级高强度钢筋的技术指标应符合国家标准《钢筋混凝土用钢 第 2 部分:热轧肋钢筋》(GB 1499.2)的规定,钢筋设计强度及施工应用指标应符合《混凝土结构设计规范(2015 年版)》(GB 50010)、《混凝土结构工程施工质量验收规范》(GB 50204)、《混凝土结构工程施工规范》(GB 50666)及其他相关标准。

按《混凝土结构设计规范(2015 年版)》(GB 50010)规定,400 MPa 和 500 MPa 级高强度钢筋的直径为 6～50 mm;400 MPa 级钢筋的屈服强度标准值为 400 N/mm²,抗拉强度标准值为 540 N/mm²,抗拉与抗压强度设计值为 360 N/mm²;500 MPa 级钢筋的屈服强度标准值为 500 N/mm²,抗拉强度标准值为 630 N/mm²,抗拉与抗压强度设计值为 435 N/mm²。

对有抗震设防要求结构,并用于按一、二、三级抗震等级设计的框架和斜撑构件,其纵向受力普通钢筋对强屈比、屈服强度超强比与钢筋的延性有更进一步的要求,规范规定应满足下列要求:

1)钢筋的抗拉强度实测值与屈服强度实测值的比值不应小于 1.25;

2)钢筋的屈服强度实测值与屈服强度标准值的比值不应大于 1.30;

3)钢筋最大拉力下的总伸长率实测值不应小于 9%。

为保证钢筋材料符合抗震性能指标,建议采用带后缀"E"的热轧带肋钢筋。

(3)适用范围。应优先使用 400 MPa 级高强度钢筋,将其作为混凝土结构的主力配筋,并主要应用于梁与柱的纵向受力钢筋、高层剪力墙或大开间楼板的配筋。充分发挥 400 MPa 级钢筋高强度、延性好的特性,在保证与提高结构安全性能的同时比 335 MPa 级钢筋明显减少配筋量。

对于 500 MPa 级高强度钢筋应积极推广,并主要应用于高层建筑柱、大柱网或重荷载梁的纵向钢筋,也可用于超高层建筑的结构转换层与大型基础筏板等构件,以取得更好的减少钢筋用量效果。

用 HPB300 级钢筋取代 HPB235 级钢筋,并以 300(335)MPa 级钢筋作为辅助配筋,就是要在构件的构造配筋、一般梁柱的箍筋、普通跨度楼板的配筋、墙的分布钢筋等采用 300(335)MPa 级钢筋。其中,HPB300 级光圆钢筋比较适宜用于小构件梁柱的箍筋及楼板与墙的焊接网片。对于生产工艺简单、价格便宜的余热处理工艺的高强度钢筋，如 RRB400 钢筋，因其延性、可焊性、机械连接的加工性能都较差，《混凝土结构设计规范(2015 年版)》(GB 50010)建议用于对于钢筋延性较低的结构构件与部位，如大体积混凝土的基础底板、楼板及次要的结构构件中，做到物尽其用。

2. 高强度冷轧带肋钢筋应用技术

(1)技术内容。CRB600H 高强度冷轧带肋钢筋(简称"CRB600H 高强度钢筋")是国内近年来开发的新型冷轧带肋钢筋。CRB600H 高强度钢筋在传统 CRB550 冷轧带肋钢筋的基础上，经过多项技术改进，在产品性能、产品质量、生产效率、经济效益等多方面均有显著提升。CRB600H 高强度钢筋的最大优势是以普通 Q235 盘条为原材，在不添加任何微合金元素的情况下，通过冷轧、在线热处理、在线性能控制等工艺生产，生产线实现了自动化、连续化和高速化作业。

CRB600H 高强度钢筋与 HRB400 级钢筋售价相当，但其强度更高，应用后可节约钢材达 10%；吨钢应用可节约合金 19 kg，节约标准煤 9.7 kg。

高强度冷轧带肋钢筋主要应用于各类公共建筑、住宅及高铁项目中。比较典型的工程有：河北工程大学新校区、武汉光谷之星城市综合体、宜昌新华园住宅区、郑州河医大一附院综合楼、新郑港区民航国际馨苑大型住宅区、安阳城综合商住区等住宅和公共建筑；郑徐客专、沪昆客专、宝兰客专、西成客专等高铁项目中的轨道板中。

(2)技术指标。CRB600H 高强度钢筋的技术指标应符合现行行业标准《高延性冷轧带肋钢筋》(YB/T 4260)和国标《冷轧带肋钢筋》(GB/T 13788)的规定，设计、施工及验收应符合现行行业标准《冷轧带肋钢筋混凝土结构技术规程》(JGJ 95)的规定。中国工程建设协会标准《CRB600H 钢筋应用技术规程》《高强度钢筋应用技术导则》及河南、河北、山东等地的地方标准已完成编制。

CRB600H 高强度钢筋的直径范围为 5～12 mm，抗拉强度标准值为 600 N/mm²，屈服强度标准值为 520 N/mm²，断后伸长率为 14%，最大力均匀伸长率为 5%，强度设计值为 415 N/mm²(比HRB400 钢筋的 360 N/mm² 提高 15%)。

(3)适用范围。CRB600H 高强度钢筋适用于工业与民用房屋和一般构筑物中，具体范围为：板类构件中的受力钢筋(强度设计值取 415 N/mm²)；剪力墙竖向、横向分布钢筋及边缘构件中的箍筋，不包括边缘构件的纵向钢筋、梁柱箍筋。由于 CRB600H 钢筋的直径范围为 5～12 mm，且强度设计值较高，故其在各类板、墙类构件中应用具有较好的经济效益。

(二)钢筋焊接网应用技术

1. 技术内容

钢筋焊接网是将具有相同或不同直径的纵向和横向钢筋分别以一定间距垂直排列，全部交叉点均用电阻点焊焊在一起的钢筋网，可分为定型、定制和开口钢筋焊接网三种。钢筋焊接网生产主要采用钢筋焊接网生产线，并采用计算机自动控制的多头焊网机焊接成型，焊接前后钢筋的力学性能几乎没有变化，其优点是钢筋网成型速度快、网片质量稳定、横纵向钢筋间距均匀、交叉点处连接牢固。

应用钢筋焊接网可显著提高钢筋的工程质量和施工速度，增强混凝土抗裂能力，具有很好的综合经济效益，广泛应用于建筑工程中楼板、屋盖、墙体与预制构件的配筋，也广泛应用于道桥工程的混凝土路面与桥面配筋，以及水工结构、高铁无砟轨道板、机场跑道。国内应用焊接网的各类工程数量较多，应用较多的地区为珠江三角洲、长江下游(含上海)和京津等地，如北京百荣世贸商城、深圳市市民中心工程、阳左高速公路、夏汾高速公路、京沪高铁、武广客专等。

钢筋焊接网生产线是将盘条或直条钢筋通过电阻焊方式自动焊接成型为钢筋焊接网的设备，按上料方式主要分为盘条上料、直条上料、混合上料(纵筋盘条上料、横筋直条上料)三种生产线；按横筋落料方式分为人工落料和自动化落料；按焊接网片制品分类，主要分为标准网焊接生产线和柔性网焊接生产线，柔性网焊接生产线不仅可以生产标准网，还可以生产带门窗孔洞的定制网片。钢筋焊接网生产线可用于建筑、公路、防护、隔离等网片生产，还可以用于 PC 构件厂内墙、外墙及叠合板等网片的生产。

目前主要采用 CRB550、CRB600H 级冷轧带肋钢筋和 HRB400、HRB500 级热轧钢筋制作焊接网，焊接网工程应用较多、技术成熟(主要包括钢筋调直切断技术、钢筋网制作配送技术、布网设计及施工安装技术等)。

采用焊接网可显著提高钢筋工程质量，大量降低现场钢筋安装工时，缩短工期，适当节省钢材，具有较好的综合经济效益，特别适用于大面积混凝土工程。

2. 技术指标

钢筋焊接网技术指标应符合国家标准《钢筋混凝土用钢 第 3 部分：钢筋焊接网》(GB/T 1499.3)和行业标准《钢筋焊接网混凝土结构技术规程》(JGJ 114—2014)的规定。冷轧带肋钢筋的直径宜采用5~12 mm，CRB550、CRB600H 的强度标准值分别为 500 N/mm²、520 N/mm²，强度设计值分别为 400 N/mm²、415 N/mm²；热轧钢筋的直径宜为 6~18 mm，HRB400、HRB500屈服强度标准值分别为 400 N/mm²、500 N/mm²，强度设计值分别为 360 N/mm²、435 N/mm²。焊接网制作方向的钢筋间距宜为 100 mm、150 mm、200 mm，也可采用 125 mm 或 175 mm；与制作方向垂直的钢筋间距宜为 100~400 mm，且宜为 10 mm 的整倍数，焊接网的最大长度不宜超过12 m，最大宽度不宜超过 3.3 m。焊点抗剪力不应小于试件受拉钢筋规定屈服力值的 0.3 倍。

3. 适用范围

钢筋焊接网广泛适用于现浇钢筋混凝土结构和预制构件的配筋，特别适用于房屋的楼板、屋面板、地坪、墙体、梁柱箍筋笼、桥梁的桥面铺装和桥墩防裂网，以及高速铁路中的无砟轨道底座配筋、轨道板底座及箱梁顶面铺装层配筋。另外可用于隧洞衬砌、输水管道、海港码头、桩等的配筋。

HRB400 级钢筋焊接网由于钢筋延性较好，故除用于一般钢筋混凝土板类结构外，更适用于抗震设防要求较高的构件(如剪力墙底部加强区)配筋。

(三)建筑用成型钢筋制品加工与配送技术

1. 技术内容

建筑用成型钢筋制品加工与配送技术(简称"成型钢筋加工配送技术")是指由具有信息化生产管理系统的专业化钢筋加工机构进行钢筋大规模工厂化与专业化生产、商品化配送具有现代建筑工业化特点的一种钢筋加工方式，主要采用成套自动化钢筋加工设备，经过合理的工艺流程，在固定的加工场所集中将钢筋加工成工程所需成型钢筋制品，按照客户要求将其进行包装或组配，运送到指定地点的钢筋加工组织方式。信息化管理系统、专业化钢筋加工机构和成套自动化钢筋加工设备三要素的有机结合是成型钢筋加工配送区别于传统场内或场外钢筋加工模式的重要标志。成型钢筋加工配送技术执行行业标准《混凝土结构成型钢筋应用技术规程》(JGJ 366—2015)的有关规定。成型钢筋加工配送成套技术已推广应用于多项大型工程，已在阳江核电站、防城港核电站、红沿河核电站、台山核电站等核电工程，天津 117 大厦、北京中国尊、武汉绿地中心、天津周大福金融中心等地标建筑，北京二机场、港珠澳大桥等重点工程大量应用。

成型钢筋加工配送技术主要包括信息化生产管理技术、钢筋专业化加工技术、自动化钢筋加工设备技术、成型钢筋配送技术。

(1)信息化生产管理技术：从钢筋原材料采购、钢筋成品设计规格与参数生成、加工任务分解、钢筋下料优化套裁、钢筋与成品加工、产品质量检验、产品捆扎包装，到成型钢筋配送、成型钢筋进场检验验收、合同结算等全过程的计算机信息化管理。

（2）钢筋专业化加工技术：采用成套自动化钢筋加工设备，经过合理的工艺流程，在固定的加工场所集中将钢筋加工成工程所需的各种成型钢筋制品，主要分为线材钢筋加工、棒材钢筋加工和组合成型钢筋制品加工。线材钢筋加工是指钢筋强化加工、钢筋矫直切断、箍筋加工成型等；棒材钢筋加工是指直条钢筋定尺切断、钢筋弯曲成型、钢筋直螺纹加工成型等；组合成型钢筋制品加工是指钢筋焊接网、钢筋笼、钢筋桁架、梁柱钢筋成型加工等。

（3）自动化钢筋加工设备技术：自动化钢筋加工设备是建筑用成型钢筋制品加工的硬件支撑，是指具备强化钢筋、自动调直、定尺切断、弯曲、焊接、螺纹加工等单一或组合功能的钢筋加工机械，包括钢筋强化机械、自动调直切断机械、数控弯箍机械、自动切断机械、自动弯曲机械、自动弯曲切断机械、自动焊网机械、柔性自动焊网机械、自动弯网机械、自动焊笼机械、三角桁架自动焊接机械、梁柱钢筋骨架自动焊接机械、封闭箍筋自动焊接机械、箍筋笼自动成型机械、螺纹自动加工机械等。

（4）成型钢筋配送技术：按照客户要求与客户的施工计划将已加工的成型钢筋以梁、柱、板构件序号进行包装或组配，运送到指定地点。

2. 技术指标

建筑用成型钢筋制品加工与配送技术指标应符合行业标准《混凝土结构成型钢筋应用技术规程》（JGJ 366）和国标《混凝土结构用成型钢筋制品》（GB/T 29733）的有关规定。具体要求如下：

（1）钢筋进厂时，加工配送企业应按国家现行相关标准的规定抽取试件做屈服强度、抗拉强度、伸长率、弯曲性能和质量偏差检验，检验结果应符合国家现行相关标准的规定。

（2）盘卷钢筋调直应采用无延伸功能的钢筋调直切断机进行，钢筋调直过程中对于平行辊式调直切断机调直前后钢筋的质量损耗不应大于0.5%，对于转毂式和复合式调直切断机调直前后钢筋的质量损耗不应大于1.2%。调直后的钢筋直线度每米不应大于4 mm，总直线度不应大于钢筋总长度的0.4%，且不应有局部弯折。

（3）钢筋单位长度允许质量偏差、钢筋的工艺性能参数、单件成型钢筋加工的尺寸形状允许偏差、组合成型钢筋加工的尺寸形状允许偏差应分别符合行业标准《混凝土结构成型钢筋应用技术规程》（JGJ 366）的规定。

（4）成型钢筋进场时，应抽取试件作屈服强度、抗拉强度、伸长率和质量偏差检验，检验结果应符合国家现行相关标准的规定；对由热轧钢筋制成的成型钢筋，当有施工单位或监理单位的代表驻厂监督生产过程，并提供原材钢筋力学性能第三方检验报告时，可仅进行重量偏差检验。

3. 适用范围

该项技术可广泛适用于各种现浇混凝土结构的钢筋加工、预制装配建筑混凝土构件钢筋加工，特别适用于大型工程的钢筋量大集中加工，是绿色施工、建筑工业化和施工装配化的重要组成部分。该项技术是伴随着钢筋机械、钢筋加工工艺的技术进步而不断发展的，其主要技术特点是：加工效率高、质量好；降低加工和管理综合成本；加快施工进度，提高钢筋工程施工质量；节材节地、绿色环保；有利于高新技术推广应用和安全文明工地创建。

（四）钢筋机械锚固技术

1. 技术内容

钢筋机械锚固技术是将螺帽与垫板合二为一的锚固板通过螺纹与钢筋端部相连形成的锚固装置。其作用机理为：钢筋的锚固力全部由锚固板承担或由锚固板和钢筋的粘结力共同承担（原理如图1-45所示），从而减少钢筋的锚固长度，节省钢筋用量。在复杂节点采用钢筋机械锚固技术还可简化钢筋工程施工，减少钢筋密集拥堵绑扎困难，改善节点受力性能，提高混凝土浇筑质量。该项技术的主要内容包括部分锚固板钢筋的设计应用技术、全锚固板钢筋的设计应用技术、锚固板钢筋现场加工及安装技术等。详细技术内容见行业标准《钢筋锚固板应用技术规程》(JGJ 256)。

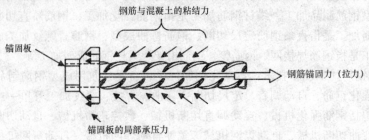

图1-45　带锚固板钢筋的受力机理示意图

该项钢筋机械锚固技术已在核电工程、水利水电、房屋建筑等工程领域得到较为广泛的应用，典型的核电工程，如福建宁德、浙江三门、山东海阳、秦山二期扩建、方家山等核电站；典型的水利水电工程，如溪洛渡水电站；典型的房屋建筑，如太原博物馆、深圳万科第五园工程等项目。

2. 技术指标

部分锚固板钢筋由钢筋的粘结段和锚固板共同承担钢筋的锚固力，此时，锚固板承压面积不应小于钢筋公称面积的4.5倍，钢筋粘结段长度不宜小于$0.4l_{ab}$；全锚固板钢筋由锚固板承担全部钢筋的锚固力，此时，锚固板承压面积不应小于钢筋公称面积的9倍。锚固板与钢筋的连接强度不应小于被连接钢筋极限强度标准值，锚固板钢筋在混凝土中的实际锚固强度不应小于钢筋极限强度的标准值，详细技术指标见行业标准《钢筋锚固板应用技术规程》(JGJ 256)。

相比传统的钢筋锚固技术，在混凝土结构中应用钢筋机械锚固技术可减少钢筋锚固长度40%以上，可节约锚固钢筋40%以上。

3. 适用范围

该技术适用于混凝土结构中钢筋的机械锚固，主要适用范围有：用锚固板钢筋代替传统弯筋，用于框架结构梁柱节点；代替传统弯筋和直钢筋锚固，用于简支梁支座、梁或板的抗剪钢筋；可广泛应用于建筑工程以及桥梁、水工结构、地铁、隧道、核电站等各类混凝土结构工程的钢筋锚固，还可用作钢筋锚杆(或拉杆)的紧固件等。

三、框架柱钢筋制作与安装

(一)柱平法识图的制图规则

《混凝土结构施工图平面整体表示方法制图规则和构造详图》是国家建筑标准设计图集。此图集是将结构构件的尺寸和配筋，按照平面整体表示方法制图规则，整体直接表达在各类构件的结构平面布置图上，再与标准结构构造详图配合，即构成一套新型完整的结构设计。

柱平法施工图是在柱平面布置图上采用列表注写方式或截面注写方式表达。

列表注写方式，是在柱平面布置图上，分别在同一编号的柱中选择一个或几个截面标注几何参数代号；在柱表中注写柱编号、柱起止标高、几何尺寸与配筋的具体数值，并配以各种柱截面形状及其箍筋类型图的方式，来表达柱平法识图，如图1-46所示。

截面注写方式，是在柱平面布置图的柱截面上，分别在统一编号的柱中选择一个截面，以直接注写截面尺寸和配筋具体数值的方式来表达柱平法施工图，如图1-47所示。

柱编号由柱类型代号和序号组成，见表1-20。

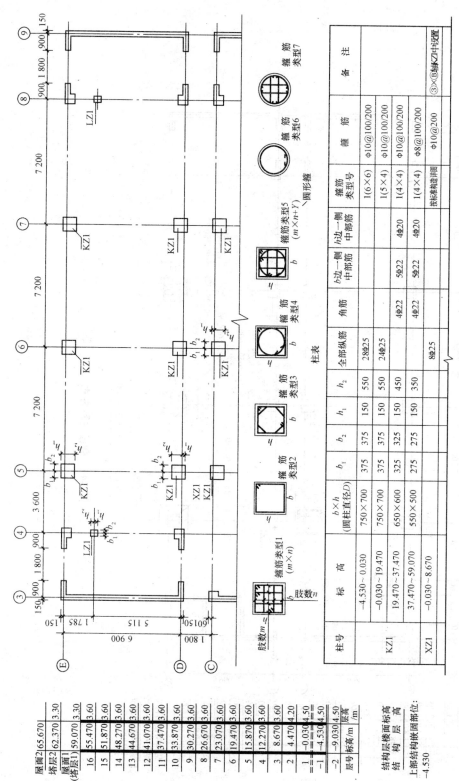

-4.530~59.070柱平法施工图(局部)

箍筋类型7

箍筋类型6 ○ 圆形箍

箍筋类型5 (m×n+Y)

箍筋类型4

箍筋类型3

箍筋类型2

箍筋类型1 (m×n) 肢数n 肢数m

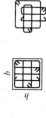

箍筋类型1(5×4)

柱表

柱号	标高	b×h(圆柱直径D)	b_1	b_2	h_1	h_2	全部纵筋	角筋	b边一侧中部筋	h边一侧中部筋	箍筋类型号	箍筋	备注
KZ1	-4.530~-0.030	750×700	375	375	150	550	28Φ25				1(6×6)	Φ10@100/200	
	-0.030~19.470	750×700	375	375	150	550	24Φ25				1(5×4)	Φ10@100/200	
	19.470~37.470	650×600	325	325	150	450		4Φ22	5Φ22	4Φ20	1(4×4)	Φ10@100/200	
	37.470~59.070	550×500	275	275	150	350		4Φ22	5Φ22	4Φ20	1(4×4)	Φ8@100/200	
XZ1	-0.030~8.670						8Φ25				按标准构造详图	Φ10@200	③×B轴KZ1中设置

注：1. 如采用非对称配筋，需在柱表中增加相应栏目分别表示的中部筋。
2. 箍筋对纵筋至少隔一拉一。
3. 类型1.5的箍筋肢数可有多种组合，右图为5种固定形式，其余类型在表中只注写类型号即可。
4. 地下一层（-1层）、首层（1层）柱端箍筋加密区长度范围及纵筋连接位置均按嵌固部位要求设置。

图1-46 列表注写主式

层号	标高/m	层高/m
屋面2	65.670	
塔层2	62.370	3.30
屋面1(塔层1)	59.070	3.30
16	55.470	3.60
15	51.870	3.60
14	48.270	3.60
13	44.670	3.60
12	41.070	3.60
11	37.470	3.60
10	33.870	3.60
9	30.270	3.60
8	26.670	3.60
7	23.070	3.60
6	19.470	3.60
5	15.870	3.60
4	12.270	3.60
3	8.670	3.60
2	4.470	4.20
1	-0.030	4.50
-1	-4.530	4.50
-2	-9.030	4.50

结构层楼面标高
结构层高

上部结构嵌固部位：-4.530

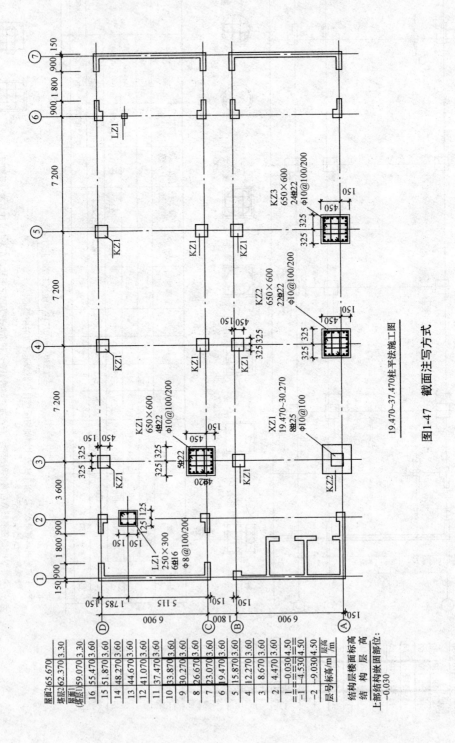

图1-47 截面注写方式

表 1-20 柱编号

柱类型	代　号	序　号
框　架　柱	KZ	××
转　换　柱	ZHZ	××
芯　　　柱	XZ	××
梁　上　柱	LZ	××
剪力墙上柱	QZ	××

(二)框架柱钢筋的排布规则

框架柱中配有箍筋及纵向受力筋两种钢筋,其构造有三个关键点,一是柱根节点,即柱筋在基础内的排布;二是柱中间节点,即柱与梁相交时箍筋的布置及纵筋连接接头位置;三是柱顶节点,即柱与屋面梁相交时钢筋的排布。因我国是一多地震国家,故以下均介绍抗震框架的钢筋排布规则。

柱中纵向受力钢筋的净间距不应小于 50 mm,且不宜大于 300 mm;抗震且截面尺寸大于 400 mm 的柱,纵向受力钢筋的间距不宜大于 200 mm。

1. 框架柱钢筋在基础里的排布规则

柱插筋在基础里锚固如图 1-48 所示。

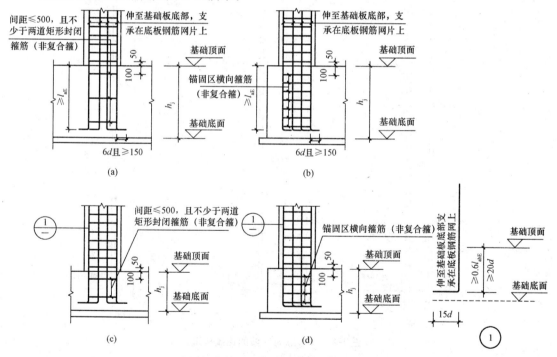

图 1-48　柱插筋在基础里锚固

(a)保护层厚度>5d;基础高度满足直锚;(b)保护层厚度≤5d;基础高度满足直锚;
(c)保护层厚度>5d;基础高度不满足直锚;(d)保护层厚度≤5d;基础高度不满足直锚

当柱为轴心受压或小偏心受压,基础高度或基础顶面至中间层钢筋网片顶面距离不小于 1 200 mm 时;或当柱为大偏心受压,基础高度或基础顶面至中间层钢筋网片顶面距离不小于 1 400 mm 时,可仅将柱四角纵筋伸至钢筋网上(伸至底板钢筋网上的柱的插筋之间间距不应大于 1 000 mm），其他钢筋满足锚固长度 l_{aE} 即可。h_j 为基础底面至基础顶面的高度。当柱两侧基础梁标高不同时，取较低标高。

锚固区横向钢筋应满足直径 $\geqslant d/4$（d 为纵筋最大直径），间距 $\leqslant 5d$（d 为纵筋最小直径）且 $\leqslant$ 100 mm 的要求。

2. 框架柱中间钢筋排布规则

柱纵向钢筋应贯穿中间层的中间节点或端节点，接头应设在节点区以外。柱相邻纵向钢筋连接接头相互错开，连接位置宜避开梁端及柱箍筋加密区。在同一连接区段内钢筋接头面积百分率不宜大于 50%。柱的纵向钢筋的连接可采用绑扎连接、机械连接及焊接，其连接构造如图 1-49 所示，其中，H_n 是所在楼层柱净高；h_c 为柱长边尺寸。轴心受拉及小偏心受拉柱内的纵向钢筋不得采用绑扎搭接接头。

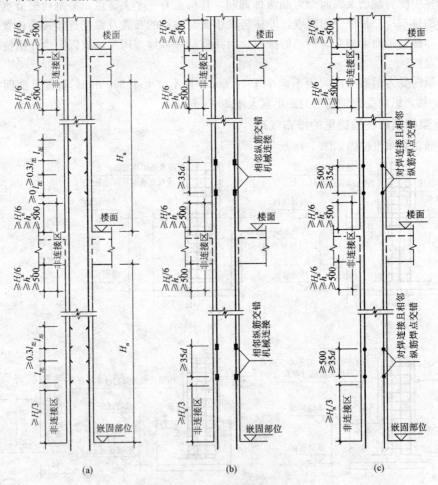

图 1-49 KZ 纵向钢筋的连接构造

柱变截面处钢筋排列规则如图 1-50 所示。下柱伸入上柱搭接钢筋的根数及直径，应满足上柱受力的要求；当上下柱内钢筋直径不同时，搭接长度应按上柱内钢筋直径计算。当下柱伸入上柱的钢筋折角不大于 1:6 时，下柱钢筋可不切断而弯伸至上柱；当折角大于 1:6 时，应设置插筋。

变钢筋框架柱纵向钢筋排布规则：当框架柱楼层所配钢筋不一样，上柱筋比下柱筋多时 [图 1-51(a)]，上柱多出的钢筋需从所在楼层顶面向下直锚 $1.2l_{aE}$；上柱筋比下柱筋直径大时

[图 1-51(b)]，上柱较大直径钢筋需伸至下柱连接区内进行连接；下柱筋比上柱筋多时[图 1-51(c)]，下柱多出的钢筋需从所在楼层梁底向上直锚 $1.2l_{aE}$；下柱筋比上柱筋直径大时[图 1-51(d)]，下柱较大直径钢筋需伸至上柱连接区内进行连接。

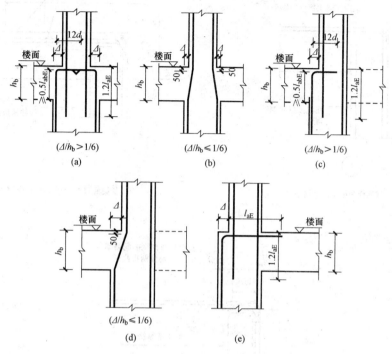

图 1-50 柱变截面处钢筋排列规则

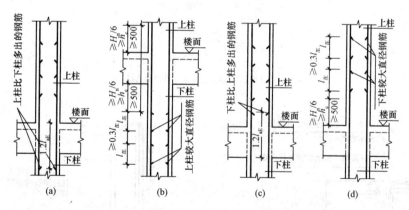

图 1-51 变钢筋框架柱纵向钢筋排布规则

(a)上柱筋比下柱筋多；(b)上柱筋比下柱筋直径大；(c)下柱筋比上柱筋多；(d)下柱筋比上柱筋直径大

3. 框架柱柱顶钢筋排布规则

(1)边(角)柱顶节点钢筋排布规则。边(角)柱顶节点钢筋布置有多种方式，如图 1-52 所示。节点①、②、③、④应配合使用，节点④不应单独使用(仅用于未伸入梁内的柱外侧纵筋锚固)，伸入梁内的柱外侧筋不宜少于柱外侧全部纵筋面积的 65％，可选择②＋④或③＋④或①＋②＋④或①＋③＋④的做法。节点⑤用于梁、柱纵向钢筋接头沿节点柱顶外侧直线布置的情况，可与节点①组合使用。边柱、角柱柱顶等截面伸出时纵向钢筋构造如图 1-53 所示。

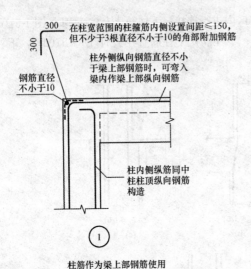

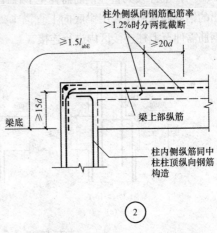

① 柱筋作为梁上部钢筋使用

② 从梁底算起1.5l_{abE}超过柱内侧边缘

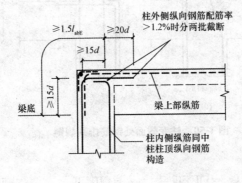

③ 从梁底算起1.5l_{abE}未超过柱内侧边缘

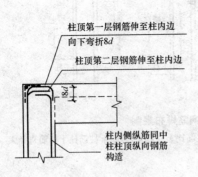

④ （用于①、②或③节点未伸入梁内的柱外侧钢筋锚固）

当现浇板厚度不小于100时，也可按②节点方式伸入板内锚固，且伸入板内长度不宜小于15d

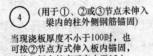

⑤ 梁、柱纵向钢筋搭接接头沿节点外侧直线布置

图1-52　抗震边（角）柱顶节点钢筋排布规则

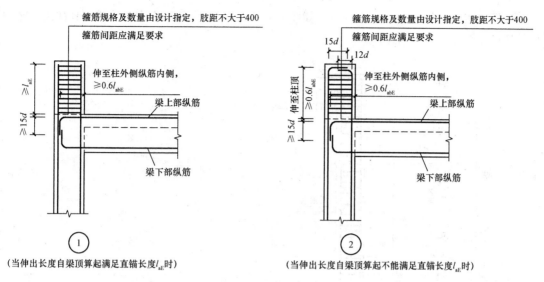

图 1-53 边柱、角柱柱顶等截面伸出时纵向钢筋构造

(2)中柱柱顶节点钢筋排布规则。中柱柱头纵向钢筋构造分以下四种做法(图 1-54):

1)当截面尺寸不满足直锚长度时,柱纵筋伸至柱顶节点向内弯折 90°锚固措施。此时,包括弯弧在内的钢筋垂直投影锚固长度不应小于 $0.5l_{abE}$,在弯折平面内包含弯弧段的水平投影长度不宜小于 $12d$。

2)当截面尺寸不满足直锚长度,且柱顶现浇板厚度≥100 mm 时,柱纵筋伸至柱顶节点向外弯折,弯折后的水平投影长度不宜小于 $12d$。

3)当截面尺寸不足时,也可采用带锚头的机械锚固措施。此时,包含锚头在内的竖向锚固长度不应小于 $0.5l_{abE}$。

4)当截面尺寸满足直锚长度时,可采用直锚。柱顶节点的布筋方式可根据各种做法所要求的条件正确选用。

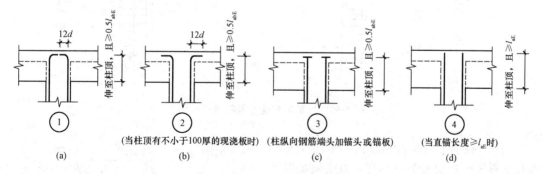

图 1-54 中柱顶节点钢筋排布

4. 框架柱箍筋的排布规则

框架柱箍筋加密区如图 1-55(a)所示,框架柱的箍筋加密区长度,应取柱截面长边尺寸(或圆形截面直径)、柱净高的 1/6 和 500 mm 中的最大值;一、二级抗震等级的角柱应沿柱全高加密箍筋;底层柱根箍筋加密区长度应取不小于该层柱净高的 1/3;当有刚性地面时,除柱端箍筋加密区外,还应在刚性地面上、下各 500 mm 的高度范围内加密箍筋;纵筋的接头不宜设置在柱端的箍筋加密区内。

底层刚性地面上下各加密 500 mm，如图 1-55(b)所示。其中，H_n 是所在楼层柱净高；h_c 为柱长边尺寸。

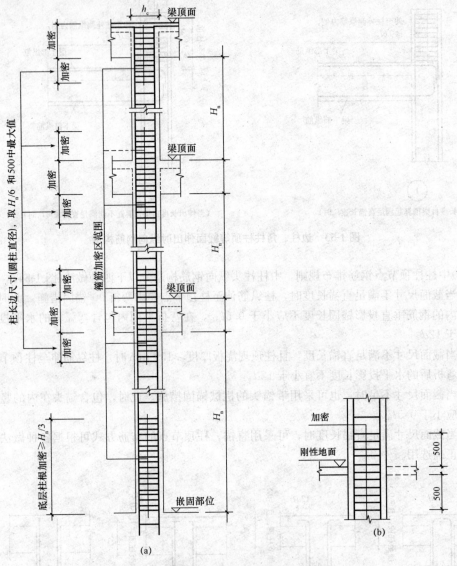

图 1-55　柱箍筋加密区箍筋排布规则

当梁、柱类采用搭接连接时，纵向受力钢筋搭接区箍筋构造如图 1-56 所示，且应满足以下要求：搭接区内箍筋直径不小于 $d/4$（d 为搭接钢筋最小直径）；当受压钢筋直径大于 25 mm 时，还应在搭接接头两个端面外 100 mm 的范围内各设置两道箍筋。

当柱箍筋采用复合箍筋时，箍筋按图 1-57 所示进行排布，柱纵向钢筋、复合箍筋排布应遵循对称均匀原则，箍筋转角处应有纵向钢筋。柱

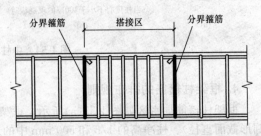

图 1-56　梁、柱纵向受力钢筋搭接区
箍筋排布规则

封闭箍筋弯钩位置应沿柱竖向按顺(逆)时针顺序排布。当柱内部复合箍筋采用拉筋时，拉筋宜紧靠纵向钢筋并勾住外封闭箍筋。

图中复合箍筋标注 $m \times n$ 表示：柱截面横向箍筋为 m 肢，柱截面竖向箍筋为 n 肢。

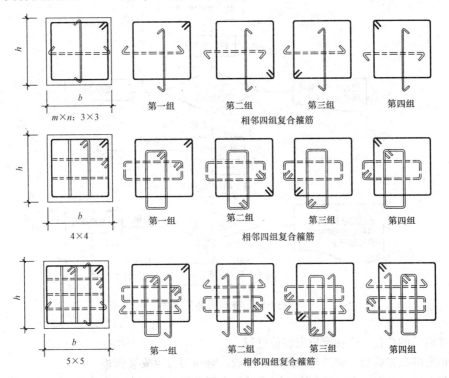

图 1-57　柱横截面复合箍筋排布构造图

(三)柱钢筋的配料

多层或高层结构柱子钢筋可分层分段计算，每段一般按一个楼层计算。按照施工图及相关构造要求套用钢筋下料计算公式即得下料长度。

(四)柱钢筋施工

柱钢筋的施工流程图如图 1-58 所示。

(1)柱中的竖向钢筋优先采用机械连接或焊接。当采用绑扎搭接时，角部钢筋的弯钩应与模板成 45°(多边形柱为模板内角的平分角，圆形柱应与模板切线垂直)，中间钢筋的弯钩应与模板成 90°。如果用插入式振捣器浇筑小型截面柱，则弯钩与模板的角度不得小于 15°。

(2)柱的主筋在底层和顶层按锚固要求常有 90°弯折，中间各层柱筋主要是加工成直段，而箍筋则需要多处弯折并在端部做弯钩。柱的主筋主要采用钢筋弯曲机弯折，柱的箍筋也可采用板钩弯曲加工。

(3)箍筋的接头(弯钩叠合处)应交错布置在四角纵向钢筋上；箍筋转角与纵向钢筋交叉点均应扎牢(箍筋平直部分与纵向钢筋交叉点可间隔扎牢)，绑扎箍筋时绑扣相互间应成八字形。

(4)下层柱的钢筋露出楼面部分，宜用工具式柱箍将其收进一个柱筋直径，以利于上层柱的钢筋搭接。当柱截面有变化时，其下层柱钢筋的露出部分，必须在绑扎梁的钢筋之前先行收缩准确。

(5)框架梁、牛腿及柱帽等钢筋，应放在柱的纵向钢筋内侧。

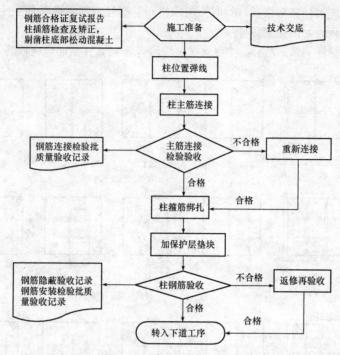

图 1-58 柱钢筋施工流程

(6)柱钢筋的绑扎，应在模板安装前进行。

(7)钢筋绑扎完成后，应进行隐蔽检查验收，合格后方可安装模板。

(8)当本楼层顶板结构混凝土施工完毕进行上层柱钢筋绑扎时，应先检查柱的主筋位置，有偏移时应进行校正，然后接长钢筋再进行绑扎。上层柱钢筋下料时要考虑留出接头焊接的损失量。

任务实施

填写钢筋原材料检验批质量验收记录，见附录一。

施工图纸中 KZ3 的配料计算如下：

1. 柱纵筋的下料长度计算

(1)柱纵筋的锚固长度。柱内竖向钢筋分两批截断，短插筋记为 1 号筋，长插筋记为 2 号筋。接头设在连接区域，且相邻两根交错连接，接头间距 $35d = 35 \times 22 = 770 (\text{mm})$，即长短钢筋各 8 根。

$$l_{ab} = \alpha \frac{f_y}{f_t} d = 0.14 \times \frac{360}{1.43} \times 22 = 775.4 (\text{mm})$$

$$l_a = \xi_a l_{ab} = 775.4 (\text{mm})$$

$$l_{aE} = \xi_{aE} l_a = 1.15 \times 775.4 = 892 (\text{mm})$$

(2)插筋下料长度计算。

$h_j = 700 - 40 = 660 (\text{mm}) \leqslant l_{aE} = 892 (\text{mm})$，故柱纵筋插至基础底部支在板底钢筋网上并作 $15d$ 的水平弯钩。

1 号筋下料长度为

$l_1 = $ 基础内钢筋锚固长度 + 伸入柱内钢筋长度

$$= [(700 - 40 - 16) + 15d - 2d] + \frac{H_n}{3} = 930 + 3\,550 = 4\,480 (\text{mm})$$

2 号筋下料长度为

$$l_2 = l_1 + \max\{500 \text{ mm}, 35d\} = 4\,480 + 770 = 5\,250(\text{mm})$$

(3)一层柱钢筋下料长度计算。

钢筋伸入屋框梁的竖直段长度为 $650 - 35 = 615(\text{mm}) < l_{aE} = 892(\text{mm})$ 且 $> 0.5 l_{abE}$，且板厚大于 100 mm，故可采用柱筋伸至柱顶向节点外弯折 12d。

锚入支座长度 $l = 650 - 35 + 12d - 2d = 835(\text{mm})$

短钢筋记为 3 号筋，长钢筋记为 4 号筋。

$l_4 =$ 柱筋在梁内锚固长度 + 伸入柱内钢筋长度

$$= (615 + 12d - 2d) + \left(H_n - \frac{H_n}{3}\right) = 835 + 7\,100 = 7\,935(\text{mm})$$

$$l_3 = l_4 - \max\{500 \text{ mm}, 35d\} = 7\,935 - 770 = 7\,165(\text{mm})$$

2. 柱箍筋的计算

(1)柱箍筋下料长度：箍筋采用 $\Phi 10@100/200$。

地面以上柱保护层厚 35 mm，其箍筋下料长度为

$$l_{大箍筋} = (550 - 2 \times 35) \times 4 + 70 = 1\,990(\text{mm})$$

$$l_{小箍筋} = \left[\frac{550 - 35 \times 2 - 10 \times 2 - \frac{22}{2} \times 2}{4} \times 2 + \frac{22}{2} \times 2 + 10 \times 2\right] \times 2 + (550 - 35 \times 2) \times 2 + 70$$

$$= 1\,554(\text{mm})$$

(2)框架柱根箍筋根数。

框架柱根箍筋加密区段最小长度为

$$l_{下} = \max\left\{\frac{H_n}{3}, 500 \text{ mm}, h_c\right\} = \{3\,550 \text{ mm}, 500 \text{ mm}, 550 \text{ mm}\} = 3\,550(\text{mm})$$

框架柱顶箍筋加密区段最小长度为

$$l_{上} = \max\left\{\frac{H_n}{6}, 500 \text{ mm}, h_c\right\} = \{1\,775 \text{ mm}, 500 \text{ mm}, 550 \text{ mm}\} = 1\,775(\text{mm})$$

梁下加密区箍筋根数

$$n_1 = \frac{1\,775 - 50}{100} + 1 = 19(\text{根})$$

柱根部加密区箍筋根数

$$n_2 = \frac{3\,350 - 50}{100} + 1 = 34(\text{根})$$

梁高范围内加密区箍筋根数

$$n_3 = \frac{650 - 50 - 50}{100} + 1 = 7(\text{根})$$

非加密区箍筋根数

$$n_4 = \frac{10\,650 - 1\,775 - 3\,550}{200} - 1 = 26(\text{根})$$

$$n = 19 + 34 + 7 + 26 = 86(\text{根})$$

则大箍筋根数

$$n = 19 + 34 + 7 + 26 + 2 = 88(\text{根})(基础内需设置 2 根大箍筋)$$

则小箍筋根数

$$n = (19 + 34 + 7 + 26) \times 2 = 172(\text{根})$$

KZ3 钢筋下料表见表 1-21。

表 1-21　KZ3 钢筋下料表

构件名称	钢筋编号	钢筋简图	直径/mm	级别	下料长度/mm	单位根数/根	构件根数/根	合计根数/根	质量/kg
插筋	l_1	4 195　330	22	HRB400	4 480	8		8	106.8
	l_2	4 964　330			5 250	8		8	125.16
一层柱筋	l_3	6 945　264			7 165	8	1	8	170.81
	l_4	7 715　264			7 935	8		8	189.17
箍筋	大箍筋	480 / 480	10	HRB335	1 990	88		88	108.03
	小箍筋	480 / 262			1 554	172		172	164.89
合计									864.86

3. 钢筋加工检验批质量验收记录表（见附录一）。

4. 在本工程中柱子采用电渣压力焊，请编写钢筋电渣压力焊施工技术交底。

技术交底记录		编　号	
工程名称		交底日期	
施工单位		分项工程名称	电渣压力焊
作业部位	柱	施工期限	

交底内容：

一、编制依据

质量标准及执行规程规范：《钢筋焊接及验收规程》（JGJ 18—2012）；《建筑工程施工质量验收统一标准》（GB 50300—2013）；《建设工程施工现场供用电安全规范》（GB 50194—2014）；《建筑施工安全检查标准》（JGJ 59—2011）。《混凝土结构工程施工质量验收规范》（GB 50204—2015）、图集 16G101—1、工程施工图纸、图纸会审记录、设计变更、施工组织设计等技术文件。

二、施工准备

2.1　材料要求

钢筋的级别、规格应符合设计要求，并且具备产品合格证、出厂检测报告和进场复验报告。

2.2　主要机具

焊接电源、控制箱、操作箱、焊接机头等。

2.3　作业条件

2.3.1　电渣压力焊的作业人员应进行内部培训，经考核合格者，发企业内部上岗证，作业人员必须持证上岗。

2.3.2　电渣压力焊钢筋在竖向工倾斜度在 4：1 范围内应用。

2.3.3　电压表、时间显示器应齐全，焊接筒的直径应与所焊钢筋的直径相适应。

2.3.4　在正式焊接前，每一个作业人员应对其在工程中准备进行电渣压力焊的钢筋各做 3 个模拟试件，经拉伸试验合格后方能上岗操作。

2.3.5 熟悉图纸。

班前可参考表1-22焊接参数。

表 1-22 焊接参数

钢筋直径/mm	焊接电流/A	焊接电压/V		通电时间/s	
		电弧过程	电渣过程	电弧过程	电渣过程
18	250～300			15	5
20	300～250			17	5
22	350～400			18	6
25	400～450	35～45	18～22	21	6
28	500～550			24	6
32	600～650			27	7

三、操作工艺

3.1 工艺流程

检查设备、电源→钢筋端头制备→选择焊接参数→安装焊接夹具和钢筋→安放铁丝球(也可省去)→安放焊剂罐、填装焊剂→试焊、作试件→确定焊接参数→施焊→回收焊剂→卸下夹具→质量检查。

3.2 柱筋焊接的接头按50%错开35d,其构造如图1-59所示。

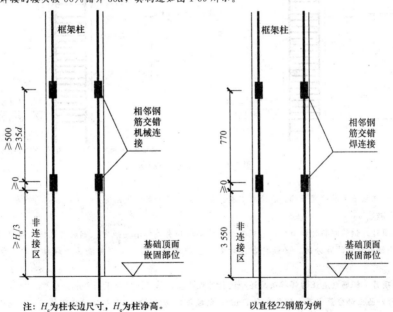

注：H为柱长边尺寸，H_n为柱净高。

图 1-59 柱筋焊接接头的构造

3.3 电渣压力焊可采用交流或直流电源。焊机容量应根据所焊钢筋直径选定。

3.4 焊接时,应根据班前焊所确定的焊接参数进行操作。

3.5 电渣压力焊工艺过程应符合下列要求:

3.5.1 焊接夹具的上下钳口应夹紧于上下钢筋上,不得晃动。

3.5.2 引弧宜采用铁丝圈或焊条头引弧法，也可采用直接引弧法。铁丝圈引弧法是将铁丝圈放在上下钢筋端头之间，电流通过铁丝圈与上下钢筋端面的接触点形成短路引弧。铁丝圈采用直径 0.5～1.0 mm 退火铁丝，圈径不小于 10 mm。当焊接电流较小，钢筋端面较平整或引弧距离不易控制时，宜采用此法。

直接引弧法是在通电后迅速将上钢筋提起，使两端头之间的距离为 2～4 mm 引弧。这种过程很短。当钢筋端头夹杂不导电物质或端头过于平滑造成引弧困难时，或以多次把上钢筋移下与下钢筋短接后再提起，以达到引弧目的。

3.5.3 引燃电弧后，靠电弧的高温作用，将钢筋端头凸出部分不断烧化，同时将接口周围的焊剂充分熔化，形成一定深度的渣池。

3.5.4 渣池形成一定深度后，将上钢筋缓缓插入渣池中。由于电流直接通过渣池，产生大量的电阻热，使渣池温度升到近 2 000 ℃，将钢筋端头迅速而均匀地熔化。

3.5.5 在停止供电的瞬间，对钢筋施加压力，把焊口部分熔化的金属、熔渣及氧化物等杂质全部挤出接合面，完成挤压过程。

3.5.6 接头焊毕，应停歇 20～30 s 后才能卸下夹具，以免接头弯折。

3.5.7 将熔渣清理干净。

3.5.8 柱箍筋加密区示意图如图 1-60 所示。

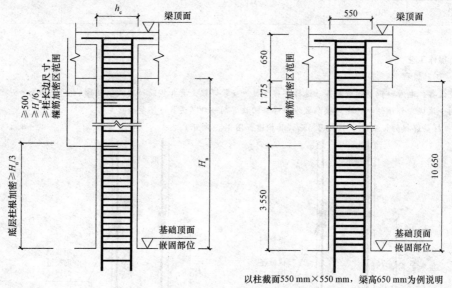

以柱截面 550 mm×550 mm，梁高 650 mm 为例说明

图 1-60　柱箍筋加密区

3.5.9 为保证柱子主筋位置正确，在浇筑混凝土前，主筋应加定位框固定。

四、质量标准

4.1 主控项目。钢筋的品种和质量，必须符合设计要求和有关标准的规定。钢筋的规格、焊接接头的位置及同一区段内有接头钢筋面积的百分比，必须符合设计要求和施工规范的规定。电渣压力焊接头的力学性能检验必须合格。

4.2 一般项目。钢筋电渣压力焊接头应逐个进行外观检查，结果应符合下列要求：

焊包较均匀，凸出部分最少高出钢筋表面 4 mm；电极与钢筋接触处，无明显的烧伤缺陷；接头处的弯折角不大于 3°；接头处的轴线偏移应不超过 0.1 倍钢筋直径，同时不大于 2 mm。

五、通病预防

5.1 在钢筋电渣压力焊生产中，应重视焊接全过程中的任何一个环节。接头部位应清理干净，钢筋安装应上下同心；夹具紧固，严防晃动；引弧过程，力求可靠；电弧过程，延时充分；电渣过程，压力适当。若出现异常现象，应查找原因，及时清除。

5.2 电渣压力焊可在负温条件下进行，但当环境温度低于 -20 ℃时，则不宜进行施焊。雨天不宜进行施焊，必须施焊时，应采取有效的遮蔽措施。焊后未冷却的接头，应避免碰到冰雪。

六、安全施工管理措施

6.1 操作人员进入施工现场必须戴安全帽，不准穿拖鞋、高跟鞋、裙子，不得赤脚作业，不准吸烟。必须遵守工地安全生产纪律。

6.2 焊接机械应放置在防雨和通风良好的地方。焊接现场不准堆放易燃易爆物品。高空焊接或切割时，必须挂好安全带，焊件周围和下方应采取防火措施并有专人监护。

6.3 所有用电设备均采用一机一闸一漏电保护。配电箱要安装牢固，底边距离地面不小于 1.5 m。各配电箱均应有用电标识。电力设备的外壳及所有金属工作平台均与 PE 线相接。

七、文明和环保施工管理措施

7.1 钢筋加工时应轻拿轻放，严禁随意乱扔乱放，加工所产生的钢筋头应分规格及长短尺寸码放，以便充分利用。

7.2 钢筋截断及切割所产生的碎屑及时清理，切割机前加设挡板，防止产生火星引起火灾。

7.3 维修机械所用机油、润滑剂需存放于维修班，更换下的废件及时回收。

7.4 钢筋绑扎所用的铁丝、工具不得乱扔乱放，必须存放在指定地点。

审核人		交底人		接受交底人	

5. 填写钢筋安装工程检验批质量验收记录表（Ⅴ）钢筋电渣压力焊接头及钢筋安装工程检验批质量验收记录表（见附录一）。

思 考 题

1. 钢筋的连接方式有哪些？各有哪些优缺点？

2. 钢筋下料计算的原理是什么？外包尺寸从哪得到？什么是量度差？如何计取？弯钩增长值如何计算？

3. 柱钢筋怎样计算下料？

4. 盘圆钢筋如何调直？

5. 柱钢筋绑扎的要点有哪些？

6. 柱钢筋常用的连接方法有哪些？对接头位置有什么要求？

7. 直螺纹套筒连接的施工要点有哪些？

8. 钢筋接头质量如何检验？

9. 编写柱钢筋焊接及机械连接技术交底。

任务二　柱模板安装

引导问题

1. 混凝土柱子的形状如何形成？

2. 对模板系统有哪些基本要求？

3. 模板可以重复利用多次周转吗？

工作任务

如附图一所示，现浇混凝土柱 KZ3，柱截面宽度为 550 mm，高度为 550 mm，柱的总计算高度 $H=10.8$ m。

任务要求：1. 完成施工图纸中 KZ3 的模板配板设计。

2. 编写 KZ3 模板工程技术交底。

3. 填写模板安装工程检验批质量验收记录表及模板拆除工程检验批质量验收记录表。

知识链接

一、模板的基本知识

由水泥、砂子、石子、水及外加剂等材料经过搅拌而成的混凝土拌合物具有一定的流动性，为使其形成设计所需的形状和尺寸，要将混凝土拌合物灌注在预先安装完并符合要求的模具内，混凝土拌合物经过凝结硬化，即形成需要的结构构件。模板就是使钢筋混凝土结构或构件成型的模具，是混凝土结构构件施工的重要工具。一般将模板面板、主次龙骨(肋、背楞、钢楞、托梁)、连接撑拉锁固件、支撑结构等统称为模板。模板施工的工作内容包括模板的选材、选型、设计、制作、安装、拆除、修整和周转等过程。

模板工程施工是钢筋混凝土工程的重要组成部分，在现浇钢筋混凝土结构施工中占主导地位，决定施工方法和施工机械的选择，直接影响工期和造价。现浇混凝土结构施工所用模板工程的造价，约占混凝土结构工程总造价的 1/3、总用工量的 1/2。因此，采用先进的模板技术，对于提高工程质量、加快施工速度、提高劳动生产率、降低工程成本和实现文明施工，都具有十分重要的意义。

1. 模板的分类

模板的种类较多，可从不同的角度划分。

(1)模板按其所用的材料不同，可分为木模板、钢模板、钢木模板、胶合板模板、塑料模板、玻璃钢模板等。目前，应用较广泛的是胶合板模板。

(2)模板按其装拆方法不同，可分为固定式、移动式和永久式。固定式是指一般常用的模板和支撑安装完毕后位置不变动，待所浇筑的混凝土达到规定的强度标准值后再拆除；移动式是指模板和支撑安装完毕后，随混凝土浇筑而移动，直到混凝土结构全部浇筑结束才一次拆除，如滑升模板和隧道模板；永久式是指模板在混凝土浇筑以后与结构连成整体，不再拆除，常用的如叠合板、基础砖模等。其中有的模板与现浇结构叠合后组合成共同受力构件。该模板多用于现浇钢筋混凝土楼(顶)板工程，也有的用于竖向现浇结构。图 1-61 所示为压型钢板组合楼板示意。

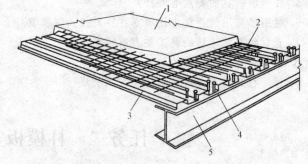

图 1-61　压型钢板组合楼板示意

1—现浇混凝土楼板；2—钢筋；3—压型钢板；
4—用栓钉与钢梁焊接；5—钢梁

(3)模板按规格形式可分为定型模板(如小钢模板)和非定型模板(如木模板等散装模板)。

(4)模板按结构类型可分为基础模板、柱模板、墙模板、梁和楼板模板等。

无论采用何种模板，钢筋混凝土结构或构件的模板系统均由模形板(简称模板)和支撑体系两部分组成。模板在承受混凝土自重、混凝土侧压力及施工荷载的情况下，利用可靠的支撑体系确保模板不破坏、不变形，即保证模板形状、尺寸及其空间位置的正确性。应根据不同的结构构件及其空间位置来选择和设计不同的支撑系统。

2. 模板的基本要求

在现浇钢筋混凝土结构施工中，对模板系统的基本要求如下：

(1)模板及其支架应具有足够的承载能力、刚度和稳定性，能可靠地承受浇筑混凝土的质量、侧压力及施工荷载。

(2)要保证工程结构和构件各部分形状尺寸和相互位置的正确。

(3)构造简单，装拆方便，并便于钢筋的绑扎和安装，可以周转使用，符合混凝土的浇筑及养护等工艺要求。

(4)模板的拼(接)缝应严密，不得漏浆。

(5)清水混凝土工程及装饰混凝土工程所使用的模板，应满足设计要求的效果。

二、模板的选材

1. 通用组合式模板

通用组合式模板，是按模数制设计，工厂成型，且有完整的配套使用的通用配件，并具有通用性强、装拆方便、周转次数多等特点。其包括组合钢模板、钢框木(竹)胶合板模板、塑料模板、铝合金模板。在现浇钢筋混凝土结构施工中，可事先按设计要求组拼成梁、柱、墙、楼板的大型模板整体吊装就位，也可采用散装散拆方法，如55型组合钢模板。

组合钢模板的部件主要由钢模板、连接件和支承件三部分组成。

(1)钢模板。钢模板主要包括平面模板、阴角模板、阳角模板、连接角模等通用模板，以及倒楞模板、梁腋模板、柔性模板、可调模板、嵌补模板等专用模板。其用途见表1-23。

表1-23　钢模板的用途

名　称	图　示	用　途
平面模板	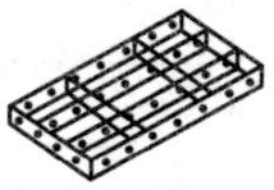	用于基础、柱、墙体、梁和板等多种结构平面部位
阴角模板	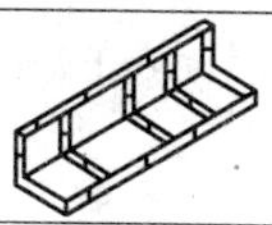	用于墙体和各种构件的内角及凹角的转角部位
阴角模板		用于柱、梁及墙体等外角及凸角的转角部位
倒棱模板	角棱模板	用于结构阳角的倒棱部位
	圆棱模板	用于结构圆棱部位

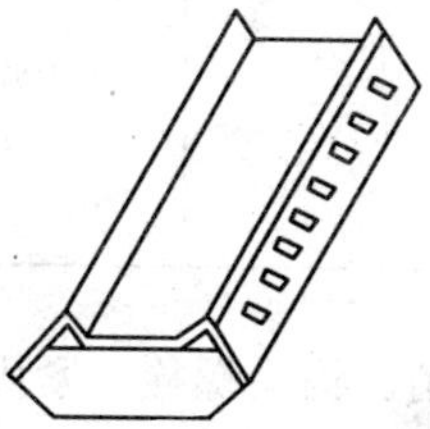

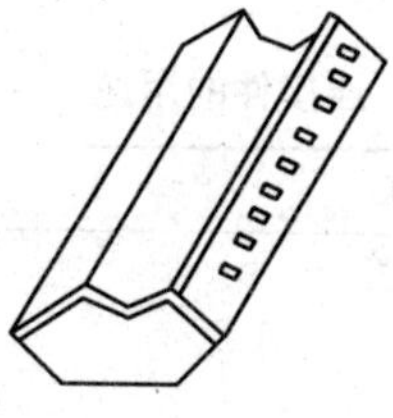

名　称	图　示	用　途
柔性模板		用于圆形筒壁、曲面墙体等结构部位
可调模板	双曲可调模板	用于构筑物的曲面部位
	变角可调模板	用于展开面为扇形及梯形的构筑物的结构部位
连接角模		用于结构的外角及凸角的转角部位
嵌板模板	同平板模板、阴阳角模板、转接角模	用于梁、柱、墙、板等结构接头部位
梁腋模板		用于渠道、沉箱和各种结构的梁腋部位
搭接模板		用于调节 50 mm 以内的拼装模板尺寸

(2)连接件。连接件由 U 形卡、L 形插销、钩头螺栓、紧固螺栓、扣件、对拉螺栓等组成，其用途见表1-24。

表 1-24　连接件的用途

序号	名　称	图　示	用　途
1	U 形卡		用于钢模板纵横向拼接，将相邻钢模板卡紧固定

序号	名 称	图 示	用 途
2	L形插销		用来增强钢模板的纵向拼接刚度，保证接缝处板面平整
3	对拉螺栓	内拉杆 顶帽 外拉杆 L 混凝土壁厚 L	用于拉结两侧模板，保证两侧模板的间距，使模板具有足够的刚度和强度，能承受混凝土的侧压力及其他荷载
4	钩头螺栓		用于钢模板与内、外钢楞之间的连接固定
5	紧固螺栓		用于紧固内外钢楞，增强拼接模板的整体刚度
6	扣件	碟式扣件 3形扣件	用于钢楞与钢模板或钢楞之间的紧固连接，与其他配件一起将钢模板拼装连接成整体

（3）支承件。支承件包括钢管支架、门式支架、碗扣式支架、盘销（扣）式脚手架、钢支柱、四管柱、斜撑、调节托、龙骨等。其中，钢管支架、门式支架、碗扣式支架、盘销（扣）式脚手架主要用于层高较大的梁、板等水平构件模板的垂直支撑。钢支柱用于大梁、楼板等水平构件的垂直支撑，有单管和四管支柱等多种形式（图1-62）。

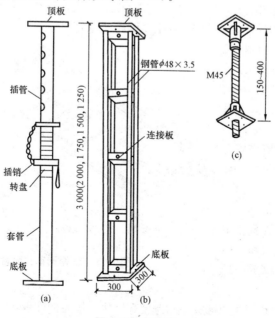

图1-62 钢支柱

(a)单管支柱；(b)四管支柱；(c)螺栓千斤顶

(4)斜撑。斜撑是用于承受墙、柱等侧模板的侧向荷载和调整竖向支模的垂直度的部件,如图 1-63 所示。

(5)调节托、早拆柱头。调节托、早拆柱头用于梁和楼板模板的支撑顶托,如图 1-64 所示。

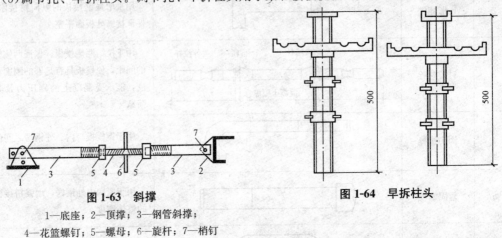

图 1-63　斜撑

1—底座;2—顶撑;3—钢管斜撑;

4—花篮螺钉;5—螺母;6—旋杆;7—梢钉

图 1-64　早拆柱头

(6)龙骨。龙骨包括钢楞、木楞及钢木组合楞。其主要用于支撑钢模板并加强其整体刚度。钢楞的材料有圆钢管、矩形钢管、内卷边槽钢、轻型槽钢、轧制槽钢等。木楞主要有 100 mm×100 mm、100 mm×50 mm 的方木。钢木组合楞是由方木与冷弯薄壁型钢组成的可共同受力的模板背楞,主要包括"U"形、"几"字形,可根据设计要求和供应条件选用。

2. 钢框木(竹)胶合板模板

钢框木(竹)胶合板模板是以热轧异型钢为钢框架,以覆面胶合板作板面,并加焊若干钢肋承托面板的一种组合式模板。面板有木、竹胶合板及单片木面竹芯胶合板等。板面施加的覆面层有热压三聚氰胺浸渍纸、热压薄膜、热压浸涂和涂料等。

品种系列(按钢框高度分)除与组合钢模板配套使用的 55 系列(即钢框高 55 mm,刚度小、易变形)外,现已发展有 63、70、75、78、90 等系列,其支撑系统各具特色。现行行业标准《钢框组合竹胶合板模板》(JG/T 428)规定,选定边框高度为 75 mm。

钢框木(竹)胶合板的规格长度最长达到 2 400 mm,宽度最宽达到 1 200 mm,具有质量轻、用钢量少、面积大,可以减少模板拼缝,提高结构浇筑后表面的质量和维修方便,面板损伤后可用修补剂修补等特点。此处仅介绍 75 系列钢框胶合板,55 型和 78 型钢框胶合板模板类似。

75 系列钢框胶合板模板是由胶合板或竹胶板的面板与高度为 75 mm 的钢框构成的模板,如图 1-65 所示。

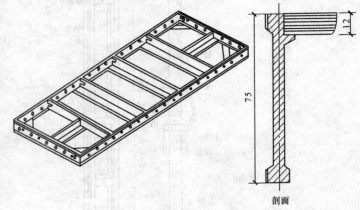

图 1-65　75 系列钢框胶合板模板

(1)平面模板块。平面模板以 600 mm 为最宽尺寸,作为标准板,级差为 50 mm 或其倍数,宽度小于 600 mm 的为补充板。长度以 2 400 mm 为最长尺寸,级差为 300 mm。

（2）连接模板。连接模板有阴角模、连接角钢与调缝角钢三种，如图1-66所示。用角模拼装的模板如图1-67所示，用调缝角钢拼装的模板如图1-68所示。

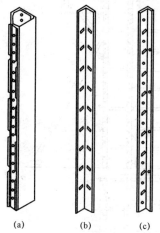

图 1-66　连接模板

(a)阴角角模；(b)连接角钢；(c)调缝角钢

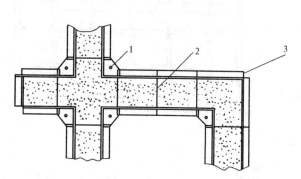

图 1-67　用角模拼装 90°转角、十字、端头模板

1—阴角角模；2—穿墙扁拉杆；3—连接角钢

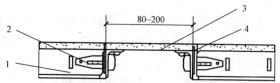

图 1-68　用调缝角钢拼装的 80～200 mm 非标准模板

1—模板；2—楔形销；3—防水复合板；4—调缝角钢

为了加强阴角模边框的刚度，采用了专用热轧型钢，其宽度为 150 mm×150 mm、150 mm×100 mm 两种，长度为 900 mm、1 200 mm、1 500 mm，共 6 种规格。凡结构阳角处均采用75×75 连接角钢，其优点是每一平面上少两条拼缝，加工简单，成本低，精度高。调缝角钢宽度有200 mm、150 mm 两种，长度为 900 mm、1 200 mm、1 500 mm，共 6 种规格。平面模板和连接模板共 44 种规格，可满足拼装各种结构尺寸的需要。

（3）连接件。连接件有楔形销、单双管背楞卡、L 形插销、扁杆对拉、厚度定位板等（图1-69），采用"一把榔头"或一插就能完成拼装，操作快捷，安全可靠。

（4）支承件。支承件有脚手架、钢管、背楞、操作平台、斜撑等，如图1-70 和图1-71 所示。

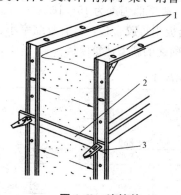

图 1-69　连接件

1—模板；2—穿墙扁拉杆；3—楔形销

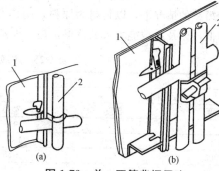

图 1-70　单、双管背楞用法

(a)单管背楞；(b)双管背楞

1—模板；2—背楞

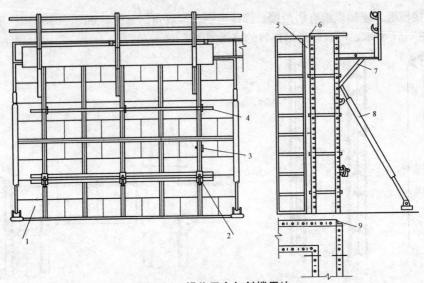

图 1-71 操作平台与斜撑用法

1—模板；2—双背楞卡；3—楔形销；4—单背楞卡；5—阴角模板；6—厚度定位板；7—操作平台；8—斜撑；9—连接角钢

3. 胶合板模板

胶合板模板的优点。胶合板模板有木胶合板和竹胶合板。胶合板用作混凝土模板具有以下优点：板幅大，质量轻，板面平整，既可减少安装工作量，节省现场人工费用，又可减少混凝土外露表面的装饰及磨去接缝的费用；承载能力大，特别是经表面处理后耐磨性好，能多次重复使用；材质轻，厚 18 mm 的木胶合板，单位面积质量为 50 kg，模板的运输、堆放、使用和管理等都较为方便；保温性能好，能防止温度变化过快，冬期施工有助于混凝土的保温；锯截方便，易加工成各种形状的模板；便于按工程的需要弯曲成型，可用作曲面模板。

(1)木胶合板模板。木胶合板模板可分为素板、涂胶板、覆膜板三类。素板是未经处理的混凝土模板用胶合板；涂胶板是经树脂饰面处理的混凝土模板用胶合板；覆膜板是经浸渍胶膜纸贴面处理的混凝土模板用胶合板。

模板用的木胶合板通常由 5、7、9、11 层等奇数层单板经热压固化而胶合成型。相邻层的纹理方向相互垂直，通常，最外层表板的纹理方向和胶合板板面的长向平行，因此，整张胶合板的长向为强方向，短向为弱方向，使用时必须加以注意。我国模板用木胶合板的规格尺寸见表 1-25。

(2)竹胶合板模板。我国竹材资源丰富，且竹材具有生长快、生产周期短(一般 2～3 年成材)的特点。一般竹材顺纹抗拉强度为 18 N/mm²，为松木的 2.5 倍、红松的 1.5 倍；横纹抗压强度为 6～8 N/mm²，是杉木的 1.5 倍、红松的 2.5 倍；静弯曲强度为 15～16 N/mm²。在我国木材资源短缺的情况下，以竹材为原料，制作混凝土模板用竹胶合板，具有收缩率小、膨胀率和吸水率低，以及承载能力大的特点，是一种具有发展前途的新型建筑模板。

表 1-25 木胶合板规格尺寸   mm

幅面尺寸				厚度 h
模数制		非模数制		
宽度	长度	宽度	长度	
—	—	915	1 830	$12 \leqslant h < 15$
900	1 800	1 220	1 830	$15 \leqslant h < 18$
1 000	2 000	915	2 135	$18 \leqslant h < 21$
1 200	2 400	1 220	2 440	$21 \leqslant h < 24$
		1 250	2 500	

①组成和构造。混凝土模板用竹胶合板，由面板与芯板组合而成，芯板采用竹编席，面板采用薄木胶合板或竹编席。竹胶合板断面构造如图1-72所示。

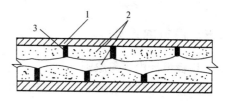

图1-72 竹胶合板断面示意图
1—竹席或薄木片面板；2—竹帘芯板；3—胶粘剂

为了提高竹胶合板的耐水性、耐磨性和耐碱性，经试验证明，竹胶合板表面采用环氧树脂涂面的耐碱性较好，采用瓷釉涂料涂面的综合效果最佳。

②规格尺寸。现行国家标准《竹编胶合板》(GB/T 13123)规定了竹胶合板的规格，见表1-26。竹胶合板的厚度常为9 mm、12 mm、15 mm、18 mm。

表1-26 竹胶合板规格尺寸 mm

长度	宽度	厚度
1 830	915	9、12、15、18
2 135	1 000	
2 135	915	
2 440	1 220	

4. 木模板

木模板及支撑系统一般都在木工棚加工成部件，然后在现场拼成整体。木模板是最传统的模具之一，近年来，随着我国森林面积的急剧减少及新型模板的发展，木模板的应用越来越少。现在一般用于楼梯、梁柱接头、异形构件、模板镶拼等部位。

5. 铝合金模板

铝合金模板是新一代的建筑模板，适用于墙、楼板、柱子、梁、桥梁等模板。其具有质量轻、拆装灵活、刚度高、使用寿命长、板面大、拼缝少、精度高、施工对机械依赖程度低，能降低人工和材料成本、维护费用低、施工效率高、回收价值高等特点。铝合金模板的部件主要包括铝合金面板、连接件和支承件三部分。

6. 土模

土模是指在基础或垫层施工时利用地槽土壁作为模板。其主要适用于地下连续墙、桩、承台、地基梁、逆作施工楼板。

7. 塑料模板

塑料模板是指适用于一些异形、不规则构件以及现场加工较有困难的模板，以及只进行现场拼装的模板。塑料模板"以塑代木""以塑代钢"，是一种节能的绿色环保产品。其主要种类见表1-27。

表1-27 塑料模板的种类

种类	组成
木塑建筑模板	由废塑料PP、ABS、PVC、PE等再生粒子组成，里面掺有木粉或者秸秆粉末为填充料生产而成（颜色为黑色）
粉煤灰塑料建筑模板	由最差的废塑料PP、PE、PVC、ABS等再生粒子组成，里面的填充物为粉煤灰、石粉
玻璃纤维塑料建筑模板	由中等废塑料PP、PE、PVC、ABS等再生粒子组成，填充物为三层玻纤布压塑而成

塑料模板的优点：有较好的物理性能，使用温度为−5 ℃～65 ℃，不吸水，防腐蚀，有足够的机械强度，可多次使用，可塑性强，质量轻，易脱模，可以回收利用；塑料模板的缺点：强度及刚度小，热胀冷缩系数大，电渣焊易烫毁板面。

三、模板的设计

1. 模板设计内容与原则

模板及其支架的设计应根据工程结构形式、荷载大小、地基土类别、施工设备和材料等条件进行。

(1)设计内容。模板设计应包括：模板及支架的选型及构造设计；模板及支架上的荷载及其效应计算；模板及支架的承载力、刚度和稳定性验算；绘制模板及支架施工图等内容。

(2)设计原则。

1)实用性。主要应保证混凝土结构的质量，具体要求是：接缝严密，不漏浆；保证构件的形状尺寸和相互位置的正确；模板的构造简单，支拆方便。

2)安全性。保证在施工过程中，不变形，不破坏，不倒塌。

3)经济性。针对工程结构的具体情况，因地制宜，就地取材，在确保工期、质量的前提下，尽量减少一次性投入，增加模板周转，减少支拆用工，实现文明施工。

2. 荷载及荷载组合

(1)荷载。模板及支架的设计应计算不同工况下的各种荷载。常见的荷载包括模板及其支架自重标准值(G_{1k})、新浇筑混凝土自重标准值(G_{2k})、钢筋自重标准值(G_{3k})、新浇筑的混凝土作用于模板的最大侧压力标准值(G_{4k})、施工人员及设备荷载标准值(Q_{1k})、振捣混凝土时产生的荷载标准值(Q_{2k})。倾倒混凝土时，对垂直面模板产生的水平荷载标准值(Q_{3k})、风荷载(Q_{4k})。

模板及其支架的荷载的计算，可分为荷载标准值和荷载设计值。后者应以荷载标准值乘以相应的荷载分项系数。

1)荷载标准值。模板及其支架自重标准值(G_{1k})应根据模板设计图纸计算确定。肋形或无梁楼板模板自重标准值应按表1-28采用。

表1-28　楼板模板自重标准值　　　　　　　　　　　　　　　　kN/m^2

模板构件的名称	木模板	定型组合钢模板
平板的模板及小梁	0.3	0.5
楼板模板(其中包括梁的模板)	0.5	0.75
楼板模板及其支架(楼层高度为4 m以下)	0.75	1.1

新浇筑混凝土自重标准值(G_{2k})，对普通混凝土可采用24 kN/m^3，其他混凝土可根据实际重力密度按现行行业标准《建筑施工模板安全技术规范》(JGJ 162)确定。

钢筋自重标准值(G_{3k})应根据工程设计图确定。对一般梁板结构每立方米钢筋混凝土的钢筋自重标准值：楼板可取1.1 kN；梁可取1.5 kN。

当采用内部振捣器时，新浇筑的混凝土作用于模板的侧压力标准值(G_{4k})，可按下列公式计算，并取其中的较小值：

$$F=0.22\gamma_c t_0 \beta_1 \beta_2 v^{\pm} \tag{1-1}$$

$$F=\gamma_c H \tag{1-2}$$

式中　F——新浇筑混凝土对模板的侧压力标准值(kN/m^2)；

　　　γ_c——混凝土的重力密度(kN/m^3)；

　　　t_0——新浇筑混凝土的初凝时间(h)，可按实测确定。当缺乏试验资料时，可采用$t_0 = 200/(T+15)$计算(T为混凝土的温度，℃)；

　　　β_1——外加剂影响修正系数，不掺外加剂时取1.0；掺具有缓凝作用的外加剂时取1.2；

β_2——混凝土坍落度影响修正系数，当坍落度小于 30 mm 时，取 0.85；坍落度为 50～90 mm 时，取 1.0；坍落度为 110～150 mm 时，取 1.15；

v——混凝土的浇筑速度(m/h)；

H——混凝土侧压力计算位置处至新浇筑混凝土顶面的总高度(m)。混凝土侧压力的计算分布图形如图 1-73 所示，图中 $h=\dfrac{F}{\gamma_c}$，h 为有效压头高度。

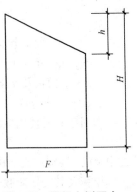

图 1-73 混凝土侧压力计算分布图形

施工人员及设备荷载标准值(Q_{1k})，当计算模板和直接支承模板的小梁时，均布活荷载可取 2.5 kN/m²，再用集中荷载 2.5 kN 进行验算，比较两者所得的弯矩值并取其大值；当计算直接支承小梁的主梁时，均布活荷载标准值可取 1.5 kN/m²；当计算支架立柱及其他支承结构构件时，均布活荷载标准值可取 1.0 kN/m²。

注：1. 对大型浇筑设备，如上料平台、混凝土输送泵等按实际情况计算；若采用布料机上料进行浇筑混凝土，则荷载标准值取 4 kN/m²。

2. 混凝土堆积高度超过 100 mm 以上者按实际高度计算。

3. 模板单块宽度小于 150 mm 时，集中荷载可分布于相邻的两块板面上。

振捣混凝土时产生的荷载标准值(Q_{2k})，对水平面模板可采用 2 kN/m²，对垂直面模板可采用 4 kN/m²，且作用范围在新浇筑混凝土侧压力的有效压头高度之内。

倾倒混凝土时，对垂直面模板产生的水平荷载标准值(Q_{3k})可按表 1-29 采用。

表 1-29　倾倒混凝土时产生的水平荷载标准值　　　　　　　kN/m²

向模板内供料方法	水平荷载
溜槽、串筒或导管	2
容量小于 0.2 m³ 的运输器具	2
容量为 0.2～0.8 m³ 的运输器具	4
泵送混凝土	4
容量大于 0.8 m³ 的运输器具	6
注：作用范围在有效压头高度以内。	

除上述荷载外，当水平模板支撑结构的上部继续浇筑混凝土时，还应考虑由上部传递下来的荷载。

风荷载标准值应按现行国家标准《建筑结构荷载规范》(GB 50009)中的规定计算。

2)荷载设计值。计算模板及支架结构或构件的强度、稳定性和连接强度时，应采用荷载设计值(荷载标准值乘以荷载分项系数)；计算正常使用极限状态的变形时，应采用荷载标准值。

(2)荷载组合。

1)按极限状态设计时，其荷载组合应符合下列规定：

①对于承载能力极限状态，应按荷载效应的基本组合采用，并应采用下列设计表达式进行模板设计：

$$\gamma_0 S \leqslant R \tag{1-3}$$

式中　γ_0——结构重要性系数，对于重要的模板及支架宜取 $\gamma_0 \geqslant 1.0$；对于一般的模板及支架宜取 $\gamma_0 \geqslant 0.9$；

S——荷载效应组合的设计值；

R——结构构件抗力的设计值，应按各有关建筑结构设计规范的规定确定。

②模板及支架的荷载基本组合的荷载效应设计值，也可按下式计算：

$$S = 1.35\alpha \sum_{i \geqslant 1} S_{Gik} + 1.4\varphi_{cj} \sum_{j \geqslant 1} S_{Qjk} \tag{1-4}$$

式中　S_{Gik}——第 i 个永久荷载标准值产生的效应值；

　　　S_{Qjk}——第 j 个可变荷载标准值产生的效应值；

　　　α——模板及支架的类型系数；对侧面模板取 0.9；其他取 1.0；

　　　φ_{cj}——第 j 个可变荷载的组合系数，宜取 $\varphi_{cj} \geqslant 0.9$。

2)对于正常使用极限状态应采用标准组合，并应按下列设计表达式进行设计：

$$S \leqslant C \tag{1-5}$$

式中　C——结构或结构构件达到正常使用要求的规定限值。

模板及其支架荷载效应组合的各项荷载的标准值组合应符合表 1-30 的规定。

表 1-30　模板及其支架荷载效应组合的各项荷载标准值组合

	项　　目	参与组合的荷载类别	
		计算承载能力	验算挠度
1	平板和薄壳的模板及支架	$G_{1k}+G_{2k}+G_{3k}+Q_{1k}$	$G_{1k}+G_{2k}+G_{3k}$
2	梁和拱模板的底板及支架	$G_{1k}+G_{2k}+G_{3k}+Q_{2k}$	$G_{1k}+G_{2k}+G_{3k}$
3	梁、拱、柱（边长不大于 300 mm）、墙（厚度不大于 100 mm）的侧面模板	$G_{4k}+Q_{2k}$	G_{4k}
4	大体积结构、柱（边长大于 300 mm）、墙（厚度大于 100 mm）的侧面模板	$G_{4k}+Q_{3k}$	G_{4k}

注：验算挠度应采用荷载标准值；计算承载能力应采用荷载设计值。

3. 模板结构的挠度要求

模板结构除必须保证足够的承载能力外，还应保证有足够的刚度。因此，应验算模板及其支架的挠度，其最大变形值不得超过下列允许值：

(1)对结构表面外露的模板，为模板构件计算跨度的 1/400。

(2)对结构表面隐蔽的模板，为模板构件计算跨度的 1/250。

(3)支架的压缩变形值或弹性挠度，为相应的结构计算跨度的 1/1 000(当梁板跨度≥4 m 时，模板应按设计要求起拱；如无设计要求，起拱高度宜为全长跨度的 1/1 000～3/1 000，钢模板取小值 1/1 000～2/1 000)。

(4)组合钢模板结构或其构配件的最大变形值不得超过表 1-31 的规定。

表 1-31　组合钢模板及构配件的容许变形值　　　　　　　　　　mm

部件名称	容许变形值
钢模板的面板	$\leqslant 1.5$
单块钢模板	$\leqslant 1.5$
钢楞	$\dfrac{L}{500}$ 或 $\leqslant 3.0$
柱箍	$\dfrac{B}{500}$ 或 $\leqslant 3.0$
桁架、钢模板结构体系	$\dfrac{L}{1\,000}$
支撑系统累计	$\leqslant 4.0$

注：L 为计算跨度，B 为柱宽。

4. 现浇混凝土梁板模板计算

(1)面板可按简支跨计算，应验算跨中和悬臂端的最不利抗弯强度和挠度，并应符合下列规定：

1)面板抗弯强度应按下式计算：

$$\sigma=\frac{M_{max}}{W_n}\leqslant f \tag{1-6}$$

式中　M_{max}——最不利弯矩设计值，取均布荷载与集中荷载分别作用时计算结果的大值；

　　　W_n——净截面抵抗矩；

　　　f——钢材的抗弯强度设计值。

②挠度应按下列公式进行验算：

$$\omega=\frac{4q_gL^4}{384EI}\leqslant[\omega]$$

或

$$\omega=\frac{5q_gL^4}{384EI}+\frac{PL^3}{48EI}\leqslant[\omega]$$

式中　q_g——永久荷载均布线荷载标准值；

　　　P——集中荷载标准值；

　　　E——弹性模量；

　　　I——截面惯性矩；

　　　L——面板计算跨度；

　　　$[\omega]$——模板结构容许挠度。

面板也可根据实际情况按两跨、三跨连续梁计算。两跨、三跨等截面等跨度连续梁的内力系数及变形系数可查附录四。

(2)楞梁计算时，主、次楞一般为两跨以上连续楞梁，当跨度不等时，应按不等跨连续楞梁或悬臂楞梁设计。同时次、主楞梁均应进行最不利抗弯强度与挠度计算，并应符合下列规定：

1)主、次楞梁抗弯强度计算：

$$\sigma=\frac{M_{max}}{W}\leqslant f$$

式中　M_{max}——最不利弯矩设计值。应从均布荷载产生的弯矩设计值 M1、均布荷载与集中荷载产生的弯矩设计值 M_2 和悬臂端产生的弯矩设计值 M_3 三者中选取计算结果较大者；

　　　W——截面抵抗矩；

　　　f——主、次楞抗弯强度设计值；

2)主、次楞楞梁抗剪强度计算：

在主平面内受弯的钢实腹构件，其抗剪强度应按下式计算：

$$\tau=\frac{VS_0}{Ib}\leqslant f_v$$

式中　V——计算截面沿腹板平面作用的剪力设计值；

　　　b——构件的截面宽或腹板厚度；

　　　S_0——计算剪力应力处以上毛截面对中和轴的面积矩；

　　　I——毛截面惯性矩；

　　　f_v——钢材的抗剪强度设计值或木材顺纹抗剪强度设计值。

3)挠度计算简支楞梁应按下式计算：

$$\omega\leqslant[\omega]$$

式中　ω——永久荷载标准值作用下构件产生的变形；

[ω]——主次楞允许挠度。

(3)扣件连接的钢管立柱计算。用对扣件连接的钢管立柱应按单个轴心受压构件计算，其计算公式如下：

$$\frac{N}{\varphi A} \leqslant f$$

式中　N——轴心压力设计值；

φ——轴心受压稳定系数，（取截面主轴稳定系数中的较小者），并根据构件长细比和钢材的屈服强度确定；

A——轴向受压构件毛截面面积；

F——钢材抗压强度设计值。

木立柱、工具式立柱等的计算可按《建筑施工模板安全规范》(JGJ 162)进行计算。

在确定轴心受压稳定系数 φ 时，用到的计算长度采用纵横向水平拉杆的最大步距，最大步距不得大于 1.8 m，步距相同时应采用底层步距。

(4)对拉螺栓，按轴心受拉构件计算，公式如下：

$$N < [N] = f \times A$$

式中　N——对拉螺栓所受的拉力；

A——对拉螺栓有效面积(mm^2)；

f——对拉螺栓的抗拉强度设计值。

四、模板的配制

1. 胶合板模板的配制方法和要求

(1)胶合板模板配制要求。

1)应整张直接使用，尽量减少随意锯截，造成胶合板的浪费。

2)木胶合板常用厚度一般为 12 mm 或 18 mm，竹胶合板常用厚度一般为 12 mm，内、外楞的间距可随胶合板的厚度，通过设计计算进行调整。

3)支撑系统可以选用钢管，也可采用木材。采用木支撑时，不得选用脆性、严重扭曲和受潮容易变形的木材。

4)钉子长度应为胶合板厚度的 1.5～2.5 倍，每块胶合板与木楞相叠处至少钉 2 个钉子。第二块板的钉子要转向第一块模板方向斜钉，使拼缝严密。

5)配制好的模板应在反面编号并写明规格，分别堆放保管，以免错用。

(2)胶合板模板的配制方法。

1)按设计图纸尺寸直接配制模板。形体简单的结构构件，可根据结构施工图纸直接按尺寸列出模板规格和数量进行配制。模板厚度、横档及木楞的断面和间距，以及支撑系统的配置，都可按支撑要求通过计算选用。

2)采用放大样方法配制模板。形体复杂的结构构件，如楼梯、圆形水池等，可在平整的地坪上，按结构图的尺寸画出结构构件的实样，量出各部分模板的准确尺寸或套制样板，同时确定模板及其安装的节点构造进行模板的制作。

3)用计算方法配制模板。形体复杂不易采用放大样方法，但有一定几何形体规律的构件，可用计算方法结合放大样的方法进行模板的配制。

4)采用结构表面展开法配制模板。一些形体复杂且又由各种不同形体组成的复杂体型结构构件，如设备基础。其模板的配制，可采用先画出模板平面图和展开图，再进行配模设计和模板制作。

2. 其他模板的配制

木模板可以现场根据构件尺寸先用拼条将模板条拼成大片模板，然后拼装成整体，木模板的配置方法和胶合板模板类似。

组合式钢模板现场根据构件尺寸，选用适合的小块模板进行组拼，一般是先拼单面，再组合安装。采用大模板施工，其配制由生产厂家负责，现场只进行组装。

五、模板的安装、拆除、质量验收及安全管理

1. 模板的安装

(1)模板安装前必须做好下列安全技术准备工作：

1)应审查模板结构设计与施工说明书中的荷载、计算方法、节点构造和安全措施。设计审批手续应齐全。

2)应进行全面的安全技术交底，操作班组应熟悉设计与施工说明书，并应做好模板安装作业的分工准备。采用爬模、飞模、隧道模等特殊模板施工时，所有参加作业人员必须经过专门技术培训，考核合格后方可上岗。

3)应对模板和配件进行挑选、检测，不合格者应剔除，并应运至工地指定地点堆放。

4)备齐操作所需的一切安全防护设施和器具。

(2)模板构造与安装应符合下列规定：

1)模板安装应按设计与施工说明书顺序拼装。木杆、钢管、门架及碗扣式等支架立柱不得混用。

2)竖向模板和支架立柱支承部分安装在基土上时，应加设垫板，垫板应有足够强度和支撑面积，且应中心承载。基土应坚实，并应有排水措施。对湿陷性黄土应有防水措施；对特别重要的结构工程可采用混凝土、打桩等措施防止支架柱下沉；对冻胀性土应有防冻融措施。

3)当满堂或共享空间模板支架立柱高度超过 8 m 时，若地基土达不到承载要求，无法防止立柱下沉，则应先施工地面下的工程，再分层回填夯实基土，浇筑地面混凝土垫层，达到强度后方可支模。

4)模板及其支架在安装过程中，必须设置有效防倾覆的临时固定设施。

5)现浇钢筋混凝土梁、板，当跨度大于 4 m 时，模板应起拱；当设计无具体要求时，起拱高度宜为全跨长度的 1/1 000～3/1 000。

6)现浇多层或高层房屋和构筑物，安装上层模板及其支架应符合的规定：下层楼板应具有承受上层施工荷载的承载能力，否则应加设支撑支架；上层支架立柱应对准下层支架立柱，并应在立柱底铺设垫板；当采用悬臂吊模板、桁架支模方法时，其支撑结构的承载能力和刚度必须符合设计构造要求。

7)当层间高度大于 5 m 时，应选用桁架支模或钢管立柱支模。当层间高度小于或等于 5 m 时，可采用木立柱支模。

(3)安装模板应保证工程结构和构件各部分形状、尺寸和相互位置的正确，构造应符合模板设计要求。模板应具有足够的承载能力、刚度和稳定性，应能可靠承受新浇混凝土自重和侧压力以及施工过程中所产生的荷载。

(4)拼装高度为 2 m 以上的竖向模板，不得站在下层模板上拼装上层模板。安装过程中应设置临时固定设施。

(5)当支架立柱成一定角度倾斜，或其支架立柱的顶表面倾斜时，应采取可靠措施确保支点稳定，支撑底脚必须有防滑移的可靠措施。

(6)除设计图另有规定者外，所有垂直支架柱应保证其垂直。

(7)对梁和板安装二次支撑前，其上不得有施工荷载，支撑的位置必须正确。安装后所传给

支撑或连接件的荷载不应超过其允许值。

(8)支撑梁、板的支架立柱构造与安装应符合下列规定：

1)梁和板的立柱，纵横向间距应相等或成倍数。

2)木立柱底部应设垫木，顶部应设支撑头。钢管立柱底部应设垫木和底座，顶部应设可调支托，U形支托与楞梁两侧间如有间隙，必须楔紧，其螺杆伸出钢管顶部不得大于 200 mm，螺杆外径与立柱钢管内径的间隙不得大于 3 mm，安装时应保证上下同心。

3)在立柱底距离地面 200 mm 高处，沿纵横水平方向应按纵下横上的顺序设扫地杆。可调支托底部的立柱顶端应沿纵横向设置一道水平拉杆。扫地杆与顶部水平拉杆之间的间距，在满足模板设计所确定的水平拉杆步距要求条件下，进行平均分配确定步距后，在每一步距处纵横向应各设一道水平拉杆。当层高为 8~20 m 时，在最顶步距两水平拉杆中间应加设一道水平拉杆；当层高大于 20 m 时，在最顶两步距水平拉杆中间应分别增加一道水平拉杆。所有水平拉杆的端部均应与四周建筑物顶紧顶牢。无处可顶时，应于水平拉杆端部和中部沿竖向设置连续式剪刀撑。

4)木立柱的扫地杆、水平拉杆、剪刀撑应采用 40 mm×50 mm 木条或 25 mm×80 mm 的木板条与木立柱钉牢。钢管立柱的扫地杆、水平拉杆、剪刀撑应采用 ϕ48×3.5 mm 钢管，用扣件与钢管立柱扣牢。木扫地杆、水平拉杆、剪刀撑应采用搭接，并应用铁钉钉牢。钢管扫地杆、水平拉杆应采用对接，剪刀撑应采用搭接，搭接长度不得小于 500 mm，用两个旋转扣件分别在离杆端不小于 100 mm 处进行固定。

(9)施工时，在已安装好的模板上的实际荷载不得超过设计值。已承受荷载的支架和附件，不得随意拆除或移动。

(10)组合钢模板、滑升模板等的安装构造，还应符合现行国家标准《组合钢模板技术规范》(GB/T 50214)和《滑动模板工程技术标准》(GB 50113)的相应规定。

(11)安装模板时，安装所需各种配件应置于工具箱或工具袋内，严禁散放在模板或脚手板上；安装所用工具应系挂在作业人员身上或置于工具袋中，不得掉落。

(12)当模板安装高度超过 3.0 m 时，必须搭设脚手架，除操作人员外，脚手架下不得站其他人。

(13)吊运模板时，必须在符合下列规定：

1)作业前应检查绳索、卡具、模板上的吊环，必须完整有效，在升降过程中应设专人指挥，统一信号，密切配合。

2)吊运大块或整体模板时，竖向吊运不应少于两个吊点，水平吊运不应少于四个吊点。吊运必须使用卡环连接，并应稳起稳落，待模板就位连接牢固后方可摘除卡环。

3)吊运散装模板时，必须码放整齐，待捆绑牢固后方可起吊。

4)严禁起重机在架空输电线路下面工作。

5)遇 5 级风及以上大风时，应停止一切吊运作业。

(14)木料应堆放于下风向，距离火源不得小于 30 m，且料场四周应设置灭火器材。

(15)脱模剂是混凝土模板工程中不可缺少的辅助材料。新配制的模板及清除了污锈待用的模板，在使用前必须涂刷脱模剂。

2. 模板的拆除

(1)侧模拆除。在混凝土强度能保证其表面及棱角不因拆除模板而受损后，方可拆除。梁、板模板应先拆梁侧模，再拆板底模，最后拆除梁底模，并应分段分片进行，严禁成片撬落或成片拉拆。冬期施工的拆模，应遵守专门规定。

(2)当混凝土未达到规定强度或已达到设计规定强度时，如需提前拆模或承受部分超设计荷载时，必须经过计算和技术主管确认其强度能足够承受此荷载后，方可拆除。

(3)在承重焊接钢筋骨架作配筋的结构中，承受混凝土重量的模板，应在混凝土达到设计强度的25％后方可拆除承重模板。如在已拆除模板的结构上加置荷载，则应另行核算。

（4）大体积混凝土的拆模时间除应满足混凝土强度要求外，还应使混凝土内外温差降低到25 ℃以下时方可拆模，否则应采取有效措施防止产生温度裂缝。

（5）拆模前应检查所使用的工具应有效和可靠，扳手等工具必须装入工具袋或系挂在身上，并应检查拆模场所范围内的安全措施。

（6）模板的拆除工作应设专人指挥。作业区应设围栏，其内不得有其他工种作业，并应设专人负责监护。拆下的模板、零配件严禁抛掷。

（7）拆模的顺序和方法应按模板的设计规定进行。当设计无规定时，可采取先支的后拆、后支的先拆，先拆非承重模板、后拆承重模板，并应从上而下进行拆除。拆下的模板不得抛扔，应按指定地点堆放。

（8）拆除柱模时，应采取自上而下分层拆除。拆除第一层模板时，用木槌或带橡皮垫的锤向外侧轻击模板的上口，使之松动，脱离柱混凝土。依次拆除下一层模板时，要轻击模板边肋，切不可用撬棍从柱角撬离。

（9）多人同时操作时，应明确分工、统一信号或行动，应具有足够的操作面，人员应站于安全处。

（10）高处拆除模板时，应遵守有关高处作业的规定。严禁使用大锤和撬棍，操作层上临时拆下的模板堆放不能超过3层。

（11）在提前拆除互相搭连并涉及其他后拆模板的支撑时，应补设临时支撑。拆模时，应逐块拆卸，不得成片撬落或拉倒。

（12）拆模如遇中途停歇，应将已拆松动、悬空、浮吊的模板或支架进行临时支撑牢固或相互连接稳固。对活动部件必须一次拆除。

（13）已拆除了模板的结构，应在混凝土强度达到设计强度值后方可承受全部设计荷载。若在未达到设计强度以前，需在结构上加置施工荷载时，应另行核算，强度不足时，应加设临时支撑。

（14）遇6级或6级以上大风时，应暂停室外的高处作业。雨、雪、霜后应先清扫施工现场，方可进行工作。

（15）拆除有洞口模板时，应采取防止操作人员坠落的措施。洞口模板拆除后，应按现行行业标准《建筑施工高处作业安全技术规范》(JGJ 80)的有关规定及时进行防护。

3. 模板工程的质量验收

（1）一般规定：

模板工程应编制专项施工方案。爬升式模板工程、工具式模板工程及高大模板支架工程的施工方案，应按有关规定进行技术论证。模板及支架应根据安装、使用和拆除工况进行设计，并满足承载力、刚度和整体稳固性要求。模板及支架拆除的顺序及安全措施应符合现行国家标准《混凝土结构工程施工规范》(GB 50666)的规定和施工方案的要求。

（2）模板安装：

主控项目：

1）模板及支架材料的技术指标应符合国家现行有关标准的规定。进场时应抽样检验模板和支架材料的外观、规格和尺寸。

检查数量：按国家现行相关标准的规定确定。

检验方法：检查质量证明文件；观察、尺量。

2）现浇混凝土结构模板及支架安装质量，应符合国家现行有关标准的规定和施工方案的要求。

检查数量：按国家现行相关标准的规定确定。

检验方法：按国家现行有关标准的规定执行。

3）后浇带处的模板及支架应独立设置。

检查数量：全数检查。

检验方法：观察。

4）支架竖杆或竖向模板安装在土层上时，应符合下列规定：

①土层应坚实、平整，其承载力或密实度应符合施工方案的要求；

②应有防水、排水措施；对冻胀性土，应有预防冻融措施；

③支架竖杆下应有底座或垫板。

检查数量：全数检查。

检验方法：观察；检查土层密实度检测报告、土层承载力验算或现场检测报告。

一般项目：

1）模板安装质量应符合下列要求：模板的接缝应严密；模板内不应有杂物、积水或冰雪等；模板与混凝土的接触面应平整、清洁；用作模板的地坪、胎模等应平整、清洁，不应有影响构件质量的下沉、裂缝、起砂或起鼓；对清水混凝土及装饰混凝土构件，应使用能达到设计效果的模板。

检查数量：全数检查。

检验方法：观察。

2）隔离剂的品种和涂刷方法应符合专项施工方案的要求。隔离剂不得影响结构性能及装饰施工；不沾污钢筋、预应力筋、预埋件和混凝土接槎处；不得对环境造成污染。

检查数量：全数检查。

检验方法：检查质量证明文件；观察。

3）模板的起拱应符合现行国家标准《混凝土结构工程施工规范》（GB 50666）的规定，并应符合设计及施工方案的要求。

检查数量：在同一检验批内，对梁，跨度大于 18 m 时应全数检查，跨度不大于 18 m 时应抽查构件数量的 10%，且不应少于 3 件；对板，应按有代表性的自然间抽查 10%，且不少于 3 间；对大空间结构，板可按纵、横轴线划分检查面，抽查 10%，且不应少于 3 面。

检验方法：水准仪或尺量。

4）现浇混凝土结构多层连续支模应符合施工方案的规定。上下层模板支架的竖杆宜对准。竖杆下垫板的设置应符合施工方案的要求。

检查数量：全数检查。

检验方法：观察。

5）固定在模板上的预埋件和预留孔洞均不得遗漏，且应安装牢固。有抗渗要求的混凝土结构中的预埋件，应按设计及施工方案的要求采取防渗措施。

预埋件和预留孔洞的位置应满足设计和施工方案的要求，当设计无具体要求时，其位置偏差应符合表 1-32 的规定。

检查数量：在同一检验批内，对梁、柱和独立基础，应抽查构件数量的 10%，且不少于 3 件；对墙和板，应按有代表性的自然间抽查 10%，且不少于 3 间；对大空间结构，墙可按相邻轴线间高度 5 m 左右划分检查面，板可按纵、横轴线划分检查面，抽查 10%，且均不少于 3 面。

检验方法：观察、尺量。

表 1-32　预埋件和预留孔洞的允许偏差

项　　目		允许偏差/mm
预埋钢板中心线位置		3
预埋管、预留孔中心线位置		3
插筋	中心线位置	5
	外露长度	+10, 0

项 目		允许偏差/mm
预埋螺栓	中心线位置	2
	外露长度	+10, 0
预留洞	中心线位置	10
	尺寸	+10, 0

注：检查中心线位置时，应沿纵、横两个方向量测，并取其中较大的值。

6)现浇结构模板安装的偏差应符合表1-33的规定。

检查数量：在同一检验批内，对梁、柱和独立基础，应抽查构件数量的10%，且不少于3件；对墙和板，应按有代表性的自然间抽查10%，且不少于3间；对大空间结构，墙可按相邻轴线间高度5 m左右划分检查面，板可按纵、横轴线划分检查面，抽查10%，且均不少于3面。

表1-33 现浇结构模板安装的允许偏差及检验方法

项 目		允许偏差/mm	检验方法
轴线位置		5	尺量
底模上表面标高		±5	水准仪或拉线、尺量
模板内部尺寸	基础	±10	尺量
	柱、墙、梁	±5	尺量
	楼梯相邻踏步高差	5	尺量
柱、墙垂直度	层高≤6 m	8	经纬仪或吊线、尺量
	层高>6 m	10	经纬仪或吊线、尺量
相邻两板表面高低差		2	尺量
表面平整度		5	2 m靠尺和塞尺量测

注：检查轴线位置时，当有纵横两个方向时，沿纵、横两个方向量测，并取其中偏差的较大值。

(3)模板的拆除。

主控项目：

1)底模及其支架拆除时的混凝土强度应符合设计要求；当设计无具体要求时，混凝土强度应符合表1-34的规定。

检查数量：全数检查。

检验方法：检查同条件养护试件强度试验报告。

2)后浇带模板的拆除和支顶应按施工技术方案执行。

检查数量：全数检查。

检验方法：观察。

一般项目：

1)侧模拆除时的混凝土强度应能保证其表面及棱角不受损伤。

检查数量：全数检查。

检验方法：观察。

2)模板拆除时，不应对楼层形成冲击荷载。拆除的模板和支架宜分散堆放并及时清运。

检查数量：全数检查。

检验方法：观察。

表 1-34 底模拆除时的混凝土强度要求

构件类型	构件跨度	达到设计的混凝土立方体抗压强度标准值的百分率/%
板	≤2	≥50
	>2, ≤8	≥75
	>8	≥100
梁、拱、壳	≤8	≥75
	>8	≥100
悬臂构件		≥100

4. 模板工程安全管理

(1)从事模板作业的人员，应经常组织安全技术培训。从事高处作业的人员，应定期体检，不符合要求的不得从事高处作业。

(2)安装和拆除模板时，操作人员应佩戴安全帽、系安全带、穿防滑鞋。安全帽和安全带应定期检查，不合格者严禁使用。

(3)模板及配件进场应有出厂合格证或当年的检验报告，安装前应对所用部件(立柱、楞梁、吊环、扣件等)进行认真检查，不符合要求者不得使用。

(4)模板工程应编制施工设计和安全技术措施，并应严格按施工设计与安全技术措施规定施工。满堂模板、建筑层高 8 m 及以上和梁跨大于或等于 15 m 的模板，在安装、拆除作业前，工程技术人员应以书面形式向作业班组进行施工操作的安全技术交底，作业班组应对照书面交底进行上下班的自检和互检。

(5)施工过程中应经常对下列项目进行检查：

1)立柱底部基土回填夯实的状况。

2)垫木应满足设计要求。

3)底座位置应正确，顶托螺杆伸出长度应符合规定。

4)立杆的规格尺寸和垂直度应符合要求，不得出现偏心荷载。

5)扫地杆、水平拉杆、剪刀撑等的设置应符合规定，固定应可靠。

6)安全网和各种安全设施应符合要求。

(6)在高处安装和拆除模板时，周围应设安全网或搭脚手架，并应加设防护栏杆。在临街面及交通要道地区，还应设警示牌，派专人看管。

(7)作业时，模板和配件不得随意堆放，模板应放平、放稳，严防滑落。脚手架或操作平台上临时堆放的模板不宜超过 3 层，连接件应放在箱盒或工具袋中，不得散放在脚手板上。脚手架或操作平台上的施工总荷载不得超过其设计值。

(8)对负荷面积大和高 4 m 以上的支架立柱采用扣件式钢管、门式和碗扣式钢管脚手架时，除应有合格证外，对所用扣件应用扭矩扳手进行抽检，达到合格后方可承力使用。

(9)多人共同操作或扛抬组合钢模板时，必须密切配合、协调一致、互相呼应。

(10)施工用的临时照明和行灯的电压不得超过 36 V；当为满堂模板、钢支架及特别潮湿的环境时，不得超过 12 V。照明行灯及机电设备的移动线路应采用绝缘橡胶套电缆线。

(11)有关避雷、防触电和架空输电线路的安全距离应遵守国家现行标准《施工现场临时用电安全技术规范》(JGJ 46)的有关规定。施工用的临时照明和动力线应采用绝缘线和绝缘电缆线，且不得直接固定在钢模板上。夜间施工时，应有足够的照明，并应制定夜间施工的安全措施。施工用临时照明和机电设备线严禁非电工乱拉、乱接。同时，还应经常检查线路的完好情况，严防绝缘破损漏电伤人。

(12)模板安装高度在 2 m 及其以上时，应遵守国家现行标准《建筑施工高处作业安全技术规范》(JGJ 80)的有关规定。

(13)模板安装时，上下应有人接应，随装随运，严禁抛掷，且不得将模板支搭在门窗框上，也不得将脚手板支搭在模板上，并严禁将模板与上料井架及有车辆运行的脚手架或操作平台支成一体。

(14)支模过程中如遇中途停歇，应将已就位模板或支架连接稳固，不得浮搁或悬空。拆模中途停歇时，应将已松扣或已拆松的模板、支架等拆下运走，防止构件坠落或作业人员扶空坠落伤人。

(15)严禁人员攀登模板、斜撑杆、拉条或绳索等，也不得在高处的墙顶、独立梁或在其模板上行走。

(16)模板施工中应设专人负责安全检查，发现问题应报告有关人员处理。当遇险情时，应立即停工和采取应急措施；待修复或排除险情后，方可继续施工。

(17)寒冷地区冬期施工用钢模板时，不宜采用电热法加热混凝土，否则应采取防触电措施。

(18)在大风地区或大风季节施工时，模板应有抗风的临时加固措施。

(19)当钢模板高度超过 15 m 时，应安设避雷设施，避雷设施的接地电阻不得大于 4 Ω。

(20)若遇恶劣天气，如大雨、大雾、沙尘、大雪及六级以上大风时，应停止露天高处作业。五级及以上风力时，应停止高空吊运作业。雨、雪停止后，应及时清除模板和地面上的冰雪及积水。

(21)使用后的木模板应拔除铁钉，分类进库，堆放整齐。若为露天堆放，顶面应遮防雨篷布。

(22)使用后的钢模、钢构件应遵守下列规定：

1)使用后的钢模、桁架、钢楞和立柱应将粘结物清理洁净，清理时严禁采用铁锤敲击的方法。

2)清理后的钢模、桁架、钢楞、立柱，应逐块、逐榀、逐根进行检查，发现翘曲、变形、扭曲、开焊等必须修理完善。

3)清理整修好的钢模、桁架、钢楞、立柱应刷防锈漆。

4)钢模板及配件，使用后必须进行严格清理检查，已损坏断裂的应剔除，不能修复的应报废。螺栓的螺纹部分应整修上油。然后应分别按规格分类装于箱笼内备用。

5)钢模板及配件等修复后，应进行检查验收，凡检查不合格者应重新整修，待合格后方准应用，其修复后的质量标准应符合规定。

6)钢模板由拆模现场运至仓库或维修场地时，装车不宜超出车栏杆，少量高出部分必须拴牢，零配件应分类装箱，不得散装运输。

7)经过维修、刷油、整理合格的钢模板及配件，如需运往其他施工现场或入库，必须分类装入集装箱内，杆应成捆、配件应成箱，清点数量，入库或接收单位验收。

8)装车时，应轻搬轻放，不得相互碰撞。卸车时，严禁成捆从车上推下和拆散抛掷。

9)钢模板及配件应放入室内或敞棚内，当需露天堆放时，应装入集装箱内，底部垫高100 mm，顶面应遮盖防水篷布或塑料布，但集装箱堆放高度不宜超过 2 层。

六、柱模板施工

(一)柱模板的构造

柱模板由四片侧板组成，每片侧板由若干块拼板(或定型板)拼接而成，拼板的尺寸依柱截面尺寸大小而定，柱模板的背部支撑由两层(木楞或钢楞)组成，第一层为直接支撑模板的竖楞，用以支撑混凝土对模板的侧压力；第二层为支撑竖楞的柱箍，用以支撑竖楞所受的压力。柱箍之间用对拉螺栓相互拉接，形成一个完整的柱模板支撑体系，如图 1-74 所示。

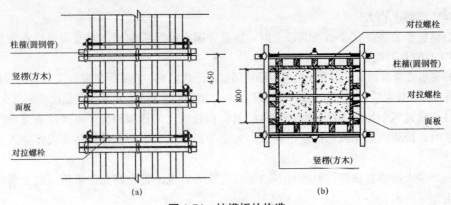

图 1-74 柱模板的构造

(a)柱模板立面图；(b)柱模板剖面图

柱子的断面尺寸一般不大但比较高。因此，柱模板的构造主要考虑保证垂直度及抵抗新浇筑混凝土的侧压力，与此同时，也要便于浇筑混凝土、清理垃圾与钢筋绑扎等。柱模板顶部开有与梁模板连接的缺口，底部开有清理孔，高度超过 3 m 时应沿高度方向每隔 2 m 左右开设混凝土灌注口，以防混凝土产生分层离析。

(二)柱模板的选择

浇筑柱混凝土所用模板，除可采用木或竹胶合板、木模板[图 1-75(a)]、组合钢模板[图 1-75(b)]外，还可用玻璃钢模板、圆柱钢模板等。目前施工现场多采用木或竹胶合板。

柱的木模板一般采用不少于25 mm 厚的木板做侧模。安装前应

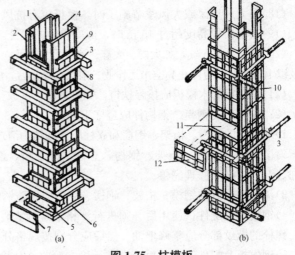

图 1-75 柱模板

(a)木制柱模板；(b)钢制柱模板

1—内拼板；2—外拼板；3—柱箍；4—梁缺口；5—清理孔；6—木框；
7—盖板；8—拉紧螺栓；9—拼条；10—平面钢模板；11—浇筑孔；12—盖板

根据柱的截面尺寸、组拼方式先加工成拼板（分内拼板和外拼板），再现场组装，用柱箍、对拉螺栓等固定。一般矩形柱模板的柱箍可使模板保持柱的形状并承受由模板传来的新浇混凝土的侧压力，因此，柱箍的间距取决于侧压力的大小及模板的刚度。

玻璃钢圆柱模板，是采用不饱和聚酯树脂为胶结材料和无碱玻璃布为增强材料，按照拟浇筑柱子的圆周周长和高度制成的整块模板，一般由柱体和柱帽模板组成。其特点是质量轻、强度高、韧性好、耐磨、耐腐蚀。可按不同的圆柱直径加工制作，比采用木模、钢模模板易于成型。模板支拆简便，用它浇筑成型的混凝土柱面平整光滑。

(三)柱模板设计的基本方法

柱模板由四块大板和柱箍组成。由于柱子的断面尺寸不大且比较高，因此，柱子模板的支设须保证其垂直度及抵抗新浇筑混凝土的侧压力。柱箍除使四块板固定保证柱的形状外，还要承受由模板传来新浇筑混凝土的侧压力，因此柱箍的布置是非常重要的。

首先应按单位工程中不同断面尺寸和长度的柱，将所需配置模板的数量作出统计，并编号、

列表，然后再进行每一种规格的柱模板的设计，其具体步骤如下：首先依据相关规范、静力计算手册与经验确定模板、竖楞(木方)、柱箍及对拉螺栓的截面尺寸和规格；其次确定模板承受的侧压力，包括混凝土的侧压力、倾倒混凝土时产生的侧压力及振捣混凝土时产生的侧压力；最后分别进行承载力复核，一般情况下模板、竖楞(木方)可按多跨连续梁进行计算，柱箍按单跨静定梁计算，对拉螺栓可按轴心受拉构件进行计算。

(四)柱模板安装、拆除、质量验收及安全管理

柱模板的安装、拆除、质量验收及安全管理应按基本知识中模板的安装、拆除、质量验收与安全管理执行，这里仅依据柱子的特点做相关介绍。

1. 柱模板安装

(1)现场拼装柱模时，应适时地安设临时支撑进行固定，斜撑与地面的倾角宜为60°，严禁将大片模板系于柱子钢筋上。

(2)待四片柱模就位组拼，经对角线校正无误后，应立即自下而上安装柱箍。

(3)若为整体预组合柱模，吊装时应采用卡环和柱模连接，不得用钢筋钩代替。

(4)柱模校正(用四根斜支撑或用连接在柱模顶四角带花篮螺丝的揽风绳，底端与楼板钢筋拉环固定进行校正)后，应采用斜撑或水平撑进行四周支撑，以确保整体稳定。当高度超过4 m时，应群体或成列同时支模，并应将支撑连成一体，形成整体框架体系。当需单根支模

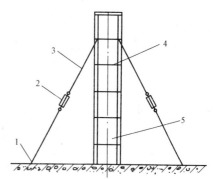

图1-76　柱模板的支撑

1—地锚；2—紧张器(松紧螺栓)；

3—缆风；4—柱箍；5—钢模板

时，柱宽大于500 mm应每边在同一标高上设不得少于两根斜撑或水平撑。斜撑与地面的夹角宜为45°~60°，下端还应有防滑移的措施(图1-76)。

(5)角柱模板的支撑，除满足上面的要求外，还应在里侧设置能承受拉、压力的斜撑。

2. 柱模板拆除

柱模拆除应分别采用分散拆除和分片拆除两种方法。

分散拆除的顺序应为：拆除拉杆或斜撑、自上而下拆除柱箍或横楞、拆除竖楞、自上而下拆除配件及模板、运走分类堆放、清理、拔钉、钢模维修、刷防锈油或脱模剂、入库备用。

分片拆除的顺序应为：拆除全部支撑系统、自上而下拆除柱箍及横楞、拆掉柱角U形卡、分二片或四片拆除模板、原地清理、刷防锈油或脱模剂、分片运至新支模地点备用。

柱子拆下的模板及配件不得向地面抛掷。

任务实施

1. 配板设计

现浇混凝土柱KZ3截面尺寸为550 mm×550 mm；柱模板的总计算高度为10.8 m；柱模板的背部支撑由两层(木楞或钢楞)组成，第一层为直接支撑模板的竖楞，用以支撑混凝土对模板的侧压力；第二层为支撑竖楞的柱箍，用以支撑竖楞所受的压力；柱箍之间用对拉螺栓相互拉接，形成一个完整的柱模板支撑体系。柱模板的构造如

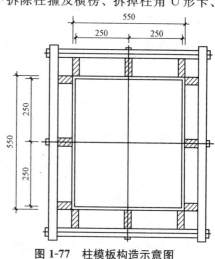

图1-77　柱模板构造示意图

图 1-77 所示。柱截面两方向设 1 对拉螺栓；3 个竖楞；柱截面高度同宽度方向，对拉螺栓直径 M10；有效直径：8.12 mm；有效面积 $A=51.8$ mm²；柱箍采用直径 48 mm 的圆钢管；壁厚为 3 mm；柱箍的间距为 450 mm；柱箍合并 2 根；弹性模量 $E=210\,000$ N/mm²；抗弯强度设计值 $f_t=205$ N/mm²。竖楞采用 50 mm×100 mm 的木方，抗弯强度设计值 $f_t=13$ N/mm²，方木弹性模量 $E=9\,000$ N/mm²，抗剪强度设计值 $f_v=1.50$ N/mm²，面板采用 18 mm 厚胶合面板，面板弹性模量 $E=6\,000$ N/mm²，抗弯强度设计值 $f_t=13$ N/mm²，面板抗剪强度设计值 $f_v=1.50$ N/mm²。

2. 确定柱模板的侧压力

一般按下式计算：

$$F=0.22\gamma_c t_0 \beta_1 \beta_2 v^+$$
$$F=\gamma_c H$$

式中混凝土的重力密度取 24 kN/m³；新浇筑混凝土的初凝时间取 2 h；外加剂影响修正系数取 1.2；混凝土坍落度影响修正系数取 1.15；混凝土的浇筑速度取 2.5 m/h；H 为有效压头高度，取 10.8 m。将数据代入上式分别计算得 23 kN/m²、259.2 kN/m²，取较小值 23 kN/m² 作为本工程计算荷载。柱截面宽度 550 mm 大于 300 mm，考虑倾倒混凝土时产生的荷载标准值 $F_2=4$ kN/m²。

3. 模板承载力计算

根据模板的构造特点确定的计算简图，如图 1-78 所示。

(1)面板抗弯强度验算：

新浇混凝土侧压力设计值 $q_1=1.35\times 23\times 0.45\times 0.9=12.58$(N/mm)

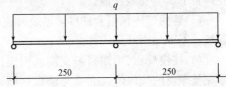

图 1-78 柱模板计算简图

(0.9 为结构重要性系数，下同。)；

倾倒混凝土侧压力设计值：$q_2=1.4\times 4\times 0.45\times 0.9=2.27$(N/mm)；

$$q=q_1+q_2=12.58+2.27=14.77(\text{N/mm})；$$

面板的最大弯矩：$M=0.125\times 14.77\times 250\times 250=1.15\times 10^5(\text{N}\cdot\text{mm})$；

$$W=450\times 18\times 18/6=2.43\times 10^4(\text{mm}^3)；$$

面板的最大应力计算值：

$$\sigma=M/W=1.15\times 10^5/2.43\times 10^4=4.73(\text{N/mm}^2)<f=13(\text{N/mm}^2)；$$

满足要求。

(2)面板抗剪验算。

面板的最大剪力：$V=0.625ql=0.625\times 14.77\times 250=2\,308(\text{N})$；

截面抗剪强度：$\tau=\dfrac{3V}{2bh}=\dfrac{3\times 2\,308}{2\times 450\times 18}=0.427(\text{N/mm}^2)<f_v=1.5\ \text{N/mm}^2$

满足要求。

(3)模板挠度验算。

$$I=\frac{bh^3}{12}=\frac{450\times 18^3}{12}=2.19\times 10^5(\text{mm}^4)$$

$$q=23\times 0.45=7=10.35(\text{N/mm})$$

模板的最大挠度计算值：

$$w=\frac{0.521ql^4}{100EI}=0.521\times 10.35\times 250^4/(100\times 6\,000\times 2.19\times 10^5)=0.16(\text{mm})$$

模板最大容许挠度：$[w]=\dfrac{l}{250}=1$ mm，$w<[w]$，满足要求。

4. 竖楞计算

柱子的竖楞属于受弯构件，可按三跨连续梁计算。受力图如图 1-79 所示。

竖楞截面惯性矩 I 和截面抵抗矩 W 分别为

$$W=50\times100\times100/6=83.33(\text{cm}^3)$$

$$I=50\times100\times100\times100/12=416.6(\text{cm}^4)$$

(1)抗弯强度验算。

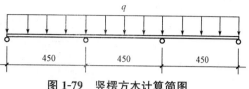

图 1-79　竖楞方木计算简图

新浇混凝土侧压力设计值：$q_1=1.35\times23\times0.25\times0.9=6.288(\text{kN/m})$

倾倒混凝土侧压力设计值：$q_2=1.4\times4\times0.25\times0.9=1.26(\text{kN/m})$

$$q=6.288+1.26=7.548\ \text{kN/m}$$

竖楞的最大弯矩：$M=0.1ql^2=0.1\times7.548\times450^2=1.53\times10^5(\text{N}\cdot\text{mm})$

竖楞的最大应力计算值：$\sigma=\dfrac{M}{W}=1.53\times10^5/8.33\times10^4=1.84(\text{N/mm}^2)$

$$\sigma=1.84\ \text{N/mm}^2<f_{\text{t}}=13\ \text{N/mm}^2$$

满足要求。

(2)抗剪验算。

竖楞的最大剪力：$V=0.6ql=0.6\times7.548\times450=2\ 038(\text{N})$

竖楞截面最大受剪应力计算值：$\tau=\dfrac{3V}{2bh}=3\times2038/(2\times50\times100)=0.611\ 4(\text{N/mm}^2)<f_{\text{v}}=1.5(\text{N/mm}^2)$

满足要求。

(3)挠度验算。

作用于竖楞永久荷载标准值：$q=23\times0.25=5.75(\text{kN/m})$

竖楞的最大挠度计算值：$w=\dfrac{0.677ql^4}{100EI}=0.677\times5.75\times450^4/(100\times9\ 000\times4.17\times10^6)=0.042\ 5(\text{mm})$

竖楞最大容许挠度：$[w]=450/250=1.8(\text{mm})$；故 $w\leqslant[w]$，满足要求。

5. 柱箍的计算

柱箍采用圆钢管，直径为 48 mm，壁厚为 3 mm，截面惯性矩 I 和截面抵抗矩 W 分别为

$$W=4.493\times2=8.99(\text{cm}^3)\text{;}\quad I=10.783\times2=21.57(\text{cm}^4)$$

按集中荷载计算，受力图如图 1-80～图 1-83 所示。

竖楞方木传递到柱箍的集中荷载：

$$P=(1.35\times23\times0.9+1.4\times4\times0.9)\times0.375\times0.45=5.05(\text{kN})$$

最大支座力：$N=7.202\ \text{kN}$

最大弯矩：$M=0.225\ \text{kN}\cdot\text{m}$

最大变形：$f=0.073\ \text{mm}$

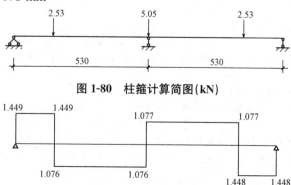

图 1-80　柱箍计算简图(kN)

图 1-81　柱箍剪力图(kN)

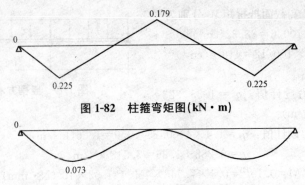

图 1-82　柱箍弯矩图(kN·m)

图 1-83　柱箍变形图(mm)

(1)柱箍抗弯强度验算。

柱箍截面抗弯强度：$\sigma = \dfrac{M}{\gamma_x W} = \dfrac{0.225 \times 10^6}{1.0 \times 8.99 \times 10^3} = 23.8(\text{N/mm}^2) < f_t = 205(\text{N/mm}^2)$

满足要求。

(2)柱箍挠度验算。

经过计算得到：$w = 0.073$ mm

$w = 0.073$ mm $< [w] = 1.6$ mm，满足要求。

6. 对拉螺栓的计算

对拉螺栓所受的最大拉力：$N = 7.202$ kN

对拉螺栓最大容许拉力值：$[N] = f \times A = 1.70 \times 10^5 \times 5.18 \times 10^{-5} = 8.806(\text{kN})$

f 取 170 N/mm²。

$N = 7.202$ kN $< [N] = 8.806$ kN，满足要求。

柱模板施工技术交底

技术交底记录		编　号	
工程名称		交底日期	
施工单位		分项工程名称	竹胶板模板
作业部位	柱	施工期限	

交底内容：

　　一、编制依据

　　质量标准及执行规程规范：《建筑施工模板安全技术规范》(JGJ 162—2008)；《建筑工程施工质量验收统一标准》(GB 50300—2013)；《建筑施工安全检查标准》(JGJ 59—2011)；《混凝土结构工程施工质量验收规范》(GB 50204—2015)；《建筑施工手册》(第五版)；工程施工图纸、图纸会审记录、设计变更、施工组织设计等技术文件。

　　二、施工准备

　　2.1　材料要求

　　2.1.1　竹胶板模板：尺寸(1 220 mm×2 440 mm)、厚度 18 mm。

　　2.1.2　方木：50 mm×100 mm、100 mm×100 mm 方木，要求规格统一，尺寸规矩。

　　2.1.3　对拉螺栓：采用 ϕ14 mm 以上的 HPB300 级钢筋，双边套丝扣，并且两边带好两个螺母，在工程上使用时要穿 PVC 管沾油备用。

　　2.1.4　隔离剂：严禁使用油性隔离剂，必须使用水性隔离剂。

　　2.1.5　模板截面支撑用料：采用钢筋支撑，两端点好防锈漆。

　　2.2　主要机具

　　2.2.1　木工圆锯、木工平刨、压刨、手提电锯、手提压刨、打眼电钻、线坠、靠尺板、方尺、铁水平尺、撬棍等。

　　2.2.2　支撑体系：柱箍采用双龙骨 100 mm×100 mm 木方(双龙骨 ϕ48 mm 钢架管)配山形扣件螺栓连接、钢管支柱、钢管脚手架或碗扣脚手架等。

2.3　作业条件

2.3.1　板设计：根据工程结构形式和特点及现场施工条件，对模板进行设计，确定模板平面布置，纵横龙骨规格、数量、排列尺寸，柱箍选用的形式和间距，梁板支撑间距，梁柱节点、主次梁节点大样。验算模板和支撑的强度、刚度及稳定性。绘制全套模板设计图(模板平面布置图、分块图、组装图、加固大样图、节点大样图、零件加工图和非定型零件的拼接加工图)。模板的数量应在模板设计时按流水段划分，进行综合研究，确定模板的合理配制数量。

2.3.2　模板拼装：拼装场地夯实平整，条件许可时可设拼装操作平台。按模板设计图尺寸，采用沉头自攻螺丝将竹胶板与方木拼成整片模板，接缝处要求附加小龙骨。竹胶板模板锯开的边及时用防水油漆封边，防止竹胶板模板在使用过程中开裂、起皮。

2.3.3　模板加工好后，派专人认真检查模板规格尺寸，按照配模图编号，并均匀涂刷隔离剂，分规格码放，并有防雨、防潮、防砸措施。

2.3.4　放好轴线、模板边线、水平控制标高，模板底口平整、坚实，若达不到要求，则应做水泥砂浆找平层，柱子加固用的地锚已预埋好且可以使用。

2.3.5　柱子钢筋绑扎完毕，水电管线及预埋件已安装，绑好钢筋保护层垫块，并办理好隐蔽验收手续。

三、操作工艺

3.1　工艺流程

搭设安装脚手架→沿模板边线贴密封条→立柱子片模→安装柱箍→校正柱子方正、垂直和位置→全面检查校正→群体固定→办理预检。

3.2　主要施工方法

3.2.1　安装柱模板

模板组片完毕后，按照模板设计图纸的要求留设清扫口，检查模板的对角线、平整度和外形尺寸。安装第一片模板，并临时支撑或用铅丝与柱子主筋临时绑扎固定。随即安装第二、三、四片模板，做好临时支撑或固定。先安装上下两个柱箍，并用脚手管和架子临时固定。

3.2.2　逐步安装其余的柱箍，校正柱模板的轴位移、垂直偏差、截面、对角线，并做支撑。

按照上述方法安装一定流水段柱子模板后，全面检查安装质量，注意在纵横两个方向上都挂通线检查，并做好群体的水平拉(支)杆及剪力支杆的固定。

3.3.3　将柱模内清理干净，封闭清理口，检查合格后办预检。

3.3.4　在混凝土强度能保证其表面及棱角不因拆除模板而受损后，方可拆除。

四、质量标准

4.1　模板安装质量要求

必须符合《混凝土结构工程施工质量验收规范》(GB 50204—2015)及相关规范要求。模板及其支架应具有足够的承载能力、刚度和稳定性，能可靠地承受浇筑混凝土的重量、侧压力以及施工荷载。

4.1.1　主控项目

(1)模板及其支撑必须有足够的强度、刚度和稳定性，其支架的支撑部分必须有足够的支撑面积。

检查数量：全数检查。

检验方法：对照模板设计文件和施工技术方案观察。

(2)安装现浇结构的上层模板及其支架时，下层楼板应具有承受上层荷载的承载能力，或加设支撑；上下层支架的立柱应对准，并铺设垫板。

检查数量：全数检查。

检验方法：对照模板设计文件和施工技术方案观察。

(3)在涂刷模板隔离剂时，不得沾污钢筋和混凝土接槎处。

检查数量：全数检查。

检验方法：观察。

4.1.2　一般项目

(1)模板安装应满足下列要求：

模板的接缝不应漏浆；在浇筑混凝土前，木模板应浇水湿润，但模板内不应有积水；模板与混凝土的接触面应清理干净并涂刷隔离剂；浇筑混凝土前，模板内的杂物应清理干净并涂刷隔离剂，但不得采用影响结构性能或妨碍装饰工程施工的隔离剂。

检查数量：全数检查。

检验方法：观察。

(2)固定在模板上的预埋件、预留孔洞均不得遗漏。

检查数量：按规范要求的检验批，对同一批梁、柱，应抽查构件数量的 10%，且不应少于 3 件；对墙和板，应按有代表性的自然间抽查 10%，且不得小于 3 间。对大空间结构，墙可按相邻轴线高度 5 m 左右划分检查面，板可按纵横轴线划分检查面，抽查 10%，且不少于 3 面。

检验方法：钢尺检查。

(3)现浇结构模板安装的允许偏差见表 1-33。

检查数量：在同一检验批内，对柱应抽检构件数量的 10%，且不少于 3 件。

检验方法：钢尺检查。

4.2 模板垂直度控制措施

4.2.1 对模板垂直度严格控制，在模板安装就位前，必须对每一块模板线进行复测，无误后，方可模板安装。

4.2.2 模板拼装配合，工长及质检员逐一检查模板垂直度，确保垂直度不超过 3 mm、平整度不超过 2 mm。

4.2.3 模板就位前，检查顶模棍位置、间距是否满足要求。

4.3 水平结构模板标高控制措施

测量抄出混凝土墙柱上的 500 线，根据层高及板厚，沿墙柱周边弹出顶板模板的底标高线。

4.4 模板的变形控制措施

4.4.1 浇筑混凝土时，做分层尺竿，并配好照明，分层浇筑，层高控制在 500 以内，严防振捣不实或过振，使模板变形。

4.4.2 门窗洞口处对称下混凝土、竖向墙体采取分段对称浇筑。

4.4.3 模板支立后，拉水平、竖向通线，混凝土浇筑时观察模板变形、跑位情况。

4.4.4 浇筑前认真检查螺栓、顶撑及斜撑是否松动。

4.4.5 模板支立完毕后，禁止模板与脚手架拉结。

4.4.6 与安装配合：合模前与钢筋、水、电安装等工种协调配合，合模通知书发放后方可合模。

4.4.7 混凝土浇筑时，所有模板全长、全高拉通线，边浇筑边校正模板垂直度，每次浇筑时，均派专人专职检查模板，发现问题及时解决。

五、质量通病预防

5.1 柱模板

5.1.1 胀模、断面尺寸不准防治的方法：根据柱高和断面尺寸设计核算柱箍自身的截面尺寸和间距，以及对大断面柱使用穿柱螺栓和竖向钢楞，以保证柱模的强度、刚度足以抵抗混凝土的侧压力。施工时应认真按设计要求作业。

5.1.2 柱身扭向防治的方法：支模前先校正柱筋，使其首先不扭向。安装斜撑（或拉锚），吊线找垂直时，相邻两片柱模每面吊两点，使坠到地面，线坠所示两点到柱位置线距离均相等，以保证柱模不扭向。

5.1.3 轴线位移：一排柱不在同一直线上的防治方法：成排的柱子，支模前要在地面上弹出柱轴线及轴边通线，然后分别弹出每柱的另一个方向轴线，再确定柱的另两条边线。支模时，先立两端柱模，校正垂直与位置无误后，柱模顶拉通线，再支中间各柱模板。柱距不大时，通排支设水平拉杆及剪刀撑，柱距较大时，每柱分别四面支撑，以保证每柱垂直和位置正确。

5.2 模板垂直度控制措施

5.2.1 对模板垂直度严格控制，在模板安装就位前，必须对每一块模板线进行复测，无误后，方可模板安装。

5.2.2 模板拼装配合，工长及质检员逐一检查模板垂直度，确保垂直度不超过 3 mm、平整度不超过 2 mm。

5.2.3 模板就位前，检查顶模棍位置、间距是否满足要求。

六、安全施工管理措施

6.1 拆模时操作人员必须挂好、系好安全带。

6.2 支模前必须搭好外防护脚手架(见本工程脚手架方案及相关方案、相关安全操作规程等)。

6.3 拆除顶板模板前划定安全区域和安全通道，将非安全通道用钢管、安全网封闭，挂"禁止通行"安全标志，操作人员不得在此区域，必须在操作架上操作。

6.4 浇筑混凝土前必须检查支撑是否可靠、扣件是否松动。浇筑混凝土时必须由模板支设班组设专人看模，随时检查支撑是否变形、松动，并组织及时恢复。经常检查支设模板吊钩、斜支撑及平台连接处螺栓是否松动，发现问题及时组织处理。

6.5 木工机械必须严格使用倒顺开关和专用开关箱，一次线不得超过 3 m，外壳接保护零线，且绝缘良好。电锯和电刨必须接用漏电保护器，锯片不得有裂纹(使用前检查，使用中随时检查)，且电锯必须具备皮带防护罩、锯片防护罩、分料器和护手装置。使用木工多用机械时严禁电锯和电刨同时使用；使用木工机械时严禁戴手套；长度小于50 cm或厚度大于锯片半径的木料严禁使用电锯；两人操作时相互配合，不得硬拉硬拽；机械停用时断电加锁。

6.6　用塔式起重机吊运模板时，必须由起重工指挥，严格遵守相关安全操作规程。模板安装就位前需有缆绳牵拉，防止模板旋转不善撞伤人；垂直吊运必须采取两个以上的吊点，且必须使用卡环吊运。

6.7　高空作业要搭设脚手架或操作台，上、下要使用梯子，不许站立在墙上工作，不准站在大梁底模上行走。

6.8　模板安装时，上下应有人接应，随装随运，严禁抛掷。

6.9　支模过程中如遇停歇，应将已就位模板或支架连接稳固，不得浮搁或悬空。拆模过程如遇停歇，应将已松扣或已拆松的模板支架等拆下运走，防止构件坠落或作业人员扶空坠落伤人。

6.10　作业人员严禁攀登模板、斜撑杆、拉条或绳索等，不得在高处的墙顶、独立梁或在其模板上行走。

6.11　在大风季节或大风地区施工时，模板应有抗风的临时加固措施。

6.12　当遇大雨、大雾、沙尘或6级以上大风等恶劣天气时，应停止露天高空作业。雨后应及时清理模板和地面上的积水。

6.13　拆模后模板或木枋上的钉子应及时拔除，防止钉子扎脚。

6.14　高处和临边洞口作业应设护栏，张安全网，如无可靠防护措施，则必须佩戴安全带，扣好带扣。高空、复杂结构模板的安装与拆除，事先应有切实的安全措施。

6.15　工作前应先检查使用的工具是否牢固，扳手等工具必须用绳链系挂在身上，钉子必须放在工具袋内，以免掉落伤人。工作时要思想集中，防止钉子扎脚和空中滑落。

6.16　安装模板时操作人员应有可靠的落脚点，并应站在安全地点进行操作，避免上下在同一垂直面工作。操作人员要主动避让吊物，增强自我保护和相互保护的安全意识。

6.17　支模应按规定的作业程序进行，模板未固定前不得进行下一道工序，严禁在连接件和支撑件上攀登。

6.18　支模时，操作人员不得站在支撑上，应搭设牢固的操作架子，以便操作人员站立。

6.19　支模过程中，如需中途停歇，应将支撑、搭头、柱头板等钉牢。拆模间歇时，应将已活动的模板、牵杠、支撑等运走或妥善堆放，防止因踏空、扶空而坠落。

6.20　模板及其支架在安装过程中，必须设置防倾覆的临时固定设施。

6.21　现浇多层房屋和构筑物，应采取分段支模的方法。下层楼板应具有承受上层荷载的承载能力或加设支架支撑，上层支架的立柱应对准下层支架的立柱，并铺设垫板。

6.22　支设高度在2 m以上的柱模板，四周应设斜撑，并应设立操作平台，低于2 m的可用马凳操作。

6.23　两人抬运模板时要互相配合，协同工作。传递模板、工具应用索具系牢，采用垂直升降机械运输，不得乱抛。组合钢模板装拆时，上下应有人接应。钢模板及配件应随拆随送，严禁从高处掷下。高空拆模时，应有专人指挥。地面应标出警戒区，用绳子和红白旗加以围栏，暂停人员过往。

审核人		交底人		接受交底人	

1. 本表由施工单位填写，交底单位与接受交底单位各保存一份。

2. 当作分项工程施工技术交底时，应填写"分项工程名称"栏，其他技术交底可不填写。

3. 填写模板安装工程检验批质量验收记录表及模板拆除工程检验批质量验收记录表(见附录一)。

思 考 题

1. 常见模板有哪些种类？

2. 柱子模板的构造有哪些特点？

3. 模板设计的基本内容有哪些？具体步骤是什么？结合所学内容完成以下设计，某框架结构工程，采用500 mm×500 mm柱子；柱模板的总计算高度：$H=3.00$ m；试对其进行配板设计。

4. 模板的安装、拆除、质量验收及安全管理要点有哪些？

任务三 柱混凝土施工

引导问题

1. 组成混凝土的原材料有哪些？如何确定混凝土配合比？
2. 混凝土的浇筑施工可能要经历哪些环节？
3. 柱子施工质量的好坏和哪些因素有关？

工作任务

附图一框架柱 KZ3 采用 C20 混凝土。某混凝土实验室配合比为 1∶2.12∶4.37，$W/B=0.62$，每立方米混凝土水泥用量为 290 kg，实测现场砂含水率为 3%，石含水率为 1%。

任务要求：1. 混凝土原材料检验批质量验收记录表。

2. 试计算施工配合比，采用 350 L（出料容量）搅拌机搅拌时，每拌一次，水泥、砂、石、水各投多少？

3. 编写柱混凝土浇筑的技术交底。

4. 填写混凝土施工检验批质量验收记录表，混凝土结构子分部工程结构实体、混凝土强度验收记录表，混凝土结构子分部工程结构实体、钢筋保护层厚度验收记录表。

知识链接

一、混凝土基本知识

混凝土是以胶凝材料（水泥）、水、细骨料、粗骨料，需要时掺入外加剂和矿物掺和料，按适当比例配合，经过均匀搅拌、浇筑振捣成型及养护硬化而成的人工石材。

近年来，混凝土外加剂的发展和应用大大改善了混凝土的性能和施工工艺。另外，自动化、机械化的发展和新的施工机械和施工工艺的应用，也大大提高了混凝土工程的施工质量。

混凝土柱浇筑施工包括混凝土的配制、搅拌、运输、浇筑捣实和养护等过程，每个环节都将会直接影响混凝土工程的施工质量。

混凝土浇筑施工包括混凝土的配制、搅拌、运输、浇筑捣实和养护等过程，每个环节都将会直接影响混凝土的施工质量。混凝土浇筑工艺流程如图 1-84 所示。

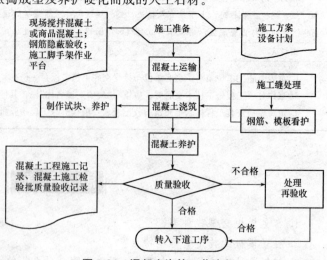

图 1-84 混凝土浇筑工艺流程

混凝土按施工工艺分类主要有预拌混凝土、现场搅拌混凝土、离心成型混凝土、喷射混凝土、泵送混凝土等；按拌合料的流动性能可分为干硬性混凝土、半干硬性混凝土、塑性混凝土、流动性混凝土、大流动性混凝土、自流平混凝土等；按混凝土的强度等级可分为普通混凝土（<C50）和高强度混凝土（≥C50）；按配筋情况可分为素混凝土、钢筋混凝土、预应力混凝土等。除此之外，还有大体积混凝土、高性能混凝土、特殊混凝土（纤维混凝土、聚合物水泥混凝土、轻骨料混凝土、耐火混凝土、补偿收缩混凝土、水下不分散混凝土）等。

混凝土结构工程按施工工艺可分为预制装配、现浇和现浇与预制装配相结合三种形式。目前，我国大多数采用现浇结构，现浇结构具有结构整体性能好、抗震性能好、耗钢量少、造价低等特点。

混凝土结构工程按混凝土搅拌地点可分为混凝土搅拌站制备混凝土（固定式搅拌站）和现场搅拌机制备混凝土（移动式搅拌站）。混凝土搅拌站制备混凝土（固定式搅拌站），供应一定范围内的分散工地所需要的混凝土。砂、石、水泥、水、掺合料、外加剂都能自动控制称量、自动下料，组成一条联动线。其操作简便，称量准确。设有水泥储存罐和螺旋输送器，散装和袋装水泥均可使用。不足之处是砂石堆放还需辅以铲车送料。这种搅拌站自动化程度高，可以减轻工人的劳动强度，改善劳动条件，提高生产效率，可满足一般现场和预制构件厂的需要。现场搅拌机制备混凝土（移动式搅拌站），具有占地面积小、投资省、转移灵活等特点，适用于工程分散、工期短、混凝土量不大的施工现场。

（一）混凝土原材料及质量验收

1. 混凝土原材料

混凝土是以胶凝材料（水泥）、水、细骨料、粗骨料、需要时掺入外加剂和矿物掺合料，按适当比例配合，经过均匀搅拌、浇筑振捣成型及养护硬化而成。

（1）水泥。水泥是一种最常用的水硬性胶凝材料。水泥呈粉末状，加入适量水后，成为塑性浆体，既能在空气中硬化，又能在水中硬化，并能将砂、石等散状材料牢固地胶结在一起。

常用的水泥有硅酸盐水泥、普通硅酸盐水泥、矿渣硅酸盐水泥、火山灰质硅酸盐水泥、粉煤灰硅酸盐水泥、复合硅酸盐水泥等。常用水泥的技术指标应符合有关规定。

入库的水泥应按品种、强度等级、出厂日期分别堆放，并树立标志，做到先到先用，并防止混掺使用。为了防止水泥受潮，现场仓库应尽量密闭。包装水泥存放时，应垫起离地约30 cm，离墙也应在30 cm以上。堆放高度一般不要超过10包。临时露天暂存水泥也应用防雨篷布盖严，底板要垫高，并采取防潮措施。

水泥贮存时间不宜过长，以免结块降低强度。常用水泥在正常环境中存放三个月，强度将降低10%～20%；存放六个月，强度将降低15%～30%。为此，水泥存放时间按出厂日期起算，超过三个月应视为过期水泥，使用时必须重新检验、确定其强度等级。水泥不得与石灰石、石膏、白垩等粉状物料混放在一起。

（2）细骨料（砂）。砂按其产源可分天然砂、人工砂。由自然条件作用而形成的，粒径在5 mm以下的岩石颗粒，称为天然砂。天然砂可为河砂、湖砂、海砂和山砂。人工砂又可分为机制砂与混合砂。人工砂为经除土处理的机制砂、混合砂的统称。机制砂是由机械破碎、筛分制成的，粒径小于4.75 mm的岩石颗粒，但不包括软质岩、风化岩石的颗粒。混合砂是由机制砂和天然砂混合制成的砂。按砂的粒径可分为粗砂、中砂和细砂。砂的质量要求应符合有关规定。

砂的数量验收可按质量或体积计算。测定质量可以汽车地量衡或船舶吃水线为依据。测定体积可以车皮或船舶的容积为依据。用其他小型工具运输时，可按量方确定。

砂在运输、装卸和堆放的过程中，应防止离析和混入杂质，并应按产地、种类和规格分别堆放。

（3）粗骨料（石子）。普通混凝土所用的石子可分为碎石和卵石。由天然岩石或卵石经破碎、筛分而得的粒径大于5 mm的岩石颗粒，称为碎石；由自然条件作用而形成的粒径大于5 mm的岩石颗粒，称为卵石。碎石和卵石的颗粒级配和质量标准应符合有关规定。

碎石或卵石在运输、装卸和堆放的过程中，应防止颗粒离析和混入杂质，并应按产地、种类和规格分别堆放。堆料高度不宜超过 5 m，但对单粒级或最大粒径不超过 20 mm 的连续粒级，堆料高度可以增加到 10 m。

(4)拌合水。一般符合国家标准的生活饮用水，可直接用于拌制各种混凝土。地表水和地下水首次使用前，应按有关标准进行检验后方可使用。海水可用于拌制素混凝土，但不得用于拌制钢筋混凝土和预应力混凝土。有饰面要求的混凝土也不应用海水拌制。混凝土生产厂及商品混凝土厂搅拌设备的洗刷水，可用作拌合混凝土的部分用水。但要注意洗刷水所含水泥和外加剂品种对所拌合混凝上的影响，并且最终拌合水中氯化物、硫酸盐及硫化物的含量应满足有关的规定。

用于拌合混凝土的拌合用水所含物质对混凝土、钢筋混凝土和预应力混凝土不应产生以下有害作用：影响混凝土的和易性和凝结；有损于混凝土的强度发展；降低混凝土的耐久性，加快钢筋腐蚀及导致预应力钢筋脆断；污染混凝土表面。

水的 pH 值、不溶物、可溶物、氯化物、硫酸盐、硫化物的含量应符合有关要求。

(5)矿物掺合料。矿物掺合料是指以氧化硅、氧化铝为主要成分，在混凝土中可以代替部分水泥、改善混凝土性能，且掺量不小于 5% 的具有火山灰活性的粉体材料。

矿物掺合料是混凝土的主要组成材料，它起着根本改变传统混凝土性能的作用。在高性能混凝土中加入较大量的磨细矿物掺合料，可以起到降低温升、改善工作性、增进后期强度、改善混凝土内部结构、提高耐久性、节约资源等作用。其中某些矿物细掺合料还能起到抑制碱-骨料反应的作用。可以将这种磨细矿物掺合料作为胶凝材料的一部分。高性能混凝土中的水胶比是指水与水泥加矿物细掺合料之比。矿物掺合料不同于传统的水泥混合材，虽然两者同为粉煤灰、矿渣等工业废渣及沸石粉、石灰粉等天然矿粉，但两者的细度有所不同，由于组成高性能混凝土的矿物细掺合料细度更细、颗粒级配更合理，故具有更高的表面活性能，能充分发挥细掺和料的粉体效应，其掺量高于水泥混合材料。

不同的矿物掺和料对改善混凝土的物理、力学性能和耐久性具有不同的效果，应根据混凝土的设计要求与结构的工作环境加以选择。

(6)混凝土外加剂。为改善混凝土的性能，如改善混凝土的和易性、提高早期强度、提高抗冻性能等，常在混凝土中加入适量的外加剂。外加剂种类较多，应根据实际需求选用。

1)普通减水剂及高效减水剂。普通减水剂是在混凝土坍落度相同的条件下，能减少拌合用水量的外加剂。普通减水剂按化学成分可分为木质素磺酸盐、多元醇系及复合物、高级多元醇、羧酸(盐)基、聚丙烯酸盐及其共聚物、聚氧乙烯醚及其衍生物六类。高效减水剂是在混凝土坍落度基本相同的条件下能大幅度减少拌合水量的外加剂。

2)引气剂及引气减水剂。引气剂的主要品种有松香树脂类、烷基苯磺酸盐类、脂肪醇磺酸盐类等。引气剂是在混凝土搅拌过程中，能引入大量分布均匀的微小气泡，以减少混凝土拌合物泌水离析，改善和易性，并能显著提高硬化混凝土抗冻融耐久性的外加剂。兼有引气和减水作用的外加剂称为引气减水剂。

3)缓凝剂及缓凝减水剂。缓凝剂是一种能延缓混凝土凝结时间，并对混凝土后期强度发展没有不利影响的外加剂。兼有缓凝和减水作用的外加剂，称为缓凝减水剂。

缓凝剂可分为有机物和无机物两大类。许多有机缓凝剂兼有减水、塑化作用，两类性能不可能截然分开。

缓凝剂与缓凝减水剂在净浆及混凝土中均有不同的缓凝效果。缓凝效果随掺量增加而增加，超掺会引起水泥水化完全停止。

4)早强剂及早强减水剂。早强剂是能够提高混凝土早期强度，但对后期强度没有明显影响的外加剂。兼有早强和减水作用的外加剂，称为早强减水剂。

早强剂的主要品种有强电解质无机盐类早强剂、水溶性有机化合物等。常温及低温下使用早强剂或早强减水剂的混凝土采用自然养护时，宜使用塑料薄膜覆盖或喷洒养护液。终凝后应立即浇水潮湿养护。当最低气温低于 0 ℃时，除塑料薄膜外还应加盖保温材料，当最低气温低于-5℃时应使用防冻剂。

5)泵送剂。能改善混凝土拌合物泵送性能的外加剂称为泵送剂。泵送性就是混凝土拌合物顺利通过输送管道，不阻塞、不离析、黏塑性良好的性能。

泵送剂是硫化剂中的一种，它除能大大提高拌合物流动性外，还能使新拌混凝土在 60～180 min 时间内保持其流动性，剩余坍落度应不低于原始的 55%。另外，它不是缓凝剂，缓凝时间不宜超过 120 min(有特殊要求除外)。泵送剂适用于各种需要采用泵送工艺的混凝土。超缓凝泵送剂用于大体积混凝土，含防冻组分的泵送剂适用于冬期施工混凝土。混凝土温度越高，运输或泵管输送距离越长，对泵送剂品质的要求就越高。

6)膨胀剂。能使混凝土的密实性增强，体积微膨胀的外加剂称为膨胀剂。膨胀剂的常用种类有硫铝酸钙类、硫铝酸钙—氧化钙类和氧化钙类。

膨胀剂的适用范围应符合表 1-34 的规定。

表 1-34　膨胀剂的适用范围

用途	适用范围
补偿收缩混凝土	地下、水中、海水中、隧道等构筑物、大体积混凝土(除大坝外)。配筋路面和板、屋面与厕浴间防水、构件补强、渗漏修补、预应力钢筋混凝土、回填槽等
填充用膨胀混凝土	结构后浇缝、隧洞堵头、钢管与隧道之间的填充等
填充用膨胀砂浆	机械设备的底座灌浆、地脚螺栓的固定、梁柱接头、构件补强、加固
自应力混凝土	仅用于常温下使用的自应力钢筋混凝土压力管

混凝土中的外加剂除有以上几种外，还有速凝剂、抗冻剂、阻锈剂、着色剂、养护剂及脱模剂等。对外加剂的基本要求如下：

1)外加剂的品种应根据工程设计和施工要求选择，通过试验及技术经济比较确定。

2)外加剂掺入混凝土中，不得对人体产生危害，不得对环境产生污染。

3)掺外加剂混凝土所用水泥，宜采用硅酸盐水泥、普通硅酸盐水泥、矿渣硅酸盐水泥、火山灰质硅酸盐水泥、粉煤灰硅酸盐水泥和复合硅酸盐水泥，并应检验外加剂对水泥的适应性，符合要求后方可使用。

4)掺外加剂混凝土所用材料如水泥、砂、石、掺和料、外加剂均应符合国家现行的有关标准的要求。

5)不同品种外加剂复合使用，应注意其相容性及对混凝土性能的影响，使用前应进行试验，满足要求方可使用。

6)选用的外加剂应由供货单位提供产品说明书、出厂检验报告及合格证、掺外加剂混凝土性能检验报告。外加剂运到工地(或混凝土搅拌站)必须立即取代表性样品进行检验，进货与工程试配时一致方可使用。若发现不一致，则应停止使用。

7)外加剂应按不同供货单位、不同品种、不同牌号分别存放，标识应清楚。

8)外加剂配料控制系统标识应清楚，计量应准确，计量误差为±2%。

9)粉状外加剂应防止受潮结块，如有结块，经性能检验合格后，应粉碎至全部通过 0.63 mm 筛后方可使用。液体外加剂应放置阴凉干燥处，防止日晒、受冻、污染、进水或蒸发，如有沉淀等现象，则经性能检验合格后方可使用。

2. 原材料质量验收

一般规定：

(1)混凝土强度应按现行国家标准《混凝土强度检验评定标准》(GB/T 50107)的规定分批检验评定。划入同一检验批的混凝土，其施工持续时间不宜超过 3 个月。检验评定混凝土强度时，应采用 28 d 或设计规定龄期的标准养护试件。试件成型方法及标准养护条件应符合现行国家标准《混凝土物理力学性能试验方法标准》(GB/T 50081)的规定。采用蒸汽养护的构件，其试件应先随构件同条件养护，然后再置入标准养护条件下继续养护至 28 d 或设计规定龄期。

(2)当采用非标准尺寸试件时，应将其抗压强度乘以尺寸折算系数，折算成边长为 150 mm 的标准尺寸试件抗压强度。尺寸折算系数应按现行国家标准《混凝土强度检验评定标准》(GB/T 50107)采用。

(3)当混凝土试件强度评定不合格时，应委托具有资质的检测机构按国家现行有关标准的规定对结构构件中的混凝土强度进行检测推定。当混凝土结构施工质量不符合要求时，经返工、返修或更换构件、部件的，应重新进行验收，经有资质的检测机构按国家现行相关标准检测鉴定达到设计要求的，应予以验收；经有资质的检测机构按国家现行相关标准检测鉴定达不到设计要求，但经原设计单位核算并确认仍可满足结构安全和使用功能的，可予以验收；经返修或加固处理能够满足结构可靠性要求的，可根据技术处理方案和协商文件进行验收。

(4)混凝土有耐久性指标要求时，应按现行行业标准《混凝土耐久性检验评定标准》(JGJ/T 193)的规定检验评定。

(5)大批量、连续生产的同一配合比混凝土，混凝土生产单位应提供基本性能试验报告。

(6)预拌混凝土的原材料质量、制备等应符合现行国家标准《预拌混凝土》(GB/T 14902)的规定。

主控项目：

(1)水泥进场时应对其品种、代号、强度等级、包装或散装仓号、出厂日期等进行检查，并应对水泥强度、安定性和凝结时间进行检验，检验结果应符合现行国家标准《通用硅酸盐水泥》(GB 175)的相关规定。

检查数量：按同一厂家、同一品种、同一代号、同一强度等级、同一批号且连续进场的水泥，袋装不超过 200 t 为一批，散装不超过 500 t 为一批，每批抽样数量不应少于一次。

检验方法：检查质量证明文件和抽样检验报告。

(2)混凝土外加剂进场时，应对其品种、性能、出厂日期等进行检查，并对外加剂的相关性能指标进行检验，检验结果应符合现行国家标准《混凝土外加剂》(GB 8076)和《混凝土外加剂应用技术规范》(GB 50119)的规定。

检查数量：按同一厂家、同一品种、同一性能、同一批号且连续进场厂的混凝土外加剂，不超过 50 t 为一批，每批抽样数量不应少于一次。

检验方法：检查质量证明文件和抽样检验报告。

一般项目：

(1)混凝土用矿物掺合料进场时，应对其品种、技术指标、出厂日期等进行检查，并对矿物掺合料的相关技术指标进行检验，其结果应符合国家现行有关标准的规定。

检查数量：按同一厂家、同一品种、同一技术指标、同一批号且连续进场的矿物掺合料，粉煤灰、石灰石粉、磷渣粉和钢铁渣粉不超过 200 t 为一批，粒化高炉矿渣粉和复合矿物掺合料不超过 500 t 为一批，沸石粉不超过 120 t 为一批，硅灰不超过 30 t 为一批，每批抽样数量不应少于一次。

检验方法：检查质量证明文件和抽样检验报告。

(2)混凝土原材料中的粗骨料、细骨料质量应符合现行行业标准《普通混凝土用砂、石质量及检验方法标准》(JGJ 52)的规定，使用经过净化处理的海砂应符合现行行业标准《海砂混凝土应用技术规范》(JGJ 206)的规定，再生混凝土骨料应符合现行国家标准《混凝土用再生粗骨料》(GB/T 25177)和《混凝土和砂浆用再生细骨料》(GB/T 25176)的规定。

检查数量：按现行行业标准《普通混凝土用砂、石质量及检验方法标准》(JGJ 52)的规定确定。

检验方法：检查抽样检验报告。

(3)混凝土拌制及养护用水应符合现行行业标准《混凝土用水标准》(JGJ 63)的规定。采用饮用水作为混凝土用水时，可不检验；采用中水、搅拌站清洗水、施工现场循环水等其他水源时，应对其成分进行检验。

检查数量：同一水源检查不应少于一次。

检验方法：检查水质检验报告。

(二)混凝土的制备及质量验收

混凝土施工配料是保证混凝土质量的重要环节之一，必须加以严格控制。施工配料时影响混凝土质量的因素主要有两个方面：一是称量不准；二是未按砂、石骨料实际含水率的变化进行施工配合比的换算。这样必然会改变原理论配合比的水胶比、砂石比(含砂率)及浆骨比。当水胶比增大时混凝土黏聚性、保水性差，而且硬化后多余的水分残留在混凝土中形成水泡，或水分蒸发留下气孔，使混凝土密实性差、强度低。若水胶比减少，则混凝土流动性差，甚至影响成型后的密实，造成混凝土结构内部松散，表面产生蜂窝、麻面现象。同样含砂率减少时，则砂浆量不足，不仅会降低混凝土流动性，更严重地是将影响其黏聚性及保水性，导致粗骨料离析、水泥浆流失，甚至溃散等不良现象。而浆骨比是反映混凝土中水泥浆的用量多少(即每立方米混凝土的用水量和水泥用量)，如控制不准，也将直接影响混凝土的水胶比和流动性。所以，为了确保混凝土的质量，在施工中必须及时进行施工配合比的换算和严格控制称量。

1. 混凝土施工配合比设计

混凝土实验室配合比是根据完全干燥的砂、石骨料制定的，但实际使用的砂、石骨料一般都含有一些水分，而且含水量又会随气候条件发生变化。所以，施工时应及时测定砂、石骨料的含水率，并将混凝土实验室配合比换算成骨料在实际含水量情况下的施工配合比。

设实验室配合比：水泥∶砂子∶石子$=1∶x∶y$，并测得砂子的含水率为W_x，石子的含水率为W_y，水胶比为W/C，则施工配合比为$1∶x(1+W_x)∶y(1+W_y)$。

按实验室配合比一立方米混凝土水泥用量为C(kg)，计算时确保混凝土水胶比不变，则换算后材料用量为

水泥：C

砂子：$Cx(1+W_x)$

石子：$Cy(1+W_y)$

水：$W-CxW_x-CyW_y$

为严格控制混凝土的配合比，原材料的数量应采用重量计量，必须准确。其质量偏差不得超过以下规定：水泥、混合材料为±2%；细骨料为±3%；水、外加剂溶液±2%。各种衡量器应定期校验，保持准确。骨料含水量应经常测定，雨天施工应增加测定次数。

2. 混凝土搅拌方法

混凝土有人工搅拌和机械搅拌两种。人工拌合质量差，水泥消耗量多，只有在工程量很少时采用。人工拌合一般采用"三干三湿"方法，即先将水泥加入砂中干拌两遍，再加入石子翻拌一遍，然后边缓慢地加水，边反复湿拌三遍。

3. 混凝土搅拌机械

混凝土搅拌机按其搅拌原理可分为自落式搅拌机和强制式搅拌机两类，如图 1-85 所示。

自落式搅拌机的搅拌筒内壁焊有弧形叶片，当搅拌筒绕水平轴旋转时，叶片不断将物料提升到一定高度，利用重力的作用，自由落下。由于各物料颗粒下落的时间、速度、落点和滚动距离不同，从而使物料颗粒达到混合的目的。自落式搅拌机适用于搅拌塑性混凝土和低流动性混凝土。

JZ 锥形反转出料搅拌机是自落式搅拌机中较好的一种，由于其主副叶片分别与拌筒轴线成 45° 和 40° 夹角，故搅拌时叶片使物料做轴向窜动，所以搅拌运动比较强烈。反转出料搅拌机正转搅拌，反转出料，功率消耗大。

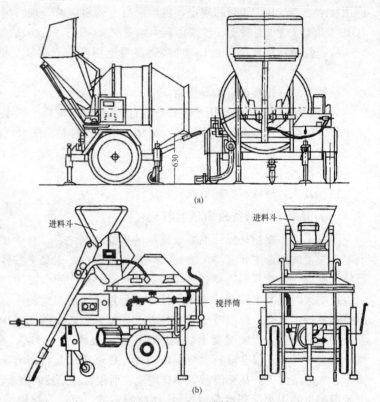

图 1-85　混凝土搅拌机
(a)锥形自落式搅拌机；(b)强制式搅拌机

这种搅拌机构造简单、质量轻、搅拌效率高、出料干净、维修和保养方便。

强制式搅拌机利用运动着的叶片强迫物料颗粒朝环向、径向和竖向各个方向产生运动，使各物料均匀混合。强制式搅拌机作用比自落式强烈，适用于搅拌干硬性混凝土和轻骨料混凝土。

强制式搅拌机可分为立轴式和卧轴式，立轴式又可分为涡桨式和行星式。卧轴式又可分为 JD 单卧轴搅拌机和 JS 双卧轴搅拌机，由旋转的搅拌叶片强制搅动，兼有自落和强制搅拌两种机能。搅拌强烈，搅拌的混凝土质量就好，且搅拌时间短，生产效率高。

我国规定混凝土搅拌机以其出料容量（m³）×1 000 标定规格，现行混凝土搅拌机的系列为 50、150、250、350、500、750、1 000、1 500 和 3 000。选择搅拌机时，要根据工程量大小、混凝土的坍落度、骨料尺寸等而定，既要满足技术上的要求，也要考虑经济效果和节约能源。

4. 混凝土搅拌要求

（1）进料容量。进料容量是将搅拌前各种材料的体积累积起来的容量，又称干料容量。进料容量为出料容量的 1.4～1.8 倍（一般取 1.5 倍）。进料容量超过规定容量的 10% 以上，就会使材料在搅拌筒内无充分的空间进行拌合，影响混凝土的均匀性；反之，如装料过少，则又不能充分发挥搅拌机的性能。

（2）投料顺序。投料顺序应从提高搅拌质量，减少叶片、衬板的磨损，减少拌合物与搅拌筒的粘结，减少水泥飞扬改善工作条件等方面综合考虑确定。以下为常用的几种方法：

1）一次投料法：即在上料斗中先装石子，再加水泥和砂，然后一次投入搅拌机。在鼓筒内先加水或在料斗提升进料的同时加水，这种上料顺序使水泥夹在石子和砂中间，上料时不致飞扬，又不致粘住斗底，且水泥和砂先进入搅拌筒形成水泥砂浆，可缩短包裹石子的时间。

2）二次投料法：它又分为预拌水泥砂浆法和预拌水泥净浆法。预拌水泥砂浆法是先将水泥、砂和水加入搅拌筒内进行充分搅拌，成为均匀的水泥砂浆，再投入石子搅拌成均匀的混凝土。预拌水泥净浆法是将水泥和水充分搅拌成均匀的水泥浆后，再加入砂和石子搅拌成混凝土。二次投料法搅拌的混凝土与一次投料法相比较，混凝土强度提高约 15%，在强度相同的情况下，可节约 15%～20% 水泥。

3）水泥裹砂法：此法又称为 SEC 法。采用这种方法拌制的混凝土称为 SEC 混凝土，也叫作造壳混凝土。其搅拌程序是先加一定量的水，将砂表面的含水量调节到某一规定的数值后，再将石子加入与湿砂拌匀，然后将全部水泥投入，与润湿后的砂、石拌合，使水泥在砂、石表面形成一层低水胶比的水泥浆壳（此过程称为"成壳"），最后将剩余的水和外加剂加入，搅拌成混凝土。采用 SEC 法制备的混凝土与一次投料法比较，强度可提高 20%～30%，混凝土不易产生离析现象，泌水少，工作性能好。

（3）搅拌时间。搅拌时间是从全部材料投入搅拌筒起，到开始卸料为止所经历的时间。它是影响混凝土质量及搅拌机生产率的重要因素之一，时间过短，拌合不均匀，会降低混凝土的强度及和易性；时间过长，不仅会影响搅拌机的生产率，而且会使混凝土和易性降低或产生分层离析现象。搅拌时间与搅拌机的类型、鼓筒尺寸、骨料的品种和粒径以及混凝土的坍落度等有关，混凝土搅拌的最短时间参见表 1-35。

表 1-35　混凝土搅拌的最短时间　　　　　　　　　　　　　　　　　　s

混凝土坍落度 /mm	搅拌机型	搅拌机出料量/L		
		<250	250～500	>500
≤30	强制式	60	90	120
	自落式	90	120	150
>30	强制式	60	60	90
	自落式	90	90	120
注：掺有外加剂时，搅拌时间应适当延长。				

（4）搅拌要求。严格控制混凝土的施工配合比，砂、石严格过磅，不得随意加减用水量；在搅拌混凝土前，搅拌机应加适量水运转，使搅拌筒表面湿润，然后将多余水排干；搅拌第一盘混凝土时，考虑到筒壁上黏附砂浆的损失，石子用量应按配合比规定减半；搅拌好的混凝土要卸净，在混凝土全部卸出之前，不得再投入新拌合料，更不得采取边出料边进料的方法；混凝土搅拌完毕或停歇 1 h 以上时，应将混凝土全部卸出，倒入石子和清水，搅拌 5～10 min，把粘在滚筒上的砂浆冲洗干净后全部卸出，滚筒内不得有积水，以免滚筒和叶片生锈，同时，还应清理搅拌筒以外的积灰，使搅拌机保持清洁完好。

5. 混凝土拌合物质量验收

主控项目：

（1）预拌混凝土进场时，其质量应符合现行国家标准《预拌混凝土》（GB/T 14902）的规定。

检查数量：全数检查。

检验方法：检查质量证明文件。

（2）混凝土拌合物不应离析。

检查数量：全数检查。

检验方法：观察。

（3）混凝土中氯离子含量和碱含量应符合现行国家标准《混凝土结构设计规范（2015 年版）》（GB 50010）的规定和设计要求。

检查数量：同一配合比目的混凝土检查不应少于一次。

检验方法：检查原材料试验报告和氯离子、碱的总含量计算书。

（4）首次使用的混凝土配合比应进行开盘鉴定，其原材料、强度、凝结时间、稠度应满足设计配合比的要求。

检查数量：同一配合比的混凝土检查不应少于一次。

检验方法：检查开盘鉴定资料和强度试验报告。

一般项目：

（1）混凝土拌合物稠度应满足施工方案的要求。

检查数量：对同一配合比混凝土，取样应符合下列规定：每拌制 100 盘且不超过 100 m^3 时，取样不得少于一次；每工作班拌制不足 100 盘时，取样不得少于一次；连续浇筑超过 1 000 m^3 时，每 200 m^3 取样不得少于一次；每一楼层取样不得少于一次。

检验方法：检查稠度抽样检验记录。

（2）混凝土有耐久性指标要求时，应在施工现场随机抽取试件检查耐久性检验，其检验结果应符合国家现行有关标准和设计要求。

检查数量：同一配合比的混凝土，取样不应少于一次，留置试件数量应符合国家现行标准《普通混凝土长期性能和耐久性能试验方法标准》（GB/T 50082）、《混凝土耐久性检验评定标准》（JGJ/T 193）的规定。

检查方法：检查试件耐久性试验报告。

（3）混凝土有抗冻要求时，应在施工现场检查混凝土含气量检验，其检验结果应符合国家现行有关标准和设计要求。

检查数量：同一配合比的混凝土，取样不应少于一次，取样数量应符合现行国家标准《普通混凝土拌合物性能试验方法标准》（GB/T 50080）的规定。

检查方法：检查混凝土含气量检验报告。

（三）混凝土的运输

1. 混凝土运输要求

混凝土自搅拌机中卸出后，应及时运至浇筑地点。为保证混凝土的质量，对混凝土运输的基本要求是：运输容器应不吸水、不漏浆，以防和易性改变。气温炎热时，容器宜用不吸水的材料遮盖，防止阳光直射引起水分蒸发；保证混凝土具有设计配合比所规定的坍落度；使混凝土在初凝前浇入模板并振捣完毕；保证混凝土浇筑能连续进行。

2. 混凝土运输工具

混凝土运输可分为水平运输（地面运输、楼面运输）和垂直运输。

（1）地面运输工具有双轮手推车、机动翻斗车、混凝土搅拌运输车等。

①手推车是施工工地上普遍使用的水平运输工具，手推车具有小巧、轻便等特点，不仅适用于一般的地面水平运输，还能在脚手架、施工栈道上使用；也可与塔式起重机、井架等配合使用，解决垂直运输的需要。

②机动翻斗车是用柴油机装配而成的翻斗车，具有轻便灵活、结构简单、转弯半径小、速度快、能自动卸料、操作维护简便等特点。其适用于短距离水平运输混凝土以及砂、石等散装材料，如图 1-86 所示。

③混凝土搅拌运输车是一种用于长距离

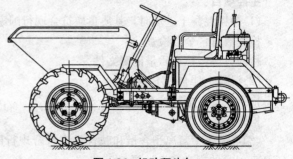

图 1-86　机动翻斗车

输送混凝土的高效能机械。其是将运送混凝土的搅拌筒安装在汽车底盘上，而以混凝土搅拌站生产的混凝土拌合物灌装入搅拌筒内，直接运至施工现场，供浇筑作业需要，如图 1-87 所示。在运输途中，混凝土搅拌筒始终在不停地慢速转动，从而使筒内的混凝土拌合物可连续得到搅动，以

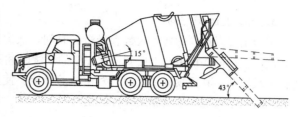

图 1-87　混凝土搅拌运输车

保证混凝土通过长途运输后仍不致产生离析现象。在运输距离很长时，也可将混凝土干料装入筒内，在运输途中加水搅拌，这样能减少由于长途运输而引起的混凝土坍落度损失。

（2）楼面运输工具有双轮手推车、皮带运输机，也可用塔式起重机、混凝土泵（图 1-88）等。楼面运输应采取措施保证模板和钢筋位置正确，防止混凝土离析等。

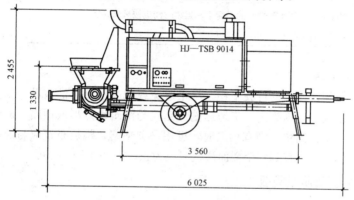

图 1-88　固定式混凝土泵

3）垂直运输工具有塔式起重机加料斗、井架、混凝土泵、混凝土提升机、施工电梯等。

井架运输机（图 1-89）适用于多层工业与民用建筑施工时的混凝土运输。井架装有平台或混凝土自动倾卸料斗（翻斗）。混凝土搅拌机一般设在井架附近，当用升降平台时，手推车可直接推到平台上；用料斗时，混凝土可倾卸在料斗内。

塔式起重机作为混凝土的垂直运输工具，一般均配有料斗。当搅拌站设在起重机工作半径范围内时，起重机可完成地面、垂直及楼面运输而不需要二次倒运。

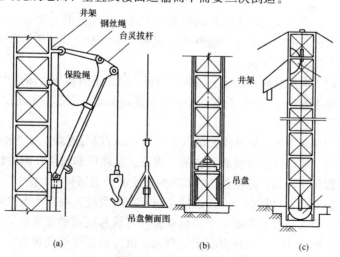

图 1-89　井架运输机

（a）井架、台灵拔杆；（b）井架吊盘；（c）井架吊斗

3. 混凝土运输时间

混凝土应以最少的转运次数和最短的时间，从搅拌地点运至浇筑地点，并在初凝前浇筑完毕。混凝土从搅拌机中卸出后到浇筑完毕的延续时间不宜超过表1-36规定。如果运距较远，则可掺入缓凝剂，其延续凝结时间长短由试验确定。使用快硬水泥或掺有促凝剂的混凝土，其运输时间应根据水泥性能及凝结条件确定。

表1-36 混凝土从搅拌机中卸出后到浇筑完毕的延续时间 min

混凝土强度等级	气　温	
	<25 ℃	≥25 ℃
≤C30	120	90
>C30	90	60

注：1. 对掺用外加剂或采用快硬水泥拌制的混凝土其延续时间应按试验确定。
　　2. 对轻骨料混凝土，其延续时间应适当缩短。

4. 混凝土运输道路

运输道路要求平坦，使车辆行驶平稳，尽量避免或减少混凝土的震动，以免产生离析。运输线路要短、直，以减少运输距离。工地运输道路应与浇筑地点形成回路，避免交通阻塞。楼层上的运输道路应用跳板铺垫，当有钢筋时，可用马凳垫起。跳板布置应与混凝土浇筑方向配合，一面浇筑，一面拆迁，直到整个楼面浇筑完成为止。

(四)混凝土施工及质量验收

1. 混凝土的浇筑

(1)混凝土浇筑前的准备工作。

1)检查模板的位置、标高、尺寸、强度、刚度是否符合设计要求，接缝是否严密；钢筋及预埋件应对照图纸校核其数量、直径、位置及保护层厚度，并做好隐蔽工程记录。

2)模板内的垃圾、泥土和钢筋油污、锈迹应加以清除，木模板应浇水湿润但不得有积水。

3)准备和检查材料、机具等。

4)做好施工组织工作和安全、技术交底。

(2)混凝土浇筑要点。

1)在浇筑工序中，应控制混凝土的均匀性和密实性。混凝土拌合物运至浇筑地点后，应立即浇筑入模。混凝土浇筑前不应发生初凝和离析现象，如已发生，可进行重新搅拌，使混凝土恢复流动性和黏聚性后再进行浇筑。

2)浇筑混凝土时，应注意防止混凝土的分层离析。混凝土由料斗、漏斗内卸出进行浇筑时，其自由下落高度一般不宜超过2 m，在竖向结构中浇筑混凝土的高度不得超过3 m，否则应采用串筒、斜槽、溜管等下料。

3)浇筑竖向结构混凝土前，底部应先填以50～100 mm厚与混凝土成分相同的水泥砂浆。

4)浇筑混凝土时，应经常观察模板、支架、钢筋、预埋件和预留孔洞的情况，当发现有变形、移位时，应立即停止浇筑，并应在已浇筑的混凝土凝结前修整完好。

5)混凝土在浇筑及静置过程中，应采取措施防止产生裂缝。混凝土因沉降及干缩产生的非结构性的表面裂缝，应在混凝土终凝前予以修整。在浇筑与柱和墙连成整体的梁和板时，应在柱和墙浇筑完毕后停歇1～1.5 h，使混凝土获得初步沉实后再继续浇筑梁板，以防止接缝处出现裂缝。

6）为了使混凝土振捣密实，必须分层浇筑，每层浇筑厚度与振捣方法、结构配筋有关，见表1-37。采用插入式振捣器振捣，普通混凝土每层浇筑厚度不应大于振捣器作用部分长度的1.25倍。

表1-37　混凝土浇筑层厚度　　　　　　　　　　　　　　　mm

捣实混凝土的方法		浇筑层的厚度
插入式振捣		振捣器作用部分长度的1.25倍
表面振动		200
人工捣固	在基础、无筋混凝土或配筋稀疏的结构中	250
	在梁、墙板、柱结构中	200
	在配筋密列的结构中	150
轻骨料混凝土	插入式振捣	300
	表面振捣（振捣时需加荷）	200

7）浇筑混凝土应连续进行。如必须间歇时，其间歇时间宜缩短，并应在前层混凝土凝结之前，将后层混凝土浇筑完毕。混凝土运输、浇筑及间歇的全部时间不得超过表1-38的规定，若超过规定时间则必须设置施工缝。

（3）混凝土及施工缝的留设。由于施工技术和施工组织上的原因，不能连续将结构整体浇筑完成，并且间歇的时间预计将超出表1-38规定的时间时，应预先选定适当的部位设置施工缝。施工缝的设置一般分为水平施工缝和竖直施工缝两种。水平施工缝一般设置在竖向结构中，设在墙、柱、厚大基础等结构上；竖直施工缝一般设置在平面结构中，设在梁、板等构件中。

设置施工缝应该严格按照规定认真对待。如果位置不当或处理不好会引起质量事故，轻则开裂渗漏，影响寿命；重则危及结构安全，影响使用。因此，不能不给予高度重视。施工缝的位置应设置在结构受剪力较小且便于施工的部位。

1）水平施工缝的留设。柱、墙施工缝可留设在基础、楼层结构顶面，柱施工缝宜距离结构上表面0～100 mm，墙施工缝宜距离结构上表面0～300 mm，如图1-90所示。柱、墙施工缝也可留设在楼层结构底面，施工缝宜距离结构下表面0～50 mm，当板下有梁托时，可留设在梁托下0～20 mm，如图1-91所示。墙在楼层结构底面留设水平施工缝，如图1-92所示。高度较大的柱、墙、梁以及厚度较大的基础可根据施工需要在其中部留设水平施工缝；必要时，可对配筋进行调整，并应征得设计单位认可。特殊结构部位留设水平施工缝应征得设计单位认可。

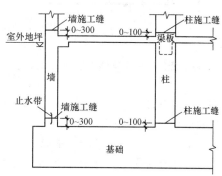

图1-90　基础、楼层结构顶面留设水平施工缝

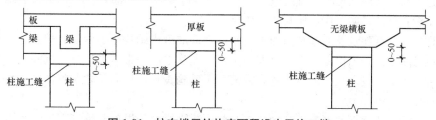

图1-91　柱在楼层结构底面留设水平施工缝

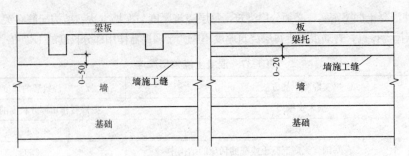

图 1-92　墙在楼层结构底面留设水平施工缝

2)垂直施工缝的留设。有主次梁的楼板，宜顺着次梁方向浇筑，施工缝应留设在次梁跨度的中间 1/3 范围内，如图 1-93 所示；单向板留置在平行于板的短边任何位置；楼梯段施工缝宜设置在梯段板跨度端部 1/3 范围内，如图 1-94 所示；墙留置在门洞口过梁跨中 1/3 范围内，也可留在纵横墙的交接处；双向受力楼板、大体积混凝土结构、拱、穹拱、薄壳、蓄水池、多层刚架及其他结构复杂的工程，施工缝的位置应按设计要求留设。

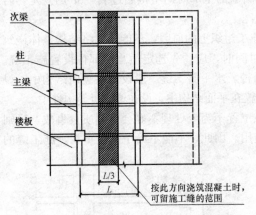

图 1-93　浇筑有主次梁楼板的施工缝位置

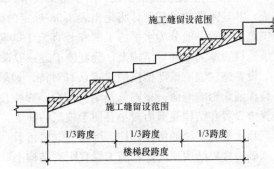

图 1-94　楼梯垂直施工缝留设位置

3)施工缝的处理。已浇筑的混凝土抗压强度达到 1.2 N/mm² (混凝土达到 1.2 N/mm² 的时间，可通过试验决定)以上时，就可以在施工缝处继续浇筑混凝土。在已硬化的混凝土表面上继续浇筑混凝土前，应清除垃圾、水泥薄膜、混凝土表面松动砂石和软弱混凝土层，同时还应加以凿毛，用水冲洗干净并充分湿润，一般不宜少于 24 h，残留在混凝土表面的积水应予清除。注意在施工缝位置附近回弯钢筋时，要做到钢筋周围的混凝土不松动、不损坏。钢筋上的油污、水泥砂浆及浮锈等杂物也应清除。在浇筑前，水平施工缝宜先铺上 10~15 mm 厚的水泥砂浆层，其配合比与混凝土内的砂浆成分相同。从施工缝处开始继续浇筑混凝土时，要注意避免直接靠近缝边下料。机械振捣时，宜向施工缝处逐渐推进，并在距 80~100 cm 处停止振捣，但应加强对施工缝接缝的捣实工作，使其紧密结合。

高层建筑、公共建筑及超长结构的现浇整体钢筋混凝土结构中通常设置后浇带，使大体积混凝土可以分块施工，加快施工进度及缩短工期。混凝土后浇带的设置分为沉降后浇带和伸缩后浇带两种。由于不设永久性的沉降缝，故简化了结构设计，提高了建筑物的整体性，也减少了渗漏水现象。

后浇带是为在现浇钢筋混凝土结构施工过程中，克服由于温度收缩而可能产生有害裂缝而设置的临时施工缝。临时施工缝需根据设计要求保留一段时间后再浇筑，将整个结构连成整体；

后浇带的设置距离，应考虑在有效降低温差和收缩应力的条件下，通过计算来获得。通常后浇带应由设计单位确定，施工单位可以根据工程具体情况提出建议。在正常的施工条件下，如混凝土置于室内和土中为 30 m；如在露天为 20 m。后浇带的保留时间应根据设计确定，若设计无要求时，一般至少保留 28 d 以上。后浇带的宽度应考虑施工简便，避免应力集中。一般其宽度为 70～100 cm。为使后浇带处的混凝土浇筑后连接牢固，一般避免留直缝。对于板，可留斜缝；对于梁及基础，可留企口缝，企口缝有多种形式，可根据结构断面情况确定。后浇带留设形式如图 1-95 所示，后浇带内的钢筋应完好保存；后浇带在浇筑混凝土前不能将部分模板、支柱拆除，否则会导致梁板形成悬臂造成变形。后浇带在浇筑混凝土前，必须将整个混凝土表面按照施工缝的要求进行处理。填充后浇带混凝土可采用微膨胀或无收缩水泥，也可采用普通水泥加入相应的外加剂拌制，但必须要求填筑混凝土的强度等级比原结构强度等级提高一级，并保持至少 15 d 的湿润养护。

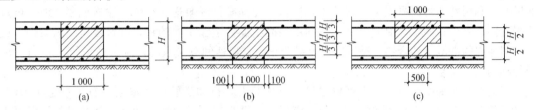

图 1-95　后浇带构造图
(a)平接式；(b)企口式；(c)台阶式

(4)泵送混凝土的施工。当采用混凝土泵泵送混凝土时，由于泵送混凝土的流动性大和施工的冲击力大，因此在设计模板时，必须根据泵送混凝土对模板侧压力大的特点，确保模板和支撑有足够的强度、刚度和稳定性。布料设备不得碰撞或直接搁置在模板上，手动布料杆下的模板和支架应进行加固。浇筑混凝土时，应注意保护钢筋，一旦钢筋骨架发生变形或位移，应及时纠正。混凝土板和块体结构的水平钢筋，应设置足够的钢筋撑脚或钢支架。钢筋骨架重要节点应采取加固措施。手动布料杆应设钢支架架空，不得直接支撑在钢筋骨架上。

混凝土泵的操作是一项专业技术工作，其安全使用及操作，应严格执行使用说明书和其他有关规定。同时应根据使用说明书制定专门操作要点。操作人员必须经过专门培训合格后，方可上岗独立操作。在安置混凝土泵时，应根据要求将其支腿完全伸出，并插好安全销。当场地软弱时应采取措施在支腿下垫枕木等，以防混凝土泵的移动或倾翻。

混凝土泵与输送管连通后，应按所用混凝土泵使用说明书的规定进行全面检查，符合要求后方能开机进行空运转。混凝土泵启动后，应先泵送适量的水，以湿润混凝土泵的料斗、活塞及输送管的内壁等直接与混凝土接触的部位。经泵送水检查，确认混凝土泵和输送管中没有异物后，可以采用与将要泵送的混凝土内除粗骨料外的其他成分相同配合比的水泥砂浆，也可以采用纯水泥浆或 1：2 水泥砂浆。润滑用的水泥浆或水泥砂浆应分散布料，不得集中浇筑在同一处。

开始泵送时，混凝土泵应处于慢速、匀速并随时可能反泵的状态。泵送的速度应先慢后快，逐步加速。同时，应观察混凝土泵的压力和各系统的工作情况，待各系统运转顺利后，再按正常速度进行泵送。混凝土泵送应连续进行，如必须中断时，其中断时间不得超过混凝土从搅拌至浇筑完毕所允许的延续时间。泵送混凝土时，混凝土泵的活塞应尽可能保持在最大行程运转，目的是提高混凝土泵的输出效率，以及有利于机械的保护。混凝土泵的水箱或活塞清洗室中应经常保持充满水。泵送时，如输送管内吸入了空气，应立即进行反泵吸出混凝土，将其置于料斗中重新搅拌，排出空气后再泵送。在混凝土泵送过程中，如果需要接长输送管长于 3 m，则应按照前述要求仍应预先用水和水泥浆或水泥砂浆，进行湿润和润滑管道内壁。混凝土在泵送中，不得将拆下的输送管内的混凝土撒落在未浇筑的地方。

当混凝土泵出现压力升高且不稳定、油温升高、输送管有明显振动等现象而泵送困难时，不得强行泵送，应立即查明原因，采取措施排除。一般可先用木槌敲击输送管弯管、锥形管等部位，并进行慢速泵送或反泵，防止堵塞。当输送管被堵塞时，应采取以下方法排除：反复进行反泵和正泵，逐步吸出混凝土至料斗中，重新搅拌后再进行泵送；可用木槌敲击等方法，查明堵塞部位，若确实查明了堵管部位，可在管外击松混凝土后，重复进行反泵和正泵，排除堵塞；当上述两种方法无效时，应在混凝土卸压后，拆除堵塞部位的输送管，排出混凝土堵塞物后再接通管道。重新泵送前，应先排除管内空气，拧紧接头。

在混凝土泵送过程中，若需要有计划中断泵送时，应预先考虑确定的中断浇筑部位，停止泵送，并且中断时间不要超过 1 h。同时应采取以下措施：混凝土泵车卸料清洗后重新泵送，采取措施或利用臂架将混凝土泵入料斗中，进行慢速间歇循环泵送，有配管输送混凝土时，可进行慢速间歇泵送；固定式混凝土泵，可利用混凝土搅拌运输车内的料，进行慢速间歇泵送，或利用料斗内的混凝土拌合物，进行间歇反泵和正泵；慢速间歇泵送时，应每隔 4~5 min 进行四个行程的正、反泵。

当向下泵送混凝土时，应先把输送管上气阀打开，待输送管下段混凝土有了一定压力时，方可关闭气阀。混凝土泵送即将结束前，应正确计算尚需用的混凝土数量，并及时告知混凝土搅拌处。泵送过程中被废弃的和泵送终止时多余的混凝土，应按预先确定的处理方法和场所及时进行妥善处理。泵送完毕，应将混凝土泵和输送管清洗干净。在排除堵物、重新泵送或清洗混凝土泵时，布料设备的出口应朝安全方向，以防堵塞物或废浆高速飞出伤人。

当多台混凝土泵同时泵送施工或与其他输送方法组合输送混凝土时，应预先规定各自的输送能力、浇筑区域和浇筑顺序，并应分工明确、互相配合、统一指挥。

泵送混凝土的浇筑应根据工程结构特点、平面形状和几何尺寸，混凝土供应和泵送设备能力、劳动力和管理能力，以及周围场地大小等条件，预先划分好混凝土浇筑区域。

当采用混凝土输送管输送混凝土时，泵送混凝土的浇筑顺序应由远而近浇筑；在同一区域的混凝土，应按先竖向结构后水平结构的顺序分层连续浇筑。当不允许留设施工缝时，区域之间、上下层之间的混凝土浇筑间歇时间不得超过混凝土初凝时间；当下层混凝土初凝后，浇筑上层混凝土时，应先按留设施工缝的规定处理。在浇筑竖向结构混凝土时，布料设备的出口离模板内侧面不应小于 50 mm，并且不向模板内侧面直冲布料，也不得直冲钢筋骨架；混凝土浇筑分层厚度一般为 300~500 mm。

振捣泵送混凝土时，振动棒插入的间距一般为 400 mm 左右，振捣时间一般为 15~30 s，并且在 20~30 min 后对其进行二次复振；对于有预留洞、预埋件和钢筋密集的部位，应预先准备好相应的技术措施，确保顺利布料和振捣密实。在浇筑混凝土时，应经常观察，当发现混凝土有不密实等现象，应立即采取措施。

2. 混凝土的振捣

(1)混凝土振捣密实原理。混凝土的捣实可分为人工捣实和机械振捣两种方式。人工捣实是用捣锤或插钎等工具的冲击力来使混凝土密实成型，其效率低、效果差，只有在缺少机械或工程量不大的情况下，才进行人工捣实；机械振捣是通过振动器的振动力传给混凝土使之发生强迫振动而密实成型，其效率高、质量好。

混凝土浇入模板后，由于内部骨料和砂浆之间摩阻力与粘结力的作用，混凝土的流动性很低。不能自动充满模板内各角落，其内部是疏松的，空气与气泡含量占混凝土体积的 5%~20%。不能达到要求的密实度，必须进行适当的振捣，促使混凝土混合物克服阻力并逸出气泡消除空隙，使混凝土满足设计要求的强度等级和足够的密实度。

（2）振动机械的选择。振动机械可分为内部振动器、表面振动器、外部振动器和振动台，如图 1-96 所示。

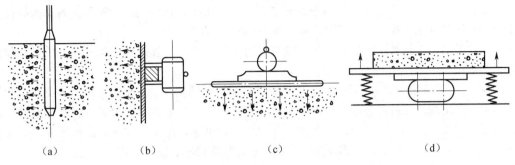

图 1-96 振动机械示意

(a)内部振动器；(b)外部振动器；(c)表面振动器；(d)振动台

内部振动器又称插入式振动器，如图 1-97 所示。插入式振动器是建筑工地应用最多的一种振动器，多用于振实梁、柱、墙、厚板和基础等。混凝土柱子的振捣设备主要采用内部振动器，将振捣棒插入到浇筑的混凝土内部，通过振捣棒体的高频振动完成捣实。用插入式振动器振动混凝土时，应垂直插入，并插入下层混凝土 50 mm，以促使上下层混凝土结合成整

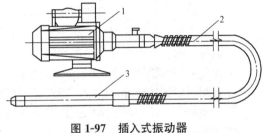

图 1-97 插入式振动器

1—电动机；2—软轴；3—振动棒

体。每一振点的振捣延续时间，应使混凝土捣实（即表面呈现浮浆和不再沉落为限）。采用插入式振动器捣实普通混凝土的移动间距，不宜大于作用半径的 1.5 倍。捣实轻骨料混凝土的间距，不宜大于作用半径的 1 倍；振动器与模板的距离不应大于振动器作用半径的 1/2，并应尽量避免碰撞钢筋、模板、预埋件等。插点的分布有行列式和交错式两种，如图 1-98 所示。

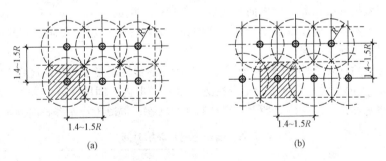

图 1-98 插点的分布

(a)行列式；(b)交错式

表面振动器又称平板振动器，是将电动机装上左右两个偏心块固定在一块平板上而成，其振动作用可直接传递到混凝土面层上。这种振动器适用于捣实楼板、地面、板形构件和薄壳等薄壁结构。在无筋或单层钢筋结构中，每次振实的厚度不大于 250 mm；在双层钢筋的结构中，每次振实厚度不大于 120 mm。表面振动器的移动间距，应保证振动器的平板覆盖已振实部分的边缘，以使该处的混凝土振实出浆为准。也可进行两遍振实，第一遍和第二遍的方向要互相垂

直，第一遍主要使混凝土密实，第二遍则使表面平整。

附着式振动器又称外部振动器，它通过螺栓或夹钳等固定在模板外侧的横档或竖档上，偏心块旋转所产生的振动力通过模板传递给混凝土，使之振实。但模板应有足够的刚度。对于小截面直立构件，插入式振动器的振动棒很难插入，可使用附着式振动器，附着式振动器的设置间距应通过试验确定。在一般情况下，可每隔1～1.5 m设置一个。

振动台是混凝土制品厂中的固定生产设备，用于振实预制构件。也可用于施工现场振动刚入模具的试块。

（3）混凝土的养护。混凝土浇筑后，之所以能逐渐凝结硬化，主要是因为水泥水化作用的结果，而水化作用则需要适当的温度和湿度条件，因此，为了保证混凝土有适宜的硬化条件，使其强度不断增长，必须对混凝土进行养护。养护可采用洒水、覆盖、喷涂养护剂等方法，选择养护方式应考虑现场条件、环境温湿度、构造特点、技术要求、施工操作等因素。

1）覆盖浇水养护。覆盖浇水养护是利用平均气温高于+5 ℃的自然条件，用适当的材料对混凝土表面加以覆盖并浇水，使混凝土在一定的时间内保持水泥水化作用所需要的适当温度和湿度条件。覆盖浇水养护应符合下列规定：

①覆盖浇水养护应在混凝土浇筑完毕后的12 h内进行。

②浇水次数应根据能保持混凝土处于湿润的状态来决定。

③混凝土的养护用水宜与拌制水相同。

④当日平均气温低于5 ℃时，不得浇水。

⑤大面积结构如地坪、楼板、屋面等可采用蓄水养护。

⑥贮水池一类工程可于拆除内模混凝土达到一定强度后注水养护。

2）薄膜布养护。在有条件的情况下，可采用不透水、气的薄膜布（如塑料薄膜布）养护。用薄膜布将混凝土表面敞露的部分全部严密地覆盖起来，保证混凝土在不失水的情况下得到充足的养护。这种养护方法的优点是不必浇水，操作方便，能重复使用，能提高混凝土的早期强度，加速模具的周转。但应保持薄膜布内有凝结水。

3）薄膜养生液养护。混凝土的表面不便浇水或使用塑料薄膜布养护时，可采用涂刷薄膜养生液，防止混凝土内部水分蒸发的方法进行养护。薄膜养生液养护是将可成膜的溶液喷洒在混凝土表面上，溶液挥发后在混凝土表面凝结成一层薄膜，使混凝土表面与空气隔绝，封闭混凝土中的水分不再被蒸发，而完成水化作用。这种养护方法一般适用于表面积大的混凝土施工和缺水地区。但应注意薄膜的保护。

养护条件在自然气温条件下（高于+5 ℃），对于一般塑性混凝土应在浇筑后10～12 h内（炎夏时可缩短至2～3 h），对高强度混凝土应在浇筑后1～2 h内，即用麻袋、草帘、锯末或砂进行覆盖，并及时浇水养护，以保持混凝土具有足够润湿状态。混凝土浇水养护时间可参照表1-38。

表1-38　混凝土浇水养护时间

分　类		浇水养护时间
拌制混凝土的水泥品种	硅酸盐水泥、普通硅酸盐水泥、矿渣硅酸盐水泥	不小于7 d
	火山灰质硅酸盐水泥、粉煤灰硅酸盐水泥	不小于14 d
	矾土水泥	不小于3 d
抗渗混凝土、混凝土中掺缓凝型外加剂		不小于14 d
注：1. 如平均气温低于55 ℃时，不得浇水。 　　2. 采用其他品种水泥时，混凝土的养护应根据水泥技术性能确定。		

混凝土在养护过程中，如发现覆盖不好、浇水不足，以致表面泛白或出现干缩细小裂缝时，要立即仔细加以遮盖，加强养护工作，充分浇水，并延长浇水日期，加以补救。在已浇筑的混凝土强度达到 1.2 N/mm² 以后，始准在其上来往行人和安装模板及支架等。荷重超过时应通过计算，并采取相应的措施。

4)加热养护。蒸汽养护是由锅炉供应蒸汽，给混凝土一个高湿的硬化条件，加快混凝土的硬化速度，提高混凝土的早期强度的一种方法。混凝土在较高湿度和温度的条件下，可迅速达到要求的强度。施工现场由于条件限制，现浇预制构件一般可采用临时性地面或地下的养护坑，上盖养护罩或用简易的帆布、油布等。

蒸汽养护分以下四个阶段：

①静停阶段：就是指混凝土浇筑完毕至升温前在室温下先放置一段时间。这主要是为了增强混凝土对升温阶段结构破坏作用的抵抗能力，一般需 2～6 h。

②升温阶段：就是混凝土原始温度上升到恒温的阶段。温度急速上升，会使混凝土表面因体积膨胀太快而产生裂缝。因而必须控制升温速度，一般为 10～25 ℃/h。

③恒温阶段：是混凝土强度增长最快的阶段。恒温的温度应随水泥品种不同而异，普通水泥的养护温度不得超过 80 ℃，矿渣水泥、火山灰质硅酸盐水泥可提高到 85 ℃～90 ℃。恒温加热阶段应保持 90%～100%的相对湿度。

④降温阶段：在降温阶段内，混凝土已经硬化，如降温过快，混凝土会产生表面裂缝，因此降温速度应加以控制。一般情况下，构件厚度在 10 cm 左右时，降温速度每小时不大于 20 ℃～30 ℃。为了避免由于蒸汽温度骤然升降而引起混凝土构件产生裂缝变形，必须严格控制升温和降温的速度。出槽的构件温度与室外温度相差不得大于 40 ℃，当室外为负温度时，不得大于 20 ℃。

5)热模养护。热模养护是将蒸汽通在模板内进行养护。此法用汽少，加热均匀，既可用于预制构件，又可用于现浇墙体。

6)棚罩式养护。棚罩式养护是在混凝土构件上加盖养护棚罩。棚罩的材料有玻璃、透明玻璃钢、聚酯薄膜、聚乙烯薄膜等。其中以透明玻璃钢和透明塑料薄膜为佳，棚罩式的形式有单坡、双坡、拱形等，一般多采用单坡或双坡。棚罩内的空腔不宜过大，一般略大于混凝土构件即可。棚罩内的温度，夏季可达 60 ℃～75 ℃，春秋季可达 35 ℃～45 ℃，冬季约为 20 ℃。

7)覆盖式养护。覆盖式养护是在混凝土成型、表面略平后，其上覆盖塑料薄膜进行封闭养护，有以下两种做法：

①在构件上覆盖一层黑色塑料薄膜（厚为 0.12～0.14 mm），在冬季再盖一层气被薄膜。

②在混凝土构件上先覆盖一层透明的或黑色塑料薄膜，再盖一层气垫薄膜（气泡朝下）。

塑料薄膜应采用耐老化的，接缝应采用热粘合。覆盖时应紧贴四周，用砂袋或其他重物压紧盖严，防止被风吹开，影响养护效果。塑料薄膜采用搭接时，其搭接长度应大于 30 cm。根据试验分析，气温在 20 ℃以上，只盖一层塑料薄膜，养护最高温度达 65 ℃，混凝土构件在 1.5～3 d 内达到设计强度的 70%，可缩短养护周期 40%以上。

(4)混凝土施工验收。

主控项目：

混凝土的强度等级必须符合设计要求。用于检验混凝土强度的试件应在浇筑地点随机抽取。

检查数量：对同一配合比混凝土，取样与试件留置应符合下列规定：

每拌制 100 盘且不超过 100 m³ 时，取样不得少于一次；每工作班拌制不足 100 盘时，取样不得少于一次；连续浇筑超过 1 000 m³ 时，每 200 m³ 取样不得少于一次；每一楼层取样不得少于一次，每次取样应至少留置一组试件。

检验方法：检查施工记录及混凝土强度试验报告。

一般项目：

(1)后浇带的留设位置应符合设计要求。后浇带和施工缝的留设及处理方法应符合施工方案要求。

检查数量：全数检查。

检验方法：观察。

(2)混凝土浇筑完毕后应及时进行养护，养护时间以及养护方法应符合施工方案要求。

检查数量：全数检查。

检验方法：观察，检查混凝土养护记录。

(七)混凝土现浇结构施工质量检查

1. 一般规定

(1)混凝土现浇结构质量验收应符合下列规定：

现浇结构质量验收应在拆模后、混凝土表面未做修整和装饰前进行，并应做出记录；已经隐蔽的不可直接观察和量测的内容，可检查隐蔽工程验收记录；修整或返工的结构构件部位应有实施前后的文字及其图像记录资料。

(2)混凝土现浇结构外观质量缺陷应由监理单位、施工单位等各方根据其对结构性能和使用功能影响的严重程度按表 1-39 确定。

表 1-39　现浇结构外观质量缺陷

名称	现象	严重缺陷	一般缺陷
露筋	构件内钢筋未被混凝土包裹而外露	纵向受力钢筋有露筋	其他钢筋有少量露筋
蜂窝	混凝土表面因缺少水泥砂浆而形成石子外露	构件主要受力部位有蜂窝	其他部位有少量蜂窝
孔洞	混凝土中孔穴深度和长度均超过保护层厚度	构件主要受力部位有孔洞	其他部位有少量孔洞
夹渣	混凝土中夹有杂物且深度超过保护层厚度	构件主要受力部位有夹渣	其他部位有少量夹渣
疏松	混凝土中局部不密实	构件主要受力部位有疏松	其他部位有少量疏松
裂缝	缝隙从混凝土表面延伸至混凝土内部	构件主要受力部位有影响结构性能或使用功能的裂缝	其他部位有少量不影响结构性能或使用功能的裂缝
连接部位缺陷	构件连接处混凝土有缺陷或连接钢筋、连接件松动	连接部位有影响结构传力性能的缺陷	连接部位有基本不影响结构传力性能的缺陷
外形缺陷	缺棱掉角、棱角不直、翘曲不平、飞边凸肋等	清水混凝土构件有影响使用功能或装饰效果的外形缺陷	其他混凝土构件有不影响使用功能的外形缺陷
外表缺陷	构件表面麻面、掉皮、起砂、沾污等	具有重要装饰效果的清水混凝土表面有外表缺陷	其他混凝土构件有不影响使用功能的外表缺陷

2. 外观质量

主控项目：

现浇结构的外观质量不应有严重缺陷。

对已经出现的严重缺陷，应由施工单位提出技术处理方案，并经监理单位认可后进行处理；对裂缝或连接部位的严重缺陷及其他影响结构安全的严重缺陷，技术处理方案还应经设计单位认可。对经处理的部位应重新验收。

检查数量：全数检查。

检验方法：观察，检查处理记录。

一般项目：

现浇结构的外观质量不应有一般缺陷。

对已经出现的一般缺陷，应由施工单位按技术处理方案进行处理。对经处理的部位应重新验收。

检查数量：全数检查。

检验方法：观察，检查处理记录。

3. 位置和尺寸偏差

主控项目：

现浇结构不应有影响结构性能或使用功能的尺寸偏差；混凝土设备基础不应有影响结构性能和设备安装的尺寸偏差。对超过尺寸允许偏差且影响结构性能、设备安装、使用功能的部位，应由施工单位提出技术处理方案，经监理、设计单位认可后进行处理。对经处理后的部位应重新验收。

检查数量：全数检查。

检验方法：量测，检查处理记录。

一般项目：

(1)现浇结构的位置、尺寸偏差及检验方法应符合表 1-40 的规定。

检查数量：按楼层、结构缝或施工段划分检验批。在同一检验批内，对梁、柱和独立基础，应抽查构件数量的 10%，且不少于 3 件；对墙和板，应按有代表性的自然间抽查 10%，且不少于 3 间；对大空间结构，墙可按相邻轴线间高度 5 m 左右划分检查面，板可按纵、横轴线划分检查面，抽查 10%，且均不少于 3 面；对电梯井，应全数检查。

表 1-40 现浇结构位置、尺寸允许偏差和检验方法

项目			允许偏差/mm	检验方法
轴线位置	整体基础		15	经纬仪及尺量检查
	独立基础		10	经纬仪及尺量检查
	柱、墙、梁		8	尺量检查
垂直度	柱、墙层高	≤5 m	8	经纬仪或吊线、尺量检查
		>5 m	10	经纬仪或吊线、尺量检查
	全高(H)		$H/1000$ 且≤30	经纬仪、尺量检查
标高	层高		±10	水准仪或拉线、尺量检查
	全高		±30	水准仪或拉线、尺量检查
截面尺寸			+8，−5	尺量检查
电梯井	中心位置		10	尺量检查
	长、宽尺寸		+25，0	尺量检查
表面平整度			8	2 m 靠尺和塞尺量测
预埋件中心位置	预埋板		10	尺量检查
	预埋螺栓		5	尺量检查
	预埋管		5	尺量检查
	其他		10	尺量检查
预留洞、孔中心线位置			15	尺量检查

注：检查轴线、中心线位置时，应沿纵、横两个方向测量，并取其中偏差的较大值。

(2)现浇设备基础的位置和尺寸应符合设计和设备安装的要求，其位置和尺寸偏差及检验方法应符合表 1-41 的规定。

检查数量：全数检查。

表 1-41 现浇设备基础位置和尺寸允许偏差及检验方法

项　目		允许偏差/mm	检验方法
轴线位置		20	经纬仪及尺量检查
不同平面标高		0，－20	水准仪或拉线、尺量检查
平面外形尺寸		±20	尺量检查
凸台上平面外形尺寸		0，－20	尺量检查
凹槽尺寸		＋20，0	尺量检查
平面水平度	每米	5	水平尺、塞尺检查
	全长	10	水准仪或拉线、尺量检查
垂直度	每米	5	经纬仪或吊线、尺量检查
	全高	10	经纬仪或吊线、尺量检查
预埋地脚螺栓	中心位置	2	尺量检查
	顶标高	＋20，0	水准仪或拉线、尺量检查
	中心距	±2	尺量检查
	垂直度	5	吊线、尺量检查
预埋地脚螺栓孔	中心线位置	10	尺量检查
	断面尺寸	＋20，0	尺量检查
	深度	＋20，0	尺量检查
	垂直度	10	吊线、尺量检查
预埋活动地脚螺栓锚板	中心线位置	5	尺量检查
	标高	＋20，0	水准仪或拉线、尺量检查
	带槽锚板平整度	5	钢尺、塞尺检查
	带螺纹孔锚板平整度	2	钢尺、塞尺检查

注：检查坐标、中心线位置时，应沿纵、横两个方向测量，并取其偏差的较大值。

二、混凝土雨期施工及冬期施工

(一)混凝土雨期施工

1. 雨期施工特点

(1)雨期施工的开始具有突然性。由于暴雨、山洪等恶劣气象往往不期而至，这就需要雨期施工的准备和防范措施及早进行。

(2)雨期施工具有突击性。因为雨水对建筑结构和地基基础的冲刷或浸泡具有破坏性，故必须迅速及时地防护，才能避免给工程造成损失。

(3)雨期往往持续时间很长，阻碍了工程(主要包括土方工程、屋面工程等)顺利进行，拖延了工期。对这一点应事先有充分估计并做好合理安排。

2. 雨期施工的基本要求

(1)编制施工组织计划时，应将不宜在雨期施工的分项工程提前或拖后安排。对必须在雨期施工的工程应制定有效的措施，进行突击施工。

(2)合理进行施工安排。做到晴天抓紧室外工作，雨天安排室内工作，尽量缩小雨天室外作业时间和工作面。

(3)密切注意气象预报，做好抗台防汛等准备工作，如有必要应及时加固在建的工作。

(4)做好建筑材料及已完工部分的防雨防潮工作。

3. 雨期施工准备

(1)现场排水。施工现场的道路、设施必须做到排水畅通，尽量做到雨停水干；要防止地面水排入地下室、基础、地沟内；要做好对危石的处理，防止滑坡和塌方。

(2)应做好原材料、成品、半成品的防雨工作。水泥应按"先收先用，后收后用"的原则，避免久存受潮而影响水泥的性能。木门窗等易受潮变形的半成品应在室内堆放，其他材料也应注意防雨及材料堆放场地四周排水。

(3)在雨期前应做好施工现场房屋、设备的排水防雨措施。

(4)备足排水需用的水泵及有关器材，准备适量的塑料布、油毡等防雨材料。

4. 雨期施工的技术要点

(1)模板隔离层在涂刷前要及时掌握天气预报，以防隔离层被雨水冲掉。

(2)遇到大雨应停止浇筑混凝土，已浇筑部位应加以覆盖。浇筑混凝土时应根据结构情况和可能，多考虑几道施工缝的留设位置。

(3)雨期施工时，应加强对混凝土粗细骨料含水量的测定，及时调整混凝土的施工配合比。

(4)大面积的混凝土浇筑前，要了解2～3 d的天气预报，尽量避开大雨。混凝土浇筑现场要预备大量防雨材料，以备浇筑时突然遇雨进行覆盖。

(5)模板支撑下部回填土要夯实，并加好垫板，雨后及时检查有无下沉。

5. 雨期施工的安全技术

雨期施工主要应做好防雨、防风、防雷、防电、防汛等工作。

(1)一切机械设备应设置在地势较高、防潮避雨的地方，要搭设防雨棚。机械设备的电源线路绝缘要良好，要有完善的保护接零装置。

(2)脚手架要经常检查，发现问题要及时处理或更换加固。

(3)所有机械棚要搭设牢固，防止倒塌漏雨。机电设备采取防雨、防淹措施，并安装接地安全装置。机械电闸箱的漏电保护装置要可靠。

(4)雨期为防止雷电袭击造成事故，在施工现场高出建筑物的塔式起重机、人货电梯、钢脚手架等必须装设防雷装置。

施工现场的防雷装置一般是由避雷针、接地线和接地体三个部分组成的。

1)避雷针应安装在高出建筑的塔式起重机、人货电梯、钢脚手架的最高顶端上。

2)接地线可用截面面积不小于 16 mm² 的铝导线，或用截面面积不小于 12 mm² 的铜导线，也可用直径不小于 8 mm 的圆钢。

3)接地体有棒形和带形两种。棒形接地体一般采用长度 1.5 m、壁厚不小于 2.5 mm 的钢管或 5 mm×50 mm 的角钢，将其一端打尖并垂直打入地下，其顶端离地平面不小于 50 cm；带形接地体可采用截面面积不小于 50 mm²、长度不小于 3 m 的扁钢，平卧于地下 500 mm 处。

(5)防雷装置的避雷针、接地线和接地体必须焊接(双面焊)，焊缝长度应为圆钢直径的 6 倍或扁钢厚度的 2 倍以上，电阻不宜超过 10 Ω。

(二)混凝土冬期施工

根据当地多年气象资料统计，《建筑工程冬期施工规程》(JGJ/T 104)规定，当室外日平均气温连续 5 d 稳定低于 5 ℃即进入冬期施工；当室外日平均气温连续 5 d 高于 5 ℃即解除冬期施工。当未进入冬期施工前突遇寒流侵袭，气温骤降至 0 ℃以下时，为防止负温产生受冻，也应按冬期施工的相关要求对工程采取应急防护措施。

1. 冬期施工的特点、原则和准备工作

(1)冬期施工的特点。

1)冬期施工是质量事故多发期。在冬期施工中，长时间的持续负低温、大的温差、强风、降雪和反复的冰冻，经常造成建筑施工的质量事故。根据资料分析，有2/3的工程质量事故发生在冬期，尤其是混凝土工程。

2)冬期施工质量事故具有滞后性。冬期发生质量事故往往不易觉察，到春天解冻时，一系列质量问题才暴露出来。这种质量事故的滞后性给处理解决质量事故带来了很大的困难。

3)冬期施工的计划性和准备工作时间性很强。冬期施工经常由于时间紧，仓促施工，而发生质量事故。

(2)冬期施工的原则。为了保证冬期施工的质量，在选择施工方法和拟定施工措施时，必须遵循的原则：确保工程质量；经济合理，使增加的措施费用最少；所需的热源及技术措施材料有可靠的来源，并使消耗的能源最少；工期能满足规定要求。

(3)冬期施工的准备工作。

1)收集有关气象资料作为选择冬期施工技术措施的依据。

2)抓好施工组织设计的编制，制定具体的冬期施工方案，将不适宜冬期施工的分项工程安排在冬期前后完成。

3)凡进行冬期施工的工程项目，必须会同设计单位复核施工图纸，核对其是否能适应冬期施工的要求。如有问题应及时提出并修改设计。

4)提前准备好施工的设备、机具、材料及劳动防护用品。

5)冬期施工前对配制外掺剂的人员、测温保温人员、锅炉工等，应专门组织技术培训，经考试合格后方准上岗。

2. 混凝土工程冬期施工原理及临界强度

在混凝土冬期施工，当温度降至0 ℃以下时，水泥水化作用基本停止，混凝土强度也停止增长。特别是当温度降至混凝土冰点温度(新浇筑混凝土冰点为−0.5 ℃~−0.3 ℃)以下时，混凝土中的游离水开始结冰，结冰后的水体积膨胀约9%。在混凝土内部产生冰胀应力，使强度尚低的混凝土结构内部产生微裂缝，同时降低了水泥与砂石和钢筋的粘结力，导致结构强度降低。受冻的混凝土在解冻后，其强度虽能继续增长，但已不能达到原设计的强度等级。试验证明，混凝土的早期冻害是由于内部的水结冰所致。混凝土在浇筑后立即受冻，抗压强度约损失50%，抗拉强度约损失40%。受冻前混凝土养护时间越长，所达到的强度越高，强度损失就越少。混凝土遭受冻结带来的危害与遭冻的时间早晚、水胶比、水泥强度等级、养护温度等有关。

冬期浇筑的混凝土在受冻以前必须达到的最低强度称为受冻临界强度。规范对混凝土的受冻临界强度进行了以下规定：

(1)采用蓄热法、暖棚法、加热法等施工的普通混凝土，采用硅酸盐水泥、普通硅酸盐水泥配制时，其受冻临界强度不应小于设计混凝土强度等级的30%；采用矿渣硅酸盐水泥、粉煤灰硅酸盐水泥、火山灰质硅酸盐水泥、复合硅酸盐水泥时，不应小于设计混凝土强度等级值的40%。

(2)当室外最低气温不低于−15 ℃时，采用综合蓄热法、负温养护法施工的混凝土受冻临界强度不得小于4.0 MPa；当室外最低气温不低于−30 ℃时，采用负温养护法施工的混凝土受冻临界强度不得小于5.0 MPa。

(3)对于强度等级等于或高于C50的混凝土，不宜小于设计混凝土强度等级的30%。

(4)对于有抗渗要求的混凝土，不宜小于设计混凝土强度等级的60%。

(5)对于有抗冻耐久性要求的混凝土，不宜小于设计混凝土强度等级的70%。

(6)当采用暖棚法施工的混凝土中掺入早强剂时，可按综合蓄热法受冻临界强度取值。

(7)当施工中需要提高混凝土强度等级时，应按提高后的强度等级确定受冻临界强度。

3. 混凝土工程冬期施工的一般要求

为使混凝土强度在冰冻前达到受冻临界强度，冬期施工时对原材料和施工工艺方法等均有一定的要求，以保证混凝土的施工质量。

(1)对材料和材料加热的要求。

1)冬期施工中配制混凝土用的水泥，应优先选用活性高、水化热大的硅酸盐水泥和普通硅酸盐水泥；当采用蒸汽养护时，宜选用矿渣硅酸盐水泥；混凝土最小水泥用量不宜少于 280 kg/m³，水胶比不应大于 0.55；大体积混凝土的最小水泥用量，可根据实际情况决定；强度等级不大于 C15 的混凝土，其水胶比和最小水泥用量可以不受以上限制。使用其他品种水泥时，应注意其中掺合材料对混凝土抗冻抗渗等性能的影响。掺用防冻剂的混凝土，严禁使用高铝水泥。水泥不得直接加热，使用前宜运入暖棚内存放。

2)混凝土所用骨料必须清洁，不得含有冰、雪、冻块及其他易冻裂的物质。

混凝土原材料的加热宜优先考虑加热水，因为水的热容量大，加热容量大，加热方便，但加热温度不得超过表 1-42 所规定的数值。水的常用加热方法有用蒸汽加热水、用电极加热水、汽水热交换器或其他加热方法三种。冬期施工拌制混凝土的砂、石温度要符合热工计算需要的温度。骨料加热的方法是将骨料放在底下加温的铁板上面直接加热；或者通过蒸汽管、电热线加热等。但不得用火焰直接加热骨料，并应控制加热温度。加热的方法可因地制宜，但以蒸汽加热法为好。其优点是加热温度均匀，热效率高；缺点是骨料中的含水量增加。水泥不得直接加热，袋装水泥使用前宜运入暖棚内存放。

表 1-42　拌合水及骨料的最高温度

水泥强度等级	拌合水最高温度/℃	骨料最高温度/℃
强度等级小于 42.5 级的普通硅酸盐水泥、矿渣硅酸盐水泥	80	60
强度等级等于和大于 42.5 级的普通硅酸盐水泥、矿渣硅酸盐水泥	60	40

当水和骨料的温度仍不能满足热工计算要求时，可提高水温到 100 ℃，但水泥不得与 80 ℃以上的水直接接触。

(2)混凝土的冬期搅拌、运输和浇筑要求。

1)混凝土的搅拌。混凝土不宜露天搅拌，应尽量搭设暖棚，优先选用大容量的搅拌机，以减少混凝土的热量损失。搅拌前，用热水或蒸汽冲洗搅拌机。混凝土的拌合时间比常温规定时间延长 50%。为满足热工计算要求，当水加热温度超过 80 ℃时，材料投料顺序为：先将水和砂石投入拌合，然后加入水泥。这样可防止水泥与高温水接触时产生假凝现象。混凝土拌合物的出机温度不宜低于 10 ℃。

2)混凝土的运输。混凝土的运输过程是热损失的关键阶段，应采取必要的措施减少混凝土的热损失，同时应保证混凝土的和易性。常用的主要措施为减少运输时间和距离；使用大容积的运输工具并采取必要的保温措施。保证混凝土入模温度不低于 5 ℃。

3)混凝土的浇筑。混凝土在浇筑前，应清除模板和钢筋上的冰雪和污垢，尽量加快混凝土的浇筑速度，防止热量散失过多。

冬期不得在强冻胀性地基土上浇筑混凝土，当在弱冻胀性地基土上浇筑混凝土时，地基土应进行保温，以免遭冻。对加热养护的现浇混凝土结构，混凝土的浇筑程序和施工缝的位置，应采取能防止产生较大温度应力的措施。当分层浇筑厚大的整体结构时，已浇筑层的混凝土温度，在未被上一层混凝土覆盖前，不得低于 2 ℃。采用加热养护时，养护前的温度也不得低于 2 ℃。

冬期施工混凝土振捣应用机械振捣，振捣时间应比常温时有所增加。

4. 混凝土的冬期养护方法

冬期施工混凝土养护方法的选择，应根据当地历年气象资料和近期的气象预报、结构的特点、施工进度要求、原材料及能源情况和施工现场条件等因素综合地进行研究，并通过热工计算及技术经济比较后确定。常用的养护方法有蓄热法、外加剂法、人工加热法等。

在选择养护方法时，应保证混凝土尽快达到临界强度，避免遭受冻害；承重结构的混凝土，要迅速达到出模强度，加快模板周转。一般情况下，应优先考虑采用蓄热法或综合蓄热法进行养护，只有在上述方法不能满足时，才选用人工外部加热法进行养护。

(1)蓄热法和综合蓄热法养护。蓄热法是在混凝土浇筑后，利用原材料加热及水泥的水化放热，并用保温材料(如草帘、草袋、锯末、炉渣等)对混凝土加以适当的覆盖保温，使混凝土在正常室温条件下硬化或缓慢冷却，在混凝土温度降到 0℃以前达到受冻临界强度的施工方法。

蓄热法施工方法简单，费用低廉，较易保证质量。当室外最低温度不低于−15℃时，地面以下的工程或表面系数不大于 $5m^{-1}$ 的结构，宜优先采用蓄热法养护。对结构易受冻的部位，应采取加强保温措施。

为了减少热量散失，模板外和混凝土表面覆盖的保温层不应采用潮湿状态的材料。为防止失水而影响混凝土的养护，不应将保温材料直接覆盖在潮湿的混凝土表面，新浇筑混凝土表面应铺一层塑料薄膜，再覆盖保温材料。采用蓄热法施工时，原材料加热温度的确定、保温材料的选择和厚度的确定，以及混凝土在正常室温条件下养护所能达到的强度百分率必须通过热工计算得出，避免随意性和盲目性。

综合蓄热法是在掺早强剂或早强型复合外加剂的混凝土浇筑后，利用原材料加热及水泥的水化放热，并用保温材料(如草帘、草袋、锯末、炉渣等)对混凝土加以适当的覆盖保温，使混凝土在正常室温条件下硬化或缓慢冷却，在混凝土温度降到 0℃以前达到受冻临界强度的施工方法。它利用引气组分改善混凝土孔隙结构、缓冲冰晶冰胀压力、利用减水组分减小可冻水量、提高混凝土强度等多重作用，使混凝土后期的硬化速度满足施工需要。当室外最低温度低于−15℃时，对于表面系数不大于 $5\sim15\ m^{-1}$ 的结构，宜优先采用综合蓄热法养护，围护层散热系数宜控制为 $50\sim200\ kJ/(m^3 \cdot h \cdot K)$。

综合蓄热法施工的混凝土中应掺入早强剂或早强型复合防冻剂，并应具有减水、引气作用。混凝土浇筑后应在裸露混凝土表面采用塑料布等防水材料覆盖并进行保温。对边、棱角部位的保温厚度应增大到面部位的 $2\sim3$ 倍。混凝土在养护期间应防风、防失水。

(2)蒸汽养护法养护。蒸汽养护法是用低压饱和蒸汽养护新浇筑的混凝土，使混凝土处于湿热环境，加速混凝土硬化。蒸汽加热养护法又可分为棚罩法、蒸汽套法、热模法和内部通汽法。混凝土蒸汽养护法的适用范围应符合表 1-43 的规定。

表 1-43　混凝土蒸汽养护法的适用范围

方　法	简　　述	特　　点	适用范围
棚罩法	用帆布或其他罩子扣罩，内部通蒸汽养护混凝土	设施灵活，施工简便，费用较小，但耗气量大，温度不宜均匀	预制梁、板、地下基础、沟道等
蒸汽套法	制作密封保温外套，分段送汽养护混凝土	温度能适当控制，加热效果取决于保温构造，设施复杂	现浇梁、板、框架结构，墙、柱等
热模法	模板外侧配置蒸汽管，加热模板养护	加热均匀、温度易控制，养护时间短，设备费用大	墙、柱及框架结构
内部通汽法	结构内部留孔道，通蒸汽加热养护	节省蒸汽，费用较低，入汽端易过热，需处理冷凝水	预制梁、柱、桁架，现浇梁、柱、框架单梁

蒸汽养护常用的是内部通汽法，即在混凝土内部预留孔道，让蒸汽通入孔道加热混凝土。预留孔道可采用预埋钢管和橡皮管，成孔后拔出，如图 1-99 所示。孔道布置应能使混凝土加热均匀，埋设施工方便，位于受力最小的部位。孔道的总截面面积不应超过结构截面面积的 2.5%。内部通汽法节省蒸汽，温度易控制，费用较低。但要注意冷凝水的处理。

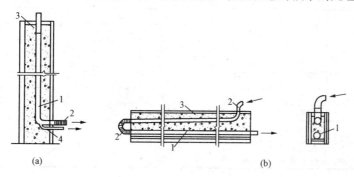

图 1-99　柱梁留孔形式

（a）柱留孔形式；（b）梁留孔形式

1—蒸汽管；2—胶皮连接管；3—湿锯末；4—冷凝水排出管

蒸汽养护的混凝土，采用普通硅酸盐水泥时最高养护温度不超过 80 ℃，采用矿渣硅酸盐水泥时可提高到 85 ℃。但采用内部通汽法时，最高加热温度不应超过 60 ℃。采用蒸汽养护的混凝土，可掺入早强剂或无引气型减水剂。蒸汽加热养护混凝土时，应排除冷凝水，并防止渗入地基土中。当有蒸汽喷出口时，喷口与混凝土外露面的距离不得小于 300 mm。

整体浇筑的结构，采用蒸汽加热养护时，升温和降温速度不得超过表 1-44 的规定。蒸汽养护应包括升温→恒温→降温三个阶段，各阶段加热延续时间可根据养护结束时要求的强度确定。

表 1-44　蒸汽加热养护混凝土的升温和降温速度

项次	表面系数/m^{-1}	升温速度/($℃ \cdot h^{-1}$)	降温速度/($℃ \cdot h^{-1}$)
1	≥6	15	10
2	<6	10	5

（3）电加热法养护。电加热法是利用低压电流，通过电极、电阻丝、感应线圈及红外线加热器等媒介产生热量，加热模板或直接加热混凝土，使其在正常室温条件下迅速硬化。电加热法施工设备简单，操作方便，但耗电量较多。电加热法可分为电极加热法、电热毯法、工频涡流法、线圈感应法和电热红外线加热器法。现以电极加热法为主介绍其施工方法。

电极加热法是将电极放入混凝土内（或表面），通以低压电流，由于混凝土的电阻作用，电能变为热能并加热混凝土。电极加热法按电极布置不同又可分为棒形电极法、弦形电极法和表面电极法。

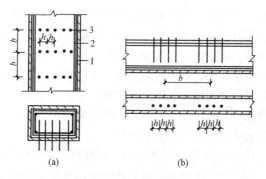

图 1-100　柱梁棒形电极布置

（a）柱内棒形电极布置；（b）梁内棒形电极布置

1—模板；2—钢筋；3—电极；b—电极组间距；h—电极间距

图 1-100 所示为柱梁棒形电极的布置。同极间距 h 和异极间距 b 可由表 1-45 取值。

表 1-45　同极间距 h 和电极组间距 b 的取值

电压/V	距离/cm	最大功率/(kW·m^{-3})								
		2.5	3	4	5	6	7	8	9	10
51	b	39	36	32	28	26	25	23	22	21
	h	15	13	12	10	10	10	8	7	7
65	b	51	48	42	37	34	32	30	28	24
	h	14	13	11	10	9	8	8	7	7
87	b	71	65	57	51	47	43	41	38	36
	h	13	13	11	10	9	8	8	7	7
106	b	89	81	71	69	58	54	51	48	76
	h	14	12	11	9	9	8	7	7	7
220	b	192	175	152	146	124	115	108	102	96
	h	13	12	10	9	8	8	7	7	7

注：1. 电压为开始电热加热时使用的电压。
　　2. 使用单项电时，b 值不变，h 值减小 10%～15%。

棒形电极和弦形电极应固定牢固，并不得与钢筋直接接触。电极与钢筋之间的距离应符合相关规定。当因钢筋密度大而不能保证钢筋与电极之间的距离时，应采取绝缘措施。

电路接好应经检查合格后方可合闸送电。当结构工程量较大，需边浇筑边通电时，应将钢筋接地线，电热现场应设安全围栏。

电极加热法应使用交流电，不得使用直流电，混凝土应加热到设计强度标准值的 50%，在电极附近的辐射半径方向每隔 10 mm 距离的温度差值不得超过 1 ℃。电极加热应在混凝土浇筑后立即送电，送电前混凝土表面应保温覆盖；混凝土在加热养护过程中，其表面不应出现干燥脱水，并应随时向混凝土上表面洒水或洒盐水，洒水应在断电后进行。

电加热法养护混凝土的温度见表 1-46。

表 1-46　电加热法养护混凝土的温度　　　　　　　　　　　　　　　℃

水泥强度等级	结构表面系数/m		
	<10	10～15	>15
32.5	40	40	35

（4）暖棚法养护。暖棚法是在被养护结构或构件周围搭成暖棚，棚内设置热源，使混凝土在正常室温环境下养护至临界强度或预期强度。热源可采取生火炉、热风机及蒸汽或热水管道等。

暖棚法施工时，棚内各测点温度不得低于 5 ℃，并应设专人检测混凝土及棚内温度。暖棚内测温点应选择具有代表性的位置进行布置，在离地面 500 mm 高度处必须设点，每昼夜测温不应少于 4 次；养护期间应测量棚内湿度，混凝土不得有失水现象。当有失水现象时，应及时采取增湿措施或在混凝土表面洒水养护；暖棚的出入口应设专人管理，并应采取防止棚内温度下降或引起风口处混凝土受冻的措施；在混凝土养护期间应将烟或燃烧气体排至棚外，并应采取防止烟气中毒和防火的措施。

（5）负温养护法养护。当气温较低，且结构表面系数较大，在冬期施工中结构不易保温蓄热时，对于混凝土结构不易加热保温且对强度增长要求不高的一般混凝土结构工程，可以采用混凝土负温养护法施工。混凝土负温养护法的特点是，对砂、石、水加热仍按常规，但混凝土浇筑后可不进行保温蓄热，只进行简单维护即可。其主要作用是由于混凝土中掺入了一定量的防冻剂，可以使混凝土中一直保持有液相存在，水泥在负温下能不断进行水化反应增长强度。我国不少科研部门的试验表明，按设计要求掺入一定量的防冻剂，在规定温度下养护，其 28 d 强度可增长到设计强度的 40%～60%，可以满足一般施工要求。采取负温养护法施工的混凝土，

· 108 ·

宜使用硅酸盐水泥或普通硅酸盐水泥，混凝土浇筑后的起始养护温度不应低于 5 ℃，并应以浇筑后 5 d 内的预计日最低气温来选用防冻剂。混凝土浇筑后，裸露表面应采取保湿措施，同时应根据需要采取必要的保温覆盖措施。采用负温养护法应加强测温。当混凝土内部温度降到防冻外加剂规定温度之前，混凝土的抗压强度应符合相应规定。

5. 混凝土强度的测算

混凝土工程在冬期施工中，往往需要掌握混凝土在不同阶段所能达到的强度值。最直接的办法就是通过留置同条件养护的试块，试压后便可确定。在实际工程中，试块留置组数往往有限，而且施工人员掌握的仅是试压时刻的强度。另外，也可根据混凝土正温养护时间和在该时间内测得的平均温度值，利用温度、龄期对混凝土强度影响曲线查得。按这种方法估算，会由于采用的是平均温度且混凝土配合比有差异等因素带来较大误差。按热工计算方法，实际养护温度与计算温度也有出入。成熟度方法可以很方便地对混凝土早期强度进行预测，掌握混凝土强度增长情况，判定冬期施工方案的合理性。

混凝土的成熟度是指养护温度和相应时间的乘积。其原理就是：相同配合比的混凝土，在不同的温度和时间下养护，当成熟度相等时，强度大致相同。

(1)成熟度法的适用范围及条件。

1)适用于不掺外加剂在 50 ℃ 以下正常室温养护和掺外加剂在 30 ℃ 以下养护的混凝土，也可用于掺防冻剂负温养护法施工的混凝土。

2)此法适用于预估混凝土强度标准值 60% 以内的强度值。

3)使用本方法预估混凝土强度需用实际工程使用的混凝土原材料和配合比，制作不少于 5 组混凝土立方体标准试件在标准条件下养护，得出 1 d、2 d、3 d、7 d、28 d 的强度值。

4)使用本法取得现场养护混凝土的温度实测资料(温度时间)。

(2)混凝土强度的确定。

1)用计算法估算混凝土强度宜按下列步骤进行：

第一步：用标准养护试件的各龄期强度数据，经回归分析拟合成曲线方程，即

$$f = a \cdot e^{-\frac{b}{D}}$$

式中　f——混凝土立方体抗压强度(MPa)；

　　　D——混凝土养护龄期(d)；

　　　$a，b$——参数，根据试件各龄期强度数据回归分析确定。

第二步：根据现场的实测混凝土养护温度资料，按下式计算混凝土已达到的等效龄期：

$$D_e = \sum (\alpha_T \times \Delta t) \tag{1-7}$$

式中　D_e——等效龄期(h)；

　　　α_T——等效系数，见表 1-47；

　　　Δt——某温度下的持续时间(h)。

第三步：以等效龄期 D_e 作为 D 代入公式可计算出强度。

表 1-47　温度 T 与等效系数 α_T

温度 T/℃	等效系数 α_T	温度 T/℃	等效系数 α_T	温度 T/℃	等效系数 α_T
50	2.95	28	1.41	6	0.45
49	2.87	27	1.36	5	0.42
48	2.78	26	1.30	4	0.39
47	2.71	25	1.25	3	0.35
46	2.63	24	1.20	2	0.33
45	2.55	23	1.15	1	0.31

温度 T/℃	等效系数 α_T	温度 T/℃	等效系数 α_T	温度 T/℃	等效系数 α_T
44	2.48	22	1.10	0	0.28
43	2.40	21	1.05	−1	0.26
42	2.32	20	1.00	−2	0.24
41	2.25	19	0.95	−3	0.22
40	2.19	18	0.90	−4	0.20
39	2.12	17	0.85	−5	0.18
38	2.04	16	0.81	−6	0.17
37	1.98	15	0.77	−7	0.15
36	1.99	14	0.73	−8	0.14
35	1.92	13	0.74	−9	0.13
34	1.77	12	0.66	−10	0.11
33	1.72	11	0.62	−11	0.10
32	1.66	10	0.58	−12	0.08
31	1.59	9	0.55	−13	0.08
30	1.53	8	0.51	−14	0.07
29	1.47	7	0.48	−15	0.06

2)用图解法确定混凝土强度宜按下列步骤进行：

第一步：根据标准养护试件各龄期强度数据，在坐标纸上画出龄期-强度曲线；

第二步：根据现场实测的混凝土养护温度资料，计算混凝土达到的等效龄期；

第三步：根据等效龄期数值，在龄期-强度曲线上查出相应强度值，即为所求。

3)当采用蓄热法或综合蓄热法养护时，也可按以下步骤确定混凝土强度：

第一步：用标准养护试件各龄期的成熟度与强度数据，经回归分析拟合成成熟度-强度曲线方程，即

$$f = a \cdot e^{-\frac{b}{M}} \tag{1-8}$$

式中　f——混凝土抗压强度(N/mm^2)；

　　　a，b——参数。

第二步：混凝土养护的成熟度 M(℃·h)，按下式计算：

$$M = \sum (T + 15) \cdot \Delta t$$

式中　T——在时间段 Δt 内混凝土平均温度(℃)；

　　　Δt——温度为 T 的持续时间(h)。

取成熟度 M 代入式(1-8)可计算出强度 f。

第三步：取强度 f 乘以综合蓄热法调整系数 0.8。

根据上述方法，确定混凝土达到规定拆模强度后方可拆模。对加热法施工的构件，其模板和保温层应在混凝土冷却到 5 ℃后方可拆模。当混凝土和外界温差大于 20 ℃时，拆模后的混凝土应注意覆盖，使其缓慢冷却。

6. 混凝土质量控制及检查

(1)冬期施工混凝土质量检查除应符合国家现行标准《混凝土结构工程施工质量验收规范》(GB 50204)及其他国家有关标准规定外，还应符合下列要求：

1)检查外加剂质量及掺量。外加剂进入施工现场后应进行抽样检验，合格后方准使用。

2)应根据施工方案确定参数检查水、骨料、外加剂溶液和混凝土出机、浇筑、起始养护时的温度。

3)检查混凝土从入模到拆除保温层或保温模板期间的温度。

4)采用预拌混凝土时，原材料、搅拌、运输过程中的温度检查及混凝土质量检查应由预拌混凝土生产企业进行，并将记录资料提供给施工单位。

(2)冬期施工测温的项目与次数应符合表 1-48 的规定。

表 1-48　混凝土冬期施工测温项目和次数

测温项目	测温次数
室外气温	测量最高、最低气温
环境温度	每昼夜不少于 4 次
搅拌机棚温度	每一工作班不少于 4 次
水、水泥、矿物掺合料、砂、石及外加剂溶液温度	每一工作班不少于 4 次
混凝土出灌、浇筑、入模温度	每一工作班不少于 4 次
注：室外最高气温和最低气温测量起、止日期为本地区冬期施工起始至终了时止。	

(3)混凝土养护期间温度测量应符合下列规定：

1)采用蓄热法或综合蓄热法养护从混凝土入模开始至混凝土达到受冻临界强度前，应至少每隔 4～6 h 测量一次。

2)采用负温养护法时，在达到受冻临界强度前，应每隔 2 h 测量一次。

3)采用加热法时，升温和降温阶段应每隔 1 h 测量一次，恒温阶段每隔 2 h 测量一次。

4)混凝土在达到受冻临界强度后，可停止测温。

(4)养护温度的测量方法应符合下列规定：

1)全部测温孔均应编号，并绘制布置图，现场应设置明显标识。

2)测温时，测温仪表应采取与外界气温隔离措施，测温元件测量位置应处于结构表面下 20 mm 处，并留置在测量孔内不少于 3 min。

3)采用非加热法养护时，测温孔应设置在易于散热的部位；采用加热法养护时，应分别设置在离热源不同的位置。

(5)混凝土质量检查应符合下列规定：

1)应检查混凝土表面是否受冻、粘连、收缩裂缝，边角是否脱落，施工缝处有无受冻痕迹。

2)应检查同条件养护试块的养护条件是否与施工现场结构养护条件相一致。

3)采用成熟度法检验混凝土强度时，应检查测温记录与计算公式要求是否相符。

4)采用电加热养护时，应检查供电变压器二次电压和二次电流强度，每一工作班不应少于两次。

模板和保温层在混凝土达到要求强度并冷却到 5 ℃后方可拆除。拆模时若混凝土温度与环境温度差大于 20 ℃，混凝土表面应及时覆盖，使其缓慢冷却。

检查混凝土质量除应按国家现行标准《混凝土结构工程施工质量验收规范》(GB 50204)规定留置试块外，还应增设不少于 2 组同条件养护试件。

三、结构实体检验

对涉及混凝土结构安全的重要部位如墙、柱、梁，应进行结构实体检验，结构实体检验应在监理工程师(建设单位项目专业技术负责人)见证下，由施工项目技术负责人组织实施，承担结构实体检验的实验室应具有相应的资质。结构实体检验的内容应包括混凝土强度、钢筋保护层厚度及工程合同约定的项目，必要时可检验其他项目。混凝土强度检验应采用同条件养护试块或钻取混凝土芯样的方法。同条件养护试块是在混凝土浇筑地点制备，并与结构实体同条件养护。其留置方式和取样数量应由监理(建设)、施工等各方共同选定，并应符合下列规定：

(1)对混凝土结构工程中的各混凝土强度等级，均应留置同条件养护试件。

(2)同一强度等级的同条件养护试件，其留置的数量应根据混凝土工程量和重要性确定，不宜少于 10 组，且不应少于 3 组，其中每层楼不应小于 1 组。

（3）同条件养护试件的留置宜均匀分布于工程施工周期内，两组试件留置之间浇筑的混凝土量不宜大于 1 000 m³。

（4）同条件养护试件拆模后，应放置在靠近相应结构构件或结构部位的适当位置，并应采取相同的养护方法。同条件养护试件的强度代表值应根据强度试验结果按现行国家标准《混凝土强度检验评定标准》(GB/T 50107)的规定确定后，除以 0.88 后使用。当同条件养护试件强度的检验结果符合现行国家标准《混凝土强度检验评定标准》(GB/T 50107)的有关规定时，混凝土强度应判为合格。

采用钻取混凝土芯样方法时，混凝土强度应按不同强度等级、不同类型进行检验。构件应随机抽取，具体应由监理(建设)、施工等各方共同选定，并应符合下列规定：

（1）构件应包括墙、柱、梁。

（2）对混凝土结构工程中的各混凝土强度等级，均应抽取构件。

（3）同一强度等级、同一类型的构件，抽取数量不宜小于表 1-49 的规定。

（4）构件的抽取应均匀分布在房屋建筑中，每一楼层均应抽取构件。

表 1-49　结构构件实体检测的最小样本容量

总构件数	2～15	16～25	26～90	91～150	151～280	281～500	501～1 200
抽取构件数	2	3	5	8	13	20	32
总构件数	1 201～3 200	3 201～10 000	10 001～35 000	35 001～150 000	150 001～500 000	>500 000	
抽取构件数	50	80	125	200	315	500	

对于被抽检的构件，应按照《回弹法检测混凝土抗压强度技术规程》(JGJ/T 23)中对单个构件的检测规定，进行测区布置、回弹值测量及测区平均回弹值的计算。回弹仪的技术指标应符合《回弹法检测混凝土抗压强度技术规程》(JGJ/T 23)的规定。

对同一强度等级、同一类型的构件，将每个构件的最低测区平均回弹值排序，取排序中较低的 3 个构件，应在这 3 个构件测区平均回弹值最低的部位各钻取 1 个芯样试件。芯样试件应符合下列规定：应采用带水冷却装置的薄壁空心钻钻取；直径宜为 100 mm，且不宜小于混凝土骨料最大粒径的 3 倍；高度宜加工为与直径相同；端部宜采用环氧胶泥或聚合物水泥砂浆补平，也可采用硫黄胶泥修补。

在试验前应按下列规定测量芯样试件的尺寸：用游标卡尺在芯样试件中部互相垂直的两个位置测量直径，取其算术平均值作为芯样试件的直径，精确至 0.5 mm；用钢板尺测量芯样试件的高度，精确至 1 mm；垂直度采用游标量角器测量芯样试件两个端线与轴线的夹角，精确至 0.1；平整度采用钢板尺或角尺紧靠在芯样试件端面上，一面转动钢板尺，一面用塞尺测量钢板尺与芯样试件端面之间的缝隙；也可以采用其他专用设备测量。

芯样试件的尺寸偏差与外观质量应符合下列规定：芯样试件的高度与直径之比实测值不应小于 0.98，也不应大于 1.02；沿芯样高度的任一直径与其平均值之差不应大于 2 mm；芯样试件端面的不平整度在 100 mm 长度内不应大于 0.1 mm；芯样试件端面与轴线的不垂直度不应大于 1°；芯样不应有裂缝、缺陷及钢筋等其他杂物。

芯样试件的抗压强度试验应按现行国家标准《混凝土物理力学性能试验方法标准》(GB/T 50081)中圆柱体试件抗压强度试验的规定执行。

对同一强度等级、同一类型的构件，当所取芯样的抗压强度平均值不小于设计要求的混凝土强度等级标准值的 88%、芯样抗压强度的最小值不小于设计要求的混凝土强度等级标准值 80% 时，该批混凝土强度可判定为合格。

(1)钢筋保护层厚度检验应符合以下规定:

1)钢筋保护层厚度检验的结构部位和构件数量,应符合下列要求:钢筋保护层厚度检验的结构部位,应由监理(建设)、施工等各方根据结构构件的重要性共同选定;对梁、板类构件,应各抽取构件数量的2%且不少于5个构件进行检验;当有悬挑构件时,抽取的构件中悬挑梁类、板类构件所占比例均不宜小于50%。

2)对选定的梁类构件,应对全部纵向受力钢筋的保护层厚度进行检验;对选定的板类构件,应抽取不少于6根纵向受力钢筋的保护层厚度进行检验。对每根钢筋,应选择有代表性的不同部位量测3点取平均值。

3)钢筋保护层厚度的检验,可采用非破损或局部破损的方法,也可采用非破损方法并用局部破损方法进行校准。当采用非破损方法检验时,所使用的检测仪器应经过计量检验,检测操作应符合相应规程的规定。钢筋保护层厚度检验的检测误差不应大于1 mm。

4)钢筋保护层厚度检验时,纵向受力钢筋保护层厚度的允许偏差,对梁类构件为+10 mm,−7 mm;对板类构件为+8 mm,−5 mm。

(2)对梁类、板类构件纵向受力钢筋的保护层厚度应分别进行验收。

(3)结构实体钢筋保护层厚度验收合格应符合下列规定:当全部钢筋保护层厚度检验的合格率为90%及以上时,钢筋保护层厚度的检验结果应判为合格;当全部钢筋保护层厚度检验的合格率小于90%但不小于80%时,可再抽取相同数量的构件进行检验;当按两次抽样总和计算的合格率为90%及以上时,钢筋保护层厚度的检验结果仍应判为合格;每次抽样检验结果中不合格点的最大偏差均不应大于纵向受力钢筋保护层厚度允许偏差的1.5倍。

当混凝土强度被判为不合格或钢筋保护层厚度不满足要求时,应委托具有资质的检测机构按国家有关标准的规定进行检测。

四、混凝土新技术

(一)高耐久性混凝土技术

1. 技术内容

高耐久性混凝土是通过对原材料的质量控制、优选及施工工艺的优化控制,合理掺加优质矿物掺合料或复合掺合料,采用高效(高性能)减水剂制成的具有良好工作性、满足结构所要求的各项力学性能且耐久性优异的混凝土。在天津地铁、杭州湾大桥、山东东营黄河公路大桥、武汉武昌火车站、广州珠江新城西塔工程、湖南洞庭湖大桥等都应用了高耐久性混凝土技术。

(1)原材料和配合比的要求。水胶比$(W/B)\leqslant 0.38$。水泥必须采用符合现行国家标准规定的水泥,如硅酸盐水泥或普通硅酸盐水泥等,不得选用立窑水泥;水泥比表面积宜小于$350\ m^2/kg$,不应大于$380\ m^2/kg$。粗骨料的压碎值$\leqslant 10\%$,宜采用分级供料的连续级配,吸水率$< 1.0\%$,且无潜在碱-骨料反应危害。采用优质矿物掺合料或复合掺合料及高效(高性能)减水剂是配制高耐久性混凝土的特点之一。优质矿物掺合料主要包括硅灰、粉煤灰、磨细矿渣粉及天然沸石粉等,所用的矿物掺合料应符合现行国家有关标准,且宜达到优品级,对于沿海港口、滨海盐田、盐渍土地区,可添加防腐阻锈剂、防腐流变剂等。矿物掺合料等量取代水泥的最大量宜为:硅粉$\leqslant 10\%$,粉煤灰$\leqslant 30\%$,矿渣粉$\leqslant 50\%$,天然沸石粉$\leqslant 10\%$,复合掺合料$\leqslant 50\%$。

混凝土配制强度可按以下公式计算:

$$f_{cu,0}\geqslant f_{cu,k}+1.645\sigma$$

式中　　$f_{cu,0}$——混凝土配制强度(MPa);

$f_{cu,k}$——混凝土立方体抗压强度标准值(MPa);

σ——强度标准差,无统计数据时,预拌混凝土可按《普通混凝土配合比设计规程》(JGJ 55)的规定取值。

(2)耐久性设计要求。对处于严酷环境的混凝土结构的耐久性,应根据工程所处环境条件,按《混凝土结构耐久性设计标准》(GB/T 50476)进行耐久性设计,考虑的环境劣化因素及采取措施下:

1)抗冻害耐久性要求:根据不同冻害地区确定最大水胶比;不同冻害地区的抗冻耐久性指数 DF 或抗冻等级;受除冰盐冻融循环作用时,应满足单位面积剥蚀量的要求;处于有冻害环境的,应掺入引气剂,引气量应达到 3%～5%。

2)抗盐害耐久性要求:根据不同盐害环境确定最大水胶比;抗氯离子的渗透性、扩散性,宜以 56 d 龄期电通量或 84 d 氯离子迁移系数来确定。一般情况下,56 d 电通量宜≤800 C,84 d 氯离子迁移系数宜≤2.5×10^{-12} m^2/s;混凝土表面裂缝宽度应符合规范要求。

3)抗硫酸盐腐蚀耐久性要求:用于硫酸盐侵蚀较为严重的环境,水泥熟料中的 C3A 不宜超过 5%,宜掺加优质的掺合料并降低单位用水量;根据不同硫酸盐腐蚀环境,确定最大水胶比、混凝土抗硫酸盐侵蚀等级;混凝土抗硫酸盐等级宜不低于 KS120。

4)对于腐蚀环境中的水下灌注桩,为解决其耐久性和施工问题,宜掺入具有防腐和流变性能的矿物外加剂,如防腐流变剂等。

5)抑制碱-骨料反应有害膨胀的要求:混凝土中碱含量＜3.0 kg/m^3;在含碱环境或高湿度条件下,应采用非碱活性骨料;对于重要工程,应采取抑制碱-骨料反应的技术措施。

2. 技术指标

技术指标主要包括工作性、力学及变形性能、耐久性。

(1)工作性:根据工程特点和施工条件,确定合适的坍落度或扩展度指标;和易性良好;坍落度经时损失满足施工要求,具有良好的充填模板和通过钢筋间隙的性能。

(2)力学及变形性能:混凝土强度等级宜≥C40;体积稳定性好,弹性模量与同强度等级的普通混凝土基本相同。

(3)耐久性:可根据具体工程情况,按照《混凝土结构耐久性设计标准》(GB/T 50476)、《混凝土耐久性检验评定标准》(JGJ/T 193)及上述技术内容中的耐久性技术指标进行控制;对于极端严酷环境和重大工程,宜针对性地开展耐久性专题研究。耐久性试验方法宜采用《普通混凝土长期性能和耐久性能试验方法标准》(GB/T 50082)和《预防混凝土碱骨料反应技术规范》(GB/T 50733)规定的方法。

3. 适用范围

高耐久性混凝土适用于对耐久性要求高的各类混凝土结构工程,如内陆港口与海港、地铁与隧道、滨海地区盐渍土环境工程等,包括桥梁及设计使用年限 100 年的混凝土结构,以及其他严酷环境中的工程。

(二)高强高性能混凝土技术

1. 技术内容

高强高性能混凝土(简称 HS-HPC)是具有较高的强度(一般强度等级不低于 C60)且具有高工作性、高体积稳定性和高耐久性的混凝土("四高"混凝土),属于高性能混凝土(HPC)的一个类别。其特点是不仅具有更高的强度且具有良好的耐久性,多用于超高层建筑底层柱、墙和大跨度梁,可以减小构件截面尺寸增大使用面积和空间,并达到更高的耐久性。

超高性能混凝土(UHPC)是一种超高强(抗压强度可达 150 MPa 以上)、高韧性(抗折强度可达 16 MPa 以上）、耐久性优异的新型超高强高性能混凝土，是一种组成材料颗粒的级配达到最佳的水泥基复合材料。用其制作的结构构件不仅截面尺寸小，而且单位强度消耗的水泥、砂、石等资源少，具有良好的环境效应。

HS－HPC 的水胶比一般不大于 0.34，胶凝材料用量一般为 480～600 kg/m³，硅灰掺量不宜大于 10%，其他优质矿物掺合料掺量宜为 25%～40%，砂率宜为 35%～42%，宜采用聚羧酸系高性能减水剂。

UHPC 的水胶比一般不大于 0.22，胶凝材料用量一般为 700～1 000 kg/m³。超高性能混凝土宜掺加高强度微细钢纤维，钢纤维的抗拉强度不宜小于 2 000 MPa，体积掺量不宜小于 1.0%，宜采用聚羧酸系高性能减水剂。

合肥天时广场、上海中心大厦、天津 117 大厦、广州珠江新城西塔项目等国内工程已大量应用 HS－HPC，国外超高层建筑及大跨度桥梁也大量应用了 HS－HPC。

目前，UHPC 已成功应用于国内高速铁路的电缆沟盖板（RPC 盖板）、长沙横四路某跨街天桥、马房北江大桥 UHPC 桥面铺装层等。

2. 技术指标

（1）工作性。新拌 HS－HPC 最主要的特点是黏度大，为降低混凝土的黏性，宜掺入能够降低混凝土黏性且对混凝土强度无负面影响的外加剂，如降黏型外加剂、降黏增强剂等。UHPC 的水胶比更低，黏性更大，宜掺入能降低混凝土黏性的功能型外加剂，如降黏增强剂等。

混凝土拌合物的技术指标主要是坍落度、扩展度和倒坍落度筒混凝土流下时间（简称倒筒时间）等。对于 HS－HPC，混凝土坍落度不宜小于 220 mm，扩展度不宜小于 500 mm，倒置坍落度筒排空时间宜为 5～20 s，混凝土经时损失不宜大于 30 mm/h。

（2）HS－HPC 的配制强度可按公式 $f_{cu,0} \geqslant 1.15 f_{cu,k}$ 计算；

UHPC 的配制强度可按公式 $f_{cu,0} \geqslant 1.1 f_{cu,k}$ 计算；

（3）HS－HPC 及 UHPC 因其内部结构密实，孔结构更加合理，通常具有更好的耐久性，为满足抗硫酸盐腐蚀性，宜掺加优质的掺合料，或选择低 C3A 含量（<8%）的水泥。

（4）自收缩及其控制。

1）自收缩：当 HS－HPC 浇筑成型并处于绝湿条件下，由于水泥继续水化，消耗毛细管中的水分，使毛细管失水，产生毛细管张力（负压），引起混凝土收缩，称为自收缩。通常水胶比越低，胶凝材料用量越大，自收缩会越严重。

2）对策：对于 HS－HPC 一般应控制粗细骨料的总量不宜过低，胶凝材料的总量不宜过高；通过掺加钢纤维可以补偿其韧性损失，但在氯盐环境中，钢纤维不太适用；采用外掺 5% 饱水超细沸石粉的方法，或者内掺吸水树脂类养护剂、外覆盖养护膜以及其他充分的养护措施等，可以有效地控制 HS－HPC 的自收缩。

UHPC 一般通过掺加钢纤维等控制收缩，提高韧性；胶凝材料的总量不宜过高。

收缩的测定参照《普通混凝土长期性能和耐久性能试验方法标准》（GB/T 50082）进行。

3. 适用范围

HS－HPC 适用于高层与超高层建筑的竖向构件、预应力结构、桥梁结构等混凝土强度要求较高的结构工程。

UHPC 由于高强高韧性的特点，可用于装饰预制构件、人防工程、军事防爆工程、桥梁工程等。

（三）自密实混凝土技术

1. 技术内容

自密实混凝土（Self－Compacting Concrete，简称 SCC）具有高流动性、均匀性和稳定性，浇筑时无须或仅需轻微外力振捣，能够在自重作用下流动并能充满模板空间的混凝土，属于高性能混凝土的一种。

自密实混凝土技术在上海环球金融中心、北京恒基中心过街通道工程、江苏润扬长江大桥、广州珠江新城西塔、苏通大桥承台等工程中都有应用。

自密实混凝土技术主要包括自密实混凝土的流动性、填充性、保塑性控制技术；自密实混凝土配合比设计；自密实混凝土早期收缩控制技术。

(1)自密实混凝土流动性、填充性、保塑性控制技术。自密实混凝土拌合物应具有良好的工作性，包括流动性、填充性和保水性等。通过骨料的级配控制、优选掺合料，以及高效（高性能）减水剂来实现混凝土的高流动性、高填充性。其测试方法主要有坍落扩展度和扩展时间试验方法、J 环扩展度试验方法、离析率筛析试验方法、粗骨料振动离析率跳桌试验方法等。

(2)配合比设计。自密实混凝土配合比设计与普通混凝土有所不同，有全计算法、固定砂石法等。配合比设计时，应注意单方混凝土用水量宜为 160～180 kg；水胶比根据粉体的种类和掺量有所不同，不宜大于 0.45；根据单位体积用水量和水胶比计算得到单位体积粉体量，单位体积粉体量宜为 0.16～0.23；自密实混凝土单位体积浆体量宜为 0.32～0.40。

(3)自密实混凝土自收缩。由于自密实混凝土水胶比较低、胶凝材料用量较高，导致混凝土自收缩较大，应采取优化配合比、加强养护等措施，预防或减少自收缩引起的裂缝。

2. 技术指标

(1)原材料的技术要求。

1)胶凝材料：水泥选用较稳定的硅酸盐水泥或普通硅酸盐水泥；掺合料是自密实混凝土不可缺少的组分之一。一般常用的掺合料有粉煤灰、磨细矿渣、硅灰、粒化高炉矿渣粉、石灰石粉等，也可掺入复合掺合料，复合掺合料宜满足《混凝土用复合掺合料》(JG/T 486)中易流型或普通型Ⅰ级的要求。胶凝材料总量宜控制在 400～550 kg/m³。

2)细骨料：细骨料质量控制应符合《普通混凝土用砂、石质量及检验方法标准》(JGJ 52)以及《混凝土质量控制标准》(GB 50164)的要求。

3)粗骨料：粗骨料宜采用连续级配或 2 个及以上单粒级配搭配使用，粗骨料的最大粒径一般以小于 20 mm 为宜，尽可能选用圆形且不含或少含针、片状颗粒的骨料；对于配筋密集的竖向构件、复杂形状的结构以及有特殊要求的工程，粗骨料的最大公称粒径不宜大于 16 mm。

4)外加剂：自密实混凝土具备的高流动性、抗离析性、间隙通过性和填充性四个方面都需要以外加剂为主的手段来实现。减水剂宜优先采用高性能减水剂。对减水剂的主要要求为：与水泥的相容性好，减水率大，并具有缓凝、保塑的特性。

(2)自密实性能主要技术指标。对于泵送浇筑施工的工程，应根据构件形状与尺寸、构件的配筋等情况确定混凝土坍落扩展度。对于从顶部浇筑的无配筋或配筋较少的混凝土结构物（如平板）以及无须水平长距离流动的竖向结构物（如承台和一些深基础），混凝土坍落扩展度应满足550～655 mm；对于一般的普通钢筋混凝土结构以及混凝土结构坍落扩展度应满足 660～755 mm；对于结构截面较小的竖向构件、形状复杂的结构等，混凝土坍落扩展度应满足 760～850 mm；对于配筋密集的结构或有较高混凝土外观性能要求的结构，扩展时间 T500(s) 应不大于 2 s。其他技术指标应满足《自密实混凝土应用技术规程》(JGJ/T 283)的要求。

3. 适用范围

自密实混凝土适用于浇筑量大，浇筑深度和高度大的工程结构；配筋密集、结构复杂、薄壁、钢管混凝土等施工空间受限制的工程结构；工程进度紧、环境噪声受限制或普通混凝土不能实现的工程结构。

(四)再生骨料混凝土技术

1. 技术内容

掺用再生骨料配制而成的混凝土称为再生骨料混凝土，简称再生混凝土。科学合理地利用建筑废弃物回收生产的再生骨料以制备再生骨料混凝土，一直是世界各国致力研究的方向，日本等国家已经基本形成完备的产业链。随着我国环境压力严峻、建材资源面临日益紧张的局势，如何寻求可用的非常规骨料作为工程建设混凝土用骨料的有效补充已迫在眉睫，再生骨料成为可行选择之一。

再生混凝土在北京建筑工程学院实验 6 号楼、青岛市海逸景园 6 号工程、邯郸温康药物中间体研发有限公司厂房等工程中有应用。

(1)再生骨料质量控制技术。再生骨料质量应符合国家标准《混凝土用再生粗骨料》(GB/T 25177)或《混凝土和砂浆用再生细骨料》(GB/T 25176)的规定，制备混凝土用再生骨料应同时符合行业标准《再生骨料应用技术规程》(JGJ/T 240)的相关规定。

由于建筑废弃物来源的复杂性，各地技术及产业发达程度差异和受加工处理的客观条件限制，部分再生骨料某些指标可能不能满足现行国家标准的要求，须经过试配验证后，用于配制垫层等非结构混凝土或强度等级较低的结构混凝土。

(2)再生骨料普通混凝土配制技术。设计配制再生骨料普通混凝土时，可参照行业标准《再生骨料应用技术规程》(JGJ/T 240)的相关规定进行。

2. 技术指标

(1)再生骨料混凝土的拌合物性能、力学性能、长期性能和耐久性能、强度检验评定及耐久性检验评定等，应符合现行国家标准《混凝土质量控制标准》(GB 50164)的规定。

(2)再生骨料普通混凝土进行设计取值时，可参照以下要求进行：

1)再生骨料混凝土的轴心抗压强度标准值、轴心抗压强度设计值、轴心抗拉强度标准值、轴心抗拉强度设计值、剪切变形模量和泊松比均可按现行国家标准《混凝土结构设计规范(2015年版)》(GB 50010)的规定取值。

2)仅掺用Ⅰ类再生粗骨料配制的混凝土，其受压和受拉弹性模量可按现行国家标准《混凝土结构设计规范(2015年版)》(GB 50010—2010)的规定取值；其他类别再生骨料配制的再生骨料混凝土，其弹性模量宜通过试验确定，在缺乏试验条件或技术资料时，可按表 1-50 的规定取值。

表 1-50　再生骨料普通混凝土弹性模量

强度等级	C15	C20	C25	C30	C35	C40
弹性模量(×10⁴ N/mm²)	1.83	2.08	2.27	2.42	2.53	2.63

3)再生骨料混凝土的温度线膨胀系数、比热容和导热系数宜通过试验确定。当缺乏试验条件或技术资料时，可按现行国家标准《混凝土结构设计规范(2015年版)》(GB 50010)和《民用建筑热工设计规范》(GB 50176)的规定取值。

3. 适用范围

我国目前实际生产应用的再生骨料大部分为Ⅱ类及以下再生骨料，宜用于配制 C40 及以下强度等级的非预应力普通混凝土。鼓励再生骨料混凝土大规模用于垫层等非结构混凝土。

(五)混凝土裂缝控制技术

1. 技术内容

混凝土裂缝控制与结构设计、材料选择和施工工艺等多个环节相关。结构设计主要涉及结构形式、配筋、构造措施及超长混凝土结构的裂缝控制技术等；材料方面主要涉及混凝土原材料控制和优选、配合比设计优化；施工方面主要涉及施工缝与后浇带、混凝土浇筑、水化热温升控制、综合养护技术等。

(1)结构设计对超长结构混凝土的裂缝控制要求。超长混凝土结构如不在结构设计与工程施工阶段采取有效措施，将会引起不可控制的非结构性裂缝，严重影响结构外观、使用功能和结构的耐久性。超长结构产生非结构性裂缝的主要原因是混凝土收缩、环境温度变化在结构上引起的温差变形与下部竖向结构的水平约束刚度的影响。

为控制超长结构的裂缝，应在结构设计阶段采取有效的技术措施。主要应考虑以下几点：对超长结构宜进行温度应力验算，温度应力验算时应考虑下部结构水平刚度对变形的约束作用、结构合拢后的最大温升与温降及混凝土收缩带来的不利影响，并应考虑混凝土结构徐变对减少结构裂缝的有利因素与混凝土开裂对结构截面刚度的折减影响。为有效减少超长结构的裂缝，对大柱网公共建筑可考虑在楼盖结构与楼板中采用预应力技术，楼盖结构的框架梁应采用有粘结预应力技术，也可在楼板内配置构造无粘结预应力钢筋，建立预压力，以减小由于温度降温引起的拉应力，对裂缝进行有效控制。除施加预应力外，还可适当加强构造配筋、采用纤维混凝土等用于减小超长结构裂缝的技术措施。设计时应对混凝土结构施工提出要求，如对大面积底板混凝土浇筑时采用分仓法施工、对超长结构采用设置后浇带与加强带，以减少混凝土收缩对超长结构裂缝的影响。当大体积混凝土置于岩石地基上时，宜在混凝土垫层上设置滑动层，以达到减少岩石地基对大体积混凝土的约束作用。

(2)原材料要求。水泥宜采用符合现行国家标准规定的普通硅酸盐水泥或硅酸盐水泥；大体积混凝土宜采用低热矿渣硅酸盐水泥或中、低热硅酸盐水泥，也可使用硅酸盐水泥同时复合大掺量的矿物掺合料。水泥比表面积宜小于 350 m^2/kg，水泥碱含量应小于 0.6%；用于生产混凝土的水泥温度不宜高于 60 ℃，不应使用温度高于 60 ℃ 的水泥拌制混凝土。

应采用二级或多级级配粗骨料，粗骨料的堆积密度宜大于 1 500 kg/m^3，紧密堆积密度的空隙率宜小于 40%。骨料不宜直接露天堆放、暴晒，宜分级堆放，堆场上方宜设罩棚。高温季节，骨料使用温度不宜高于 28 ℃。

根据需要，可掺加短钢纤维或合成纤维的混凝土裂缝控制技术措施。合成纤维主要是抑制混凝土早期塑性裂缝的发展，钢纤维的掺入能显著提高混凝土的抗拉强度、抗弯强度、抗疲劳特性及耐久性；纤维的长度、长径比、表面性状、截面性能和力学性能等应符合国家有关标准的规定，并根据工程特点和制备混凝土的性能选择不同的纤维。

宜采用高性能减水剂，并根据不同季节和不同施工工艺分别选用标准型、缓凝型或防冻型产品。高性能减水剂引入混凝土中的碱含量(以 $Na_2O+0.658K_2O$ 计)应小于 0.3 kg/m^3；引入混凝土中的氯离子含量应小于 0.02 kg/m^3；引入混凝土中的硫酸盐含量(以 Na_2SO_4 计)应小于 0.2 kg/m_3。

采用的粉煤灰矿物掺合料，应符合现行国家标准《用于水泥和混凝土中的粉煤灰》(GB/T 1596)的规定。粉煤灰的级别不宜低于Ⅱ级，且粉煤灰的需水量比不宜大于 100%，烧失量宜小于 5%。

采用的矿渣粉矿物掺合料，应符合《用于水泥、砂浆和混凝土中的粒化高炉矿渣粉》(GB/T 18046)的规定。矿渣粉的比表面积宜小于 450 m^2/kg，流动度比应大于 95%，28 d 活性指数不宜小于 95%。

(3)配合比要求。混凝土配合比应根据原材料品质、混凝土强度等级、混凝土耐久性以及施工工艺对工作性的要求，通过计算、试配、调整等步骤选定。配合比设计中应控制胶凝材料用量，C60 以下混凝土最大胶凝材料用量不宜大于 550 kg/m^3，C60、C65 混凝土胶凝材料用量不宜大于 560 kg/m^3，C70、C75、C80 混凝土胶凝材料用量不宜大于 580 kg/m^3，自密实混凝土胶凝材料用量不宜大于 600 kg/m^3；混凝土最大水胶比不宜大于 0.45。对于大体积混凝土，应采用大掺量矿物掺合料技术，矿渣粉和粉煤灰宜复合使用。纤维混凝土的配合比设计应满足《纤维混凝土应用技术规程》(JGJ/T 221)的要求。配制的混凝土除满足抗压强度、抗渗等级等常规设计指标外，还应考虑满足抗裂性指标要求。

(4)大体积混凝土设计龄期。大体积混凝土宜采用长龄期强度作为配合比设计、强度评定和验收的依据。基础大体积混凝土强度龄期可取为 60 d(56 d)或 90 d；柱、墙大体积混凝土强度等级不低于 C80 时，强度龄期可取为 60 d(56 d)。

(5)施工要求。大体积混凝土施工前，宜对施工阶段混凝土浇筑体的温度、温度应力和收缩应力进行计算，确定施工阶段混凝土浇筑体的温升峰值、里表温差及降温速率的控制指标，制定相应的温控技术措施。一般情况下，温控指标宜符合下列要求：夏(热)期施工时，混凝土入模前模板和钢筋的温度以及附近的局部气温不宜高于 40 ℃，混凝土入模温度不宜高于 30 ℃，混凝土浇筑体最大温升值不宜大于 50 ℃；在覆盖养护期间，混凝土浇筑体的表面以内(40～100 mm)位置处温度与浇筑体表面的温度差值不应大于 25 ℃；结束覆盖养护后，混凝土浇筑体表面以内(40～100 mm)位置处温度与环境温度差值不应大于 25 ℃；浇筑体养护期间内部相邻两点的温度差值不应大于 25 ℃；混凝土浇筑体的降温速率不宜大于 2.0 ℃/d。基础大体积混凝土测温点设置和柱、墙、梁大体积混凝土测温点设置及测温要求应符合《混凝土结构工程施工规范》(GB 50666)的要求。

超长混凝土结构施工前，应按设计要求采取减少混凝土收缩的技术措施，当设计无规定时，宜采用下列方法：分仓法施工：对大面积、大厚度的底板可采用留设施工缝分仓浇筑，分仓区段长度不宜大于 40 m，地下室侧墙分段长度不宜大于 16 m；分仓浇筑间隔时间不应少于 7 d，跳仓接缝处按施工缝的要求设置和处理。后浇带施工：对超长结构一般应每隔 40～60 m 设一宽度为 700～1 000 mm 的后浇带，缝内钢筋可采用直通或搭接连接；后浇带的封闭时间不宜少于 45 d；后浇带封闭施工时应清除缝内杂物，采用强度提高一个等级的无收缩或微膨胀混凝土进行浇筑。

在高温季节浇筑混凝土时，混凝土入模温度应低于 30 ℃，应避免模板和新浇筑的混凝土直接受阳光照射；混凝土入模前模板和钢筋的温度以及附近的局部气温均不应超过 40 ℃；混凝土成型后应及时覆盖，并应尽可能避开炎热的白天浇筑混凝土。

在相对湿度较小、风速较大的环境下浇筑混凝土时，应采取适当挡风措施，防止混凝土表面失水过快，此时应避免浇筑有较大暴露面积的构件；雨期施工时，必须有防雨措施。

混凝土的拆模时间除考虑拆模时的混凝土强度外，还应考虑拆模时的混凝土温度不能过高，以免混凝土表面接触空气时降温过快而开裂，更不能在此时浇凉水养护；混凝土内部开始降温以前以及混凝土内部温度最高时不得拆模。一般情况下，结构或构件混凝土的里表温差大于 25 ℃、混凝土表面与大气温差大于 20 ℃时不宜拆模；大风或气温急剧变化时不宜拆模；在炎热和大风干燥季节，应采取逐段拆模、边拆边盖的拆模工艺。

混凝土综合养护技术措施。对于高强度混凝土，由于水胶比较低，可采用混凝土内掺养护剂的技术措施；对于竖向等结构，为避免间断浇水导致混凝土表面干湿交替对混凝土的不利影响，可采取外包节水养护膜的技术措施，保证混凝土表面的持续湿润。

纤维混凝土的施工应满足《纤维混凝土应用技术规程》(JGJ/T 221)的规定。

2. 技术指标

混凝土的工作性、强度、耐久性等应满足设计要求，关于混凝土抗裂性能的检测评价方法主要有圆环抗裂试验、平板诱导试验、混凝土收缩试验。

圆环抗裂试验，见《混凝土结构耐久性设计与施工指南》(CCES 01)附录 A1；平板诱导试验，见《普通混凝土长期性能和耐久性能试验方法标准》(GB/T 50082)；混凝土收缩试验，见《普通混凝土长期性能和耐久性能试验方法标准》(GB/T 50082)。

3. 适用范围

适用于各种混凝土结构工程，特别是超长混凝土结构，如工业与民用建筑、隧道、码头、桥梁及高层、超高层混凝土结构等。

(六)超高泵送混凝土技术

1. 技术内容

超高泵送混凝土技术，一般是指泵送高度超过 200 m 的现代混凝土泵送技术。近年来，随着经济和社会发展，超高泵送混凝土的建筑工程越来越多，因而，超高泵送混凝土技术已成为现代建筑施工中的关键技术之一。超高泵送混凝土技术是一项综合技术，包含混凝土制备技术、泵送参数计算、泵送设备选定与调试、泵管布设和泵送过程控制等内容。

超高泵送混凝土技术上海中心大厦、天津 117 大厦、广州珠江新城西塔等工程有应用。

(1)原材料的选择。宜选择 C2S 含量高的水泥，对于提高混凝土的流动性和减少坍落度损失有显著的效果；粗骨料宜选用连续级配，应控制针片状含量，而且要考虑最大粒径与泵送管径之比，对于高强度混凝土，应控制最大粒径范围；细骨料宜选用中砂，因为细砂会使混凝土变得黏稠，而粗砂容易使混凝土离析；采用性能优良的矿物掺合料，如矿粉、I 级粉煤灰、I 级复合掺合料或易流型复合掺合料、硅灰等，高强度泵送混凝土宜优先选用能降低混凝土黏性的矿物外加剂和化学外加剂，矿物外加剂可选用降黏增强剂等，化学外加剂可选用降黏型减水剂，可使混凝土获得良好的工作性；减水剂应优先选用减水率高、保塑时间长的聚羧酸系减水剂，必要时掺加引气剂，减水剂应与水泥和掺合料有良好的相容性。

(2)混凝土的制备。通过原材料优选、配合比优化设计和工艺措施，使制备的混凝土具有较好的和易性，流动性高，虽黏度较小，但无离析泌水现象，因而有较小的流动阻力，易于泵送。

(3)泵送设备的选择和泵管的布设。泵送设备的选定应参照《混凝土泵送施工技术规程》(JGJ/T 10)中规定的技术要求，首先要进行泵送参数的验算，包括混凝土输送泵的型号和泵送能力，水平管压力损失、垂直管压力损失、特殊管的压力损失和泵送效率等。

对泵送设备与泵管的要求有：宜选用大功率、超高压的 S 阀结构混凝土泵，其混凝土出口压力满足超高层混凝土泵送阻力要求；应选配耐高压、高耐磨的混凝土输送管道；应选配耐高压管卡及其密封件；应采用高耐磨的 S 管阀与眼镜板等配件；混凝土泵基础必须浇筑坚固并固定牢固，以承受巨大的反作用力，混凝土出口布管应有利于减轻泵头承载；输送泵管的地面水平管折算长度不宜小于垂直管长度的 1/5，且不宜小于 15 m；输送泵管应采用承托支架固定，承托支架必须与结构牢固连接，下部高压区应设置专门支架或混凝土结构以承受管道重量及泵送时的冲击力；在泵机出口附近设置耐高压的液压或电动截止阀。

(4)泵送施工的过程控制。应对到场的混凝土进行坍落度、扩展度和含气量的检测，根据需要对混凝土入泵温度和环境温度进行监测，如出现不正常情况，及时采取应对措施；在泵送过程中，要实时检查泵车的压力变化、泵管有无渗水、漏浆情况以及各连接件的状况等，发现问题及时处理。

泵送施工控制要求有：合理组织，连续施工，避免中断；严格控制混凝土流动性及其经时变化值；根据泵送高度适当延长初凝时间；严格控制高压条件下的混凝土泌水率；采取保温或冷却措施控制管道温度，防止混凝土摩擦、日照等因素引起管道过热弯道等易磨损部位应设置加强安全措施；泵管清洗时应妥善回收管内混凝土，避免污染或材料浪费。在泵送和清洗过程中产生的废弃混凝土，应按预先确定的处理方法和场所，及时进行妥善处理，并不得将其用于浇筑结构构件。

2. 技术指标

(1)混凝土拌合物的工作性良好，无离析泌水，坍落度宜大于 180 mm，混凝土坍落度损失不应影响混凝土的正常施工，经时损失不宜大于 30 mm/h，混凝土倒置坍落筒排空时间宜小于 10 s。泵送高度超过 300 m 的，扩展度宜大于 550 mm；泵送高度超过 400 m 的，扩展度宜大于 600 mm；泵送高度超过 500 m 的，扩展度宜大于 650 mm；泵送高度超过 600 m 的，扩展度宜大于 700 mm。

(2)硬化混凝土物理力学性能符合设计要求。

(3)混凝土的输送排量、输送压力和泵管的布设要依据准确的计算，并制定详细的实施方案，进行模拟高程泵送试验。

(4)其他技术指标应符合《混凝土泵送施工技术规程》(JGJ/T 10)和《混凝土结构工程施工规范》(GB 50666)的规定。

3. 适用范围

超高泵送混凝土技术适用于泵送高度大于 200 m 的各种超高层建筑混凝土泵送作业，长距离混凝土泵送作业参照超高泵送混凝土技术。

五、柱混凝土施工

混凝土柱施工流程如图 1-101 所示。

混凝土柱施工要点如下：

(1)混凝土浇筑前不应发生初凝和离析现象，如已发生，可进行重新搅拌，使混凝土恢复流动性和黏聚性后再进行浇筑。混凝土运至现场后，其坍落度应满足设计要求。

(2)控制混凝土自由倾落高度以防离析：一般不宜超过 2 m；竖向结构(如墙、柱)不宜超过 3 m，否则应采用串筒、溜槽或振动溜管下料。

(3)当柱子的截面尺寸较小或钢筋较密集，可打弯柱钢筋，待浇筑完成下层柱筋施工前扶正。

(4)浇筑竖向结构前，应先在底部填筑一层 50~100 mm 厚与混凝土内砂浆成分相同水泥砂浆，然后再浇筑混凝土。

(5)为了使混凝土振捣密实，必须分层浇筑，每层浇筑厚度与振捣方法、结构配筋有关。采用插入式振捣器振捣，普通混凝土每层浇筑厚度不应大于振捣器作用部分长度的 1.25 倍。

(6)混凝土柱子的振捣设备主要采用内部振动器，将振捣棒插入到浇筑的混凝土内部，通过振捣棒体的高频振动，完成捣实。当柱子截面尺寸较小钢筋密集时可采用附着式振捣器。

(7)当浇筑与柱墙连成整体的梁和板时，应在柱和墙浇筑完毕后停 1~1.5 h 再继续浇筑。

(8)混凝土应连续浇筑。当必须间歇时，间歇时间宜缩短，并应在下层混凝土初凝前，将上层混凝土浇筑完毕。混凝土从搅拌机中卸出，经运输、浇筑及间歇的全部时间不得超过混凝土的初凝。

(9)混凝土柱的浇筑，主要采用自制的料斗或吊斗，料斗的容积一般为 0.3 m³，上部开口装料，下部安装扇形手动闸门，可直接把混凝土卸入模板中，如图 1-102 和图 1-103 所示。借助塔式起重机悬吊于柱子的正上方，通过搭设操作平台使人能够直接对位，用人工控制手柄出料，完成浇筑。当柱子的截面尺寸较小或钢筋较密集时，可打弯柱钢筋，待浇筑完成下层柱筋施工前扶正。

(10)在施工过程中，由于柱子是竖向构件，通常采用薄膜布覆盖或喷涂薄膜养生液养护。薄膜布(如塑料薄膜布)不透水、不透气。当柱的模板拆除后，即用薄膜布将混凝土柱子的表面敞露的部分全部严密地覆盖起来，保证混凝土在不失水的情况下得到充足的养护。这种养护方法的优点是不必浇水，操作方便，能重复使用，能提高混凝土的早期强度、加速模具的周转；但应该保持薄膜布内有凝结水。

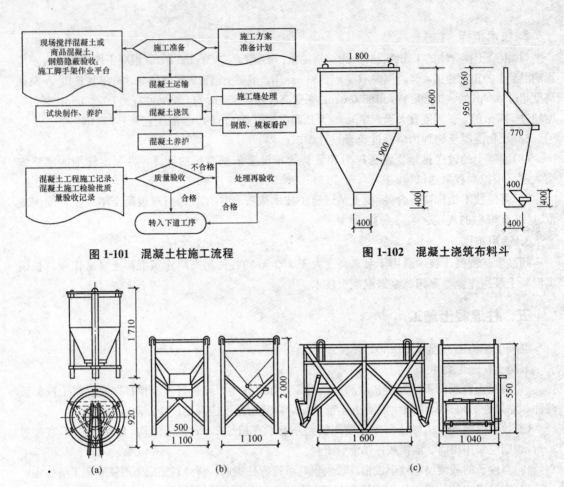

图 1-101　混凝土柱施工流程　　　　　图 1-102　混凝土浇筑布料斗

图 1-103　混凝土吊斗

(a)圆锥形；(b)高架方形；(c)双向出料形

任务实施

1. 混凝土原材料检验批质量验收记录表(见附录一)

2. 混凝土配合比设计

(1)施工配合比：$1：2.12×(1+3‰)：4.37×(1+1‰)=1：2.18：4.41$

(2)当采用 350 L(出料容量)搅拌机搅拌时，每盘各种材料用量为

水泥：$290×0.35=101.5(kg)$　　取 $100(kg)$

砂：$100×2.18=218(kg)$

石：$100×4.41=441(kg)$

水：$100×0.62-100×2.12×3‰-100×4.37×1‰=62-6.36-4.37=51.27(kg)$

3. 柱混凝土浇筑施工技术交底

技术交底记录		编 号	
工程名称		交底日期	
施工单位		分项工程名称	混凝土浇筑
作业部位	柱	施工期限	

交底内容：

一、编制依据

质量标准及执行规程规范：《建筑工程施工质量验收统一标准》(GB 50300—2013)；《建设工程施工现场供用电安全规范》(GB 50194—2014)；《建筑施工安全检查标准》(JGJ 59—2011)；《混凝土强度检验评定标准》(GB/T 50107—2010)；《混凝土结构工程施工质量验收规范》(GB 50204—2015)；图集16G101—1、工程施工图纸、图纸会审记录、设计变更、施工组织设计等技术文件。

二、施工准备

2.1 材料准备：符合设计图纸的混凝土。

2.2 机具准备：塔式起重机、插入式振捣器、尖掀、木抹子、照明灯具等。

2.3 作业条件

2.3.1 柱模板、钢筋等全部安装完毕，经检查符合设计和施工规范要求，并办理完隐检和预检手续。

2.3.2 柱模板内木屑等杂物已清理干净。

2.3.3 钢筋保护层及其定位措施：框架柱定位框安装完毕。

2.3.4 经检查模板下口及角模处模板拼接严密，已加固牢固。

2.3.5 浇筑混凝土用的架子及操作平台等已搭设完毕，支撑牢固，能够满足浇筑混凝土要求。

2.3.6 在柱钢筋上抄好标高控制线。

三、操作工艺

3.1 工艺流程：作业准备→混凝土运输到场→混凝土浇筑与振捣(试块留置)→拆模、养护。

3.2 混凝土入模前，应将施工缝处混凝土浇水冲洗湿润。

3.3 布料

3.3.1 柱浇筑前底部应先填以5～10 cm厚与混凝土配合比相同减石子砂浆，柱混凝土应分层振捣，使用插入式振捣器时每层厚度不大于50 cm，振捣棒不得触动钢筋和预埋件振捣。除上面振捣外，下面要有人随时敲击模板。

3.3.2 柱高在2.0 m之内，可在柱顶直接下料浇筑，超过2 m时应采用溜槽下料。

3.3.3 浇筑完后应随时将伸出的预留钢筋整理到位。

3.4 混凝土的振捣

3.4.1 振点分布在柱四角且距离模板10～15 cm。

3.4.2 使用插入式振捣器应快插慢拔，振捣密实。

3.4.3 每一振点的延续时间以混凝土表面不再显著下沉、不再出现气泡、呈现灰浆为准，振捣上一层时应插入下层5 cm左右，以消除两层间的接缝。

3.5 为保证混凝土接槎质量，混凝土高度高出或梁底2.5 cm，柱模拆除后在梁下皮标高上返5 mm统一弹线切割，别除混凝土的浮浆层，露出石子。

3.6 混凝土浇筑完毕后，将上口甩出的钢筋整理好，用木抹子按标高线将上表面混凝土找平，柱模拆除后要将混凝土表层浮浆清除。

3.7 施工缝处理：浇筑前，施工缝混凝土表面应别除表面浮浆和松动石子等，用水冲洗干净并充分湿润。

3.8 拆模、养护：混凝土浇筑完毕12 h后，即可拆除柱模(随着气温的降低，拆模时间顺延)，柱模板拆除后，应采用塑料薄膜覆盖养护，但必须保证薄膜内有凝结水，养护时间不得少于7 d。

四、质量标准

4.1 主控项目

4.1.1 混凝土强度等级必须符合设计要求。

4.1.2 用于检查混凝土强度的试块取样留置、制作、养护和试验要符合现行国家标准《混凝土强度检验评定标准》(GB/T 50107—2010)的规定。

4.1.3 混凝土运输、浇筑及间歇的全部时间不应超过混凝土的初凝时间(7 h)。

4.1.4 混凝土外观质量缺陷定义详见表1-41，本工程不得有表1-41所示的严重缺陷。

4.2 一般项目

4.2.1 现浇混凝土结构尺寸偏差应符合标准，详见表1-42。

五、通病预防

5.1 蜂窝：原因是混凝土一次下料过厚，振捣不实或漏振，模板有缝隙使水泥浆流失，钢筋较密而混凝土坍落度过小或石子过大，柱、墙根部模板有缝隙，以致混凝土中的砂浆从下部涌出。

5.2 露筋：原因是钢筋垫块位移、间距过大、漏放、钢筋紧贴模板造成露筋，或梁、板底部振捣不实也可能出现露筋。

5.3 孔洞：原因是钢筋较密的部位混凝土被卡，未经振捣就继续浇筑上层混凝土。

5.4 缝隙与夹渣层：施工缝处杂物清理不净或未浇底浆振捣不实等原因，易造成缝隙、夹渣层。

5.5 梁、柱连接处断面尺寸偏差过大：主要原因是柱接头模板刚度差、支撑不牢固或支此部位模板时未认真控制断面尺寸。

六、安全、环保措施

6.1 进入施工现场要正确系戴安全帽，高空作业应正确系安全带。

6.2 现场严禁吸烟。

6.3 严禁上下抛掷物品。

6.4 混凝土振捣器使用安全要求。

6.4.1 作业前，检查电源线路无破损漏电，漏电保护装置灵活可靠，机具各部连接紧固、旋转方向正确。

6.4.2 插入式振捣器软轴的弯曲半径不得小于 50 cm，并不得多于两个弯；操作时振捣棒自然垂直地插入混凝土，不得用力硬插、斜推或使钢筋夹住棒头，也不得全部插入混凝土中。

6.4.3 振捣器保持清洁，不得有混凝土粘结在电动机外壳上妨碍散热。发现温度过高时，停歇降温后方可使用。

6.5 混凝土运输车辆进出现场设专人指挥，在指定位置卸料、停放。

审核人		交底人		接受交底人	

1. 本表由施工单位填写，交底单位与接受交底单位各保存一份。

2. 当作分项工程施工技术交底时，应填写"分项工程名称"栏，其他技术交底可不填写。

4. 混凝土施工检验批质量验收记录表、混凝土结构子分部工程结构实体、混凝土强度验收记录表、混凝土结构子分部工程结构实体、钢筋保护层厚度验收记录表(见附录一)。

思考与练习

1. 某宾馆建筑为大厅部分 16 层，两翼 13 层，建筑面积为 11 620 m²，主体结构中间大厅部分为框架-剪力墙结构，两翼均为剪力墙结构，外墙板采用大模板住宅通用构件，内墙为 C20 钢筋混凝土。工程竣工后，检测发现下列部位混凝土强度达不到要求：

(1)七层有 6 条轴线的墙体混凝土，28 d 试块强度为 12.04 N/mm²，至 80 d 后取墙体混凝土芯一组，其抗压强度分别为 9.03 N/mm²、12.15 N/mm²、13.0 N/mm²；

(2)十层有 6 条轴线墙柱上的混凝土试块，28 d 强度为 13.25 N/mm²，至 60 d 后取墙柱混凝土芯一组，其抗压强度分别为 10.08 N/mm²、11.66 N/mm²、12.26 N/mm²，除这条轴线上的混凝土强度不足外，该层其他构件也有类似问题。

问题：(1)造成该工程中混凝土强度不足的原因可能有哪些？

(2)为了避免该工程中出现的混凝土强度不足，在施工过程中浇筑混凝土时应符合哪些要求？

2. 某 17 层住宅，剪力墙结构，楼板混凝土浇筑完毕，养护过程中发现混凝土表面出现非常细小的裂纹，其走向纵横交错无规律，经过分析是后期养护不良所致。

问题：(1)分析混凝土干缩裂缝产生的原因。

(2)施工单位应采取哪些措施加以避免？

(3)该楼板的干缩裂缝会产生哪些危害？如何处理表面干缩裂缝？

3. 某工程墙体模板拆除之后，混凝土出现麻面、蜂窝、露筋、孔洞、内部不实，请结合所学的知识分析产生这种现象的原因并提出解决方案。

4. 什么是混凝土的临界强度？混凝土在冬期施工时其养护方法有哪些？

项目二　钢筋混凝土墙施工

◆掌握钢筋混凝土墙结构施工图的识读方法与钢筋混凝土墙钢筋配料计算方法，以及墙体钢筋加工制作和绑扎安装要点，熟悉钢筋质量验收检查的标准。

◆掌握墙胶合板模板设计、配板方法，大模板的构造，以及模板的制作、安装、拆除的施工要点，熟悉模板施工质量验收标准及安全技术要求。

◆掌握钢筋混凝土墙体的混凝土浇筑要点，熟悉墙体混凝土施工的质量验收标准。

◆能够识读钢筋混凝土墙结构施工图并能够根据墙的结构配筋图进行钢筋下料计算，能够编写墙体钢筋施工技术交底，能进行钢筋绑扎安装后的质量检查，并做工作记录。

◆能进行墙的胶合板模板设计及配板，能够编写墙体模板施工技术交底，做质量检测并记录，能对施工中出现的质量问题进行简单的分析与处理。

◆能组织实施墙混凝土施工配料、搅拌、运输、浇筑、振捣和养护等工作；能选择工艺方法和制定混凝土施工技术交底，分析处理施工过程中的技术问题、评价施工质量。

任务一　墙的钢筋制作安装

1. 钢筋混凝土剪力墙施工流程是什么？
2. 钢筋混凝土墙中钢筋如何绑扎？

如附图二所示，某高层住宅为剪力墙结构，二级抗震，使用期限为 50 年，地上 15 层，地下 1 层，采用筏形基础，地下一层剪力墙采用强度等级为 C40 混凝土。保护层厚度：地下室外墙外侧 25 mm，内侧 15 mm。现选取地下一层外墙一段墙体进行钢筋下料计算。

工作要求：1. 进行此段墙体的下料长度计算（图 2-1）。

2. 墙体钢筋采用绑扎搭接，编写施工技术交底。

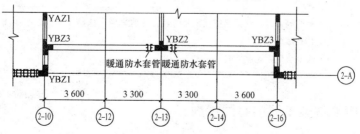

图 2-1　剪力墙施工图

墙体根据其受力特点可以分为承重墙和剪力墙。承重墙以承受竖向荷载为主，如砌体墙；剪力墙是承受风荷载、地震作用或其他作用引起的水平荷载以及水平构件传来的竖向荷载的墙体。

剪力墙按结构材料可以分为钢板剪力墙、钢筋混凝土剪力墙和配筋砌块剪力墙等。其中以钢筋混凝土剪力墙最为常用。

剪力墙可视为由墙柱、墙身和墙梁三类构件组成。墙柱、墙身和墙梁都是剪力墙的一部分。墙柱是剪力墙边缘的竖向集中配筋加强部位。

墙梁包括连梁、暗梁和边框梁。暗梁、边框梁是剪力墙在楼层位置的水平加强带。连梁是在剪力墙结构和框架-剪力墙结构中，连接墙肢与墙肢，墙肢与框架柱的梁。剪力墙的连梁属于水平构件，一般都是由于墙体开洞形成的，其主要功能是将两片剪力墙连接在一起。当抵抗地震作用时，连接这两片剪力墙协同工作。连梁一般具有跨度小、截面大的特点。暗梁与暗柱有些相似，都是隐藏在墙身内部看不见的构件，它们都是墙身的一个组成部分。

墙柱由墙柱类型代号和序号组成编号见表2-1。约束边缘构件包括约束边缘暗柱、约束边缘端柱、约束边缘翼墙、约束边缘转角墙。

表2-1 墙柱编号

墙柱类型	代号	序号
约束边缘构件	YBZ	××
构造边缘构件	GBZ	××
非边缘暗柱	AZ	××
扶 壁 柱	FBZ	××

墙身编号由墙身代号、序号及墙身所配置的水平与竖向钢筋的排数组成。其中排数注写在括号内（2排时可不注写），表示为Q××（××排）。

墙梁编号由墙梁类型代号和序号组成，见表2-2。

表2-2 墙梁编号

墙梁类型	代号	序号
连梁	LL	××
连梁(对角暗撑配筋)	LL(JC)	××
连梁(交叉斜筋配筋)	LL(JX)	××
连梁(集中对角斜筋配筋)	LL(DX)	××
连梁(跨高比不小于5)	LLK	××
暗梁	AL	××
边框梁	BKL	××

注：1. 在具体工程中，当某些墙身需设置暗梁成功框梁时，宜在剪力墙平法施工中绘制暗梁或边框梁的平面布置图并编号，以明确其具体位置。

2. 跨高比不小于5的连梁按框架梁设计时，代号为LLk。

一、剪力墙平法施工图的制图规则

剪力墙平法施工图是在剪力墙平面布置图上采用列表注写方式（图2-2）或截面注写方式表达

（图 2-3）。

（一）剪力墙列表注写方式制图规则

列表注写方式是分别在柱表、墙身表和墙梁表中，对应于剪力墙平面布置图上的编号，用绘制截面配筋图并注写几何尺寸与配筋具体数值的方式，来表达剪力墙平法施工图（图 2-2）。

1. 墙柱的制图规则

墙柱表达的内容包括墙柱编号、该墙柱的截面配筋图、墙柱几何尺寸。

边缘构件是剪力墙结构中特有的构件，起到改善墙体受力性能的作用，设置在剪力墙的边缘，包括约束边缘构件和构造边缘构件。对于抗震等级一、二、三级的剪力墙底部加强部位及其上一层的剪力墙肢，应设置约束边缘构件，其他的部位应设置构造边缘构件。约束边缘构件对体积配箍率等要求较严格，用在比较重要的受力较大结构部位；构造边缘构件要求松一些。

2. 墙身的制图规则

剪力墙身表达内容有墙身编号、注写各段墙身的起止标高及注写墙身的水平分布钢筋、竖向分布钢筋和拉筋的具体数值。

3. 墙梁的制图规则

墙梁可以分为连梁（LL）、暗梁（AL）、边框梁（BKL）。主要标注出：编号、楼层号、墙梁顶面标高高差（无高差时不注）、截面尺寸 $b \times h$、上部纵筋、下部纵筋和箍筋的具体数值等。

（二）剪力墙截面注写的制图规则

截面注写方式就是在分标准层绘制的剪力墙平面布置图上，以直接在墙柱、墙身、墙梁上注写截面尺寸和配筋具体数值的方式来表达剪力墙平法施工图（图 2-3）。墙柱、墙身、墙梁的编号与剪力墙列表注写相关规定相同。

剪力墙上的洞口一般在剪力墙平面布置图上原位表达。

二、墙体钢筋的排布规则

剪力墙钢筋排布较为复杂，剪力墙边缘构件、连梁、墙身钢筋排布如图 2-4 示。其中，b_d、h_d 分别为宽、高尺寸；h_b 为连梁高度；H 为层高；L_1、L_2、L_3 为剪力墙间距。下面依据组成剪力墙的构件钢筋排布规则进行学习。

（一）剪力墙墙身钢筋排布规则

1. 剪力墙身竖向钢筋排布

（1）剪力墙插筋在基础里的排布，如图 2-5 所示。

图中 h_j 是基础底面至基础顶面的高度，对于带基础梁的基础为基础梁顶面至基础梁底面的高度；图中的 d 为插筋的直径，括号内数据用于非抗震设计；锚固区横向钢筋应满足直径 $\geqslant \dfrac{d}{4}$（d 为插筋最大直径），间距 $\leqslant 10d$（d 为插筋最小直径）且 $\leqslant 100$ mm 的要求；在插筋部分保护层厚度不一致的情况下（如部分位于板中部，部分位于梁内），保护层厚度小于 $5d$ 的部位应设置锚固区横向钢筋；插筋下端设弯钩放在基础底板钢筋网上，当弯钩水平段而不满足要求时，应加长或采取其他措施。

（2）剪力墙竖向分布钢筋的连接。剪力墙竖向分布钢筋连接位置根据不同的连接方式及不同的抗震等级确定，如图 2-6 所示。剪力墙竖向钢筋应连续通过 h 高度范围。h 为楼板、暗梁、或边框梁尺寸的较大值；当竖向钢筋为 HPB300 时，钢筋端头应加 $180°$ 弯钩。

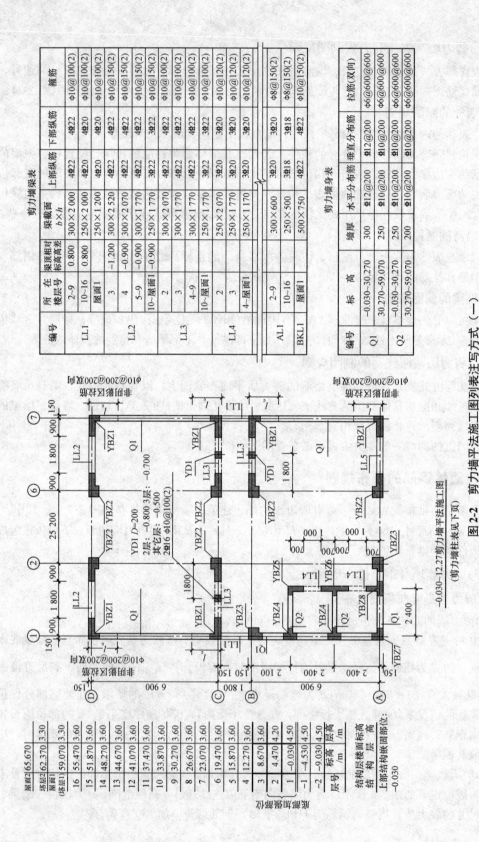

剪力墙梁表

编号	所在楼层号	梁顶相对标高高差	梁截面 $b \times h$	上部纵筋	下部纵筋	箍筋
LL1	2～9	0.800	300×2 000	4Φ22	4Φ22	Φ10@100(2)
	10～16	0.800	250×2 000	4Φ20	4Φ20	Φ10@100(2)
	屋面1		250×1 200	4Φ20	4Φ20	Φ10@100(2)
LL2	3	-1.200	300×2 520	4Φ22	4Φ22	Φ10@150(2)
	4	-0.900	300×2 070	4Φ22	4Φ22	Φ10@150(2)
	5～9	-0.900	300×1 770	4Φ22	4Φ22	Φ10@150(2)
	10～屋面1	-0.900	250×1 770	3Φ22	3Φ22	Φ10@150(2)
LL3	2		300×2 070	4Φ22	4Φ22	Φ10@100(2)
	3		300×1 770	4Φ22	4Φ22	Φ10@100(2)
	4～9		300×1 770	4Φ22	4Φ22	Φ10@120(2)
	10～屋面1		250×1 770	3Φ22	3Φ22	Φ10@120(2)
LL4	2		250×2 070	3Φ20	3Φ20	Φ10@120(2)
	3		250×1 770	3Φ20	3Φ20	Φ10@120(2)
	4～屋面1		250×1 170	3Φ20	3Φ20	Φ10@150(2)
AL1	2～9		300×600	3Φ20	3Φ20	Φ8@150(2)
	10～16		250×500	3Φ18	3Φ18	Φ8@150(2)
BKL1	屋面1		500×750	4Φ22	4Φ22	Φ10@150(2)

剪力墙身表

编号	标高	墙厚	水平分布筋	垂直分布筋	拉筋(双向)
Q1	-0.030～30.270	300	Φ12@200	Φ12@200	Φ6@600@600
	30.270～59.070	250	Φ10@200	Φ10@200	Φ6@600@600
Q2	-0.030～30.270	250	Φ10@200	Φ10@200	Φ6@600@600
	30.270～59.070	200	Φ10@200	Φ10@200	Φ6@600@600

图 2-2 剪力墙平法施工图列表注写方式 (一)

-0.030～12.27剪力墙平法施工图
(剪力墙柱表见下页)

剪力墙柱表

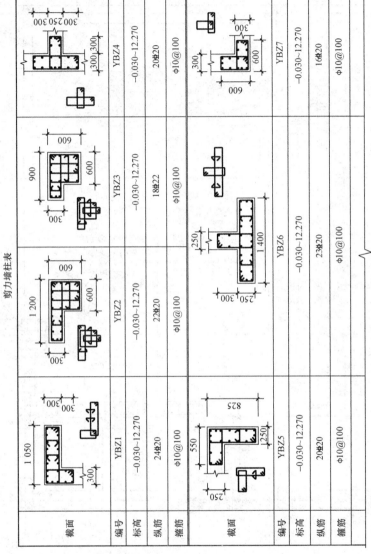

截面			
编号	YBZ1	YBZ2	YBZ3	YBZ4
标高	-0.030~12.270	-0.030~12.270	-0.030~12.270	-0.030~12.270
纵筋	24单20	22单20	18单22	20单20
箍筋	Φ10@100	Φ10@100	Φ10@100	Φ10@100

截面			
编号	YBZ5	YBZ6	YBZ7
标高	-0.030~12.270	-0.030~12.270	-0.030~12.270
纵筋	20单20	23单20	10单20
箍筋	Φ10@100	Φ10@100	Φ10@100

-0.030~12.270剪力墙平法施工图(部分剪力墙柱表)

层号	标高/m	层高/m
屋面2	65.670	
塔层2	62.370	3.30
屋面1(塔层1)	59.070	3.30
16	55.470	3.60
15	51.870	3.60
14	48.270	3.60
13	44.670	3.60
12	41.070	3.60
11	37.470	3.60
10	33.870	3.60
9	30.270	3.60
8	26.670	3.60
7	23.070	3.60
6	19.470	3.60
5	15.870	3.60
4	12.270	3.60
3	8.670	3.60
2	4.470	4.20
1	-0.030	4.50
-1	-4.530	4.50
-2	-9.030	4.50
层号	标高/m	层高/m

结构层楼面标高
结构层高
上部结构嵌固部位：-0.030

图2-2 剪力墙平法施工图列表注写方式（二）

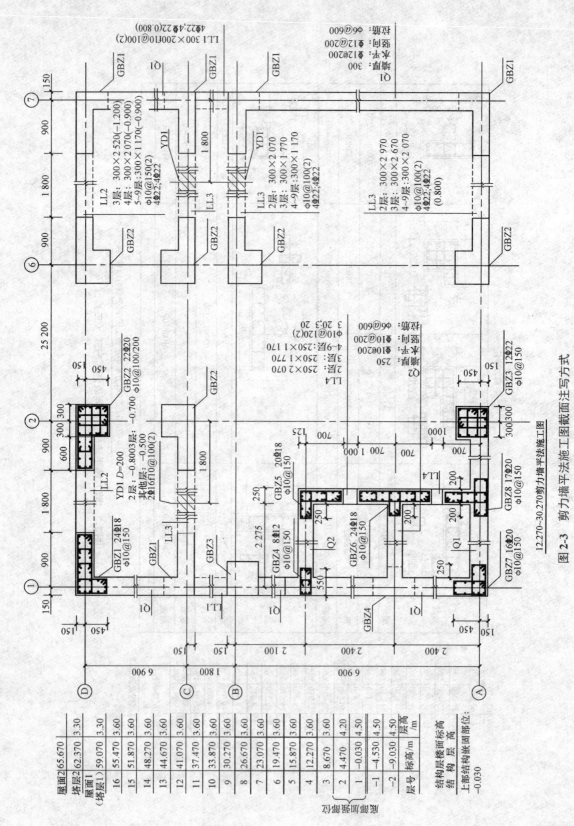

图2-3 剪力墙平法施工图截面注写方式

12.270~30.270剪力墙平法施工图

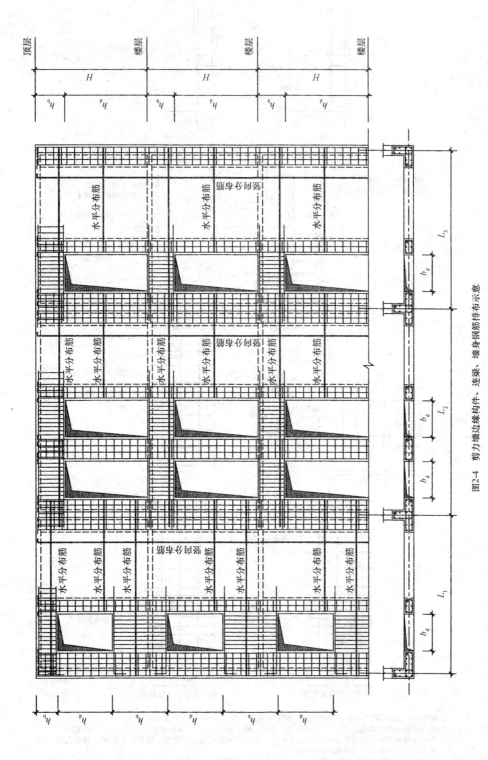

图2-4 剪力墙边缘构件、连梁、墙身钢筋排布示意

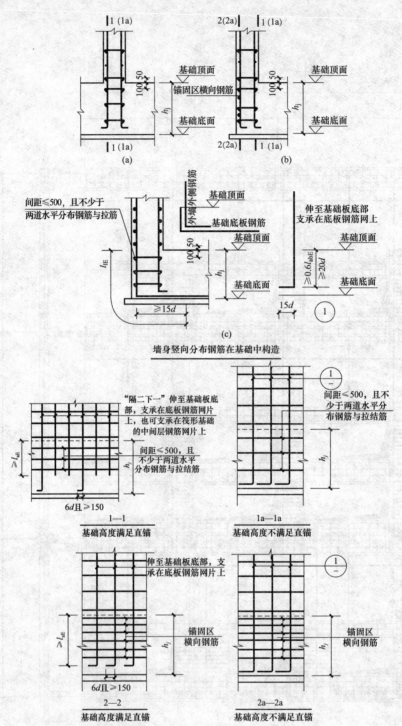

墙身竖向分布钢筋在基础中构造

1—1
基础高度满足直锚

1a—1a
基础高度不满足直锚

2—2
基础高度满足直锚

2a—2a
基础高度不满足直锚

注:
1. 图中h_j为基础底面至基础顶面的高度,墙下有基础梁时,h_j为梁底面至顶面的高度。
2. 锚固区横向钢筋应满足直径$\geq d/4$(d为纵筋最大直径)、间距$\leq 10d$(d为纵筋最小直径)且≤ 100的要求。
3. 当墙身竖向分布钢筋在基础中保护层厚度不一致(如分布筋部分位于梁中,部分位于板内),保护层厚度不大于$5d$的部分应设置锚固区横向钢筋。
4. 当选用"墙身竖向分布钢筋在基础中构造"中图(c)搭接连接时,设计人员应在图纸中注明。
5. 图中d为墙身竖向分布钢筋直径。
6. 1—1剖面,当施工采取有效措施保证钢筋定位时,墙身竖向分布钢筋伸入基础长度满足直锚即可。

图 2-5　剪力墙插筋在基础里的排布

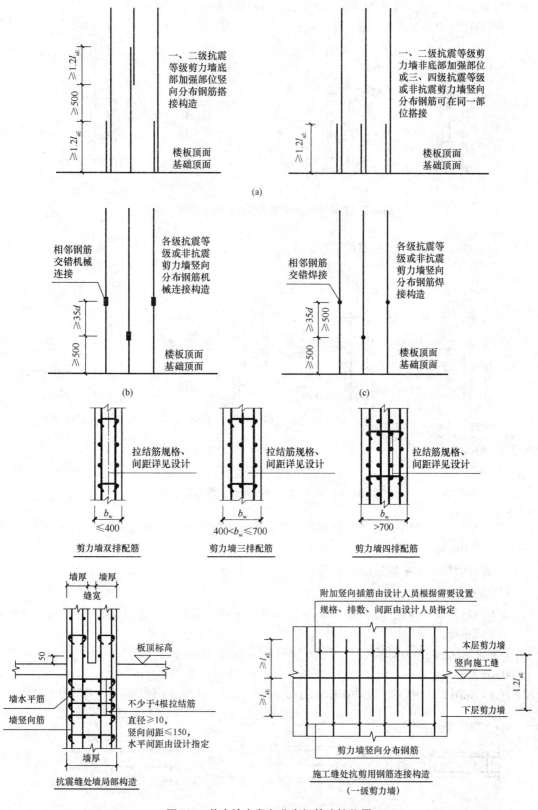

图2-6 剪力墙身竖向分布钢筋连接位置

(a)搭接连接；(b)机械连接；(c)焊接连接

(3)剪力墙身竖向分布筋在楼板、屋面板处竖向钢筋排布。

1)变截面剪力墙在楼板处钢筋排布构造,如图 2-7 所示。

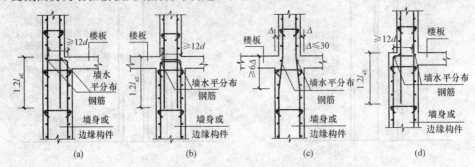

图 2-7　变截面剪力墙在楼板处竖向钢筋排布构造

2)剪力墙屋面板处钢筋排布构造,如图 2-8 所示。

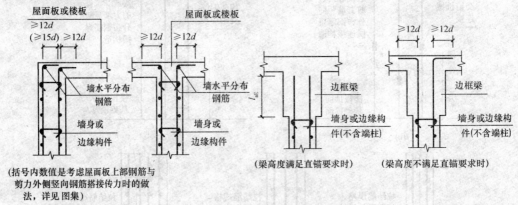

图 2-8　剪力墙屋面板处钢筋排布构造

剪力墙层高范围最下一排水平分布钢筋距底部板顶 50 mm,最上一排水平分布钢筋距顶部板顶不大于 100 mm。

2. 剪力墙墙身水平钢筋排布规则

(1)墙身钢筋布置构造要求。

1)非抗震情况:当剪力墙厚度大于 160 mm 时,应配置双排;当剪力墙厚度不大于 160 mm 时,宜配置单排。

2)抗震情况:当剪力墙厚度不大于 400 mm 时,应配置双排,如图 2-9(a)所示;当剪力墙厚度大于 400 mm 且不大于 700 mm 时,宜配置三排,如图 2-9(b)所示;当剪力墙厚度大于 700 mm 时,宜配置四排,如图 2-9(c)所示。剪力墙钢筋配置若多于两排,中间排水平钢筋端部构造同内侧钢筋。

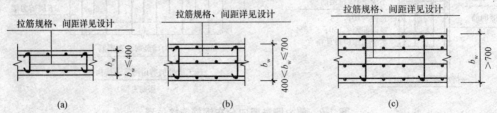

图 2-9　剪力墙身厚度与钢筋排数的关系

(2)剪力墙水平钢筋端部排布及墙身中部水平筋搭接排布。剪力墙水平钢筋端部排布如图 2-10 所示,剪力墙水平钢筋在墙身中部水平筋搭接如图 2-11 所示。

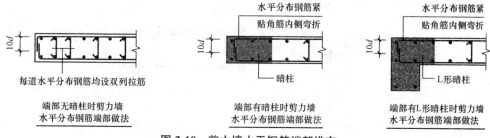

图 2-10　剪力墙水平钢筋端部排布

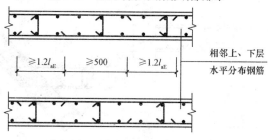

图 2-11　剪力墙水平钢筋在墙身中部水平筋排布

(3)转角墙水平分布钢筋搭接排布(图 2-12)。

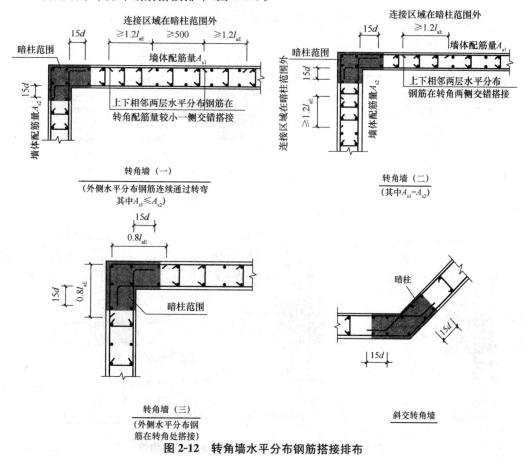

图 2-12　转角墙水平分布钢筋搭接排布

(4)翼墙水平分布钢筋排布(图 2-13)。

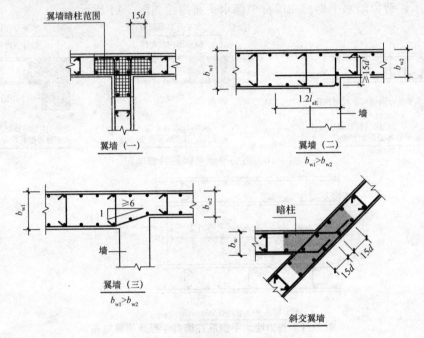

图 2-13　翼墙水平分布钢筋排布

(5)有端柱时剪力墙水平分布钢筋锚固构造(图 2-14)。

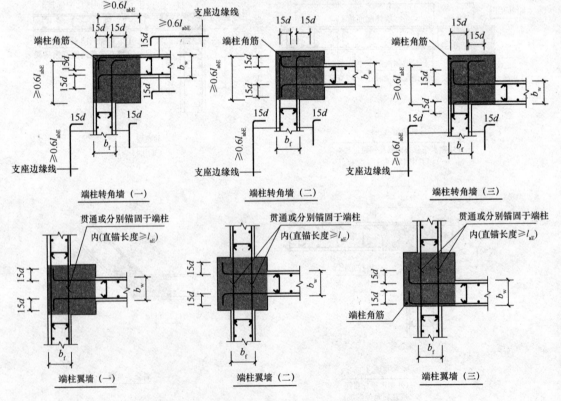

图 2-14　有端柱时剪力墙水平分布钢筋锚固构造

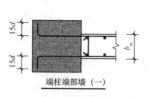
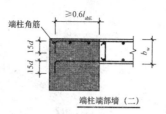

图 2-14 有端柱时剪力墙水平分布钢筋锚固构造(续)

钢筋排布注意事项：剪力墙水平分布筋应伸到端柱对边柱纵筋内侧弯折，弯折段长度如图 2-14 中标注。当位于端柱内部的水平分布筋伸到端柱对边弯折前的平直长度≥$l_{aE}(l_a)$时，可不设弯折段。当剪力墙水平分布筋向短柱外侧弯折所需尺寸不够时，也可向柱中心方向弯折。图中所示拉筋应与剪力墙每排的竖向筋和水平筋绑扎。括号内为非抗震纵筋搭接和锚固长度，

（6）拉筋在墙体内的排布。剪力墙层高范围最下一排拉筋位于层底部板顶以上第二排水平分布筋位置处，最上一排拉筋位于层顶部板顶以下第二排水平分布筋位置处。拉筋直径≥6 mm，间距≤600 mm，如图 2-15 所示。

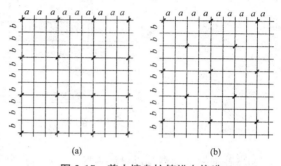

图 2-15　剪力墙身拉筋排布构造
(a)拉结筋@3a3b 距形(a≤200、b≤200)；
(b)拉结筋 @4a4b 梅花(a≤150、b≤150)

剪力墙上经常开有洞口，洞口一般会截断墙体的水平钢筋及竖向钢筋，故在洞口周围需设补强钢筋甚至边缘构件。其钢筋排布情况如图 2-16 所示。

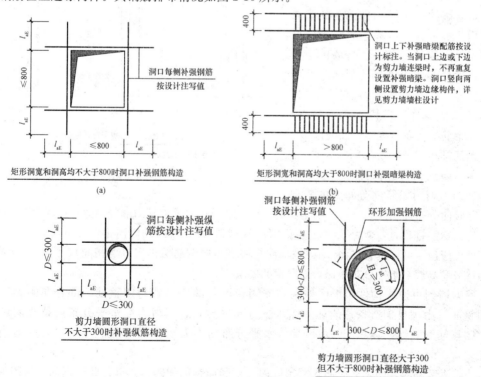

图 2-16　剪力墙洞口钢筋排布构造

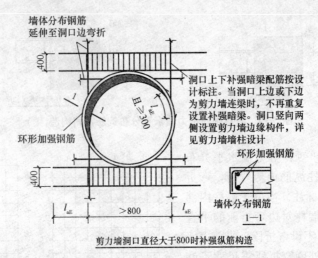

剪力墙洞口直径大于800时补强纵筋构造

图 2-16　剪力墙洞口钢筋排布构造(续)

　　洞口补强钢筋配置均以设计为准。补强箍筋肢距≤350 mm。补强钢筋应沿洞口中心并且沿剪力墙中轴线两侧对称排布，特情况以设计方要求为准。当洞口尺寸或直径大于 800 mm 时，两侧应设置边缘构件。

(二)剪力墙边缘构件钢筋排布

　　边缘构件纵向钢筋排布如图 2-17所示。

1. 剪力墙约束边缘构件钢筋排布

　　剪力墙约束边缘构件钢筋的排布可采用两种方式，一种是非阴影区外圈设置封闭箍筋；另一种是墙体水平分布筋替代非阴影区外圈封闭箍筋的位置。约束边缘构件钢筋的排布包括暗柱钢筋的排布、端柱钢筋的排布、转角墙钢筋的排布、翼墙钢筋的排布。

　　钢筋排布注意事项：

　　剪力墙约束边缘构件非阴影区竖向钢筋即为剪力墙竖向分布筋的一部

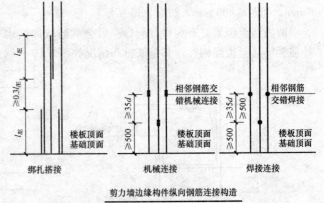

剪力墙边缘构件纵向钢筋连接构造

适用于约束边缘构件阴影部分和构造边缘构件的纵向钢筋

图 2-17　剪力墙边缘构件纵向钢筋排布

分，与竖向分布筋一同排布，非阴影区的长度依据设计要求取剪力墙竖向分布筋间距的整数倍。

　　施工钢筋排布时，剪力墙约束边缘构件(或构造边缘构件)的竖向钢筋外皮与剪力墙竖向分布筋外皮应位于同一垂直平面(即边缘构件与墙身竖向钢筋保护层厚度相同)，同时，应满足边缘构件箍筋与墙身水平分布筋保护层厚度的要求。

　　剪力墙约束边缘构件阴影区外圈和非阴影区外圈应设置封闭箍筋，部分非阴影区外圈封闭箍筋可由满足构造条件的剪力墙水平分布筋替代，当剪力墙水平分布筋替代阴影区外圈封闭箍筋时，计入体积配箍率的墙体水平分布筋不大于体积配箍率的30%，并适当设置拉筋。

　　非阴影区外圈封闭箍筋应伸入阴影区内 1 倍竖向钢筋间距，并箍住竖向钢筋。封闭箍筋内部设置拉筋时，拉筋应紧靠竖向钢筋，同时勾住外封闭箍筋。

沿约束边缘构件(构造边缘构件)外封闭箍筋周边，其箍筋局部重叠不宜多于两层。施工安装绑扎时，边缘构件封闭箍筋弯钩位置应沿各转角交错设置，转角墙或边缘暗柱外角处可不设置弯钩。

剪力墙钢筋配置多于两排时，中间排水平分布筋端部构造同内侧水平分布筋，端部弯折段可向上或向下折。

构件具体尺寸和钢筋配置详见设计标注，s 为竖向钢筋间距，c 为边缘构件箍筋混凝土保护厚度，b_w、b_c 分别为墙、柱截面宽度，h_c 为柱截面高度，l_c 为约束边缘构件沿墙肢的长度。

约束边缘暗柱钢筋排布构造如图 2-18 所示。

约束边缘端柱钢筋排布构造如图 2-19 所示。

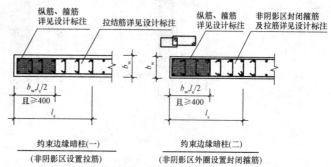

图 2-18　约束边缘暗柱钢筋排布

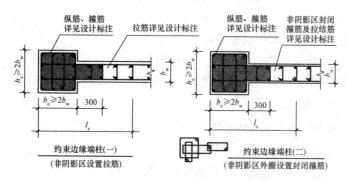

图 2-19　约束边缘端柱钢筋排布构造

约束边缘转角墙钢筋排布如图 2-20 所示。

约束边缘翼墙钢筋排布如图 2-21 所示。

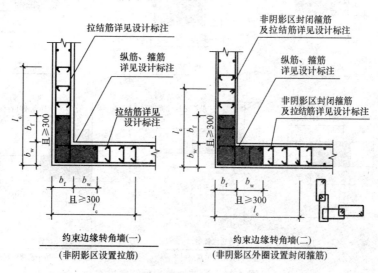

图 2-20　约束边缘转角墙钢筋排布

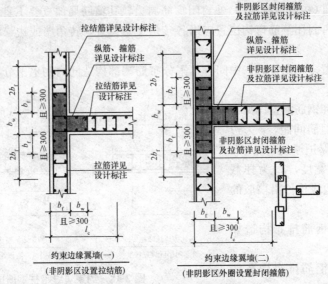

图 2-21　约束边缘翼墙钢筋排布

2. 剪力墙构造边缘构件水平钢筋排布

剪力墙构造边缘构件水平钢筋的排布包括转角墙钢筋的排布、翼墙钢筋的排布、端柱钢筋的排布、暗柱钢筋的排布。构造边缘构件钢筋的排布如图 2-22 所示。

(三)墙梁钢筋排布规则

(1)墙端部洞口连梁立面钢筋排布如图 2-23 所示。

(2)双洞口连梁(双跨)立面钢筋排布如图 2-24 所示。

(3)连梁、暗梁和边框梁侧面纵筋、拉筋排布规则如图 2-25 所示。

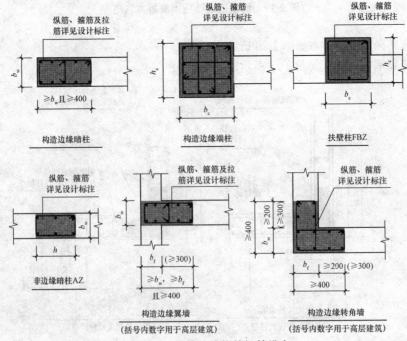

图 2-22　构造边缘构件钢筋排布

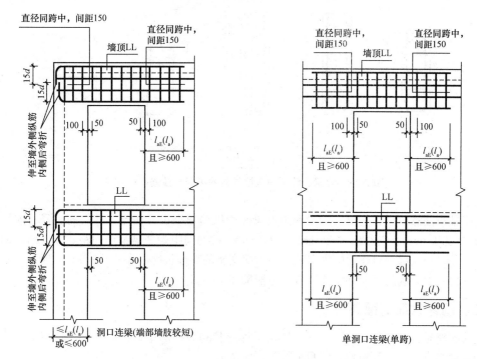

图 2-23   墙端部洞口连梁立面钢筋排布

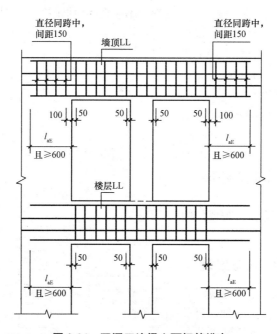

图 2-24   双洞口连梁立面钢筋排布

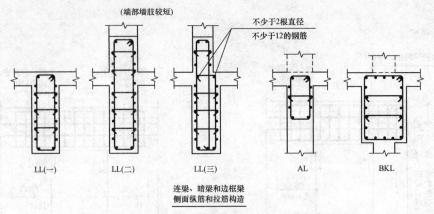

图 2-25　连梁、暗梁和边框梁侧面纵筋、拉筋排布规则

钢筋排布注意事项：连梁、暗梁和边框梁侧面纵筋根据设计而定，其拉筋直径：连梁宽≤350 mm 时为 6 mm，连梁宽＞350 mm 时为 8 mm，拉筋间距为 2 倍箍筋间距，竖向沿侧面水平筋隔一拉一。当端部洞口连梁的纵向钢筋伸入端支座的直锚长度≥l_{aE}且≥600 mm 时，可不必往上(下)弯折。剪力墙的竖向钢筋连续贯穿边框梁和暗梁。

三、墙体钢筋的配料

钢筋配料是根据构件配筋图，先绘制出各种形状和规格的单根钢筋简图并加以编号，然后分别计算钢筋下料长度和根数，填写配料单，申请加工。

1. 钢筋下料长度计算

钢筋因弯曲或弯钩会使其长度变化，在配料中不能直接根据图纸中尺寸下料，必须了解混凝土保护层、钢筋弯曲、弯钩等规定，再根据图中尺寸计算其下料长度。各种钢筋下料长度计算方法同柱，此处不再重复。

2. 配料计算注意事项

(1)在设计图纸中，当钢筋配置的细节问题没有注明时，一般可按构造要求处理。

(2)配料计算时，要考虑钢筋的形状和尺寸，在满足设计要求的前提下，应有利于加工安装。

(3)配料时，还要考虑施工需要的附加钢筋(马凳、撑铁等)。

四、墙体钢筋的绑扎与安装

墙体钢筋的绑扎一般可分为现场钢筋绑扎和点焊钢筋网片绑扎两种。目前现场常用钢筋绑扎。剪力墙钢筋绑扎施工流程如图 2-26 所示。

钢筋绑扎准备工作、钢筋绑扎接头与前面柱相关内容相同，不再重复。此处仅介绍墙钢筋的绑扎。

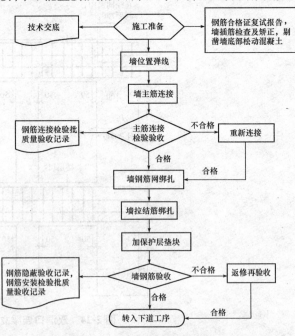

图 2-26　剪力墙钢筋绑扎施工流程

（1）墙体（包括水塔壁、烟囱筒身、池壁等）的垂直钢筋每段长度不宜超过 4 m（钢筋直径≤12 mm）或 6 m（钢筋直径＞12 mm），水平钢筋每段长度不宜超过 8 m，以利绑扎。

（2）墙体钢筋网的钢筋弯钩应朝向混凝土内。

（3）采用双层钢筋网时，在两层钢筋网间应设置撑铁，以固定钢筋间距。撑铁可用直径 6～10 mm 的钢筋制成，长度等于两层网片的净距（图 2-27），间距约为 1 m，相互错开排列。

（4）墙体钢筋，可在基础钢筋绑扎之后浇筑混凝土前插入基础内。

（5）墙体钢筋的绑扎，应在模板安装前进行。

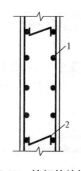

图 2-27　墙钢筋的撑铁
1—钢筋网；2—撑铁

五、钢筋安装质量检查与验收

主控项目：

钢筋安装时，受力钢筋的牌号、规格和数量必须符合设计要求。

检查数量：全数检查。

检验方法：观察、尺量。

一般项目：

钢筋安装位置的偏差应符合表 1-19 的规定。

检查数量：在同一检验批内，对梁、柱和独立基础，应抽查构件数量的 10%，且不少于 3 件；对墙和板，应按有代表性的自然间抽查 10%，且不少于 3 间；对大空间结构，墙可按相邻轴线间高度 5 m 左右划分检查面，板可按纵、横轴线划分检查面，抽查 10%，且均不少于 3 面。

任务实施

1. 剪力墙钢筋计算略。

2. 剪力墙施工技术交底（扫右面二维码查看）。

3. 混凝土施工检验批质量验收记录表、混凝土结构子分部工程结构实体、混凝土强度验收记录表、混凝土结构子分部工程结构实体、钢筋保护层厚度验收记录表（见附录一）。

剪力墙施工技术交底

思　考　题

1. 墙体钢筋的构造要求有哪些？

2. 墙体钢筋绑扎的工艺流程是什么？施工要点有哪些？

任务二　墙体模板安装

引导问题

1. 钢筋混凝土墙体模板如何支设？

2. 钢筋混凝土墙与柱的模板有哪些异同点？

3. 钢筋混凝土墙体模板应怎样加固撑牢？

如附图二所示，某剪力墙结构工程，选取地下一层②～⑩至②～⑬轴线间～Ⓐ轴线上的一段外墙进行模板配板计算。墙高为 4.5 m，长为 6.9 m，厚为 0.3 m。

工作要求：1. 对此墙体进行配板设计。

2. 墙体若采用大模板施工，请编写大模板施工技术交底。

一、墙体模板构造

墙体模板由两片侧板组成，每片侧板由若干块拼板（或定型板）拼接而成，拼板的尺寸依墙体大小而定，侧板外用立档、横档及斜撑固定。为了抵抗新浇混凝土的侧压力和保持墙的厚度，应设对拉螺栓及临时撑木，如图 2-38 所示。

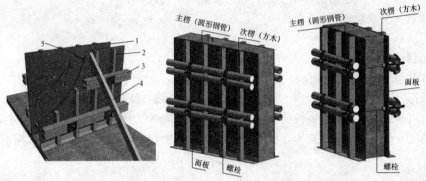

图 2-28　采用胶合板模板的墙体模板
1—胶合板；2—立档；3—横档；4—斜撑；5—撑头；6—穿墙螺栓

二、墙体模板的选材

墙的模板有多种类型，可采用胶合板模板、组合钢模板、大模板还有适合高层施工的滑升模板及爬升模板等。此处仅根据现浇混凝土墙的特点介绍墙胶合板模板及大模板，其他参考项目一模板基本知识。

（一）胶合板模板

采用胶合板作现浇混凝土墙体模板，是目前常用的一种模板技术，它比采用组合式模板可以减少混凝土外露表面的接缝，满足清水混凝土的要求。

1. 直面墙体模板

常规的支模方法是：胶合板模板外侧的立档用 50×100 方木，横档（又称牵杠）可用 $\phi 48 \times 3.5$ 脚手钢管或方木（一般为 100×100 方木），两侧胶合板模板用穿墙螺栓拉结（图 2-28）。

（1）墙体模板安装时，根据边线先立一侧模板，临时用支撑撑住，用线坠校正模板的垂直，然后固定牵杠，再用斜撑固定。大块侧模组拼时，上下竖向拼缝要互相错开，先立两端，后立中间部分。待钢筋绑扎后，按同样方法安装另一侧模板及斜撑等。

（2）为了保证墙体的厚度正确，在两侧模板之间可用小方木撑头（小方木长度等于墙厚），防水混凝土墙要加有止水板的撑头。小方木要随着浇筑混凝土逐个取出。为了防止浇筑混凝土的墙身鼓胀，可用 8～10 号铅丝或直径 12～16 mm 螺栓拉结两侧模板，间距不大于 1 m。螺栓要纵横排列，并在混凝土凝结前经常转动，以便在凝结后取出。如墙体不高，厚度不大，也可在两侧模板上口钉上搭头木。

2. 可调曲线墙体模板

可调曲线墙体模板构造简单，主要由面板、背楞、紧伸器、边肋板四部分组成。其主要通过曲率调节器将所有同一水平的双槽钢横肋横向连接，使独立的横肋变为整体，同时可以调节出任意半径的弧线模板。图2-29(a)所示为可调圆弧墙体内模，弧长为2.34 m；图2-29(b)所示为可调圆弧墙体外模，弧长为2.44 m，内外墙模配套使用；图2-30所示为弧形模板。

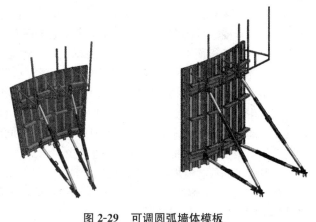

图2-29 可调圆弧墙体模板
(a)可调圆弧墙体模板内模；(b)可调圆弧墙体模板外模

(二)大模板

大模板是进行现浇剪力墙结构施工的一种工具式模板，一般配以相应的起重吊装机械，通过合理的施工组织安排，以机械化施工方式在现场浇筑混凝土竖向(主要是墙壁)结构构件。其特点是：以建筑物的开间、进深、层高为标准化的基础，以大模板为主要手段，以现浇混凝土墙体为主导工序，组织有节奏的均衡施工。为此，也要求建筑和结构设计能做到标准化，以使模板能做到周转通用。目前，大模板工艺已成为剪力墙结构工业化施工的主要方法之一。

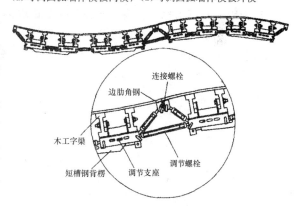

图2-30 可调弧形模板

1. 大模板构造

大模板由板面结构、支撑系统和操作平台及附件组成，如图2-31所示。

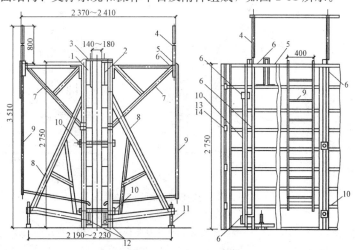

图2-31 组合式大模板的构造

1—反向模板；2—正向模板；3—上口卡板；4—活动护身栏；5—爬梯横担；6—连接螺栓；7—操作平台三角挂架；
8—三角支撑架；9—铁爬梯；10—穿墙螺栓；11—地脚螺栓；12—板面地脚螺栓；13—反活动角模；14—正活动角模

（1）面板。面板是直接与混凝土接触的部分，要求表面平整，加工精密，有一定刚度，能多次重复使用。可作面板的材料很多，有钢板、木(竹)胶合板以及化学合成材料面板等。

1)整块钢面板。一般用4～6 mm(以6 mm为宜)钢板拼焊而成。这种面板具有良好的强度和刚度，能承受较大的混凝土侧压力及其他施工荷载，重复利用率高，一般周转次数在200次以上。另外，钢板面平整光洁、耐磨性好、易于清理，这些均有利于提高混凝土表面的质量。其缺点是耗钢量大，质量大(40 kg/m²)，易生锈，不保温，损坏后不易修复。

2)组合式钢模板组拼成面板。这种面板主要采用组合钢模板组拼。虽然也具有一定的强度和刚度，耐磨及自重较整块钢板面要轻(35 kg/m²)，能做到一模多用等优点，但拼缝较多，整体性差，周转使用次数不如整块钢板面多，在墙面质量要求不严格的情况下可以采用。采用中型组合钢模板拼制而成的大模板，拼缝较少。

3)胶合板面板。模板用木胶合板属于具有耐候、耐水的I类胶合板，其胶粘剂为酚醛树脂胶。

（2）骨架。为了增加面板刚度及与支撑的连接，面板背后焊有水平方向的横肋和垂直方向的竖肋形成刚性骨架，横竖肋通常用槽钢制作。

（3）支撑架。支撑架一般用型钢制成(图2-32)。每块大模板设2～4个支撑架。支撑架上端与大模板竖向龙骨用螺栓连接，下部横杆槽钢端部设有地脚螺栓，用以调节模板的垂直度。模板自稳角的大小与地脚螺栓的可调高度及下部横杆长度有关。支撑系统的作用是承受风荷载和水平力，以防止模板倾覆，保持模板堆放和安装时的稳定。

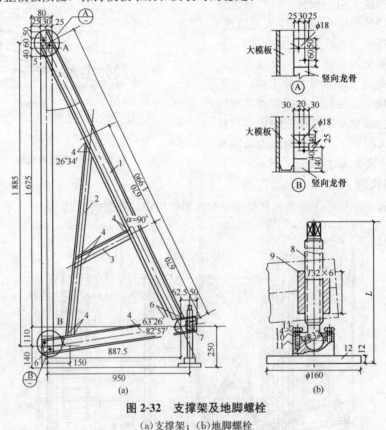

图2-32 支撑架及地脚螺栓

(a)支撑架；(b)地脚螺栓

1—槽钢；2，3—角钢；4—下部横杆槽钢；5—上加强板；6—下加强板；7—地脚螺栓；
8—螺杆；9—螺母；10—盖板；11—底座；12—底盘；13—螺钉；14—弹簧垫圈

（4）操作平台。操作平台由脚手板和三脚架构成，附有铁爬梯及护身栏。三脚架插入竖向龙骨的套管内，组装及拆除都比较方便。护身栏用钢管做成，上下可以活动，外挂安全网。每块大模板设置一个铁爬梯，供操作人员上下使用，如图2-33所示。

（5）附件。穿墙螺栓、穿墙套管、模板上口卡具、门窗框模板等。

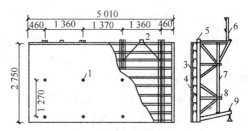

图2-33　钢制平模构造示意图

1—穿墙螺栓孔；2—吊环；3—面板；4—横肋；5—竖肋；
6—护身栏杆；7—支撑立杆；8—支撑横杆；9—φ32丝杠

2. 大模板构件

（1）内墙模板。模板的尺寸一般相当于每面墙的大小，这种模板由于无拼接接缝，浇筑的墙面平整。内墙模板有以下几种：

1）整体式大模板。整体式大模板又称平模，是将大模板的面板、骨架、支撑系统和操作平台组拼焊成一体。这种大模板由于是按建筑物的开间、进深尺寸加工制造的，通用性差，并需用小角模解决纵、横墙角部位模板的拼接处理，仅适用于大面积标准住宅的施工。目前已不多用。

2）组合式大模板。组合式大模板是目前最常用的一种模板形式。其通过固定于大模板板面的角模，可以将纵、横墙的模板组装在一起，用以同时浇筑纵横墙的混凝土，并可适应不同开间、进深尺寸的需要，利用模数条模板加以调整，如图2-34所示。

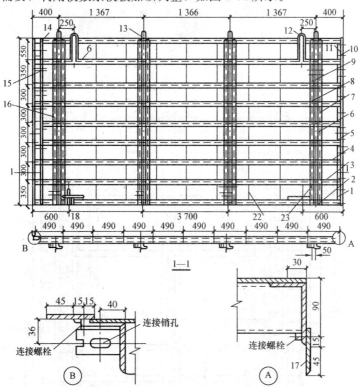

图2-34　组合式大模板板面系统构造

1—面板；2—底横肋（横龙骨）；3，4，5—横肋（横龙骨）；6，7—竖肋（竖龙骨）；
8，9，22，23，24—小肋（扁钢竖肋）；10，17—拼缝扁钢；11，15—角龙骨；12—吊环；
13—上卡板；14—顶横龙骨；16—撑板钢管；18—螺母；19—垫圈；20—沉头螺栓；21—地脚螺栓

3)拆装式大模板。拆装式大模板的板面与骨架以及骨架中各钢杆件之间的连接全部采用螺栓组装(图 2-35),这样比组合式大模板便于拆改,也可减少因焊接而变形的问题。

(2)外墙模板。全现浇剪力墙混凝土结构的外墙模板结构与组合式大模板基本相同,但也有所区别。除其宽度要按外墙开间设计外,还要解决以下几个问题:

1)门、窗洞口的设置。一种做法是:将门窗洞口部位的骨架取掉,按门窗洞口尺寸,在模板骨架上做一边框,并与模板焊接为一体(图 2-36)。门、窗洞口的开洞宜在内侧大模板上进行,以便于捣固混凝土时进行观察。另一种做法是:在外墙内侧大模板上,将门、窗洞口部位的面板取掉,同样做一个型钢边框。

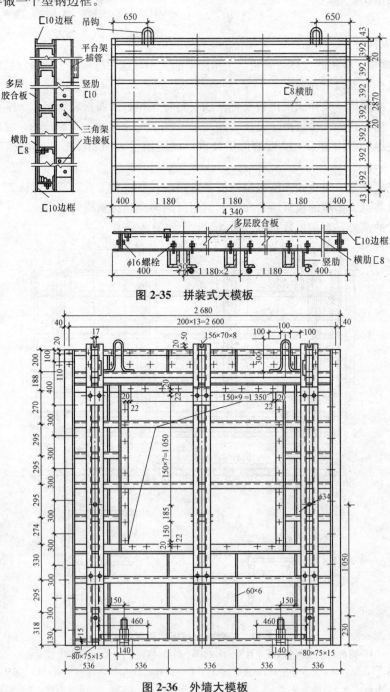

图 2-35 拼装式大模板

图 2-36 外墙大模板

目前最新的做法是：大模板板面不再开门窗洞口，门洞和窄窗采用假洞口框固定在大模板上，装拆方便。

2)外墙采用装饰混凝土时，要选用适当的衬模。

3)保证外墙上下层不错台、不漏浆及相邻模板的平顺问题。

为了解决外墙竖线条上下层不顺直的问题，防止上、下楼层错台和漏浆，要在外墙外侧大模板的上端固定一条宽175 mm、厚30 mm、长度与模板宽度相同的硬塑料板；在其下部固定一条宽145 mm、厚30 mm的硬塑料板。为了能使下层墙体作为上层模板的导墙，在其底部连接固定一条[12 mm的槽钢，槽钢外面固定一条宽120 mm、厚32 mm的橡胶板，如图2-37和图2-38所示。浇筑混凝土后，墙体水平缝形成两道腰线，可以作为外墙的装饰线。上部腰线的主要功能是在支模时将下部的橡胶板和硬塑料板卡在里边做导墙，橡胶板又起封浆条的作用。所以浇筑混凝土时，既可保证墙面平整，又可防止漏浆。

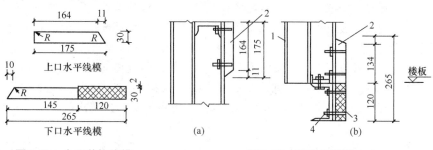

图 2-37　水平装饰线模　　　　图 2-38　腰线条设置

（a）上部做法；（b）下部做法

1—模板；2—硬塑料板；3—橡胶板；4—连接槽钢

为保证相邻模板平整，要在相邻模板垂直接缝处用梯形橡胶条、硬塑料条或∟30 mm×4 mm作堵缝条，用螺栓固定在两大模板中间(图2-37)，这样既可防止接缝处漏浆，又使相邻外墙中间有一个过渡带，拆模后可以作为装饰线或抹平。

4)外墙大角的处理。外墙大角处相邻的大模板，采取在边框上钻连接销孔，将1根80 mm×80 mm的角模固定在一侧大模板上。两侧模板安装后，用U形卡与另一侧模板连接固定(图2-40)。

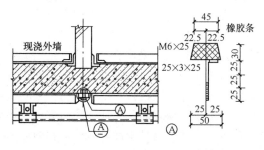

图 2-39　外墙大模板垂直接缝处理

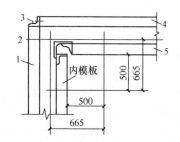

图 2-40　大角部位模板固定

1—外模板；2—外墙轴线；3—固定角模；
4—外模板；5—内模板

3. 大模板施工

(1)一般规定。

1)大模板施工前必须制定合理的施工方案。

2)大模板安装必须保证工程结构各部分形状、尺寸和预留、预埋位置的正确。

3)大模板施工应按照工期要求，并根据建筑物的工程量、平面尺寸、机械设备条件等组织均衡的流水作业。

4)浇筑混凝土前必须对大模板的安装进行专项检查,并做检验记录。

5)浇筑混凝土时应设专人监控大模板的使用情况,发现问题及时处理。

6)吊装大模板时应设专人指挥,模板起吊应平稳,不得偏斜和大幅度摆动。操作人员必须站在安全可靠处,严禁人员随同大模板一同起吊。

7)吊装大模板必须采用带卡环吊钩。当风力超过5级时应停止吊装作业。

(2)施工工艺流程。大模板施工工艺的流程为:施工准备→定位放线→安装模板的定位装置→安装门窗洞口模板→安装模板→调整模板、紧固对拉螺栓→验收→分层对称浇筑混凝土→拆模→模板清理。

(3)大模板的安装。

1)大模板安装前的准备工作应符合下列规定:大模板安装前应进行施工技术交底;模板进入现场后,应依据配板设计要求清点数量,核对型号;模板现场组拼时,应用醒目字体按模位对模板重新编号;样板间的试安装,经验证模板几何尺寸、接缝处理、零部件等准确后方可正式安装;大模板安装前应放出模板内侧线及外侧控制线作为安装基准;合模前必须将模板内部杂物清理干净;合模前必须通过隐蔽工程验收;模板与混凝土接触面应清理干净、涂刷隔离剂,刷过隔离剂的模板遇雨淋或其他因素失效后必须补刷;使用的隔离剂不得影响结构工程及装修工程质量;已浇筑的混凝土强度未达到 $1.2\ \text{N/mm}^2$ 以前不得踩踏和进行下一道工序作业;使用外挂架时,墙体混凝土强度必须达到 $7.5\ \text{N/mm}^2$ 以上方可安装,挂架之间的水平连接必须牢靠、稳定。

2)大模板的安装应符合下列规定:大模板安装应符合模板配板设计要求;模板安装时应按模板编号顺序遵循先内侧、后外侧,先横墙、后纵墙的原则安装就位;大模板安装时根部和顶部要有固定措施;门窗洞口模板的安装应按定位基准调整固定,以保证混凝土浇筑时不移位;大模板支撑必须牢固、稳定,支撑点应设在坚固可靠处,不得与脚手架拉结;紧固对拉螺栓时应用力得当,不得使模板表面产生局部变形;大模板安装就位后,对缝隙及连接部位可采取堵缝措施,防止发生漏浆、错台现象。

(4)大模板拆除和堆放。

1)大模板的拆除应符合下列规定:大模板拆除时的混凝土结构强度应达到设计要求;当设计无具体要求时,应能保证混凝土表面及棱角不受损坏;大模板的拆除顺序应遵循先支后拆、后支先拆的原则;拆除有支撑架的大模板时,应先拆除模板与混凝土结构之间的对拉螺栓及其他连接件,松动地脚螺栓,使模板后倾与墙体脱离开;拆除无固定支撑架的大模板时,应对模板采取临时固定措施;任何情况下,严禁操作人员站在模板上口采用晃动、撬动或用大锤砸模板的方法拆除模板;拆除的对拉螺栓、连接件及拆模用工具必须妥善保管和放置,不得随意散放在操作平台上,以免吊装时坠落伤人;起吊大模板前应先检查模板与混凝土结构之间所有对拉螺栓、连接件是否全部拆除,必须在确认模板和混凝土结构之间无任何连接后方可起吊大模板,移动模板时不得碰撞墙体;大模板及配件拆除后,应及时清理干净,对变形和损坏的部位应及时进行维修。

2)大模板的堆放应符合下列要求:大模板现场堆放区应在起重机的有效工作范围之内,堆放场地必须坚实平整,不得堆放在松土、冻土或凹凸不平的场地上。大模板堆放时,有支撑架的大模板必须满足自稳角要求;当不能满足要求时,必须另外采取措施,确保模板放置的稳定。没有支撑架的大模板应存放在专用的插放支架上,不得倚靠在其他物体上,防止模板下脚滑移倾倒。大模板在地面堆放时,应采取两块大模板面板对面板相对放置的方法,且应在模板中间留置不小于 600 mm 的操作间距;当长时期堆放时,应将模板连接成整体。

(5)大模板的运输、维修和保管。

1）运输。大模板的运输应根据模板的长度、高度、质量选用适当的车辆；大模板在运输车辆上的支点、伸出的长度及绑扎方法均应保证模板不发生变形，不损伤表面涂层；大模板连接件应码放整齐，小型件应装箱、装袋或捆绑，避免发生碰撞，保证连接件的重要连接部位不受破坏。

2）维修。现场使用后的大模板，应清理粘结在模板上的混凝土灰浆及多余的焊件、绑扎件，对变形和板面凹凸不平处应及时修复；肋和背楞产生弯曲变形应严格按产品质量标准修复；焊缝开焊处，应将焊缝内砂浆清理干净，重新补焊修复平整。

大模板配套件的维修应符合下列要求：地脚调整螺栓转动应灵活，可靠到位；承重架焊缝应无开焊处，锈蚀严重的焊缝应除锈补焊；对拉螺栓应无弯曲变形，表面无粘结砂浆，螺母旋转灵活。

3）保管。对暂不使用的大模板拆除支架维修后，面板应进行防锈处理，并向下分类码放；大模板堆放场地地面应平整、坚实、有排水措施；零、配件入库保存时，应分类存放；大模板叠层平放时，在模板的底部及层间应加垫木，垫木应上下对齐，垫点应保证模板不产生弯曲变形；叠放高度不宜超过 2 m，当有加固措施时可适当增加高度。

4. 大模板的安装质量验收标准及安全要求

（1）大模板的安装质量应符合下列要求：

1）大模板安装后应保证整体的稳定性，确保施工中模板不变形、不错位、不胀模。

2）模板间的拼缝要平整、严密，不得漏浆。

3）模板板面应清理干净，隔离剂涂刷应均匀，不得漏刷。

（2）大模板安装允许偏差及检验方法应符合表 2-3 中的规定。

表 2-3　大模板安装允许偏差及检验方法

项　　目		允许偏差/mm	检验方法
轴线位置		4	尺量检查
截面内部尺寸		±2	
层高垂直度	全高不超过 5 m	3	线坠及尺量检查
	全高大于 5 m	5	
相邻模板板面高低差		2	平尺及塞尺检查
表面平整度		4	20 m 内上口拉直线尺量检查 下口按模板定位线为基准检查

三、墙体模板设计与配制

墙体模板由两侧块大板、横向和竖向的楞及支撑系统组成。由于墙的断面尺寸较大且比较高，因此，墙体模板的支设须保证其垂直度及抵抗新浇筑混凝土的侧压力。

首先应按单位工程中不同断面尺寸、长度和高度的墙，将所需配制模板的数量做出统计，并编号、列表，然后再进行每一种规格的墙体模板的设计，其具体步骤如下：

（1）依据相关规范、静力计算手册及经验确定模板，横、竖楞，对拉螺栓的截面尺寸及规格，并确定相应的支撑系统。

（2）确定模板承受的侧压力，包括混凝土的侧压力、倾倒混凝土时产生的侧压力及振捣混凝土时产生的侧压力。

（3）分别进行承载力复核，一般情况下，模板、竖楞（木方）可按多跨连续梁进行计算，对拉螺栓可按受拉构件进行计算。其荷载计算方法同柱模板，此处不再重复。

四、墙体模板的安装、拆除、质量验收及安全管理

1. 墙体模板的安装

墙体模板安装流程如图 2-41 所示。

模板安装的施工要点如下：

(1)弹模板就位线，做砂浆找平层，合模前钢筋隐蔽验收。

(2)根据墙面大小进行拼装，大墙面尽量使用整块模板，以减少拼缝，拼缝一定要严密，边角要方正，阴角模板不许凹或凸进墙内。

(3)穿墙对拉螺栓的孔应平直相对。

(4)堵塞模板下的缝隙，检查模板的垂直度、平整度。

2. 墙体模板的拆除

墙体模板在混凝土达到 1.2 MPa，能保证其表面及棱角不因拆除而损坏时方能拆除，模板的拆除顺序与模板的安装顺序相反，首先拆除穿墙螺栓，再松开地

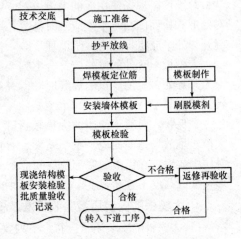

图 2-41　墙体模板安装流程图

脚螺栓，使模板向后倾斜与墙体脱开。拆除的对拉螺栓、连接件及拆模用工具必须妥善保管和放置，不得随意散放在操作平台上，以免吊装时坠落伤人；任何情况下，严禁操作人员站在模板上口采用晃动、撬动或用大锤砸模板的方法拆除模板；门窗洞口模板在墙体模板拆除结束后拆除，先松动四周固定用的角钢，再将各面模板轻轻振出拆除，严禁直接用撬棍从混凝土与模板接缝位置撬动洞口模板，以防止拆除时洞口的阳角被损坏。跨度大于 1 m 的洞口拆模后要架设临时支撑。

模板及配件拆除后，应及时清理干净，对变形和损坏的部位应及时进行维修。

任务实施

1. 模板设计

墙体模板系统的布置如图 2-42 所示。面板采用竹胶合板，厚度为 18 mm；弹性模量 $E=9\,500$ N/mm²，抗弯强度设计值 $f_t=13$ N/mm²，抗剪强度设计值 $f_v=1.5$ N/mm²。次楞采用 50 mm×100mm 木楞，间距为 300mm，2 肢，方木抗弯强度设计值 $f_t=13$ N/mm²，弹性模量 $E=4\,500$ N/mm²，抗剪强度设计值 $f_v=1.50$ N/mm²。主楞采用 48 mm×3.5 mm 圆钢管，间距 500 mm，钢楞截面惯性矩 $I=12.19$ cm⁴，截面面积 $A=489$ mm²，截面抵抗矩 $W=5.08$ cm³，2 肢，弹性模量 $E=210\,000$ N/mm²，抗弯强度设计值 $f_t=205$ N/mm²，抗剪强度设计值 $f_v=125$ N/mm²。穿墙螺栓采用 M14 对拉螺栓，穿墙螺栓有效直径 $d=11.55$ mm，穿墙螺栓有效面积 $A=105$ mm²，穿墙螺栓的抗拉强度设计值 $f_t=170$ N/mm²，水平间距为 600 mm，穿墙螺栓竖向间距为 500 mm。

2. 确定墙体模板荷载标准值

新浇筑混凝土作用于模板的最大侧压力，按下列公式计算，并取其中的较小值。混凝土的重力密度取 24 kN/m³，入模温度取 15 ℃，外加剂影响修正系数取 1.0，混凝土坍落度影响修正系数取 1.15，混凝土的浇筑速度取 1 m/h，有效压头高度 H 取 3 m。

$$F=0.22\gamma_c t_0 \beta_1 \beta_2 \upsilon^+$$
$$F=\gamma_c H$$

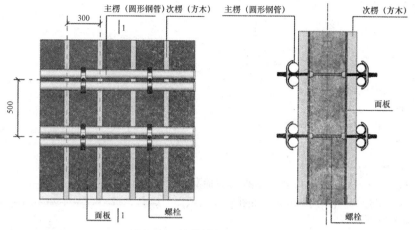

图 2-42 墙体模板系统的布置

代入上式分别得 40.5 kN/m²、108 kN/m²，取较小值 40.5 kN/m² 作为本工程计算荷载。倾倒混凝土时产生的荷载标准值 $F_2 = 2$ kN/m²。

3. 面板计算

面板为受弯结构，需要验算其强度和刚度。按规范规定，强度验算要考虑新浇混凝土侧压力和倾倒混凝土时产生的荷载，挠度验算只考虑新浇混凝土侧压力。计算的原则是按照次楞的间距和模板面的大小，按支撑在次楞上的三跨连续梁计算。面板计算简图如图 2-43 所示。

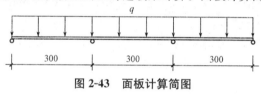

图 2-43 面板计算简图

(1) 抗弯强度验算。

新浇混凝土侧压力设计值 q_1：$1.35 \times 40.5 \times 0.5 \times 0.9 = 24.6$(kN/m)（注：0.9 为结构重要性系数）

倾倒混凝土侧压力设计值 q_2：$1.4 \times 2 \times 0.5 \times 0.9 = 1.26$(kN/m)（注：0.9 为结构重要性系数）

$$q = q_1 + q_2 = 24.6 + 1.26 = 25.86(\text{kN/m})$$
$$W = 500 \times 18^2 / 6 = 2.7 \times 10^4 (\text{mm}^3)$$

面板的最大弯矩：

$$M = 0.1 \times 25.86 \times 300^2 = 2.327 \times 10^5 (\text{N} \cdot \text{mm})$$

面板截面的最大应力计算值：

$$\sigma = M/W = 2.327 \times 10^5 / 2.70 \times 10^4 = 8.62(\text{N/mm}^2) < [f_t] = 13 \text{ N/mm}^2$$

满足要求。

(2) 抗剪强度验算。

面板的最大剪力：

$$V = 0.6 \times 23.4 \times 300 = 4\,212(\text{N})$$

最大受剪应力计算值：

$$\tau = 3 \times 4\,212 / (2 \times 18 \times 500) = 0.702(\text{N/mm}^2) < [f_v] = 1.5(\text{N/mm}^2)$$

满足要求。

（3）挠度验算。

$$q = 40.5 \times 0.5 = 20.25 (\text{kN/m})$$
$$I = 500 \times 18^3 / 12 = 2.43 \times 10^5 (\text{mm}^4)$$

面板的最大挠度计算值：

$$w = \frac{0.677 q l^4}{100 EI} = \frac{0.677 \times 20.25 \times 300^4}{100 \times 9\,500 \times 2.43 \times 10^5} = 0.48 (\text{mm}) < [w] = 300 (\text{mm}) / 250 = 1.2 (\text{mm})$$

满足要求。

4. 次楞计算

次楞直接承受模板传递的荷载，按照均布荷载作用下的三跨连续梁计算。次楞计算简图如图 2-44 所示。

（1）抗弯强度验算。

新浇筑混凝土侧压力设计值：

$$q_1 = 1.35 \times 40.5 \times 0.3 \times 0.9 = 14.76 (\text{kN/m})$$

图 2-44　次楞计算简图

倾倒混凝土侧压力设计值：

$$q_2 = 1.4 \times 2 \times 0.3 \times 0.9 = 0.756 (\text{kN/m})$$
$$q = q_1 + q_2 = 14.76 + 0.756 = 15.52 (\text{kN/m})$$
$$W = 50 \times 100^2 / 6 = 83\,333 (\text{mm}^3)$$

面板的最大弯矩：

$$M = 0.1 \times 15.52 \times 500^2 = 3.88 \times 10^5 (\text{N} \cdot \text{mm})$$

面板截面的最大应力计算值：

$$\sigma = M/W = 3.88 \times 10^5 / (2 \times 83\,333) = 2.33 (\text{N/mm}^2) < [f_t] = 13 (\text{N/mm}^2)$$

满足要求。

（2）抗剪强度验算。

面板的最大剪力：

$$V = 0.6 \times 15.52 \times 500 = 4\,656 (\text{N})$$

最大受剪应力计算值：

$$\tau = 3 \times 4\,656 / (2 \times 2 \times 100 \times 50) = 0.698\,4 (\text{N/mm}^2) < [f_v] = 1.5 (\text{N/mm}^2)$$

满足要求。

（3）挠度验算。

$$q = 40.5 \times 0.3 = 12.15 (\text{kN/m})$$
$$I = 50 \times 100^3 / 12 = 4.167 \times 10^6 (\text{mm}^4)$$

面板的最大挠度计算值：

$$w = \frac{0.677 q l^4}{100 EI} = \frac{0.677 \times 12.15 \times 500^4}{100 \times 4\,500 \times 2 \times 4.167 \times 10^6} = 0.137 (\text{mm}) < [w] = 500 (\text{mm}) / 250 = 2 (\text{mm})$$

满足要求。

5. 主楞的计算

（1）抗弯强度验算。主楞承受次楞传递的荷载，按照集中荷载作用下的三跨连续梁计算。主楞计算简图如图 2-45 所示。

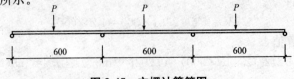

图 2-45　主楞计算简图

作用在主楞的荷载：
$$P=(1.35\times40.5+1.4\times2)\times0.3\times0.5\times0.9=7.76(\text{kN})$$
主楞跨中弯矩：
$$M=0.175Pl=0.175\times7.76\times0.6=0.815(\text{kN}\cdot\text{m})$$
主楞的最大应力计算值：
$$\sigma=\frac{M}{W}=\frac{0.815\times10^6}{2\times5.08\times10^3}=80.2(\text{N/mm}^2)<[f_t]=205(\text{N/mm}^2)$$
满足要求。

（2）抗剪强度验算。

主楞的最大剪力：
$$V=0.65P=0.65\times7.76=5.044(\text{kN})$$
主楞截面的受剪应力计算值：
$$\tau=\frac{2V}{A}=\frac{2\times5\,044}{2\times489}=10.3(\text{N/mm}^2)<f_v=125(\text{N/mm}^2)$$
满足要求。

（3）挠度验算。

集中力标准值：
$$P=40.5\times0.3\times0.5=6.08(\text{kN})$$
主楞的最大挠度：
$$w=\frac{1.146Pl^3}{100EI}=\frac{1.146\times6.08\times10^3\times600^3}{100\times2.1\times10^5\times2\times12.19\times10^4}=0.294(\text{mm})<[w]=\frac{l}{250}=2.4(\text{mm})$$
满足要求。

6. 穿墙螺栓的计算

穿墙螺栓受到轴心拉力的作用，按受拉构件计算。计算如下：
$$N<[N]=f\times A$$

大模板施工技术交底

穿墙螺栓所受的最大拉力：
$$N=40.5\times0.6\times0.5=12.15(\text{kN})$$
穿墙螺栓最大容许拉力值：
$$[N]=f\times A=1.70\times10^5\times1.05\times10^{-4}=17.85(\text{kN})$$
$N=12.15(\text{kN})<[N]=17.85(\text{kN})$，满足要求。

大模板施工技术交底（可扫右面二维码查看）。

思 考 题

1. 墙体模板的构造要求有哪些？

2. 墙体模板的设计步骤是什么？结合所学内容完成下面任务。

某框架-剪力墙结构工程，墙厚为200 mm，高度为2.8 m，长度为3.6 m，试对该墙进行配板设计并编制模板施工技术交底。

3. 大模板的施工要点有哪些？

任务三　墙体混凝土浇筑

引导问题

混凝土墙体的浇筑施工要经历的环节有哪些?

工作任务

任务背景同任务一。

工作要求:编写墙体混凝土施工技术交底。

知识链接

剪力墙结构的混凝土浇筑一般可采用混凝土泵输送,施工过程中应注意以下问题:

剪力墙浇筑应采取长条流水作业,分段浇筑,均匀上升。墙体浇筑混凝土前或新浇筑混凝土与下层混凝土结合处,应在底面上均匀浇筑 50 mm 厚与墙体混凝土成分相同的水泥砂浆或减石子混凝土。砂浆或混凝土应用铁锹入模,不应用料斗直接灌入模内,混凝土应分层浇筑振捣,每层浇筑厚度控制在 60 cm 左右。浇筑墙体混凝土应连续进行。如必须间歇,其间歇时间应尽量缩短,并应在前层混凝土初凝前将次层混凝土浇筑完毕。墙体混凝土的施工缝一般宜设在门窗洞口上,接槎处混凝土应加强振捣,保证接槎严密。洞口浇筑混凝土时,应使洞口两侧混凝土高度大体一致。振捣时,振捣棒应距离洞边 30 cm 以上,从两侧同时振捣,以防止洞口变形,大洞口下部模板应开口并补充振捣。采用插入式振捣器捣实普通混凝土的移动间距不宜大于作用半径的 1.5 倍,振捣器距离模板不应大于振捣器作用半径的 1/2,不要碰撞各种埋件。

混凝土墙体浇筑振捣完毕后,将上口甩出的钢筋加以整理,用木抹子按标高线将墙上表面混凝土找平。混凝土在振捣过程中,不可随意挪动钢筋,要经常检查钢筋保护层厚度及所有预埋件的牢固程度和位置的准确性。

混凝土拆模:常温时柱、墙体混凝土强度大于 1 MPa;冬季时掺加防冻剂,混凝土强度达到 4 MPa 时方可拆模。拆除模板时先拆一个柱或一面墙体,观察混凝土不粘模、不掉角、不坍落,即可大面积拆模,拆模后及时修整墙面及边角。

任务实施

剪力墙混凝土浇筑施工技术交底(可扫下面二维码查看)。

剪力墙混凝土浇筑
施工技术交底

思考与练习

试述剪力墙混凝土浇筑要点、质量检查标准及通病预防的方法。

项目三 钢筋混凝土梁、板施工

知识目标

◆熟悉模板施工质量验收标准及安全技术要求；掌握梁、板模板设计、模板的制作、安装及拆除的施工要点；掌握承重梁、悬臂构件、承重板底模的拆除要求。

◆熟悉钢筋质量验收检查的标准；掌握钢筋混凝土梁、板结构施工图的识读方法，钢筋混凝土梁、板钢筋配料计算、加工制作和安装要点，梁、板钢筋连接的要求及纵向钢筋搭接接头面积百分率的要求。

◆熟悉梁、板混凝土施工的质量验收标准；掌握钢筋混凝土梁、板的混凝土浇筑要点；掌握梁、板施工缝的留设要求及处理方法。

能力目标

◆能进行梁、板模板设计及配板，能够编制梁、板模板施工技术交底，能对施工中出现的质量问题进行简单的分析与处理。

◆能识读钢筋混凝土梁、板结构施工图，能根据梁、板的结构配筋图进行钢筋下料计算，能够编写梁、板钢筋施工技术交底，能进行钢筋的质量验收检查，并做工作记录。

◆能确定梁、板混凝土浇筑、振捣及养护方式，按规定留做试块；能确定施工缝的留设位置；能对施工中出现的质量问题进行简单的分析与处理；能进行混凝土施工质量验收；能编制混凝土施工技术交底。

任务一 梁、板模板安装

引导问题

1. 钢筋混凝土梁、板结构施工顺序是什么？
2. 钢筋混凝土梁、板模板安装顺序是什么？如何支设？
3. 钢筋混凝土梁、板的模板与墙柱模板有什么不同之处？

工作任务

如附图二所示，某高层楼住宅为剪力墙结构，二级抗震，使用期限为50年，地上15层，地下1层，采用筏形基础，层高为4.5 m，楼板厚度为160 mm。

任务要求：1. 进行楼板的配板设计。
　　　　　2. 编制此模板工程的施工技术交底。

知识链接

一、梁、板模板的构造

梁模板由底模和侧模等组成。梁底模板承受垂直荷载，梁侧模板主要承受混凝土的侧压力。

底模下面有支架支撑。目前采用的梁、板模板支设系统如图 3-1 和图 3-2 所示。

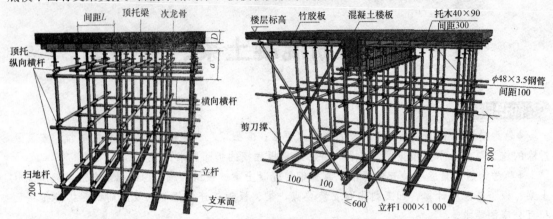

图 3-1　肋形楼盖胶合板模板

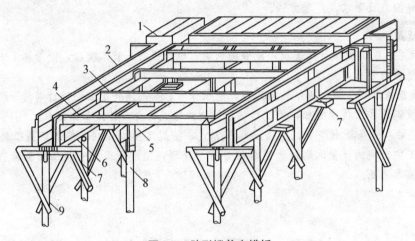

图 3-2　肋形楼盖木模板

1—楼板模板；2—梁侧模板；3—搁栅；4—横档(托木)；
5—牵杠；6—夹木；7—短撑木；8—牵杠撑；9—支柱

二、梁、板模板的选材

梁、板模板可以采用胶合板、木模板、组合钢模板等，目前胶合板应用较多。此处仅根据梁、板的结构形式介绍梁、板胶合板模板。

采用胶合板作现浇混凝土楼板模板，是目前常用的一种模板技术，它与采用组合式钢模板相比，可以减少混凝土外露表面的接缝，满足清水混凝土的要求。楼板模板的支设方法有以下几种。

1. 采用脚手钢管搭设排架铺设楼板模板

常采用的支模方法是用 $\phi48 \times 3.5$ mm 脚手钢管搭设排架，在排架上铺放 50 mm×100 mm 方木，根据模板设计要求取间距为 400 mm 左右，作为面板的搁栅(楞木)，在其上铺设胶合板模板，如图 3-3 所示。

2. 采用木顶撑支设楼板模板

(1)楼板模板铺设在搁栅上。搁栅两头搁置在托木上，搁栅一般用断面尺寸为 50 mm× 100 mm 的方木，间距为 400～500 mm。当搁栅跨度较大时，应在搁栅下面再铺设通长的牵

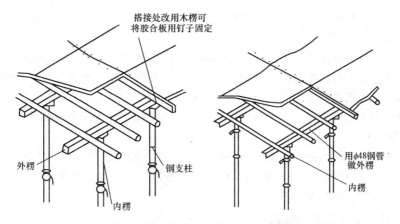

图 3-3　楼板模板采用脚手钢管(或钢支柱)排架支撑

杠，以减小搁栅的跨度。牵杠撑的断面要求与顶撑立柱一样，下面须垫木楔块及垫板。一般采用(50～75)mm×150 mm 的方木。楼板模板应垂直于搁栅方向铺钉，如图 3-2 所示。

（2）楼板模板安装时，先在次梁模板的两侧板外侧弹水平线，水平线的标高应为楼板底标高减去楼板模板厚度及搁栅高度，然后按水平线钉上托木，托木上口与水平线相齐。再把靠梁模旁的搁栅先摆上，等分搁栅间距，摆中间部分的搁栅。最后在搁栅上铺钉楼板模板。为了便于拆模，只在模板端部或接头处钉牢，中间尽量少钉。如中间设有牵杠撑及牵杠时，应在搁栅摆放前先将牵杠撑立起，将牵杠铺平。木顶撑构造如图 3-4 所示。

3. 采用早拆体系支设楼板模板

典型的平面布置如图 3-5 所示，其支撑结构种类及性能可参阅《建筑施工手册》。

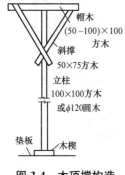

图 3-4　木顶撑构造

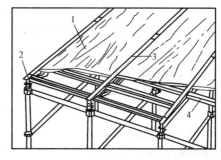

图 3-5　无边框木(竹)胶合板楼(顶)板模板组合图
1—木(竹)胶合板；2—早拆柱头板；3—主梁；4—次梁

三、梁、板模板的安装、拆除、质量验收与安全管理

《危险性较大的分部分项工程安全管理规定》(住建部令 2018 年 37 号)已经 2018 年 2 月 12 日第 37 次部常务会议审议通过，自 2018 年 6 月 1 日起施行。住房和城乡建设部办公厅关于实施《危险性较大的分部分项工程安全管理规定》有关问题的通知(建办质(2018)31 号)规定下列模板工程及支撑体系属于危险性较大的分部分项工程。

各类工具式模板工程包括滑模、爬模、飞模、隧道模等工程。混凝土模板支撑工程的要求是，搭设高度为 5 m 及以上，或搭设跨度为 10 m 及以上，或施工总荷载(荷载效应基本组合的设计值，以下简称设计值)为 10 kN/m² 及以上，或集中线荷载(设计值)为 15 kN/m 及以上，或高度大于支撑水平投影宽度且相对独立无联系构件的混凝土模板支撑工程。承重支撑体系用于钢结构安装等满堂支撑体系。

下列模板工程及支撑体系属于超过一定规模的危险性较大的分部分项工程。

各类工具式模板工程包括滑模、爬模、飞模、隧道模等工程。混凝土模板支撑工程：搭设高度 8 m 及以上，或搭设跨度 18 m 及以上，或施工总荷载(设计值)15 kN/m² 及以上，或集中线荷载(设计值)20 kN/m 及以上。承重支撑体系用于钢结构安装等满堂支撑体系，承受单点集中荷载 7 kN 及以上。

这些分部分项工程施工的安全管理，需要遵照《危险性较大的分部分项工程安全管理规定》(住建部令 2018 年 37 号)及《关于实施〈危险性较大的分部分项工程安全管理规定〉有关问题的通知(建办质(2018)31 号)》来组织安全管理。

(一)模板及支架立柱的安装构造

(1)模板安装前必须做好下列安全技术准备工作：

1)应审查模板结构设计与施工说明书中的荷载、计算方法、节点构造和安全措施，设计审批手续应齐全。

2)应进行全面的安全技术交底，操作班组应熟悉设计与施工说明书，并应做好模板安装作业的分工准备。采用爬模、飞模、隧道模等特殊模板施工时，所有参加作业人员必须经过专门技术培训，考核合格后方可上岗。

3)应对模板和配件进行挑选、检测，不合格者应剔除，并应运至工地指定地点堆放。

4)备齐操作所需的一切安全防护设施和器具。

(2)模板安装构造应符合下列规定：

1)模板安装应按设计与施工说明书顺序拼装。木杆、钢管、门架及碗扣式等支架立柱不得混用。

2)竖向模板和支架立柱支承部分安装在基土上时，应加设垫板，垫板应有足够的强度和支撑面积，且应中心承载。基土应坚实，并应有排水措施。对湿陷性黄土应有防水措施；对特别重要的结构工程可采用混凝土、打桩等措施防止支架柱下沉。对冻胀性土应有防冻融措施。

3)当满堂或共享空间模板支架立柱高度超过 8 m 时，若地基土达不到承载要求，无法防止立柱下沉，则应先施工地面下的工程，再分层回填夯实基土，浇筑地面混凝土垫层，达到强度后方可支模。

4)模板及其支架在安装过程中，必须设置有效防倾覆的临时固定设施。

5)现浇钢筋混凝土梁、板，当跨度大于 4 m 时，模板应起拱；当设计无具体要求时，起拱高度宜为全跨长度的 1/1 000～3/1 000。

6)现浇多层或高层房屋和构筑物，安装上层模板及其支架应符合下列规定：下层楼板应具有承受上层施工荷载的承载能力，否则应加设支撑支架；上层支架立柱应对准下层支架立柱，并应在立柱底铺设垫板；当采用悬臂吊模板、桁架支模方法时，其支撑结构的承载能力和刚度必须符合设计构造要求。

7)当层间高度大于 5 m 时，应选用桁架支模或钢管立柱支模；当层间高度小于或等于 5 m 时，可采用木立柱支模。

(3)安装模板应保证工程结构和构件各部分形状、尺寸和相互位置的正确，防止漏浆，构造应符合模板设计要求。模板应具有足够的承载能力、刚度和稳定性，应能可靠承受新浇筑混凝土自重和侧压力以及施工过程中所产生的荷载。

(4)拼装高度为 2 m 以上的竖向模板，不得站在下层模板上拼装上层模板。在安装过程中应设置临时固定设施。

(5)当承重焊接钢筋骨架和模板一起安装时，应符合下列规定：梁的侧模、底模必须固定在承重焊接钢筋骨架的节点上；安装钢筋模板组合体时，吊索应按模板设计的吊点位置绑扎。

(6)当支架立柱成一定角度倾斜，或其支架立柱的顶表面倾斜时，应采取可靠措施确保支点稳定，支撑底脚必须有防滑移的可靠措施。

(7)除设计图纸另有规定者外，所有垂直支架柱应保证其垂直。

(8)对梁和板安装二次支撑前，其上不得有施工荷载，支撑的位置必须正确。安装后所传递给支撑或连接件的荷载不应超过其允许值。

(9)支撑梁、板的支架立柱安装构造应符合下列规定：

1)梁和板的立柱，纵横向间距应相等或成倍数。

2)木立柱底部应设垫木，顶部应设支撑头。钢管立柱底部应设垫木和底座，顶部应设可调支托，U形支托与楞梁两侧间如有间隙，必须楔紧，其螺杆伸出钢管顶部不得大于 200 mm，螺杆外径与立柱钢管内径的间隙不得大于 3 mm，安装时应保证上下同心。

3)在立柱底距离地面 200 mm 高处，沿纵横水平方向应按纵下横上的程序设扫地杆。可调支托底部的立柱顶端应沿纵横向设置一道水平拉杆。扫地杆与顶部水平拉杆之间的间距，在满足模板设计所确定的水平拉杆步距要求的条件下，进行平均分配确定步距后，在每一步距处纵横向应各设一道水平拉杆。当层高为 8~20 m 时，在最顶步距两水平拉杆中间应加设一道水平拉杆；当层高大于 20 m 时，在最顶两步距水平拉杆中间应分别增加一道水平拉杆。所有水平拉杆的端部均应与四周建筑物顶紧顶牢。无处可顶时，应于水平拉杆端部和中部沿竖向设置连续式剪刀撑。

4)木立柱的扫地杆、水平拉杆、剪刀撑应采用 40 mm×50 mm 木条或 25 mm×80 mm 的木板条与木立柱钉牢。钢管立柱的扫地杆、水平拉杆、剪刀撑应采用 ϕ48×3.5 mm 钢管，用扣件与钢管立柱扣牢。木扫地杆、水平拉杆、剪刀撑应采用搭接，并应用铁钉钉牢。钢管扫地杆、水平拉杆应采用对接，剪刀撑应采用搭接，搭接长度不得小于 500 mm，用两个旋转扣件分别在离杆端不小于 100 mm 处进行固定。

(10)施工时，在已安装好的模板上的实际荷载不得超过设计值。已承受荷载的支架和附件，不得随意拆除或移动。

(11)组合钢模板、滑升模板等的安装构造，还应符合现行国家标准《组合钢模板技术规范》(GB/T 50214)和《滑动模板工程技术标准》(GB/T 50113)的相应规定。

(12)安装模板时，安装所需各种配件应置于工具箱或工具袋内，严禁散放在模板或脚手板上；安装所用工具应系挂在作业人员身上或置于工具袋中，不得掉落。

(13)当模板安装高度超过 3.0 m 时，必须搭设脚手架，除操作人员外，脚手架下不得站其他人。

(14)吊运模板时，必须符合下列规定：

1)作业前应检查绳索、卡具、模板上的吊环，必须完整有效，在升降过程中应设专人指挥，统一信号，密切配合。

2)吊运大块或整体模板时，竖向吊运不应少于两个吊点，水平吊运不应少于 4 个吊点。吊运必须使用卡环连接，并应稳起稳落，待模板就位连接牢固后方可摘除卡环。

3)吊运散装模板时，必须码放整齐，待捆绑牢固后方可起吊。

4)严禁起重机在架空输电线路下面工作。

5)遇 5 级风及以上大风时，应停止一切吊运作业。

(15)木料应堆放于下风向，距离火源不得小于 30 m，且料场四周应设置灭火器材。

(16)梁式或桁架式支架的安装构造应符合下列规定：

1)采用伸缩式桁架时，其搭接长度不得小于 500 mm，上下弦连接销钉规格、数量应按设计规定，并应采用不少于两个 U形卡或钢销钉销紧，两个 U形卡距或销距不得小于 400 mm。

2)安装的梁式或桁架式支架的间距设置应与模板设计图一致。

3)支承梁式或桁架式支架的建筑结构应具有足够强度，否则应另设立柱支撑。

4)若桁架采用多榀成组排放，在下弦折角处必须加设水平撑。

(17)工具式立柱支撑的安装构造应符合下列规定：

1)工具式钢管单立柱支撑的间距应符合支撑设计的规定。

2)立柱不得接长使用。

3)所有夹具、螺栓、销子和其他配件应处在闭合或拧紧的位置。

4)立杆及水平拉杆构造应符合上述第(9)条的规定。

(18)木立柱支撑的安装构造应符合相关规定。

(19)当采用扣件式钢管作立柱支撑时，其安装构造应符合下列规定：

1)钢管规格、间距、扣件应符合设计要求。每根立柱底部应设置底座及垫板，垫板厚度不得小于 50 mm。

2)钢管支架立柱间距、扫地杆、水平拉杆、剪刀撑的设置应符合上述第(9)条的规定。当立柱底部不在同一高度时，高处的纵向扫地杆应向低处延长不少于两跨，高低差不得大于 1 m，立柱距边坡上方边缘不得小于 0.5 m。

3)立柱接长严禁搭接，必须采用对接扣件连接，相邻两立柱的对接接头不得在同步内，且对接接头沿竖向错开的距离不宜小于 500 mm，各接头心距主节点不宜大于步距的 1/3。

4)严禁将上段的钢管立柱与下段钢管立柱错开固定于水平拉杆上。

5)满堂模板和共享空间模板支架立柱，在外侧周围应设由下至上的竖向连续式剪刀撑；中间在纵横向应每隔 10 m 左右设由下至上的竖向连续式的剪刀撑，其宽度宜为 4～6 m，并在剪刀撑部位的顶部、扫地杆处设置水平剪刀撑(图 3-6)。剪刀撑杆件的底端应与地面顶紧，夹角宜为 45°～60°。当建筑层高为 8～20 m 时，除应满足上述规定外，还应在纵横向相邻的两竖向连续式剪刀撑之间增加之字斜撑，在有水平剪刀撑的部位，应在每个剪刀撑中间处增加一道水平剪刀撑(图 3-7)；当建筑层高超过 20 m 时，在满足以上规定的基础上，应将所有之字斜撑全部改为连续式剪刀撑(图 3-8)。

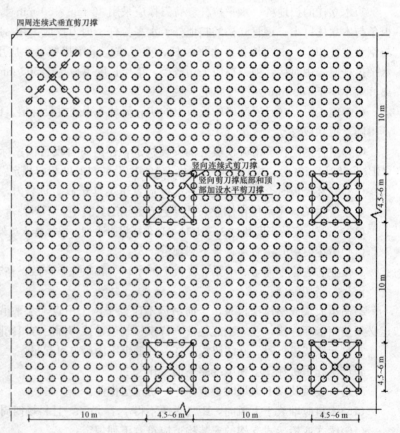

图 3-6　剪刀撑布置图(一)

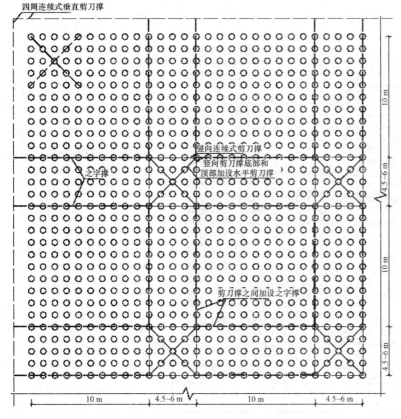

图 3-7　剪刀撑布置图(二)

（图中标注文字：四周连续式垂直剪刀撑；竖向连续式剪刀撑；竖向剪刀撑底部和顶部加设水平剪刀撑；之字撑；剪刀撑之间加设之字撑；尺寸标注：10 m、4.5～6 m、10 m、4.5～6 m、10 m、4.5～6 m、10 m、4.5～6 m）

6）当支架立柱高度超过 5 m 时，应在立柱周围外侧和中间有结构柱的部位，按水平间距 6～9 m、竖向间距 2～3 m 与建筑结构设置一个固结点。

7）当仅为单排立柱时，应按上述第(18)条的规定执行。

(20)当采用碗扣式钢管脚手架作立柱支撑时，其安装构造应符合下列规定：

1）立杆应采用长 1.8 m 和 3.0 m 的立杆错开布置，严禁将接头布置在同一水平高度。

2）立杆底座应采用大钉固定于垫木上。

3）立杆立一层，即将斜撑对称安装牢固，不得漏加，也不得随意拆除。

4）横向水平杆应双向设置，间距不得超过 1.8 m。

5）当支架立柱高度超过 5 m 时，应按上述第(19)条的规定执行。

(21)当采用标准门架作支撑时，其安装构造应符合下列规定：

1）门架的跨距和间距应按设计规定布置，间距宜小于 1.2 m；支撑架底部垫木上应设固定底座或可调底座。门架、调节架及可调底座，其高度应按其支撑的高度确定。

2）门架支撑可沿梁轴线垂直和平行布置。当垂直布置时，在两门架间的两侧应设置交叉支撑；当平行布置时，在两门架间的两侧亦应设置交叉支撑，交叉支撑应与立杆上的锁销锁牢，上下门架的组装连接必须设置连接棒及锁臂。

3）当门架支撑宽度为 4 跨及以上或 5 个间距及以上时，应在周边底层、顶层、中间每 5 列、5 排于每门架立杆跟部设 $\phi48×3.5$ mm 通长水平加固杆，并应采用扣件与门架立杆扣牢。

4）门架支撑高度超过 8 m 时，应按上述第(19)条的规定执行，剪刀撑不应大于 4 个间距，并应采用扣件与门架立杆扣牢。

5）顶部操作层应采用挂扣式脚手板满铺。

(22)悬挑结构立柱支撑的安装应符合下列要求：

1）多层悬挑结构模板的上下立柱应保持在同一条垂直线上。

2）多层悬挑结构模板的立柱应连续支撑，并不得少于 3 层。

(23)独立梁和整体楼盖梁结构模板应符合下列规定：

1）安装独立梁模板时应设安全操作平台，并严禁操作人员站在独立梁底模或柱模支架上操作及上下通行。

2）底模与横楞应拉结好，横楞与支架、立柱应连接牢固。

四周连续式垂直剪刀撑

连续剪刀撑

竖向连续式剪刀撑
竖向剪刀撑底部和顶部加设水平剪刀撑

连续剪刀撑

10 m　4.5~6 m　10 m　4.5~6 m

10 m　4.5~6 m　10 m　4.5~6 m

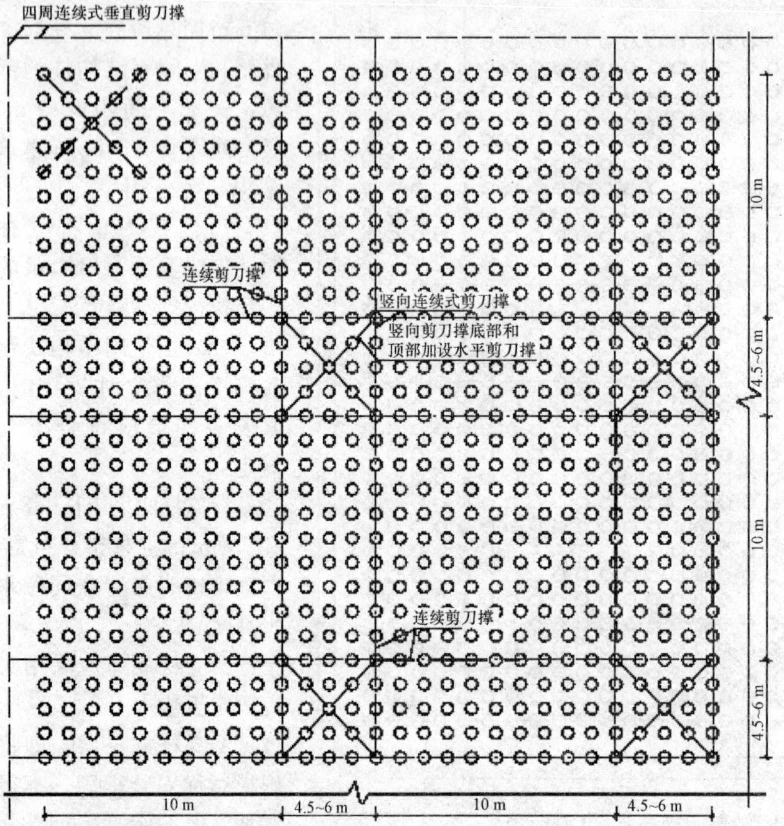

图 3-8　剪刀撑布置图(三)

3）安装梁侧模时，应边安装边与底模连接，当侧模高度多于两块时，应采取临时固定措施。

4）起拱应在侧模内、外楞连接牢固前进行。

5）单片预组合梁模，钢楞与板面的拉结应按设计规定制作，并应按设计吊点试吊无误后方可正式吊运安装，侧模与支架支撑稳定后方准摘钩。

（24）楼板或平台板模板的安装应符合下列规定：

1）当预组合模板采用桁架支模时，桁架与架支承应采用平直通长的型钢或木方。

2）当预组合模板块较大时，应加钢楞后方可吊运。当组合模板为错缝拼配时，板下横楞应均匀布置，并应在模板端穿插销。

3）单块模就位安装，必须待支架搭设稳固、板下横楞与支架连接牢固后进行。

4）U 形卡应按设计规定安装。

（二）模板及立架支柱的拆除

（1）模板拆除要求（见柱模板施工相应内容）。

（2）拆除梁、板模板应符合下列规定：

1）梁、板模板应先拆梁侧模，再拆板底模，最后拆除梁底模，并应分段分片进行，严禁成片撬落或成片拉拆。

2）拆除时，作业人员应站在安全的地方进行操作，严禁站在已拆或松动的模板上进行拆除作业。

3）拆除模板时，严禁用铁棍或铁锤乱砸，已拆下的模板应妥善传递或用绳钩放至地面。

4）严禁作业人员站在悬臂结构边缘敲拆下面的底模。

5）待分片、分段的模板全部拆除后，方允许将模板、支架、零配件等按指定地点运出堆放，并进行拔钉、清理、整修、刷防锈油或脱模剂，入库备用。

（3）拆除支架立柱应符合下列规定：

1）当拆除钢楞、木楞、钢桁架时，应在其下面临时搭设防护支架，使所拆楞梁及桁架先落于临时防护支架上。

2）当立柱的水平拉杆超出 2 层时，应首先拆除 2 层以上的拉杆。当拆除最后一道水平拉杆时，应和拆除立柱同时进行。

3）当拆除 4~8 m 跨度的梁下立柱时，应先从跨中开始，对称地分别向两端拆除。拆除时，严禁采用连梁底板向旁侧一片拉倒的拆除方法。

4)对于多层楼板模板的立柱，当上层及以上楼板正在浇筑混凝土时，下层楼板立柱的拆除，应根据下层楼板结构混凝土强度的实际情况，经过计算确定。

5)拆除平台、楼板下的立柱时，作业人员应站在安全处拉拆。

6)对已拆下的钢楞、木楞、桁架、立柱及其他零配件应及时运到指定地点。对有芯钢管立柱运出前应先将芯管抽出或用销卡固定。

梁、板模板的质量验收及安全管理参考项目一相关内容。

任务实施

1. 配板设计

模板采用竹胶合板，其规格为 1 220 mm×2 440 mm×18 mm，产地广州，自重为 6 kN/m³，$E=11.1×10^3$ N/mm²，抗弯强度 $f_t=15$ N/mm²，抗剪强度 $f_v=1.5$ N/mm²。小楞采用 50 mm×100 mm 的方木，间距 $l_1=400$ mm；大楞采用 100 mm×100 mm 的方木，间距 $l_2=600$ mm；大小楞均采用西北云杉，$f_t=11$ N/mm²，抗剪强度 $f_v=1.5$ N/mm²，$E=9\ 000$ N/mm²；立杆采用 $\phi48×3.5$ mm 的钢管。步距为 1.5 m，$A=489$ mm²、$f=215$ N/mm²，间距为 1200 mm/600 mm，脚手架支架自重为 0.129 kN/m，模板自重为 0.35 kN/m²，结构重要性系数为 0.9。

2. 模板面板计算

(1)荷载计算。

模板取 1 m 板宽进行计算如下：

模板自重：0.35×1=0.35(kN/m)

新浇筑混凝土自重：24×0.16×1=3.84(kN/m)

钢筋自重：1.1×0.16×1=0.176(kN/m)

恒载标准值：$g_k=0.35+3.84+0.176=4.366$(kN/m)

施工人员及设备荷载：

均布荷载：2.5 kN/m²　$q_k=2.5×1=2.5$(kN/m)

集中荷载：$P_k=2.5$(kN)

(2)抗弯强度验算。

模板面板按三跨连续梁，面板在图 3-9 所示荷载作用下弯矩最大，跨度为 0.4 m。

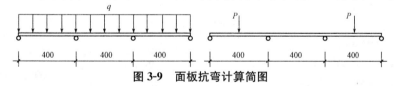

图 3-9　面板抗弯计算简图

活荷载为均布荷载引起的最大弯矩值：

$$M_1=k_1gl_0^2+k_2ql_0^2=0.1×1.35×4.366×0.9×0.4^2+0.1×1.4×2.5×0.9×0.4^2$$
$$=0.135(kN·m)(注：0.9 为结构重要性系数)$$

活荷载为集中荷载引起的最大弯矩值：

$$M_2=k_1'gl_0^2+k_2'Pl_0=0.08×1.35×4.366×0.9×0.4^2+0.213×1.4×2.5×0.9×0.4$$
$$=0.336(kN·m)(注：0.9 为结构重要性系数)$$

故由集中荷载引起的弯矩值较大，由其产生的应力为

$$W=\frac{bh^2}{6}=\frac{1\ 000×18^2}{6}=54\ 000(mm^3)$$

$$\sigma=\frac{M}{W}=\frac{0.336×10^6}{54\ 000}=6.2(N/mm^2)<f_t=15\ N/mm^2$$

抗弯强度验算满足要求。

（3）抗剪强度验算。

面板在图 3-10 所示荷载作用下剪力最大。

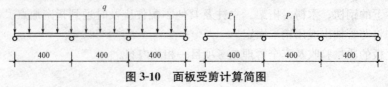

图 3-10　面板受剪计算简图

活荷载为均布荷载引起的最大剪力：

$$V_1 = 0.6gl_0 + 0.6ql_0 = 0.6 \times 1.35 \times 4.366 \times 0.9 \times 0.4 + 0.6 \times 1.4 \times 2.5 \times 0.9 \times 0.4$$
$$= 2.03(\text{kN})$$

活荷载为集中荷载引起的最大剪力：

$$V_2 = 0.6gl_0 + 0.675P = 0.6 \times 1.35 \times 4.366 \times 0.9 \times 0.4 + 0.675 \times 1.4 \times 2.5 \times 0.9$$
$$= 3.4(\text{kN})$$

最大剪力：$V = 3.4(\text{kN})$

剪应力：$\tau = \dfrac{3V}{2A} = \dfrac{3 \times 3.4 \times 10^3}{2 \times 18 \times 1\,000} = 0.283(\text{N/mm}^2) < f_v = 1.5\text{N/mm}^2$，满足要求。

（4）刚度验算。

$g_k = 4.366(\text{kN/m})$

$$I = \frac{bh^3}{12} = \frac{1\,000 \times 18^3}{12} = 486\,000(\text{mm}^4)$$

$$w = \frac{0.677g_kl_0^4}{100EI} = \frac{0.677 \times 4.366 \times 400^4}{100 \times 11.1 \times 10^3 \times 486\,000} = 0.14(\text{mm}) < [w] = \frac{l_0}{250} = 1.6\text{ mm}$$

刚度验算满足要求。

3. 小楞验算

（1）荷载计算。

模板自重：$0.35 \times 0.4 = 0.14(\text{kN/m})$

新浇筑混凝土自重：$24 \times 0.16 \times 0.4 = 1.54(\text{kN/m})$

钢筋自重：$1.1 \times 0.16 \times 0.4 = 0.07(\text{kN/m})$

恒载标准值：$g_k = 0.14 + 1.54 + 0.07 = 1.75(\text{kN/m})$

施工人员及设备荷载：

均布荷载：$2.5(\text{kN/m}^2)$　　　　$q_k = 2.5 \times 0.4 = 1(\text{kN/m})$

集中荷载：$P_k = 2.5(\text{kN})$

（2）抗弯强度验算。

小楞按三跨连续梁计算，小楞在图 3-11 所示荷载作用下弯矩最大，跨度为 0.6 m。

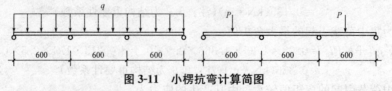

图 3-11　小楞抗弯计算简图

活荷载为均布荷载引起的最大弯矩值为

$$M_1 = k_1gl_0^2 + k_2ql_0^2 = 0.1 \times 1.35 \times 1.75 \times 0.9 \times 0.6^2 + 0.1 \times 1.4 \times 1 \times 0.9 \times 0.6^2$$
$$= 0.122(\text{kN} \cdot \text{m})$$

活荷载为集中荷载引起的最大弯矩值为

$$M_2 = k_1'gl_0^2 + k_2'Pl_0 = 0.08 \times 1.35 \times 1.75 \times 0.9 \times 0.6^2 + 0.213 \times 1.4 \times 2.5 \times 0.9 \times 0.6$$
$$= 0.464 (\text{kN} \cdot \text{m})$$

故由集中荷载引起的弯矩值较大，由其产生的应力为

$$w = \frac{bh^2}{6} = \frac{50 \times 100^2}{6} = 83\,333 (\text{mm}^3)$$

$$\sigma = \frac{M}{W} = \frac{0.464 \times 10^6}{83\,333} = 5.57 (\text{N/mm}^2) < f_t = 11 \text{ N/mm}^2$$

抗弯强度验算满足要求。

（3）抗剪强度验算。

小楞在图 3-12 所示荷载作用下剪力最大。

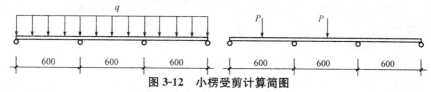

图 3-12　小楞受剪计算简图

活荷载为均布荷载引起的最大剪力为

$$V_1 = 0.6gl_0 + 0.6ql_0 = 0.6 \times 1.35 \times 1.75 \times 0.9 \times 0.6 + 0.6 \times 1.4 \times 1 \times 0.9 \times 0.6$$
$$= 1.22 (\text{kN})$$

活荷载为集中荷载引起的最大剪力为

$$V_2 = 0.6gl_0 + 0.675P = 0.6 \times 1.35 \times 1.75 \times 0.9 \times 0.6 + 0.675 \times 1.4 \times 2.5 \times 0.9$$
$$= 2.89 (\text{kN})$$

最大剪力：$V = 2.89 (\text{kN})$

剪应力：$\tau = \dfrac{3V}{2A} = \dfrac{3 \times 2.89 \times 10^3}{2 \times 50 \times 100} = 0.867 (\text{N/mm}^2) < f_v = 1.5 \text{ N/mm}^2$，满足要求。

（4）刚度验算。

$$g_k = 1.75 (\text{kN/m})$$

$$I = \frac{bh^3}{12} = \frac{50 \times 100^3}{12} = 4\,166\,667 (\text{mm}^4)$$

$$w = \frac{0.677g_k l_0^4}{100EI} = \frac{0.677 \times 1.75 \times 600^4}{100 \times 9\,000 \times 4\,166\,667} = 0.041 (\text{mm}) < [w] = \frac{l_0}{250} = 2.4 \text{ mm}$$

刚度验算满足要求。

4. 大楞验算

（1）荷载计算。

模板自重：0.35 kN/m^2

新浇筑混凝土自重：$24 \times 0.16 = 3.84 (\text{kN/m}^2)$

钢筋自重：$1.1 \times 0.16 = 0.176 (\text{kN/m}^2)$

恒载标准值：$g_k = 0.35 + 3.84 + 0.176 = 4.366$
(kN/m^2)

施工人员及设备荷载：$q_k = 1.5 (\text{kN/m}^2)$

（2）抗弯强度验算。

大楞按三跨连续梁计算如图 3-13 所示，跨度为 1.2 m。

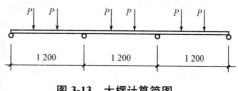

图 3-13　大楞计算简图

由小楞传来的集中力：

$P_k=4.366\times0.6\times0.4=1.05(kN)$

$P=1.35\times1.05\times0.9+1.4\times1.5\times0.6\times0.4\times0.9=1.73(kN)$

$M=0.267Pl_0=0.267\times1.35\times1.73\times1.2=0.55(kN\cdot m)$

$w=\dfrac{bh^2}{6}=\dfrac{100\times100^2}{6}=166\,667(mm^3)$

$\sigma=\dfrac{M}{W}=\dfrac{0.75\times10^6}{166\,667}=4.5(N/mm^2)<f_t=11\,N/mm^2$，强度验算满足要求。

(3)抗剪强度验算。

$V=1.267P=1.267\times1.73=2.2(kN)$

$\tau=\dfrac{3V}{2A}=\dfrac{3\times2\times10^3}{2\times100\times100}=0.3(N/mm^2)<f_v=1.5\,N/mm^2$，满足要求。

(4)刚度验算。

$I=\dfrac{bh^3}{12}=\dfrac{100\times100^3}{12}=8\,333\,333(mm^4)$

$w=\dfrac{1.883P_kl_0^3}{100EI}=\dfrac{1.883\times1.05\times10^3\times1\,200^4}{100\times9\,000\times8\,333\,333}=0.46(mm)<[w]=\dfrac{l_0}{250}=4.8\,mm$

刚度验算满足要求。

5. 立柱验算

(1)荷载计算。

模板自重：$0.35(kN/m^2)$

新浇筑混凝土自重：$24\times0.16=3.84(kN/m^2)$

钢筋自重：$1.1\times0.16=0.176(kN/m^2)$

恒载标准值：$g_k=0.35+3.84+0.176=4.366(kN/m^2)$

施工人员及设备荷载：$q_k=1\,kN/m^2$

脚手架钢管自重：$0.129\times(4.5-0.018-0.16)=0.558(kN)$

钢管承受的压力：

$N=1.35\times4.366\times1.2\times0.6\times0.9+1.35\times0.558\times0.9+1.4\times1\times1.2\times0.6\times0.9=5.4(kN)$

(2)稳定性验算。

$l_0=1.8\,m$(l实际为横杆步距)

$i=\sqrt{\dfrac{I}{A}}=0.354(d-t)=0.354\times(48-3.5)=15.8(mm)$

$\lambda=\dfrac{l_0}{i}=\dfrac{1\,800}{15.8}=114$，查表$\varphi=0.458$

$\sigma=\dfrac{N}{\varphi A}=\dfrac{5.4\times10^3}{0.458\times489}=24.1(N/mm^2)<f=215\,N/mm^2$，满足要求。

6. 立柱底部地基承载力(略)

7. 竹胶板模板技术交底(可扫下面二维码查看)。

竹胶板模板技术交流

1. 试述模板的作用。
2. 模板及其支架的基本要求有哪些？
3. 梁板模板构造及安装要求有哪些？
4. 梁板模板设计的主要内容有哪些？
5. 试述梁板模板安装、拆除的要点。

任务二 梁、板钢筋制作与安装

引导问题

1. 梁板内有哪些钢筋？是如何布置的？
2. 梁板内的钢筋如何连接？

某厂房如附图一所示，设计合理使用年限为 50 年，安全等级为二级，环境类别为一类，二级抗震。框架梁 KL1(2) 如图 3-14 所示，为两跨连续梁，截面尺寸为 300 mm×600 mm，混凝土强度等级为 C30，$f_t = 1.43$ MPa。梁纵筋的连接采用闪光接触对焊，且须避开箍筋加密区。钢筋接头面积百分率

梁钢筋的排布

不能大于 50%，KZ 截面尺寸为 550 mm×550 mm，配有 16Φ25，箍筋 Φ10@100/200。梁、柱钢筋最外层钢筋的混凝土保护层厚度为 35 mm。HRB400(Φ)级钢筋，$f_y = 360$ MPa。

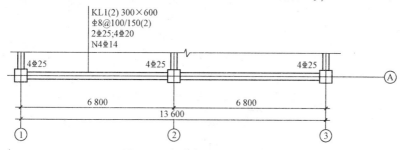

图 3-14 框架梁 KL1(2)配筋图

任务要求：1. 完成施工图纸中 KL1 的配料计算。

2. 在本工程中梁纵向筋改为直螺纹套筒连接，编写其技术交底。

知识链接

一、框架梁、板平法施工图制图规则

(一)框架梁平法施工图制图规则

梁平法施工图是在梁平面布置图上采用平面注写方式或截面注写方式表达。平面注写方式是在梁的分层平面布置图上，分别在不同编号的梁中各选一根梁，在其上注写截面尺寸和配筋具体数值来表达梁平法施工图(图 3-15)。截面注写方式是在分标准层绘制的梁平面布置图上，分别在不同编号的梁中各选一根梁用剖面号引出配筋图，并在其上注写截面尺寸和配筋具体数值的方式来表达梁平法施工图(图 3-16)。梁的编号由梁类型代号和序号组成。其中，(××A)为一端有悬挑，(××B)为两端有悬挑，悬挑不计入跨数，见表 3-1。

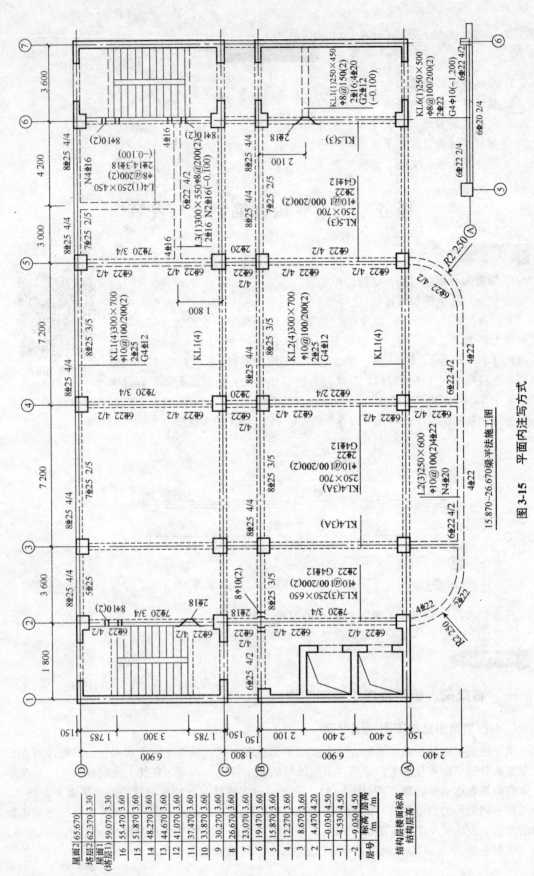

图 3-15 平面内注写方式

15.870~26.670梁平法施工图

结构层楼面标高 结构层高		
屋面2	65.670	
塔层2	62.370	3.30
屋面1 (塔层1)	59.070	3.30
层号	标高 /m	层高 /m
16	55.470	3.60
15	51.870	3.60
14	48.270	3.60
13	44.670	3.60
12	41.070	3.60
11	37.470	3.60
10	33.870	3.60
9	30.270	3.60
8	26.670	3.60
7	23.070	3.60
6	19.470	3.60
5	15.870	3.60
4	12.270	3.60
3	8.670	3.60
2	4.470	4.20
1	-0.030	4.50
-1	-4.530	4.50
-2	-9.030	4.50

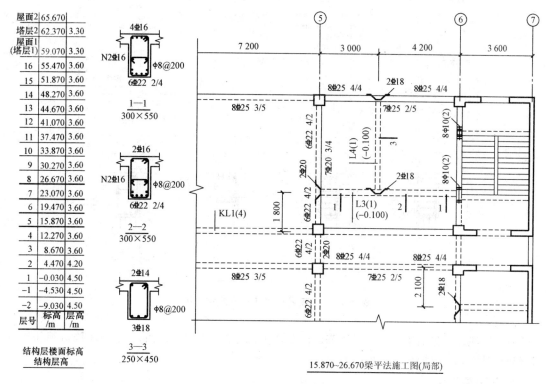

图 3-16　梁平法施工图截面注写法

表 3-1　梁编号

梁类型	代号	序号	跨数及是否带有悬挑
楼层框架梁	KL	××	(××)、(××A)或(××B)
楼层框架扁梁	KBL	××	(××)、(××A)或(××B)
屋面框架梁	WKL	××	(××)、(××A)或(××B)
框支架	KZL	××	(××)、(××A)或(××B)
托柱转换梁	TZL	××	(××)、(××A)或(××B)
非框架梁	L	××	(××)、(××A)或(××B)
悬挑梁	XL	××	(××)、(××A)或(××B)
井字梁	JZL	××	(××)、(××A)或(××B)
注：(××A)为一端有悬挑，(××B)为两端有悬挑，悬挑不计入跨数。			

1. 平面注写方式

平面注写包括集中标注和原位标注。集中标注表达梁的通用数值，原位标准表达梁的特殊数值。当集中标注中的某项数值不适用于梁的某部位时，则将该项数值原位标注，施工时，原位标注取值优先，如图 3-17 所示。

梁集中标注的内容包括梁编号、梁截面尺寸、梁箍筋、梁上部通长筋或架立筋配置、梁侧面纵向构造钢筋或受扭钢筋配置五项必注值，以及梁顶面标高高差一项选注值。梁顶面标高高差是指相对于该结构层楼面标高的高差值，有高差时，须将其写入括号内，无高差时不注。

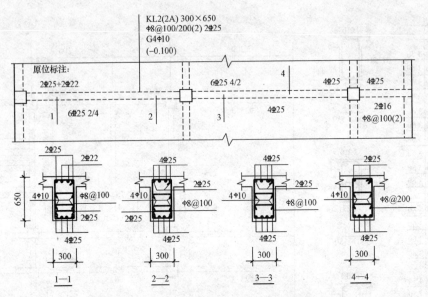

图 3-17　框架梁平面注写方式示意图

原位标注内容包括梁尺寸、梁箍筋、梁支座上部纵筋、梁下部纵筋、梁侧面构造钢筋或抗扭钢筋、梁标高、附加箍筋或吊筋。

2. 截面注写方式

截面注写方式是对所有梁进行编号，从相同编号的梁中选择一根梁，先将"单边截面号"画在该梁上，再将截面配筋详图画在本图或其他图上。当某梁的顶面标高与该结构层的楼面标高不同时，还应在其梁编号后注写梁顶面高差。

截面配筋详图上注写截面尺寸、上部筋、下部筋、侧面构造筋或受扭筋以及箍筋的具体数值时，其表达形式与平面注写方式相同。截面法可单独使用，也可与平面注写方式结合使用。工程中，一般将截面注写方式作为平面注写方式的补充。

(二)现浇板结构施工图制图规则

现浇板结构施工图的制图规则主要包含有梁楼盖(图 3-18)和无梁楼盖(图 3-19)的制图规则。

有梁楼盖是指以梁为支座的楼面板与屋面板。楼盖平法施工图是在楼面板和屋面板的布置上采用平面注写的表达方式。板块平面注写方式主要包括板块集中标注和板支座原位标注。有梁楼盖的制图规则同样适用于梁板式转换层、剪力墙结构、砌体结构，以及有梁地下室的楼面板与屋面板平法施工图设计。

无梁楼盖结构是指楼盖平板直接支承在柱子上，不设主梁和次梁，楼面荷载直接通过柱子传至基础。无梁楼盖平法施工图是在楼面板和屋面板布置图上采用平面注写的表达方式。无梁楼盖平面注写主要有板带集中标注和板带支座原位标注两部分内容。无梁楼盖板的制图规则同样适用于地下室无梁楼盖。

1. 有梁楼盖板平法识图的制图规则

为方便设计表达和施工识图，规定结构平面的坐标方向为：当两向轴网正交布置时，图面从左至右为 X 向，从下至上为 Y 向；当轴网转折时，局部坐标方向顺轴网转折角做相应转折；当轴网向心布置时，切向为 X 向，径向为 Y 向。

(1)板块集中标注。如图 3-18 所示，板块集中标注的内容包括板块编号、板厚、贯通纵筋，以及当板面标高不同时的标高高差。

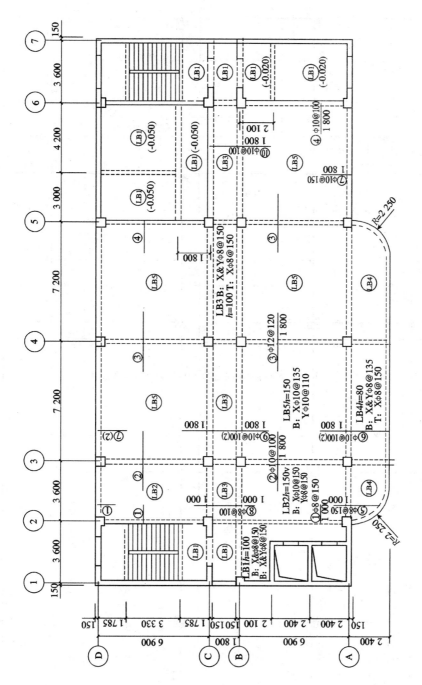

图 3-18 15.870~26.670 板平法施工图

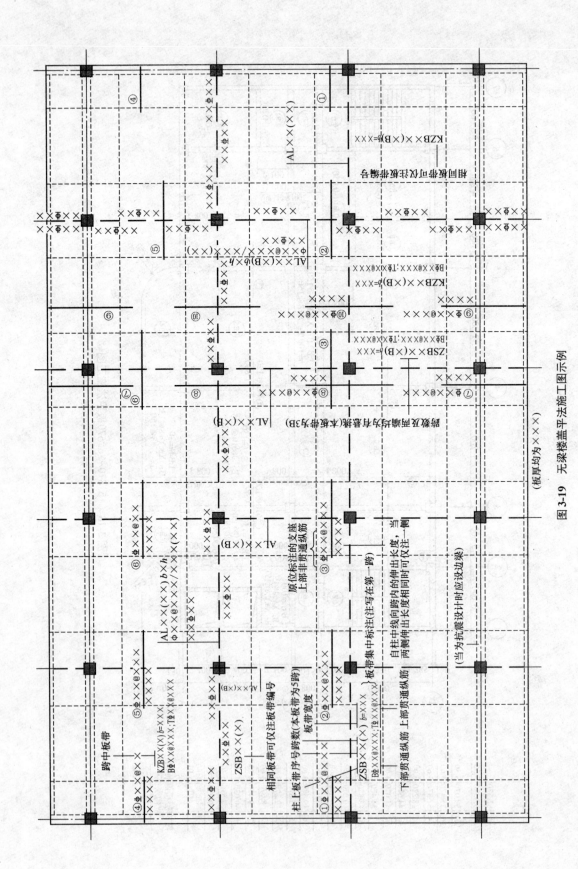

图 3-19 无梁楼盖平法施工图示例

(2)板支座原位标注。如图 3-18 所示，板支座原位标注的内容包括板支座上部非贯通纵筋和悬挑板上部受力钢筋。

2. 无梁楼盖板平法施工图表达方式

无梁楼盖板平法施工图是在楼面板和屋面板布置图上采用平面注写的表达方式。板平面注写主要有板带集中标注和板带支座原位标注两部分内容。板带集中标注的具体内容包括板带编号、板带厚及板带宽、箍筋和贯通纵筋。板带支座原位标注的具体内容包括板带支座上部非贯通纵筋，如图 3-19 所示。

二、梁、板钢筋的排布规则

(一)抗震框架梁钢筋的排布规则

1. 框架梁纵筋排布

(1)伸入梁支座范围内的钢筋不应少于两根。

(2)梁纵向受力钢筋的直径：当梁高 $h \geqslant 300$ mm 时，不应小于 10 mm；当梁高 $h < 300$ mm 时，不应小于 8 mm。

(3)梁纵向受力钢筋水平方向的净间距：对上部钢筋不应小于 30 mm 和 $1.5d$（d 为钢筋的最大直径）；对下部钢筋不应小于 25 mm 和 d。梁的下部纵向钢筋配置多于两层时，两层以上钢筋水平方向的中距应比下面两层的中距增大一倍。各层钢筋之间的净间距不应小于 25 mm 和 d，如图 3-20 所示。

(4)在梁的配筋密集区域宜采用并筋的配筋形式。

(5)简支梁和连续梁简支端的下部纵向受力钢筋伸入支座的锚固长度 l_{ab}，如图 3-21 所示，应符合《混凝土结构设计规范(2015 年版)》(GB 50010)的规定。

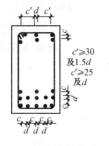

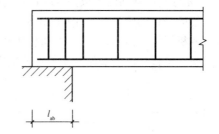

图 3-20　梁的钢筋净距　　　　图 3-21　纵向受力钢筋伸入梁简支座的锚固

当下部纵向受力钢筋伸至梁端尚不足锚固长度时，可采取钢筋弯钩或机械锚固措施。当纵向受拉普通钢筋末端采用钢筋弯钩或机械锚固措施时，包括弯钩或锚固端头在内的锚固长度（投影长度）可取为基本锚固长度 $0.6l_{ab}$。

(6)框架梁纵向钢筋在框架中间层端节点的锚固应符合下列要求：

1)梁上部纵向钢筋伸入节点的锚固方式有三种，分别是直线锚固、机械锚固、弯锚锚固。当采用直线锚固形式时，不应小于 l_a，且应伸过柱中心线。伸过的长度不宜小于 $5d$，d 为梁上部纵向钢筋的直径[图 3-22(a)]；当柱截面尺寸不足时，梁上部纵向钢筋可采用钢筋端部加机械锚头的锚固方式。梁上部纵向钢筋宜伸至柱外侧纵筋内边，包括机械锚头在内的水平投影锚固长度不应小于 $0.4l_{ab}$[图 3-22(b)]；梁上部纵向钢筋也可采用 90°弯折锚固的方式，此时梁上部纵向钢筋应伸至节点对边并向节点内弯折，其包含弯弧在内的水平投影长度不应小于 $0.4l_{ab}$，弯折钢筋在弯折平面内包含弯弧段的投影长度不应小于 $15d$[图 3-22(c)]。

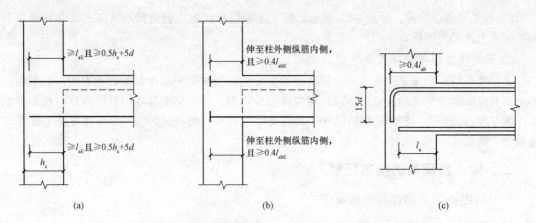

图 3-22　梁上部纵向钢筋在中层端节点内的锚固

(a)端支座直锚；(b)钢筋端部加锚头(锚板)锚固；(c)钢筋末端90°弯折锚固

2)框架梁下部纵向钢筋在端节点处的锚固应符合下列要求：当计算中充分利用该钢筋的抗拉强度时，钢筋的锚固方式及长度应与上部钢筋的规定相同；当计算中不利用该钢筋的强度或仅利用该钢筋的抗压强度时，伸入节点的锚固长度应分别符合下述中间节点梁下部纵向钢筋锚固的有关规定。

(7)框架中间层中间节点或连续梁中间支座，梁的上部纵向钢筋应贯穿节点或支座，梁的下部纵向钢筋应符合下列锚固要求：当计算中不利用该钢筋的强度时，其伸入节点或支座的锚固长度对带肋钢筋不小于 $12d$，对光面钢筋不小于 $15d$，d 为钢筋的最大直径；当计算中充分利用钢筋的抗压强度时，钢筋应按受压钢筋锚固在中间节点或中间支座内，其直线锚固长度不应小于 $0.7l_a$；当计算中充分利用钢筋的抗拉强度时，钢筋可采用直线方式锚固在节点或支座内，锚固长度不应小于钢筋的受拉锚固长度 l_a[图 3-23(a)]；当柱截面尺寸不足时，也可采用上面规定的钢筋端部加锚头的机械锚固措施，或 90°弯折锚固的方式；钢筋也可在节点或支座外梁中弯矩较小处设置搭接接头，搭接长度的起始点至节点或支座边缘的距离不应小于 $1.5h_0$[图 3-23(b)]。

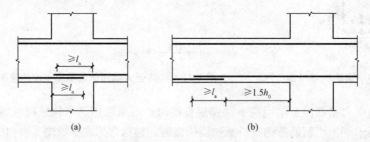

图 3-23　梁下部纵向钢筋在中间节点或中间支座范围的锚固与搭接

(a)下部纵向钢筋在节点中直线锚固；(b)下部纵向钢筋在节点或支座范围外的搭接

为方便施工抗震楼层梁纵向钢筋，也可按图 3-24 所示布置梁钢筋。中间支座纵向钢筋布置如图 3-25 所示。

图 3-25 中：跨度值 l_n 为左跨 l_{ni} 和右跨 l_{ni+1} 之较大值。h_c 为柱截面沿框架方向的高度。梁上部通长钢筋与非贯通钢筋直径相同时，连接位置宜位于跨中 $l_{ni}/3$ 范围内，梁下部连接位置宜位于支座 $l_{ni}/3$ 范围内，在同一连接区段内钢筋接头面积百分率不宜大于 50%。一级框架梁宜采用机械连接，二、三、四级可采用绑扎搭接或焊接连接。

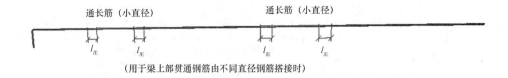

（用于梁上部贯通钢筋由不同直径钢筋搭接时）

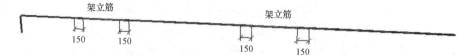

（用于梁上有架立筋时，架立筋与非贯通钢筋的搭接）

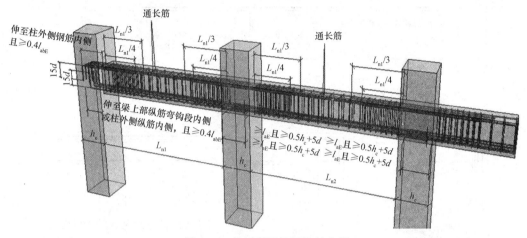

图 3-24 抗震楼层框梁钢筋布置

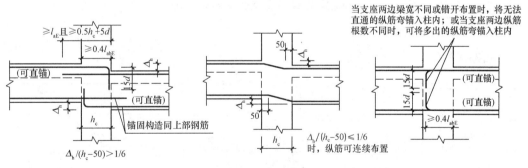

KL中间支座纵向钢筋构造

图 3-25 楼层框架梁中间支座纵向钢筋布置

（8）顶层框架梁纵向钢筋排布，如图 3-26 所示。框架端节点的上部纵向钢筋可采用直锚、机械锚固、弯锚形式锚固在端支座内；下部纵向钢筋可采用直锚、机械锚固、弯锚形式锚固在端支座内；下部钢筋也可在节点或支座外梁中弯矩较小处设置搭接接头，如图 3-27 所示。中间节点钢筋布置如图 3-28 所示。

（9）当 $h_w \geqslant 450$ mm 时，在梁的两个侧面应沿高度配置纵向构造钢筋，如图 3-29 所示。每侧纵向构造钢筋（不包括梁上、下部受力钢筋及架立钢筋）的截面面积不应小于腹板截面面积 bh_w 的 0.1%，且其间距不宜大于 200 mm，当梁宽度较大时，可适当放松。当梁侧面配有直径不小于构造纵筋的受扭纵筋时，受扭钢筋可以代替构造钢筋。梁侧面构造纵筋的搭接与锚固长度可取 15d。梁侧面受扭纵筋的搭接长度为 l_{lE}，其锚固长度为 l_{aE}，锚固方式同框架梁下纵筋。

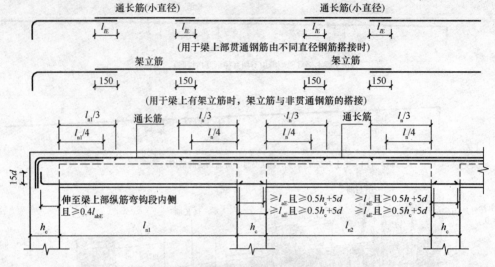

图 3-26　抗震屋面框架 WKL 纵向钢筋构造

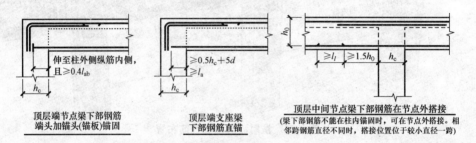

图 3-27　WKL 下部钢筋在支座处锚固

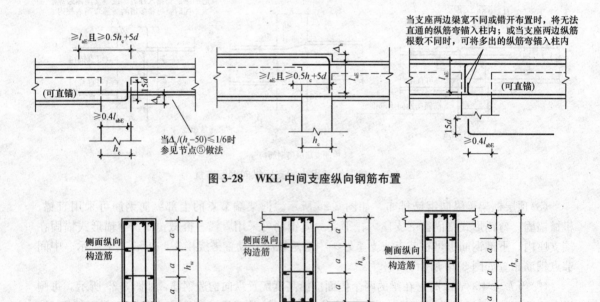

图 3-28　WKL 中间支座纵向钢筋布置

图 3-29　梁侧面构造筋布置

(10)水平折梁及竖向折梁钢筋排布如图 3-30 所示。

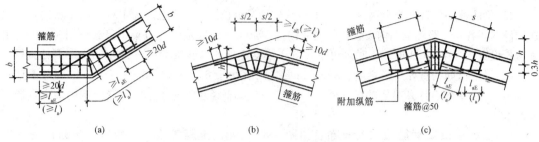

(a)　　　　　　　　　(b)　　　　　　　　　(c)

图 3-30　水平折梁及竖向折梁钢筋排布

(11)在悬臂梁中，应有不少于两根上部钢筋伸至悬臂梁外端，并向下弯折不小于 12d；其余钢筋不应在梁的上部截断，而应按规定的弯起点位置向下弯折，锚固在梁的下边（图 3-31）。

(12)当梁的混凝土保护层厚度不小于 50 mm 时，可配置表层钢筋网片，表层钢筋网片的配置应符合下列规定：表层钢筋宜采用焊接网片；其直径不宜大于 8 mm，间距不应大于 150 mm；网片应配置在梁底和梁侧的混凝土保护层中。梁侧的网片钢筋还应延伸到梁高 2/3 处。两个方向上表层网片钢筋的截面面积均不应小于相应混凝土保护层（图 3-32 所示的阴影部分）面积的 1%。

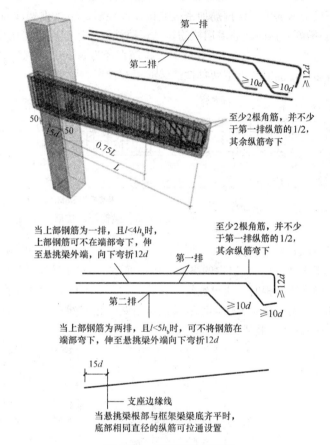

图 3-31　悬臂梁钢筋布置

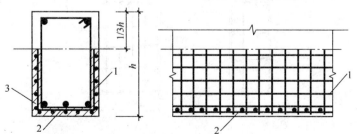

图 3-32　表层钢筋配置筋构造要求

1—梁侧表层钢筋网片；2—梁底表层钢筋网片；3—配置网片钢筋区域

2. 梁箍筋形式

(1)梁的箍筋设置。当梁高>300 mm 时，应沿梁全长设置；当梁高为 150～300 mm 时，可仅在构件两端各 1/4 跨度范围内设置，但当在构件中部 1/2 跨度范围内有集中荷载作用时，则应沿梁全长设置；当梁高<150 mm 时，可不设置。梁支座处的箍筋从梁边或墙边 50 mm 开始设置。

(2)梁中箍筋的直径。当梁高≤800 mm 时，不宜小于 6 mm；当梁高>800 mm 时，不宜小于 8 mm。梁中配有计算需要的纵向受压钢筋时，箍筋直径还不应小于纵向受压钢筋最大直径的 0.25 倍。

(3)抗震框架梁箍筋及拉筋排布，如图 3-33 所示。抗震等级为一级时，箍筋加密区取 $\max\{2h_b, 500\ \text{mm}\}$；抗震等级为二至四级时，加密区取 $\max\{1.5h_b, 500\ \text{mm}\}$；非抗震框架梁与非框架梁箍筋可不设箍筋加密区或按设计要求。h_b 为框架截面高度。

(4)梁侧面纵向钢筋需用拉筋拉结，拉筋紧靠箍筋同时勾住腰筋。当梁宽 b≤350 mm 时，拉筋直径为 6 mm；梁宽>350 mm 时，拉筋直径为 8 mm。拉筋间距为非加密区箍筋间距的 2 倍。当设有多排拉筋时，上下两排拉筋竖向错开设置。

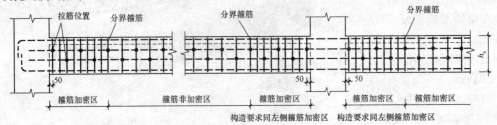

图 3-33　梁箍筋、拉筋排布图

(5)箍筋的形式与肢数。箍筋应做成封闭式，基本形式为双肢箍筋[图 3-34(a)]。当梁的宽度不大于 400 mm，一层内的纵向受压钢筋多于 4 根或梁的宽度大于 400 mm，且一层内的纵向受压钢筋多于 3 根时，应设置复合箍筋，如图 3-34(b)、(c)所示的四肢箍筋与图 3-34(d)所示的六肢箍筋。为了施工方便，四肢箍筋可由两个相同的多肢箍筋拼成，图 3-35 所示为梁的复合箍筋布置形式(相邻肢形成内封闭箍筋形式)。

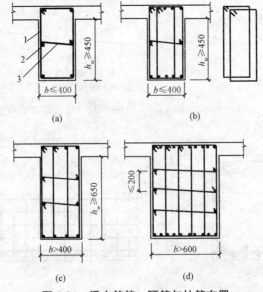

图 3-34　梁中箍筋、腰筋与拉筋布置

(a)双肢箍筋；(b)、(c)四肢箍筋；(d)六肢箍筋

1—箍筋；2—腰筋；3—拉筋

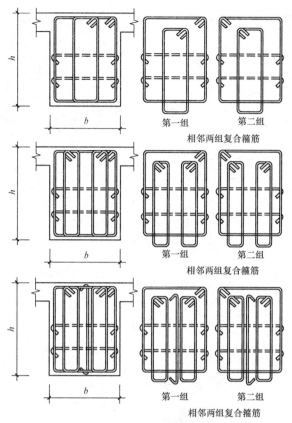

图 3-35　梁的复合箍筋布置形式

抗扭箍筋应做成封闭式，且应沿截面周边布置；当采用复合箍筋时，位于截面内部的箍筋不应计入抗扭箍筋面积。抗扭箍筋的末端应做成135°弯钩，弯钩端头平直段长度不应小于10d。

(二)现浇板钢筋的排布规则

1. 板端部钢筋排布

板端部支座可以是梁、剪力墙、圈梁及砌体，如图3-36所示。板内纵筋在端支座应伸至支座(梁、圈梁或剪力墙)外侧纵筋内侧后弯折，弯折后竖直段长度15d，当直段长度≥l_a时可不弯折。"设计铰接时""充分利用钢筋强度时"由设计指定。

当混凝土板的厚度不小于150 mm时，对板的无支撑边的端部，宜设置U形构造钢筋并与板顶、板底的钢筋搭接，搭接长度不宜小于U形构造筋直径的15倍且不宜小于200 mm；也可采用板面、板底钢筋分别向下、上弯折搭接的形式，如图3-37所示。

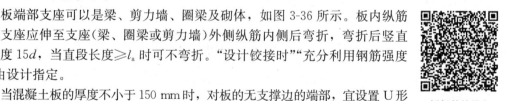

板钢筋的排布

2. 板中间支座钢筋排布

下部纵筋：与支座垂直的贯通纵筋伸入支座≥5d且至少到梁中线，搭接头位置宜在距支座1/4净跨内。与支座平行的第一根贯通纵筋距梁边1/2板筋间距开始布筋。

上部纵筋：与支座垂直的纵筋贯通跨越中间支座，不应在支座位置连接或分别锚固，连接区域在跨中的1/2范围内，当相邻跨上部贯通纵筋配置不同时，应将配置较大者越过其标注的跨度终点或起点伸至相邻跨的跨中连接连接区域连接；与支座平行的纵筋距梁边1/2板筋间距开始布筋。支座负筋按设计要求尺寸布置即可。等跨板钢筋布置如图3-38所示，不等跨板钢筋布置如图3-39所示。其中，l'_{nX}是轴线Ⓐ左右两跨的较大净跨度值；l'_{nY}是轴线Ⓒ左右两跨的较大净跨度值。

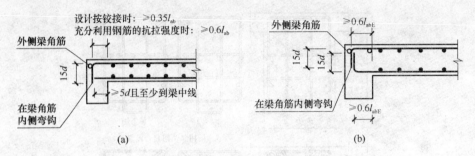

板在端部支座的锚固构造（一）

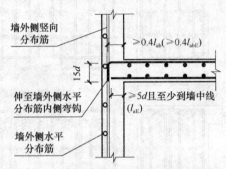

（1）端部支座为剪力墙中间层

（括号内的数值用于梁板式转换层的板，当
板下部纵筋直锚长度不足时，可弯锚）

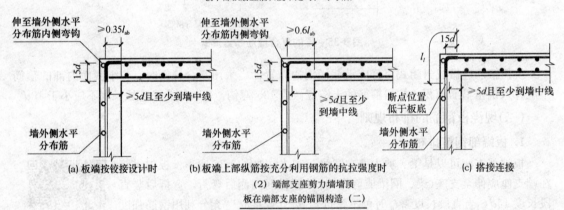

(a) 板端按铰接设计时　　(b) 板端上部纵筋按充分利用钢筋的抗拉强度时　　(c) 搭接连接

（2）端部支座剪力墙墙顶
板在端部支座的锚固构造（二）

图 3-36　板在端部支座的锚固构造

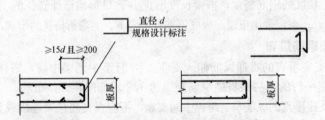

图 3-37　无支撑板端部封边构造（当板厚≥150 mm 时）

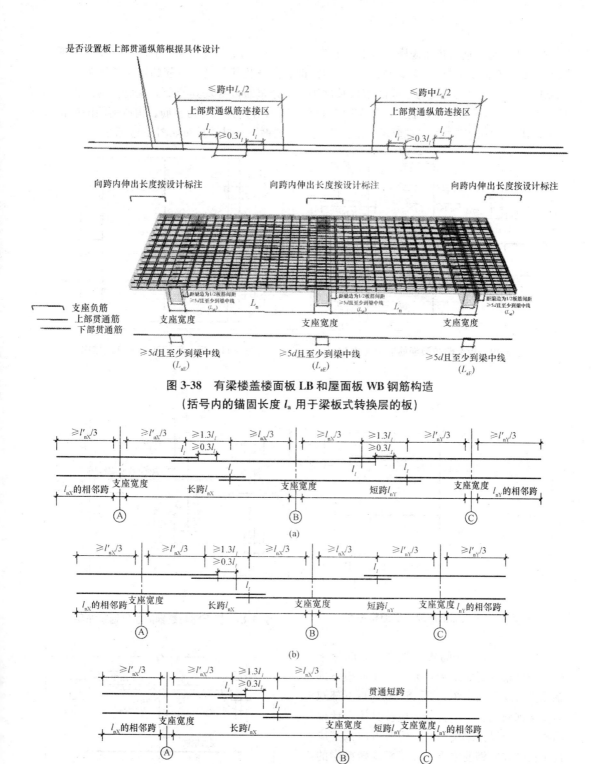

图 3-38 有梁楼盖楼面板 LB 和屋面板 WB 钢筋构造
（括号内的锚固长度 l_a 用于梁板式转换层的板）

图 3-39 不等跨板上部贯通筋的构造

3. 单（双）向板钢筋排布

楼板根据两边长度比值不同，可分为单向板和双向板。单向板在一个方向布置主筋，而在另一方向上布置分布筋；双向板在两个互相垂直方向布置主筋。

(1)板上部钢筋的排布规则。板上部钢筋的排布可分为非贯通排布(图 3-40)、单向贯通排布(图 3-41)与双向贯通排布(图 3-42)。抗裂构造钢筋自身及其与受力主筋的搭接长度为 150 mm；抗温度钢筋自身及其与受力主筋的搭接长度为 l_l；分布筋自身及其与受力主筋、构造钢筋的搭接长度为 150 mm，当分布筋兼作抗温度钢筋时，其自身及其与受力主筋、构造钢筋的搭接长度为 l_l，其在支座的锚固按受拉要求考虑。板上部防裂钢筋非贯通排布如图 3-43 所示。

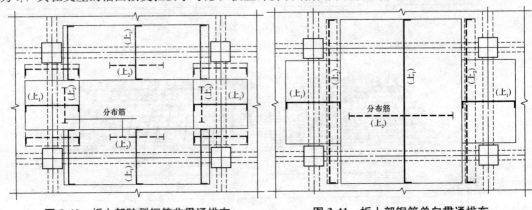

图 3-40　板上部防裂钢筋非贯通排布　　　图 3-41　板上部钢筋单向贯通排布

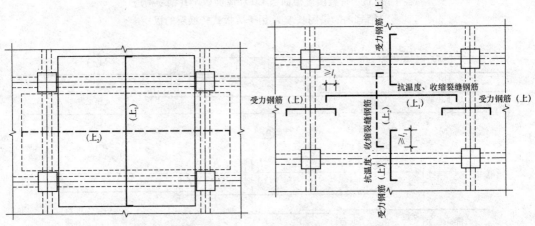

图 3-42　板上部钢筋双向贯通排布图　　　图 3-43　板上部防裂钢筋非贯通排布图

(2)板下部钢筋的排布规则。双向板下部钢筋排布规则如图 3-44 所示，单向板下部钢筋排布规则如图 3-45 所示。双向板下部双向交叉钢筋上、下位置关系应按具体设计说明排布，当设计未说明时，短跨方向钢筋应位于长跨方向钢筋之下。在梁板式转换层的板中，受力钢筋伸入支座的锚固长度为 l_a，当连续板内温度、收缩应力较大时，板下部钢筋伸入支座锚固长度按受拉要求 l_a 锚固。板下部钢筋在柱边排布如图 3-46 所示。

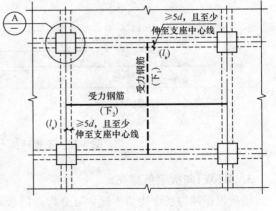

图 3-44　双向板下部钢筋排布示意图

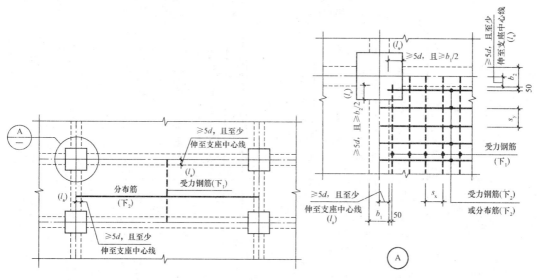

图 3-45　单向板下部钢筋排布示意图　　　　图 3-46　板下部钢筋在柱边排布示意图

　　板厚范围上、下部各层钢筋定位排序如图 3-47 所示。板沿厚度方向上、下部各排钢筋的定位排序方式：上部钢筋依次从上往下排，下部钢筋依次从下往上排。板上部受力筋应优先选择上一层位置排布，板下部受力筋应优先选择下一层位置排布。当板的不同方向上部钢筋交叉时，其上下位置按设计要求定，设计无说明时，交叉钢筋上、下排布位置应根据本图原则并综合考虑钢筋排布整体方案需要确定。

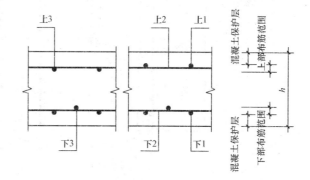

图 3-47　板厚范围上、下部各层钢筋定位排序

　　为增加钢筋与混凝土之间的粘结力，纵向钢筋可采用非接触搭接构造，两排搭接钢筋的间距采用 $30+d \leqslant a \leqslant 0.2 l_l$ 及 150 mm 的较小值，搭接接头间净距 $\geqslant 0.3 l_l$，如图 3-48 所示。

图 3-48　纵向钢筋非接触搭接构造

4. 悬挑板的布筋方式

　　悬挑板可分为由跨内板延伸而得到的延伸悬挑板[图 3-49(a)、(b)]及纯悬挑板[图 3-49(c)]。延伸悬挑板的上部受力筋可以由跨内板的上部受力筋延伸而来，也可另配受力筋，但伸入跨内板的钢筋应满足锚固长度要求[图 3-49(b)]。纯悬挑板上层受力筋应满足构造要求，悬挑板可以上下部均配筋或仅配上层钢筋。

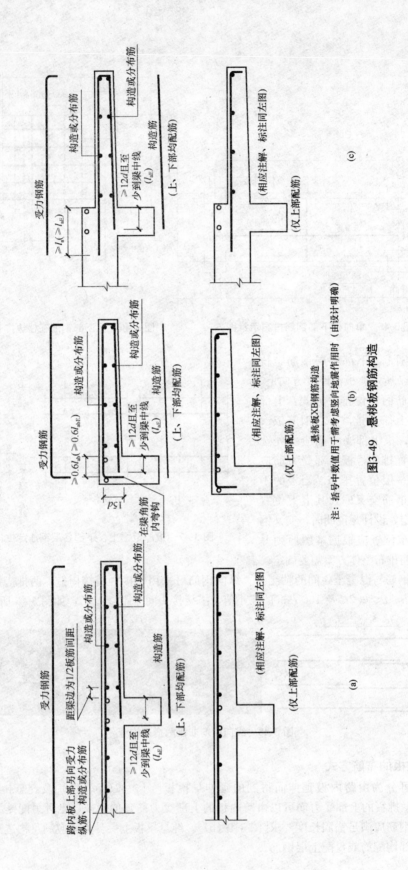

注：括号中数值用于需考虑竖向地震作用时（由设计明确）

图3-49 悬挑板钢筋构造

5. 后浇带及板洞的布筋方式

（1）后浇带布筋。后浇带是为适应环境温度变化、混凝土收缩、结构不均匀沉降等因素影响，在梁、板（包括基础底板）、墙等结构中预留的具有一定宽度且经过一定时间后再浇筑的混凝土带。板中后浇带处的留筋方式有贯通式和100%搭接留筋两种，如图 3-50 所示。

（2）板洞布筋。位于板中部的矩形洞边长和圆形洞直径不大于 300 mm 时，钢筋构造如图 3-51 所示，受力钢筋绕过孔洞，洞边无荷载时，不另设补强筋。当洞口在梁边（角）或墙边（角）开洞时，需截断钢筋，此时洞口布筋如图 3-52 所示。当矩形洞边长和圆形洞直径大于 300 mm 不大于 1 000 mm 时，在洞口处需截断钢筋，另在洞口周围设加强筋，钢筋构造如图 3-53 所示。

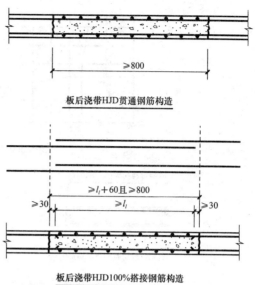

板后浇带HJD贯通钢筋构造

板后浇带HJD100%搭接钢筋构造

(b)

图 3-50　后浇带留筋构造

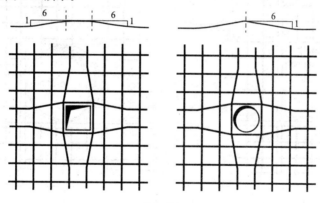

板中开洞

图 3-51　矩形洞边长和圆形洞直径不大于 300 mm 时钢筋构造（板中开洞）

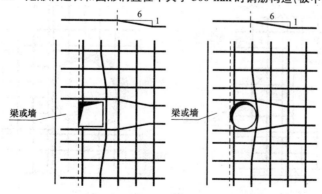

梁边或墙边开洞

图 3-52　矩形洞边长和圆形洞直径不大于 300 mm 时钢筋构造（梁或墙边角处开洞）

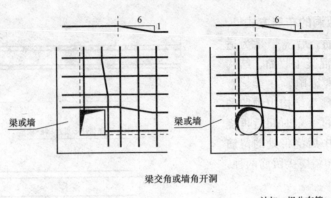

梁交角或墙角开洞

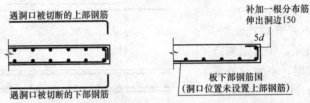

洞边被切断钢筋端部构造

图 3-52　矩形洞边长和圆形洞直径不大于 300 mm 时钢筋构造(梁或墙边角处开洞)(续)

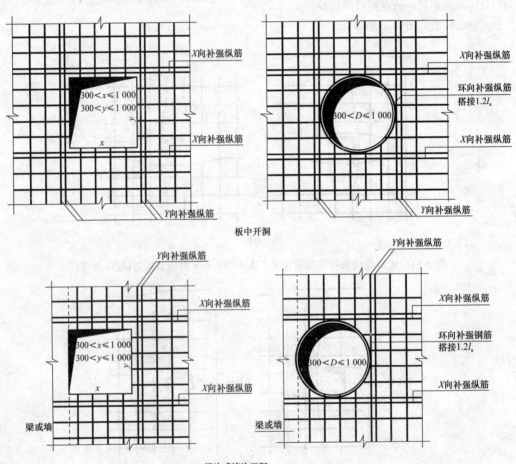

图 3-53　矩形洞边长和圆形洞直径大于 300 mm 不大于 1 000 mm 时钢筋构造

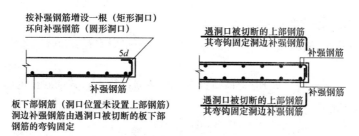

图 3-53　矩形洞边长和圆形洞直径大于 300 mm 不大于 1 000 mm 时钢筋构造(续)

三、梁、板钢筋配料

钢筋配料是根据构件配筋图，先绘制出各种形状和规格的单根钢筋简图并加以编号，然后分别计算钢筋下料长度和根数，填写配料单，申请加工。各种钢筋下料长度计算方法同柱，此处不再重复。

四、梁、板钢筋加工与安装

(一)梁钢筋加工与安装

1. 梁钢筋绑扎工艺流程

梁钢筋绑扎工艺流程如图 3-54 所示。

梁钢筋的绑扎

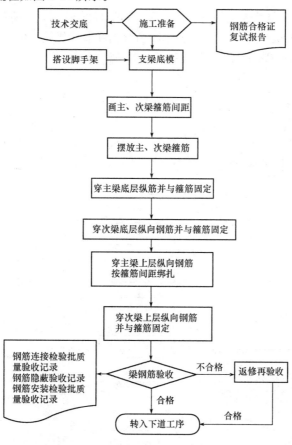

图 3-54　梁钢筋绑扎工艺流程

2. 梁钢筋绑扎施工注意事项

(1)纵向受力钢筋采用双层排列时，两排钢筋之间应垫以直径≥25 mm的短钢筋，以保持其设计距离。

(2)箍筋的接头(弯钩叠合处)应交错布置在两根架立钢筋上，其余同柱钢筋。

(3)板、次梁与主梁交叉处，板的钢筋在上，次梁的钢筋居中，主梁的钢筋在下(图3-55)；当有圈梁或垫梁时，主梁的钢筋在上(图3-56)。

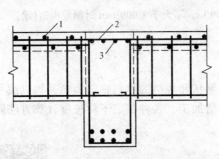

图 3-55 板、次梁与主梁交叉处钢筋

1—板的钢筋；2—次梁钢筋；3—主梁钢筋

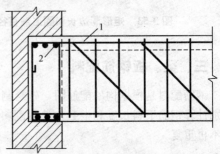

图 3-56 主梁与垫梁交叉处钢筋

1—主梁钢筋；2—垫梁钢筋

(4)框架节点处钢筋穿插十分稠密时，应特别注意梁顶面主筋间的净距要留有30 mm，以利于浇筑混凝土。

(5)梁钢筋的绑扎与模板安装之间的配合关系：梁的高度较小时，梁的钢筋架空在梁顶上绑扎，然后再落位；梁的高度较大(≥1.0 m)时，梁的钢筋宜在梁底模上绑扎，其两侧模或一侧模后安装。

(6)梁板钢筋绑扎时应防止水电管线将钢筋抬起或压下。

(二)板钢筋绑扎

1. 板钢筋绑扎工艺流程

板钢筋绑扎工艺流程如图3-57所示。

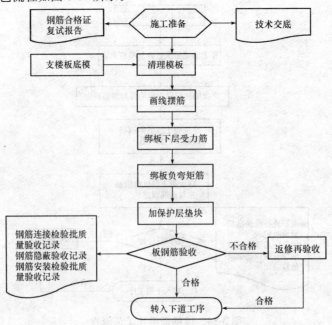

图 3-57 板钢筋绑扎工艺流程

2. 板钢筋绑扎施工注意事项

钢筋网的绑扎，四周两行钢筋交叉点应每点扎牢，中间部分交叉点可相隔交错扎牢，但必须保证受力钢筋不位移。双向主筋的钢筋网，则须将全部钢筋相交点扎牢。绑扎时，应注意相邻绑扎点的铁丝扣要成八字形，以免网片歪斜变形。当采用双层钢筋网时，在上层钢筋网下面应设置钢筋撑脚或混凝土撑脚，以保证钢筋位置正确。钢筋的弯钩应朝上，不要倒向一边；但双层钢筋网的上层钢筋弯钩应朝下。应注意板上部的负筋，要防止被踩下；特别是雨篷、挑檐、阳台等悬臂板，要严格控制负筋位置，以免拆模后断裂。

任务实施

一、KL1 下料计算

1. 纵向钢筋下料长度计算

(1)1 号钢筋(2Φ25)锚固长度为

$$l_{ab} = \alpha \frac{f_y}{f_t} d = 0.14 \times \frac{360}{1.43} \times 25 = 881(\text{mm})$$

$$l_a = \xi_a l_{ab} = 1.0 \times 881 = 881(\text{mm})$$

$$l_{aE} = \xi_{aE} l_a = 1.15 \times 881 = 1\,013(\text{mm})$$

确定支座里锚固的形式：

h_c —保护层厚度—柱纵筋直径—箍筋直径$=550-35-25-10=480(\text{mm}) < l_{aE}$ 且 $> 0.4 l_{abE} = 352\,\text{mm}$，在支座内可采用弯锚形式或机械锚固，如图 3-58 所示。

当采用弯锚时伸入支座长度为：$480+15 \times 25 - 2 \times 25 = 805(\text{mm})$

1 号钢筋下料长度 $l_1 = 6\,250 \times 2 + 550 + 805 \times 2 = 14\,660(\text{mm})$

1 号筋为上部通长筋，现场钢筋定长为 12 m，因此需考虑钢筋的焊接连接，第一接点位于 $\dfrac{l_n}{3} = \dfrac{6\,250}{3} = 2\,083\,\text{mm}$，取 2 100 mm 处。相邻连接接头距离$\geqslant \max\{35d, 500\,\text{mm}\} = 875\,\text{mm}$，取 1 000 mm。

1 号上部通长钢筋分为三段，两根通长钢筋的连接接头相互错开 1 000 mm，如图 3-59 所示。

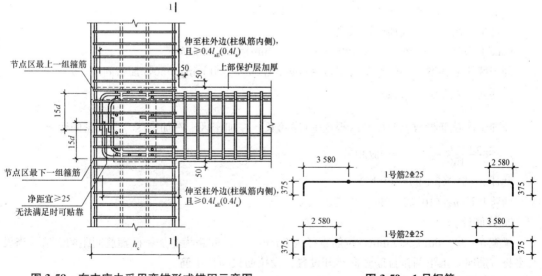

图 3-58　在支座内采用弯锚形式锚固示意图　　　　　图 3-59　1 号钢筋

(2)2 号钢筋(2Φ25)为支座负筋，与 1 号钢筋相同采用弯锚形式，其下料长度为：$l=(550-35-25-10)+\dfrac{6\ 250}{3}+15\times25-2\times25=2\ 888(\text{mm})$，取 2 890 mm。

(3)3 号钢筋(2Φ25)，下料长度为 $l=\dfrac{6\ 250}{3}\times2+550=4\ 717(\text{mm})$，取 4 720 mm。

(4)4 号筋(4Φ14)下料长度为

$$l_{ab}=\alpha\frac{f_y}{f_t}d=0.14\times\frac{360}{1.43}\times14=493(\text{mm})$$

$$l_a=\xi_b l_{ab}=1.0\times493=493(\text{mm})$$

$$l_{aE}=\xi_{aE} l_a=1.15\times493=567(\text{mm})$$

右支座内的锚固：$\max\{0.5h_c+5d,\ l_{aE}\}=\{0.5\times550+5\times14,\ 567\}=567(\text{mm})$

左支座内的锚固：h_c－保护层厚度－柱纵筋直径－箍筋直径$=550-35-25-10=480(\text{mm})<l_{aE}$ 且$>0.4l_{ab}=227$ mm，在支座内可采用弯锚形式或机械锚固。

当采用弯锚时，4 号筋下料长度：

$l=(550-35-25-10)+15\times14-2\times14+6\ 250+567=7\ 479(\text{mm})$，取 7 480 mm。

(5)5 号筋(4Φ20)下料长度为

$$l_{ab}=\alpha\frac{f_y}{f_t}d=0.14\times\frac{360}{1.43}\times20=705(\text{mm})$$

$$l_a=\xi_b l_{ab}=1.0\times705=705(\text{mm})$$

$$l_{aE}=\xi_{aE} l_a=1.15\times705=811(\text{mm})$$

右支座内的锚固：$\max\{0.5h_c+5d,\ l_{aE}\}=\{0.5\times550+5\times20,\ 811\}=811(\text{mm})$

左支座内的锚固：h_c－保护层厚度－柱纵筋直径－箍筋直径$=550-35-25-10=480(\text{mm})<l_{aE}$ 且$>0.4l_{ab}=352$ mm，在左支座内可采用弯锚形式或机械锚固。

当采用弯锚时，5 号筋下料长度：

$l=(550-35-25-10)+15\times20-2\times20+6\ 250+811=7\ 801(\text{mm})$取 7 800 mm。

2. 箍筋计算

箍筋采用 Φ8@100/200 下料长度计算：

箍筋下料长度＝箍筋周长＋箍筋调整值，

$l=2\times(300-35\times2+600-35\times2)+60=1\ 580(\text{mm})$

本框架二级抗震，其加密区长度：

$\max\{1.5h_b,\ 500\ \text{mm}\}=\max\{900\ \text{mm},\ 500\ \text{mm}\}=900(\text{mm})$

加密区箍筋根数：一端加密区根数$=(\max\{1.5h_b,\ 500\ \text{mm}\}-50)/$加密间距$+1$

$n=\dfrac{900-50}{100}+1=10(\text{根})$

非加密区箍筋根数：非加密区根数$=($净跨长－左加密区－右加密区$)/$非加密间距-1

$n=\dfrac{6250-900\times2}{150}-1=29(\text{根})$

共计 $n=10\times2+29=49(\text{根})$

两跨共计 $n=(10\times2+29)\times2=98(\text{根})$

3. 拉筋计算

梁宽 $b=300\ \text{mm}\leqslant350\ \text{mm}$，拉筋直径为 6 mm，拉筋间距为非加密区箍筋间距的 2 倍。当设有多排拉筋时，上下两排拉筋竖向错开设置。设拉筋只勾住主筋。

其长度计算公式如下：

拉筋长度＝(梁宽－保护层厚度×2－箍筋直径×2＋拉筋直径×2)＋1.9×拉筋直径×2＋

$\quad\quad\max\{75\ \text{mm},\ 10d\}\times2$

$l=(300-2\times35+2\times6)+1.9\times6\times2+\max\{75,\ 10\times6\}=340(\text{mm})$

$n=\left(\dfrac{10}{4}\times2+\dfrac{29}{2}\right)\times2=40(\text{根})$

箍筋拉筋布置示意如图 3-60 所示。

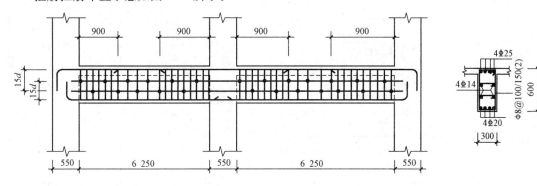

图 3-60　箍筋拉筋布置示意

绘制 KL1 钢筋翻样，如图 3-61 所示。

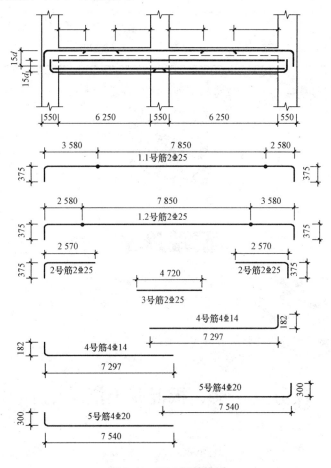

图 3-61　KL1 钢筋翻样

KL1 钢筋下料表见表 3-2。

表 3-2　KL1 钢筋下料表

构件名称	钢筋编号	钢筋简图	直径	级别	下料长度/mm	单位根数	构件根数	合计根数	质量/kg
KL1(2)	1 号筋	375　2 580　1 000　6 850　1 000　2 580　375　1 号筋 2⊈25			14 660	2	2 根	4	224.84
	2 号筋	375　2 570　2 号筋 2⊈25	25		2 910	4		8	89.628
	3 号筋	4 720　3 号筋 2⊈25		HRB400	4 720	2		4	72.688
	4 号筋	182　4 号筋 4⊈14　7 297	114		7 480	8		16	144.8
	5 号筋	300　5 号筋 4⊈20　7 540	20		7 800	8		16	308.256
	箍筋	262　480	8	HRB335	1 580	98		196	122.323
	拉筋	242	6	HPB300	340	40		80	60.384
	合计								1 022.303

二、梁钢筋直螺纹连接技术交底(可扫下面二维码查看)

梁钢筋直螺纹连接技术交底

━━━━━━━━━━ 思 考 题 ━━━━━━━━━━

1. 简述主、次梁钢筋绑扎的工艺流程及施工注意事项。
2. 简述主、次梁及板钢筋绑扎的工艺流程及施工注意事项。
3. 梁、板钢筋绑扎的质量要求有哪些?
4. 直螺纹连接的工艺流程是什么?其质量要求有哪些?

任务三　梁、板混凝土浇筑施工

引导问题

1. 说明梁、板混凝土结构的施工工艺。

2. 如何制订梁、板混凝土施工方案？

3. 梁、板混凝土的施工顺序怎样安排？

工作任务

某厂房如附图一所示，设计合理使用年限为 50 年，安全等级为二级，环境类别为一类，二级抗震。框架梁、钢筋混凝土板均为 C30。

工作要求：编写梁、板混凝土施工技术交底。

知识链接

一、混凝土浇筑与振捣施工要点

（1）在浇筑工序中，应控制混凝土的均匀性和密实性。混凝土拌合物运至浇筑地点后，应立即浇筑入模。在浇筑过程中，如发现混凝土拌合物的均匀性和稠度发生较大的变化，应及时处理。

（2）浇筑竖向结构混凝土前，底部应先填以 50～100 mm 厚与混凝土成分相同的水泥砂浆。

（3）浇筑混凝土时，应经常观察模板、支架、钢筋、预埋件和预留孔洞的情况，当发现有变形、移位时，应立即停止浇筑，并应在已浇筑的混凝土凝结前修整完好。

（4）混凝土在浇筑及静置过程中，应采取措施防止产生裂缝。混凝土因沉降及干缩产生的非结构性的表面裂缝，应在混凝土终凝前予以修整。在浇筑与柱和墙连成整体的梁和板时，应在柱和墙浇筑完毕后停歇 1～1.5 h，使混凝土获得初步沉实后，再继续浇筑梁板，以防止接缝处出现裂缝。

二、现浇混凝土框架结构浇筑

（1）多层框架要分层分段施工，水平方向以结构平面的伸缩缝分段，垂直方向按结构层分层。在每层中先浇筑柱，再浇筑梁、板。浇筑一排柱的顺序应从两端同时开始，向中间推进，以免因浇筑混凝土后由于模板吸水膨胀，断面增大而产生横向推力，最后使柱发生弯曲变形。柱子浇筑宜在梁板模板安装后、钢筋未绑扎前进行，以便利用梁板模板稳定柱模和作为浇筑柱混凝土操作平台之用。

（2）浇筑混凝土时应连续进行，如必须间歇时，应按表 1-36 规定执行。

（3）浇筑混凝土时，浇筑层的厚度不得超过表 1-37 的数值。

（4）混凝土在浇筑过程中，要分批做坍落度试验，如坍落度与原规定不符时，应予以调整配合比。

（5）混凝土在浇筑过程中，要保证混凝土保护层厚度及钢筋位置的正确性。不得踩踏钢筋，不得移动预埋件和预留孔洞原来的位置，如发现偏差和位移，应及时校正。特别要重视竖向结构的保护层和板、雨篷结构负弯矩部分钢筋的位置。

（6）肋形楼板的梁、板应同时浇筑，浇筑方法应先将梁根据高度分层浇捣成阶梯形，当达到板底位置时即与板的混凝土一起浇捣，随着阶梯形的不断延长，则可连续向前推进，如图 3-62 所示。倾倒混凝土的方向应与浇筑方向相反，如图 3-63 所示。当梁的高度大于 1 m 时，允许单独浇筑。施工缝可留设在距离板底面以下 20～30 mm 处。

（7）浇筑无梁楼盖时，在离离柱帽下 50 mm 处暂停，然后分层浇筑柱帽，下料必须倒在柱帽中心，待混凝土接近楼板底面时，即可连同楼板一起浇筑。

（8）当浇筑柱梁及主次梁交叉处的混凝土时，一般钢筋较密集，特别是上部负钢筋又粗又多，因此，既要防止混凝土下料困难，又要注意砂浆挡住石子。必要时这一部分可改用细石混凝土进行浇筑，与此同时振捣棒头可改用片式并辅以人工捣固配合。若梁、柱混凝土强度不同，则节点混凝土可以采用图 3-64 所示的方式浇筑。

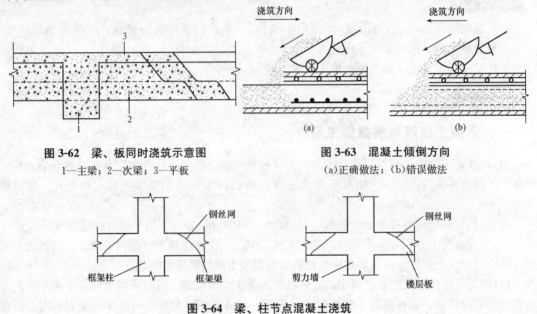

图 3-62 梁、板同时浇筑示意图
1—主梁；2—次梁；3—平板

图 3-63 混凝土倾倒方向
(a)正确做法；(b)错误做法

图 3-64 梁、柱节点混凝土浇筑

(9)梁板施工缝可采用企口式接缝或垂直立缝的做法，不宜留设坡槎。

混凝土的振捣、养护及质量检查同柱相关内容，此处不再重复。

任务实施

混凝土浇筑技术交底(可扫下面二维码查看)。

混凝土浇筑技术交底

思考与练习

1. 试述梁板的施工缝后浇带的留设方法及处理方法，当节点处柱与梁板的混凝土强度等级不同时应如何处理。

2. 现浇框架结构混凝土浇筑要点有哪些？

项目四　钢筋混凝土楼梯施工

知识目标

◆熟悉楼梯模板施工质量验收标准及安全技术要求；掌握楼梯模板设计、制作、安装及拆除的施工要点。

◆熟悉钢筋质量验收检查的标准；掌握钢筋混凝土楼结构施工图识读方法及钢筋配料计算、加工制作和绑扎安装要点。

◆熟悉楼梯混凝土施工的质量验收标准。掌握钢筋混凝土楼梯的混凝土浇筑要点，掌握楼梯施工缝的留设要求及处理方法。

能力目标

◆能够选用楼梯模板及完成相应模板的配板；能编制楼梯模板施工技术交底；能对施工中出现的质量问题进行简单的分析与处理。

◆能够识读钢筋混凝土楼梯结构施工图并能根据楼梯的结构配筋图进行钢筋下料计算；能编制楼梯钢筋施工技术交底；能进行钢筋绑扎安装后的质量检查，并做工作记录。

◆能组织实施楼梯混凝土浇筑、振捣和养护等工作；能够确定施工缝的留设位置；能分析处理施工过程中的技术问题、评价施工质量；能制定楼梯混凝土浇筑施工技术交底。

任务一　钢筋混凝土楼梯模板制作与安装

引导问题

1. 钢筋混凝土楼梯是按什么顺序进行施工的?

2. 钢筋混凝土楼梯模板安装的顺序是什么?

3. 钢筋混凝土楼梯的模板与墙、柱、梁板模板有哪些不同之处?

工作任务

如附图二所示，某高层住宅楼梯 AT1 配筋如图 4-1 所示。梯板厚 $h=100$，踏步段总高为 1 400 mm，梯板净跨度尺寸为 $260×8=2\,080$(mm)，梯板净宽度尺寸为 1 150 mm，楼梯井宽度为 200 mm；混凝土强度等级为 C30，二级抗震。

任务要求：编写楼梯模板施工技术交底。

知识链接

一、楼梯的类型及组成

现浇混凝土楼梯按结构不同可以分为板式楼梯、梁式楼梯、悬挑楼梯和旋转楼梯等。板式楼梯的踏步段是一块斜板，这块踏步段斜板支撑在高端梯梁和低端梯梁上，或者直接与高端平板和低端平板连成一体；梁式楼梯踏步段的左右两侧是两根楼梯斜梁，将踏步板支撑在楼梯斜梁上；这两根楼梯斜梁支撑在高端梯梁和低端梯梁上，这些高端梯梁和低端梯梁一般都是两端支撑在墙或者柱上；悬挑楼梯的梯梁一端支撑在墙或者柱上，形成悬挑梁的结构，踏步板支撑在梯梁上。也有的悬挑楼梯直接把楼梯踏步直接做成悬挑板（一端支撑在墙或者柱上），如旋转楼梯采用围绕一个轴心螺旋上升的做法。旋转楼梯往往与悬挑楼梯相结合，作为旋转中心的柱就是悬挑踏步板的支座，楼梯踏步围绕中心柱形成一个螺旋向上的踏步形式。

本项目以现浇混凝土板式楼梯为例学习楼梯的施工，现浇混凝土板式楼梯根据其构造特点不同可分为 11 种类型，

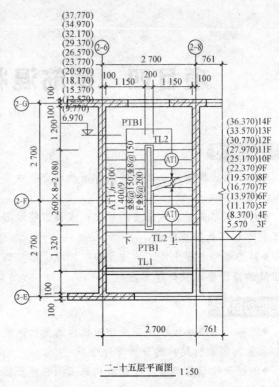

图 4-1　高层住宅楼梯 AT1 示意

见表 4-1。楼梯类型及适用范围见表 4-2。现浇板式楼梯由层间平板、层间梯梁、踏步段、楼层梯梁、楼层平板组成，如图 4-2 所示。

表 4-1　楼梯类型

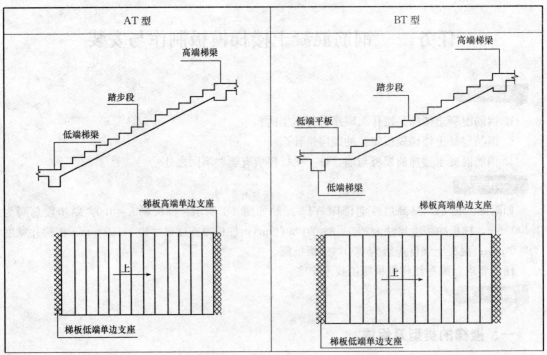

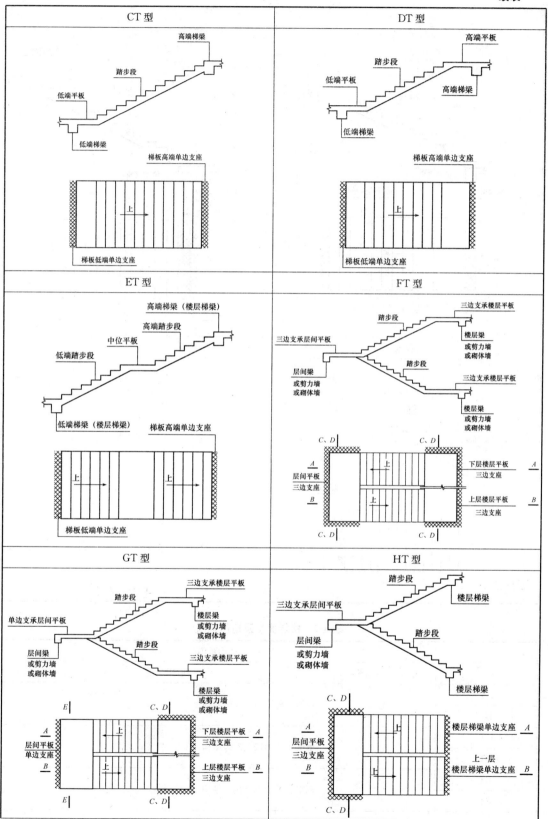

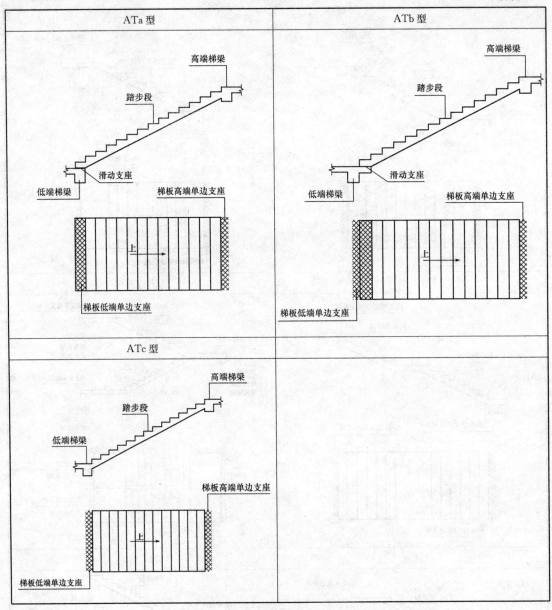

表 4-2　楼梯类型及适用范围

梯板代号	适用范围	
	抗震构造措施	适用结构
AT	无	框架、剪力墙、砌体结构
BT		
CT	无	框架、剪力墙、砌体结构
DT		
ET	无	框架、剪力墙、砌体结构
FT		

梯板代号	适用范围	
	抗震构造措施	适用结构
GT	无	框架结构
HT		框架、剪力墙、砌体结构
ATa	无	框架结构
ATb		
ATc		

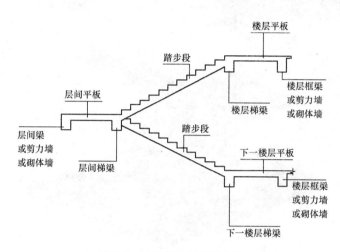

图 4-2　现浇板式楼梯的组成

二、楼梯模板的构造

搭设楼梯模板常采用胶合板(图 4-3),也可以采用定型组合钢模板(图 4-4)或木模板。平台梁和平台模板的构造与梁板模板基本相同。楼梯段模板由底模、搁栅、牵杠、牵杠撑、外帮板、踏步侧板、反三角木等组成。

楼梯模板施工与楼板模板施工相似,可参照整浇楼板的模板安装,只是两个平台梁不在同一标高处,梯段板又是斜向的,在底部需要安装斜向支撑(支柱),且梯段表面要增加踏步挡板(踏步模板)。楼梯段模板的安装根据施工人员的习惯,也有其他不同形式,可以用反三角木限定踏步模板的位置,也可以在楼梯两侧整块边侧模板上弹线并安装限位木方来固定踏步模板的位置,且当梯段宽度较大时,应在梯段宽度方向上间隔增设拉结固定。

先立平台梁、平台板的模板以及梯基的侧板。在平台梁和梯基侧板上钉托木,将搁栅支于托木上,搁栅的间距为 400～500 mm,断面尺寸为 50 mm×100 mm。搁栅下立牵杠及牵杠撑,牵杠撑断面尺寸为 50 mm×150 mm,牵杠撑间距为 1～1.2 m,其下垫通长垫板。牵杠应与搁栅相垂直,牵杠撑之间应用拉杆相互拉结。

然后在搁栅上铺梯段底板,底板厚度为 25～30 mm,底板纵向应与搁栅相垂直。在底板上划梯段宽度线,依线立外帮板,且梯段两侧都应设外帮板,外帮板可用夹木或斜撑固定。梯段中间加设反三角木,在反三角木与外帮板之间逐块钉踏步侧板,踏步侧板一头钉在外帮板的木档上,另一头钉在反三角木的侧面上。如果梯形较宽,应在梯段中间再加反三角木。

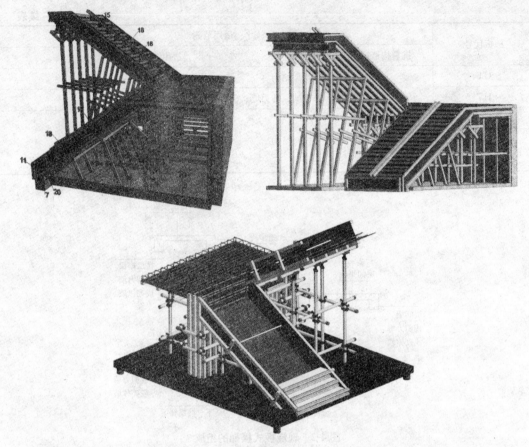

图 4-3　楼梯段模板

1—支柱(顶撑)；2—木楔；3—垫板；4—平台梁底模；5—梁侧模板；6—夹板；7—托木；8—牵扛；
9—木楞；10—平台底模板；11—梯基侧模板；12—斜木楞(搁栅)；13—楼梯底模板；14—斜向顶撑；
15—外帮板；16—横挡木；17—反三角板；18—踏步侧板；19—拉杆；20—木桩

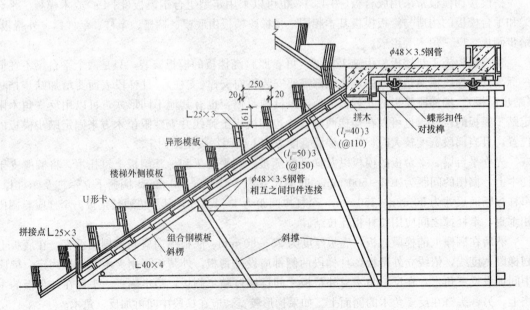

图 4-4　定型组合钢模板支设

梯段侧板的宽度至少要等于梯段板厚度及踏步高，长度按梯段长度确定。反三角木是由若干三角木块钉在方块上，三角木块两直角边长分别等于踏步的高和宽，板的厚度为 50 mm，方木的断面尺寸为 50 mm×100 mm，每一梯段反三角木至少要配一块，楼梯较宽时可多配。反三角木用横楞及立木支吊。

三、楼梯模板施工

1. 楼梯模板安装流程

楼梯模板安装流程图如图 4-5 所示。

2. 楼梯模板支设施工要点

(1)楼梯模板的构造与楼板模板相似，不同点是倾斜支设和支设楼梯底板踏步侧板。安装时，先在楼梯间墙上按设计标高画出楼梯段、楼梯踏步及平台板、平台梁的位置。在平台梁下搭设支架，立柱下设垫板，在钢管架上放木楞钉平台梁的底模板，立侧模，在平台处搁置木楞，铺钉平台底模板。

(2)在楼梯基础侧板上钉托木，将楼梯斜木楞钉在托木和平台梁侧板外的托木上。在斜木楞上面铺钉楼梯底模板，下面搭设支架，其间用拉杆拉结，再沿楼梯边立外帮板，用外帮板上的横档木将外帮板钉固在斜木楞上，先在其内侧弹出楼梯底板厚度线，用套板画出踏步侧板位置线。

(3)踏步板安装时，在楼梯斜面两侧木楞上将反三角木立起，反三角木的两端可钉固于平台梁和梯基侧板上，然后在反三角木与外帮板之间逐块钉

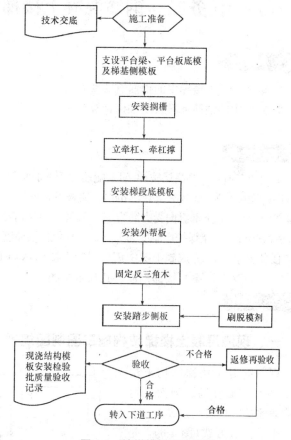

图 4-5 楼梯模板安装流程

上踏步侧板，踏步侧板的一头钉在外帮板的木档上，另一头钉在反三角木的侧面上。如果梯段中间再加设反三角木，应用木档上下连接固定，以免发生踏步侧板凸肚现象，为了确保梯板符合要求的厚度，在踏步侧板下面可以垫以若干小木块，这些小木块在浇筑混凝土时随手取出。

(4)在楼段模板放线时，特别要注意每层楼梯的第一踏步与最后一个踏步的高度，踏步高度应均匀一致，最下一步及最上一步的高度，必须考虑到楼地面最后的装修厚度，才能杜绝踏步高低不同的偏差现象，以免影响用户使用及观感效果。

任务实施

楼梯模板施工技术交底包括编制依据、施工准备(材料、机具、作业条件)操作工艺、质量标准、通病预防、安全交底。结合所学内容自行编写，此处从略。

1. 楼梯模板构造及安装要求有哪些？
2. 通过前面的学习，总结模板有哪些类型？各有什么特点？适用范围是什么？

任务二　钢筋混凝土楼梯钢筋制作与安装

引导问题

1. 钢筋混凝土楼梯中的钢筋有哪些？
2. 楼梯中的钢筋下料长度如何计算？

工作任务

如附图二所示，某高层楼梯 AT1 配筋如图 4-1 所示。梯板厚 $h=100$，踏步段总高为 1 400 mm，梯板净跨度尺寸为 260×8＝2 080(mm)，梯板净宽度尺寸为 1 150 mm，楼梯井宽度200 mm；混凝土强度等级为C30，下部纵向受力筋为 $\Phi8@150$，上部纵筋为 $\Phi8@150$，梯板分布筋为 $\Phi8@200$，梯梁宽度 $b=200$ mm，梯梁保护层厚度为 35 mm，板保护层厚度为 20 mm，二级抗震。

任务要求：1. 完成施工图中钢筋混凝土楼梯 AT1 的钢筋下料计算。
　　　　　2. 编写楼梯钢筋绑扎技术交底。

知识链接

一、现浇混凝土楼梯结构施工图制图规则

现浇混凝土楼梯结构平法施工图有平面注写、剖面注写和列表注写三种表达方式。

平面注写方式(图 4-6)，是用在楼梯平面布置图上注写截面尺寸和配筋具体数值的方式来表达楼梯施工图，包括集中标注和外围标注。楼梯集中标注的内容包括：梯板类型代号与序号、梯板厚度、踏步段总高度和踏步级数、梯板支座上部纵筋下部纵筋、梯板分布筋；楼梯外围标注的内容包括：楼梯间的平面尺寸、楼层的结构标高、层间结构标高、楼梯的上下方向、楼梯板的平面几何尺寸、平台板配筋、梯梁及柱配筋等。

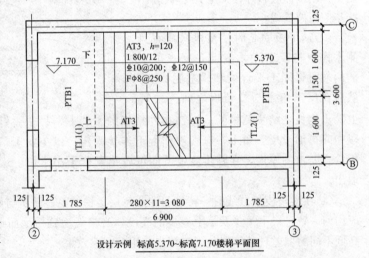

设计示例　标高5.370~标高7.170楼梯平面图

图 4-6　楼梯施工图平面注写方式

剖面注写方式(图 4-7)，需在楼梯法施工图中绘制楼梯平面布置图和楼梯剖面图。注写方

式分为平面注写、剖面注写两部分。楼梯平面布置注写内容包括：楼梯间平面尺寸、楼层结构标高、层间结构标高、楼梯的上下方向、梯板的平面几何尺寸、梯板类型及编号、平台板配筋、梯梁及梯柱配筋等。楼梯剖面注写方式包括：梯板集中标注，梯梁及梯柱编号、梯板水平及竖向尺寸、楼层结构标高、层间结构标高等。梯板集中标注的内容包括：梯板类型代号与序号、梯板厚度、梯板配筋、梯板分布筋。

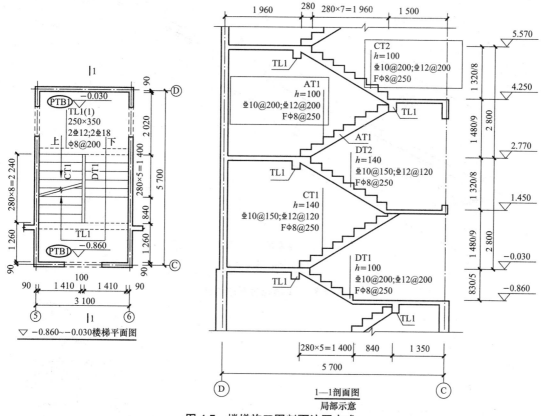

图 4-7 楼梯施工图剖面注写方式

列表注写方式(表 4-3)是以列表方式注写楼梯板截面尺寸和配筋具体数值的方式来表达楼梯施工图。列表注写方式的具体要求同剖面注写方式，即将剖面注写方式中的梯板配筋集中标注改为列表注写。

表 4-3 楼梯列表注写方式

梯板编号	踏步段总高度/踏步级数	板厚h/mm	上部纵向钢筋	下部纵向钢筋	分布筋
AT1	1 480/9	100	$\Phi 8@200$	$\Phi 8@100$	$\phi 6@150$
CT1	1 320/9	140	$\Phi 8@200$	$\Phi 8@100$	$\phi 6@150$
DT1	830/5	100	$\Phi 8@200$	$\Phi 8@150$	$\phi 6@150$

楼层平台梁板配筋，可以绘制在楼梯平面图中，也可以绘制在各层梁板配筋图中；层间平台梁板配筋在楼梯平面图中绘制。楼梯平台板可以与该层的现浇楼板整体设计。

二、现浇混凝土板式楼梯钢筋的排布规则

楼梯的种类较多，楼梯板钢筋的配置如图 4-8～图 4-17 所示。

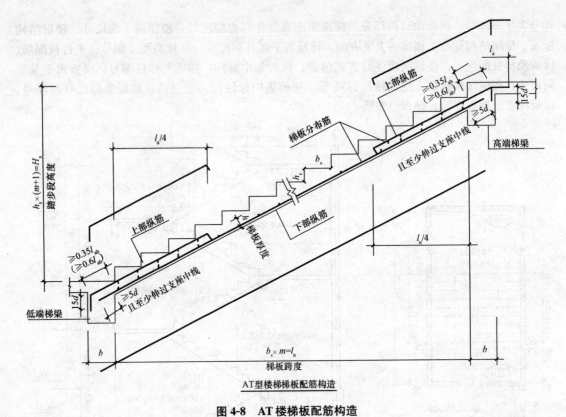

图 4-8　AT 楼梯板配筋构造

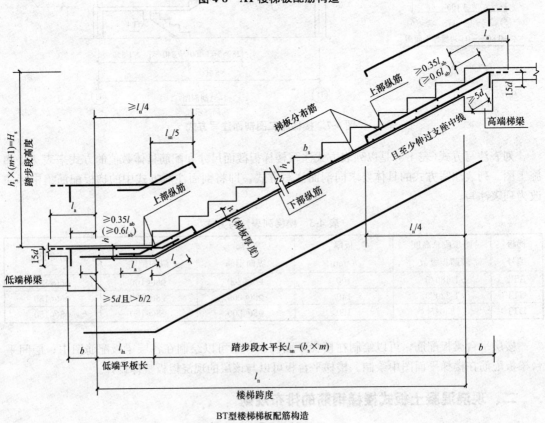

图 4-9　BT 楼梯板配筋构造

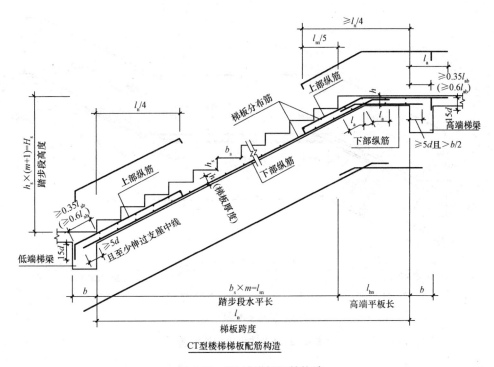

CT型楼梯梯板配筋构造

图4-10　CT楼梯板配筋构造

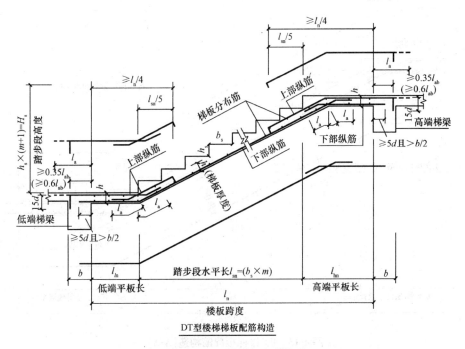

DT型楼梯梯板配筋构造

图4-11　DT楼梯板配筋构造

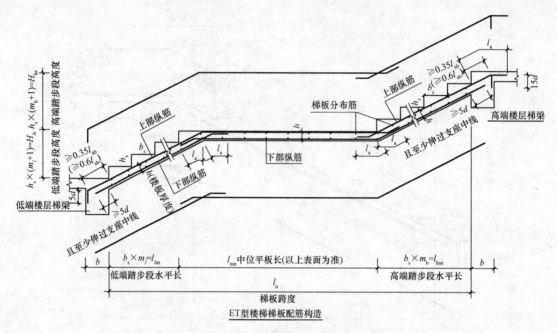

图 4-12　ET 楼梯板配筋构造

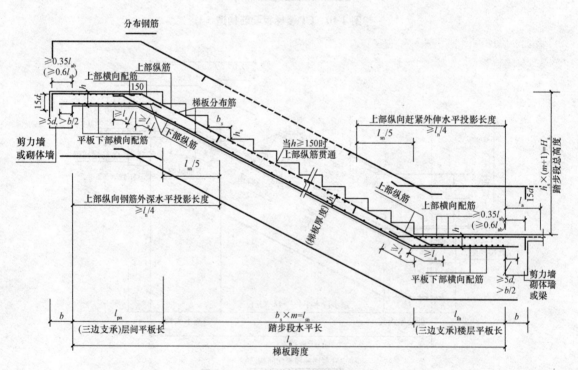

图 4-13　FT 楼梯板配筋构造(A-A)

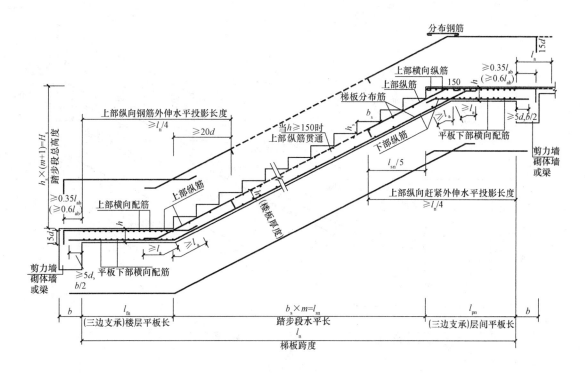

图 4-14 FT 楼梯板配筋构造(B-B)

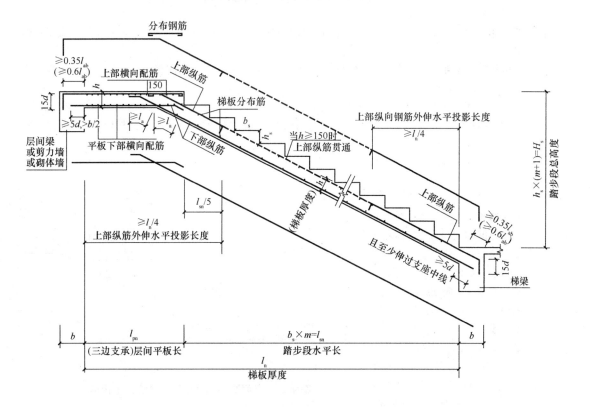

图 4-15 GT 楼梯板配筋构造(A-A)

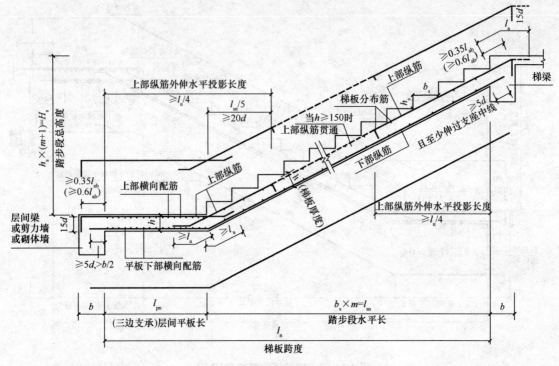

图 4-16　GT 楼梯板配筋构造(B-B)

注：1. 当采用 HPB300 光面钢筋时，除梯板上部纵筋的跨内端头做 90°直角弯钩外，所有末端应做 180°的弯钩。

2. 上部纵筋有条件时可直接伸入平台板内锚固或与平台钢筋合并，从支座内边算起总锚固长度不小于 l_a，如图中虚线所示。

3. 上部纵筋需伸至支座对边在向下弯折时，图中上部钢筋锚固长度 $0.35l_{ab}$ 用于设计按铰接的情况，括号内数据 $0.6l_{ab}$ 用于设计考虑充分发挥钢筋抗拉强度的情况，具体工程设计中指明采用何种情况。

4. 踏步段内斜放钢筋长度的计算方法：

$$钢筋斜长 = 水平投影长度 \times k, \quad k = \frac{\sqrt{b_s^2 + h_s^2}}{b_s}$$

5. 由于踏步段上下两端板的建筑面层厚度不同，为使面层完工后各级踏步等高等宽，必须减少最上一级踏步的高度并将其余踏步整体竖向推高(图 4-17)，整体推高的(垂直)高度值 $\delta_1 = \Delta_1 - \Delta_2$，高度减小后的最上一级踏步高度 $h_{s2} = h_s - (\Delta_3 - \Delta_2)$，最下一步踏步高度 $h_{s1} = h_s + \delta_1$。其中 δ_1 为第一级与中间各级踏步整体斜向推高值；

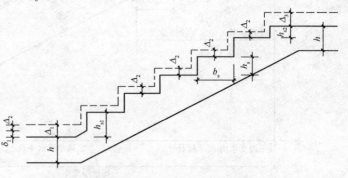

图 4-17　不同踏步位置推高与高度减小构造

h_{s1} 为第一级(推高后)踏步的结构高度；h_{s2} 为最上一级(减小后)踏步的结构高度；Δ_1 为第一级踏步根部的板面层厚度；Δ_2 为中间各级踏步面层厚度；Δ_3 为最上一级踏步板面层厚度。

三、楼梯钢筋绑扎与安装

(一)楼梯钢筋施工工艺流程

楼梯钢筋绑扎施工工艺流程如图 4-18 所示。

(二)楼梯与钢筋施工要点

楼梯钢筋下料制作的原理方法同梁板柱钢筋的下料制作，但应确定每层楼梯的钢筋安装、连接方法。一般上一层楼梯的底板钢筋、负筋可在绑扎楼板梁或平台梁钢筋时预先埋设完毕，如图 4-19 所示，为保证其位置和斜度，可用跨越楼梯间洞口的钢筋支架将其固定，待下一层楼梯支模完毕绑扎钢筋时，再进一步校正位置并一次性绑扎完成。休息平台梁的钢筋一般要在结构中设置预埋钢筋头（长度应满足连接长度要求），当进行该层楼梯施工时，绑扎休息平台梁钢筋并与结构中预埋钢筋可靠连接，然后绑扎梯段板钢筋。

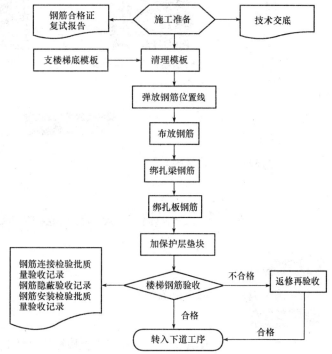

图 4-18　楼梯钢筋绑扎施工流程

楼梯钢筋绑扎应满足的要求有：在楼梯段底模上画主筋和分布筋的位置线；根据设计图纸主筋、分布筋的方向，先绑扎主筋后绑扎分布筋，每个交点均绑扎，如果有楼梯梁，则绑梁后绑板筋，且板筋要锚固到梁内；底板筋绑完，待踏步模板吊梆完成后再绑扎踏步钢筋；主筋接头数量和位置均要满足施工及验收规范要求。

应注意以下质量问题：

(1)钢筋变形：钢筋骨架绑扎时应注意绑扣方法，宜采用十字扣或套扣绑扎。

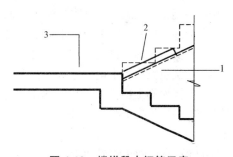

图 4-19　楼梯段内钢筋示意
1—楼梯底板钢筋；2—楼梯段负筋；3—楼梯平台板

(2)板负弯矩钢筋位置应准确，施工时不应踩到下面。

(3)当钢筋品种、级别或规模须作变更时，应办理设计变更文件。

(4)在浇筑混凝土之前，应进行钢筋隐蔽工程验收，其内容包括钢筋的连接方式、接头位置、接头数量、接头面积百分率等；箍筋、横向钢筋的品种、规格、数量、间距等；预埋件的规格、数量、位置等。

任务实施

1. 楼梯钢筋长度下料计算（可扫下面二维码查看）

2. 楼梯钢筋绑扎施工技术交底（可扫下面二维码查看）

楼梯钢筋长度下料计算　　　楼梯钢筋绑扎施工技术交底

思 考 题

楼梯钢筋构造的特点有哪些？请画图表示。

任务三　钢筋混凝土楼梯混凝土的浇筑

引导问题

楼梯施工缝留设在哪个位置？

工作任务

编写本项目任务二中施工图中钢筋混凝土楼梯的混凝土浇筑施工技术交底。

知识链接

楼梯混凝土浇筑施工的总体要求与其他结构浇筑施工基本相同。楼梯混凝土浇筑施工一般以一个楼层为施工单元，宜采取自下而上浇筑，但必须保证混凝土振捣密实，尤其是自上而下浇筑时更应注意。每层楼梯应一次连续浇筑完毕，不留施工缝。若需留设施工缝，则其施工缝的位置原则上应留在梯段板水平投影跨度的两端 1/3 范围内(图 1-90 及图 4-20)，在施工缝处继续浇筑混凝土时，应符合下列规定：已浇筑的混凝土，其抗压强度不应小于 1.2 N/mm²；在已硬化的混凝土表面上，应清除水泥薄膜和松动石子以及软弱混凝土层，并加以充分湿润和冲洗干净，且不得积水；在浇筑混凝土前，宜先在施工缝处铺一层水泥

图 4-20　楼梯施工缝的留设

浆或与混凝土内成分相同的水泥砂浆。楼梯混凝土浇筑完毕后，要避免踩踏，做好防护措施，如搭设围栏、限制出入或铺设木板等。

任务实施

可以仿照前面混凝土浇筑施工技术自行编写，此处略。

思 考 题

1. 试述梁板的施工缝的留设方法及处理方法。
2. 楼梯混凝土浇筑要点有哪些？

第二篇　高层建筑施工

项目五　高层建筑及其施工特点

知识目标

掌握高层建筑的概念。

能力目标

能正确识别高层建筑。

任务一　认识高层建筑

引导问题

你是否经常谈论高层建筑？你知道什么是高层建筑吗？高层建筑也需要分类吗？

工作任务

区别高层建筑与多层建筑，了解高层建筑的分类。

【主要参考资料】

1.《民用建筑设计统一标准》(GB 50352)

2.《高层建筑施工手册》

知识链接

1972 年国际高层建筑会议将高层建筑分为 4 类：第一类为 9～16 层(最高 50 m)，第二类为 17～25 层(最高 75 m)，第三类为 26～40 层(最高 100 m)，第四类为 40 层以上(高于 100 m)。

我国《民用建筑设计统一标准》(GB 50352)将民用建筑按地上高度或层数进行分类应符合下列规定：建筑高度不大于 27.0 m 的住宅建筑、建筑高度不大于 24.0 m 的公共建筑及建筑高度大于 24.0 m 的单层公共建筑为低层或多层民用建筑；建筑高度大于 27.0 m 的住宅建筑和建筑高度大于 24.0 m 的非单层公共建筑，且高度不大于 100.0 m 的为高层民用建筑；建筑高度大于 100.0 m 的为超高层建筑。

高层建筑有着悠久的历史。埃及于公元前 280 年建造的石结构的亚历山大港灯塔，高 100 多米。我国建于 523 年的砖结构河南登封市嵩岳寺塔，高 40 m；建于 1056 年的木结构的山西应县佛宫寺释迦塔，高 67 m。

现代高层建筑首先从美国兴起，1883 年在芝加哥建造了第一幢砖石自承重和钢框架结构的保险公司大楼，11 层。1913 年在纽约建成的伍尔沃思大楼，52 层。1931 年在纽约建成的帝国大厦102 层，高 381 m。第二次世界大战后，出现了世界范围内的高层建筑繁荣时期。1962—1976 年建于纽约的两座世界贸易中心大楼，均为 110 层，高 411 m。1974 年建于芝加哥的西尔斯大厦为

110 层，高 443 m，是当时世界上最高的建筑。加拿大兴建了多伦多的商业宫和第一银行大厦，前者高 239 m，后者高 295 m。日本近些年建起大量高百米以上的建筑，如东京池袋阳光大楼为 60 层，高 226 m。法国巴黎德方斯区有 30～50 层高层建筑几十幢。苏联在 1971 年建造了 40 层的建筑，并发展为高层建筑群。2010 年 1 月 4 日建成的哈利法塔，高 828 m，是目前世界第一高楼。

中国近代的高层建筑始建于 20 世纪 20—30 年代。1934 年在上海建成国际饭店 22 层；50 年代在北京建成 13 层的民族饭店、15 层的民航大楼；60 年代在广州建成 18 层的人民大厦、27 层的广州宾馆；70 年代末期起，全国各大城市兴建了大量的高层住宅，如北京前三门、复兴门、建国门和上海漕溪北路等处，都建起 12～16 层的高层住宅建筑群，以及大批高层办公楼、旅馆。1986 年建成的深圳国际贸易中心大厦，高 50 层。上海金茂大厦于 1994 年开工，1998 年建成，有地上 88 层，若再加上尖塔上的楼层共有 93 层，地下 3 层。上海环球金融中心是位于中国上海陆家嘴的一栋摩天大楼，2008 年 8 月 29 日竣工，是目前世界第三高楼、世界最高的平顶式大楼，楼高 492 m，地上 101 层。台北 101 大楼，实体高度加天线高度为 508 m，是目前世界第二高楼。上海中心大厦，位于浦东的陆家嘴功能区，主体建筑结构高度为 580 m，总高度为 632 m，是目前中国规划中的第一高楼。

下面是不完全整理的到 2019 年年底的在建和竣工的 380 m 以上的超高层建筑。王国塔位于沙特城市吉达，规划建设 1 008 m；阿联酋"迪拜哈利法塔"高度为 828 m；东京晴空塔（日本，634 m）；武汉绿地中心（636 m）；上海中心（约 632 m）；广州塔（600 m）；深圳平安金融中心（600 m）；天津 117 大厦（约 596.5 m）；广州东塔（530 m）；北京中信大厦（中国尊）（总高 528 m）；台北 101 大厦（中国，508 m）；上海环球金融中心（中国，492 m，101 层）；长沙国金中心（452 m）吉隆坡国家石油双塔（马来西亚，452 m）；南京紫峰大厦（中国，450 m）；芝加哥西尔斯大厦（美国，442 m）；广州西塔（中国，440 m）；上海金茂大厦（中国，421 m）；香港国际金融中心 2 期（415 m）；广州中信广场（中国，391 m）；深圳地王大厦（中国，384 m）；纽约帝国大厦（美国，381 m）。

任务实施

调查你所在城市的高层建筑，包括历史、现状。

思考题

1. 什么是高层建筑？什么是超高层建筑？
2. 目前世界前三名的高楼是哪三栋建筑？
3. 为什么要建设高层建筑？
4. 某住宅工程，地上八层，是否为高层建筑？某单层工业厂房，檐口高度为 33 m，是否为高层建筑？某写字楼，共 20 层，是否为高层建筑？
5. 通过网络搜索或图书馆查阅，写出一篇不少于 1 500 字的针对高层和超高层建筑利弊分析的论文。

任务二　认识高层建筑的施工特点

引导问题

高层建筑有哪些特点？高层建筑施工有哪些特点？

工作任务

认识高层建筑的施工特点。

【主要参考资料】

《高层建筑混凝土结构技术规程》(JGJ 3)

《高层建筑筏形与箱形基础技术规范》(JGJ 6)

《建筑设计防火规范(2018 年版)》(GB 50016)

知识链接

高层建筑的兴起具有复杂的背景。高层建筑可节约城市用地，缩短公用设施和市政管网的开发周期，从而减少市政投资，加快城市建设。因此，世界各城市的生产和消费发展到一定程度后，莫不积极致力于提高城市建筑的层数。实践证明，高层建筑可以带来明显的社会经济效益。首先，使人口集中，可利用建筑内部的竖向和横向交通缩短部门之间的联系距离，从而提高效率；其次，能使大面积建筑的用地大幅度缩小，尤其是在城市中心地段选址时；最后，可以减少市政建设投资和缩短建筑工期。

当高层建筑的层数和高度增加到一定程度时，它的功能适用性、技术合理性和经济可行性都将发生质的变化。与多层建筑相比，高层建筑在设计、技术上都有许多新的问题，需要加以考虑和解决。

一、高层建筑的主要特点

(1)平面布局要加大防火间距，处理严重的日照干扰，为大量集中的人口疏散和停放车辆安排通道和场地。

(2)在符合功能要求的基础上，将多层重复的建筑平面布局标准化、统一化，以满足主体结构、设备管线、电气配线分区、防火疏散等竖向设计技术的要求。

(3)合理布置竖向交通中心，确定楼梯、电梯的数量和布置方式，保证使用效率和防火安全。

(4)内外建筑装修、构造、用料和做法必须适应因风作用、地震、温度变化等所引起的变形和安全问题。

(5)在建筑艺术方面，要考虑高大体型在城市和群体中的形象与全方位造型效果。

(6)高层建筑一般要设置设备层、避难层，有些特殊高层建筑还要设置架空层。设备层建筑物中专为设置暖通、空调、给水排水和电气等的设备和管道日供人员进入操作用的空间层，避难层在高度超过 100.0 m 的高层建筑中，其适用于人员在火灾时暂时躲避火灾及其烟气危害的楼层。架空层用结构支撑且无外围护墙体的开敞空间。

二、高层建筑结构的主要特点

(1)考虑高层建筑遇到巨大风作用和地震作用时所产生的水平侧向力。

(2)严格控制高层建筑体型的高宽比例，以保证其稳定性。

(3)使建筑平面、体型、立面的质量和刚度尽量保持对称和匀称,使整体结构不出现薄弱环节。

(4)妥善处理因风作用、地震、温度变化和基础沉降带来的变形节点构造。

(5)考虑质量大、基础深的地质条件下如何保证安全、可靠的设计技术和施工条件问题。

三、高层建筑设备和电气的主要特点

(1)设计供暖和给水排水系统时,必须考虑因建筑高度导致的压力,保证管道、炉片具有耐压能力。

(2)消防和排烟问题特殊处理。

(3)在供暖、通风中考虑因高处风作用增大而增加的空气渗透和中和面以上、以下的热压变化对于散热量计算的重要影响。

(4)考虑由于增加了电梯、水箱供水和消防动力用电,对电气设计的区域配电和干线、支线布置提出的要求。

四、高层建筑的施工特点

高层建筑的建筑特点、结构特点和设备安装特点,决定了高层建筑在施工方面也存在以下一些特点:

(1)高层建筑的基坑开挖深度大,地下结构施工周期长,基坑工程施工难度大,工艺复杂。基坑工程一般需要进行支护、降水,从基坑开挖至基坑回填完成期间,需要对影响区范围内的邻近建筑物和管线变形进行监测。实施降水和回灌方案时,应进行降水观测井和回灌观测井的水位测试,以及邻近建筑物管线的沉陷与水平位移观测。采用基坑支护系统时,应对支护系统内力及变形进行监测。

(2)高层建筑基础混凝土一般属于大体积混凝土,施工质量控制难度大。

(3)高层建筑的高度大,垂直运输是制约高层建筑施工的重要因素,应选择合适的垂直运输工具。

(4)为保证高层建筑的施工质量和进度,应选择合适的模板支撑体系。高层建筑一般都设有后浇带,多数高层建筑竖向构件的混凝土强度与水平构件的混凝土强度不一致,这些位置都需要设置专门的模板。

(5)高层建筑的水平荷载较多层建筑大,因此,对竖向构件(如墙、柱)的钢筋接头位置、箍筋加密等都有严格要求。

(6)高层建筑的混凝土泵送、浇筑和养护等具有高层建筑特有的施工要求。

五、高层建筑综合问题

(1)关于城市经济效益和环境效益问题,应遵照城市规划部门指定的地段和控制高度建造,而不能完全根据建筑本身的需要。

(2)高层建筑由于应力增加,设备和装修水平必须提高,施工难度增大,因而造价必然大大高于多层建筑。因此,需要各专业设计人员密切合作,使平面布局合理,提高使用系数,做到构造简洁、质量轻、便于安装,综合降低造价。

(3)高层建筑最突出的是防火安全设计,各专业设计人员应严格遵守《建筑设计防火规范(2018年版)》(GB 50016—2014)的规定。

调查你所在城市正在施工的高层建筑，看这些高层建筑填写下表。

工程名称		建设地点	
建筑层数	地下： 地上：	建筑高度	
结构形式		模板形式	
钢筋等级		钢筋接头形式	水平： 竖向：
基坑开挖深度		基坑支护形式	
采用的降水井形式		基坑监测项目	
基础混凝土是否大体积混凝土		塔式起重机	型号： 数量： 起重力矩： 起重幅度：
混凝土泵型号		施工升降机型号	

思考与练习

1. 高层建筑建筑方面主要有哪些特点？
2. 高层建筑的施工特点有哪些？

项目六　高层建筑垂直运输

任务一　选择合适的塔式起重机

熟悉塔式起重机类型、选择、适用条件。

引导问题

1. 把模板、钢筋等建筑工具和材料运输到只有 2 层楼的作业楼层可以采用什么方法？如果楼层增加到 20 层能采用什么方法？

2. 你见过的塔式起重机都是什么形式的？

工作任务

1. 某剪力墙结构 20 层，58.5 m 高的住宅楼工程，请选择合适的塔式起重机。

2. 以"如何选择高层建筑施工的塔式起重机"为题目，写一篇不少于 1 500 字的论文。

【主要参考资料】

1.《建筑施工手册》(第五版)

2. 互联网资源

知识链接

垂直运输设施为在建筑施工中担负垂直运(输)送材料设备和人员上下的机械设备和设施，它是施工技术措施中不可缺的重要环节。垂直运输技术是建筑施工中重要的技术领域之一。

一、垂直运输设施的常见类型

凡具有垂直(竖向)提升(或降落)物料、设备和人员功能的设备(施)均可用于垂直运输作业。垂直运输设施类型很多，目前使用较多的有塔式起重机、施工电梯(施工升降机)、物料提升机、混凝土泵四大类。高层建筑施工常用的设备有塔式起重机、施工升降机和混凝土泵。

起重机种类、选用方法

1. 塔式起重机

塔式起重机(图 6-1)由基础、塔身、平衡臂、起重臂和塔帽等部分组成。自升式塔式起重机还包括顶升套架和千斤顶。

塔式起重机具有提升、回转、水平输送(通过滑轮车移动和臂杆仰俯)等功能,不仅是重要的吊装设备,而且也是重要的垂直运输设备,其垂直和水平吊运长、大、重物料的功能仍为其他垂直运输设备(施)所不及。

我国自 20 世纪 80 年代生产出 QTP60、QT80A、QTF80 等型号的塔式起重机,同时,北京、四川、沈阳等地分别引进了国外塔式起重机技

图 6-1 塔式起重机

术,主要有 GTMR360B 小型下回转塔式起重机、FO/23B 中型上回转塔式起重机、H3/36B 大型上回转塔式起重机(主要性能参数见表 6-1)。目前,我国已能生产各种可适应高层、超高层建筑施工需要的自升式塔式起重机,有外墙附着和内爬两种。国产外墙附着式上回转自升塔式起重机主要有 QT4-10、QT4-10A、QT80(A)、Z80、ZF120 和 QTZ200;国产内爬式塔式起重机则有 QTP-60、QT5-4/20,主要性能见表 6-2。

表 6-1 三种引进技术的塔式起重机的主要性能

性能参数	单位	快速安装式	TOPKIT 自升式		
		GTMR360B	FO/23B		H3/36B
			SA452		
最大起重力矩	kN·m	848	1 300	1 450	2 600
行走式起升高度	m	32.8	49.4	61.6	56.6
最大起重量	t	8	10	10	12
最大幅度	m	45	45	50	60
最大幅度时的起重量	t	1.25	2.3	2.3	3.6
机械自重	t	28.6	50	57.8	93

表 6-2 国产自升式塔式起重机的主要技术参数

序次	型号	额定起重力矩/(kN·m)	幅度/m	最大起重量/t	最大起重量时幅度/m	最大幅度时起重量/t	起升高度/m				速度/(m·min⁻¹),(r·min⁻¹)				备注	产地厂家
							附着	内爬	行走	固定	起升	变幅	行走	回转		
1	QT80(A)			7 6	11.1 11.6	2.67 1.5	70				70,50,29.5	45,25		0.59		北京
2	ZT-120			8	15	3.5	160				50,3	30.5		0.5		上海
3	QTZ1600		55,60,65	10		1.6	200			51.8	35,73,110	60,30,9.5		0.6		济南
4	QTZ800		40,45,50	8		1.3	150	150	45.5	45.5	34,54,100	35	22	0.73		济南
5	QTZ200			20	12	3.5	60				80,40,8.2	22.38		0.49		北京
6	QTZ100		2.4~60				162.5			50	6 档,100.8~16.8	80,60,7.6		0.6		中建

序次	型号	额定起重力矩/(kN·m)	幅度/m	最大起重量/t	最大重量时幅度/m	最大幅度时起重量/t	起升高度/m				速度/(m·min⁻¹),(r·min⁻¹)				备注	产地厂家
							附着	内爬	行走	固定	起升	变幅	行走	回转		
7	QTZ60A		35,40,45	6		1.5	100	110	45.5	45.5	34,54,100	35	22	0.73		济南
8	QTZ60		35,40,45	6		1.2	100			40.1	34,50,100	20,40.5		0.62		济南
9	C7050		70	20		5				80						四川
10	C7022		70	16		2.2		56								四川
11	H3/36B		60	12		3.6	205									四川
12	C5530		55	12		3		230								四川
13	FO/23B		50	10		2.3	203									四川
14	C4513		45	6		1.3	100									四川
15	C5015		50	8		1.5	120									四川
16	C4010		40	4		1	82									四川
17	C3208		32	2.5		0.8	60									四川
18	QTZ63	630	50	6		1.3	140			41	80,40,8.5	43,21.5		0.63		常州
19	QTZ60C	600	2~48	6			100		40.8	40.1		20,40.5		0.62		无锡
20	QTZ80	800	2.5~48	8			140		40	40		30.5		0.60		无锡
21	QTZ630		2~50	6			120			40	54,36,8,27,18,4	20,40.5		0.54		安徽
22	QTZ400E		2~40	3							55,35,8,27.5,17.5,4	20,40		0.66		安徽
23	QTZ1000		2.5~60	8		1.3	150			50	100,72,48,6,50,36,24,3	20,40		0.6		安徽
24	ZSC-5815	870	58	7.5		1.5					0~90 0~45	60		0.6	小车式内/外爬	南京
25	ZSC-5024	1200	50	10		2.4					0~90 0~45	60		0.6		南京
26	ZSC-5040	2000	50	15		4					0~90 0~45	60		0.6		南京
27	ZSC-7030	2100	70	15		3					0~90 0~45	60		0.6		南京
28	ZSC-3080	2400	30	15		8					0~90 0~45	60		0.6		南京

序次	型号	额定起重力矩/(kN·m)	幅度/m	最大起重量/t	最大起重量时幅度/m	最大幅度时起重量/t	起升高度/m 附着	内爬	行走	固定	起升	变幅	行走	回转	备注	产地厂家
29	ZSL-5522	1210	55	7.5		2.2					0~90			0.6		南京
30	ZSL-3535	1220	35	7.5		3.5					0~90			0.6	动臂式内/外爬	南京
31	ZSL-5025	1250	50	7.5		2.5					0~90			0.6		南京
32	QTZ125	1250	2~60	8			100/163		50	50						四川锦城
33	K40/21		70	16		2.1	153.7		50.6	45.7						沈阳
34	K50/50		70	12,16,20		5	120	270	80.09	78.9						沈阳
35	FL25/30		50	6		3	45.9		45.2	52.05						沈阳
36	K40/26		70	16		2.6	155.2	265	50.6	53.2						沈阳

塔式起重机的分类见表 6-3。

表 6-3 塔式起重机的分类

分类方式	类　别
按固定方式划分	固定式；轨道式；附着式；内爬式
按架设方式划分	自升；分段架设；整体架设；快速拆装
按塔身构造划分	非伸缩式；伸缩式
按臂构造划分	整体式；伸缩式；折叠式
按回转方式划分	上回转式；下回转式
按变幅方式划分	小车移动；臂杆仰俯；臂杆伸缩
按控速方式划分	分级变速；无级变速
按操作控制方式划分	手动操作；电脑自动监控
按起重能力划分	轻型(≤80 t·m)；中型(≥80 t·m，<250 t·m) 重型(≥250 t·m，<1 000 t·m)；超重型(≥1 000 t·m)
按有无塔帽划分	塔帽、平头，如图 6-2 所示

(a)

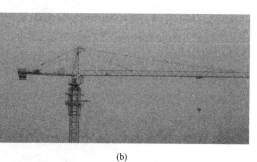
(b)

图 6-2 塔式起重机

(a)平头(锤头)塔式起重机；(b)塔帽塔式起重机

2. 施工电梯

多数施工电梯(现在一般称为施工升降机)为人货两用,少数为仅供货用,如图 6-3 所示。电梯按其驱动方式可分为齿条驱动和绳轮驱动两种。齿条驱动电梯又有单吊箱(笼)式和双吊箱(笼)式两种,并装有可靠的限速装置,适合 20 层以上建筑工程使用;绳轮驱动电梯为单吊箱(笼),无限速装置,轻巧便宜,适用于 20 层以下建筑工程使用。出于安全的考虑,部分地区已经停止使用绳轮驱动的施工电梯。

图 6-3　施工升降机

3. 物料提升机

物料提升机包括井式提升机(简称"井架")、龙门式提升机(简称"龙门架")、塔式提升机(简称"塔架")和独杆升降台等。它们的共同特点为:提升采用卷扬,卷扬机设于架体外;安全设备一般只有防冒顶、防坐冲和停层保险装置,因而只允许用于物料提升,不得载运人员;用于超过 10 层的高层建筑施工时,必须采取附着方式固定,在顶部设液压顶升构造,可实现井架或塔架标准节的自升接高。

现在,物料提升机已经归类在物料提升用施工升降机的行列。

4. 混凝土泵

混凝土泵是水平和垂直输送混凝土的专用设备,用于高层建筑工程时则更显示出它的优越性。混凝土泵按工作方式可分为固定式和移动式两种;按泵的工作原理可分为挤压式和柱塞式两种。

垂直运输设施的总体情况见表 6-4。

表 6-4　垂直运输设施的总体情况

项次	设备(施)名称	形式	安装方式	工作方式	设备能力	
					起重能力	提升高度
1	塔式起重机	整装式	行走	在不同的回转半径内形成作业覆盖区	60～10 000 kN·m	80 m 内
		自升式	固定			250 m 内
			附着			
		内爬式	装于天井道内、附着爬升		3 500 kN·m 内	一般在 300 m 内
2	施工升降机(施工电梯)	单笼、双笼、笼带斗	附着	吊笼升降	一般 2 t 以内,高者达 2.8 t	一般 100 m 内,最高已达 645 m
3	井字提升机(物料提升用施工升降机)	定型钢管搭设	缆风固定	吊笼(盘、斗)升降	3 t 以内	60 m 内
		定型	附着			可达 200 m 以上
4	龙门提升架(门式提升机)		附着	吊笼(盘、斗)升降	2 t 以内	100 m 内
5	塔架	自升	附着	吊盘(斗)升降	2 t 以内	100 m 以内
6	混凝土输送泵	固定式拖式	固定并设置输送管道	压力输送	输送能力为 30～50 m³/h	垂直输送高度一般为 100 m,可达 300 m 以上
7	可倾斜塔式起重机	履带式	移动式	为履带式起重机和塔式起重机结合的产品,塔身可倾斜		50 m 内
		汽车式				

二、垂直运输设施的设置要求

(一)垂直运输设施的一般设置要求

1. 覆盖面和供应面

塔式起重机的覆盖面是指以塔式起重机的起重幅度为半径的圆形吊运覆盖面积；垂直运输设施的供应面是指借助于水平运输手段(手推车等)所能达到的供应范围。

2. 供应能力

塔式起重机的供应能力＝吊次×吊量(每次吊运材料的体积、质量或件数)×(0.5～0.75)

其他垂直运输设施的供应能力＝运次×运量×(0.5～0.75)

说明：

(1)运次应取垂直运输设施和与其配合的水平运输机具中的低值。

(2)系数0.5～0.75为考虑由于难以避免的因素对供应能力的影响的折减系数。

(3)垂直运输设备的供应能力应能满足高峰工作量的需要。

3. 提升高度

设备的提升高度能力应比实际需要的升运高度高出不少于3 m，以确保安全。

4. 水平运输手段

在考虑垂直运输设施时，必须同时考虑与其配合的水平运输手段。

5. 装设条件

垂直设施装设的位置应具有相适应的装设条件，如具有可靠的基础与结构拉结和水平运输通道条件等。

6. 设备效能的发挥

必须同时考虑满足施工需要和充分发挥设备效能的问题。当各施工阶段的垂直运输量相差悬殊时，应分阶段设置和调整垂直运输设备，及时拆除已不需要的设备。

7. 设备的充分利用

充分利用现有设备，必要时添置或加工新的设备。在添置或加工新的设备时应考虑今后利用的前景。一次使用的设备应考虑在用毕以后可拆改他用。

8. 安全保障

安全保障是使用垂直运输设施中的首要问题，必须按以下几个方面严格做好：

(1)设备应装设在可靠的基础和轨道上。基础应具有足够的承载力和稳定性，并设有良好的排水措施。设备在使用以前必须进行全面的检查和验收，确保设备完好。未经检修保养的设备不能使用。

(2)严格遵照设备的安装程序和规定进行设备的安装(搭设)和接高工作。初次使用的设备，工程条件不能完全符合安装要求的，以及在较为复杂和困难的条件下，应制定详细的安装措施，并按措施的规定进行安装。

(3)设备安装完毕后，应全面检查安装(搭设)的质量是否符合要求，并及时解决存在的问题。随后进行空载和负载试运行，判断试运行情况是否正常，吊索、吊具、吊盘、安全保险以及制动装置等是否可靠。检查都无问题时才能交付使用。

(4)进出料口之间的安全设施。垂直运输设施的出料口与建筑结构的进料口之间，根据其距离的大小设置铺板或栈桥通道，通道两侧设护栏。建筑物入料口设栏杆门，小车通过之后应及时关上。

(5)设备应由专门的人员操纵和管理，严禁违章作业和超载使用。设备出现故障或运转不正常时应立即停止使用，并及时予以解决。

(6)位于机外的卷扬机应设置安全作业棚,操作人员的视线不得受到遮挡。当作业层较高,观测和对话困难时,应采取可靠的解决方法,如增加卷扬定位装置、对讲设备或多级联络办法等。

(二)高层建筑垂直运输设施的合理配套

在高层建筑施工中,合理配套是解决垂直运输设施时应当充分注意的问题。

高层建筑垂直运输设施常用配套方案及其优缺点和适用情况见表6-5。

在选择配套方案时,应多从以下两个方面进行比较:

(1)短期集中性供应和长期经常性供应的要求,从专供、联分供和分时段供的三种方式的比较中选定。所谓联分供方式,即"联供以满足集中性供应要求,分供以满足流水性供应要求"。

(2)使设备的利用率和生产率达到较高值,使利用成本达到较低值。

表6-5 高层建筑垂直运输设施配套方案

项次	配套方案	功能配合	优缺点	适用情况
1	施工电梯＋塔式起重机、料斗	塔式起重机承担吊装和运送模板、钢筋、混凝土,电梯运送人员和零散材料	优点:直供范围大,综合服务能力强,易调节安排。 缺点:集中运送混凝土的效率不高,受大风影响限制	吊装量较大、现浇混凝土量适应塔式起重机能力
2	施工电梯＋塔式起重机＋混凝土泵、布料杆	泵和布料杆输送混凝土,塔式起重机承担吊装和大件材料运输,电梯运送人员和零散材料	优点:直供范围大,综合服务能力强,供应能力大,易调节安排。 缺点:投资大、费用高	工期紧,工程量大的超高层工程的结构施工阶段
3	施工电梯＋高层井架＋塔式起重机、料斗	电梯运送人员、零散材料,井架运送大宗材料,塔式起重机吊装和运送大件材料	优点:直供范围大、综合服务能力强、供应能力大,易调节安排,结构完成后可拆除塔式起重机。 缺点:可能出现设备能力利用不足情况	吊装和现浇量较大的工程
4	塔式起重机、料斗＋普通井架	人员上下使用室内楼梯,零散材料、井架运送大宗材料、塔式起重机吊装和运送大件材料	优点:吊装和垂直运输要求均可适应、费用低。 缺点:供应能力不够强,人员上下不方便	适用于50 m以下建筑工程

三、高层施工塔式起重机的选择

(一)塔式起重机的组成

塔式起重机由金属结构、零部件、工作机构、电气设备、液压系统、安全装置、附着锚固等系统组成。

1. 塔式起重机的金属结构

塔式起重机的金属结构由起重臂、塔身、转台、承座、平衡臂、底架、塔尖等组成。

起重臂构造形式为小车变幅水平臂架,再往下分又有单吊点、双吊点和起重臂与平衡臂连成一体的锤头式小车变幅水平臂架。锤头式小车变幅水平臂架,装设于塔身顶部,状若锤头,塔身如锤柄,不设塔尖,故又称平头式。平头式使结构形式更简单,更有利于受力,有减轻自重,简化构造等优点。小车变幅臂架大都采用正三角形的截面。

塔身结构也称塔架,是塔式起重机结构的主体。现今塔式起重机均采用方形断面,断面尺寸主要有1.2 m×1.2 m、1.4 m×1.4 m、1.6 m×1.6 m、2.0 m×2.0 m;塔身标准节常用尺寸是 2.5 m和3 m。塔身标准节采用的连接方式，应用最广的是盖板螺栓连接和套柱螺栓连接，其次是承插销轴连接和插板销轴连接。标准节有整体式塔身标准节和拼装式塔身标准节，后者加工精度高、制作难，但是堆放占地小、运费少。塔身节内必须设置爬梯，以便司机及机工上下。爬梯宽度不宜小于500 mm，梯步间距不大于300 mm，每500 mm设一护圈。当爬梯高度超过10 m时，梯子应分段转接，在转接处加设一道休息平台。

塔尖的功能是承受臂架拉绳及平衡臂拉绳传来的上部荷载，并通过回转塔架、转台、承座等结构部件或直接通过转台传递给塔身结构。自升塔顶有截锥柱式、前倾或后倾截锥柱式、人字架式及斜撑架式。

凡是上回转塔式起重机均需设平衡重，其功能是支撑平衡重，用以构成设计上所要求的作用方面与起重力矩方向相反的平衡力矩。除平衡重外，还常在其尾部装设起升机构。起升机构之所以同平衡重一起安放在平衡臂尾端，一则可发挥部分配重作用；二则可增大绳卷筒与塔尖导轮间的距离，以利于钢丝绳的排绕并避免发生乱绳现象。

2. 塔式起重机的零部件

每台塔式起重机都要用许多种起重零部件，其中数量最大、技术要求严而规格繁杂的是钢丝绳。塔式起重机用的钢丝绳按功能不同有起升钢丝绳、变幅钢丝绳、臂架拉绳、平衡臂拉绳、小车牵引绳等。塔式起重机起升钢丝绳及变幅钢丝绳的安全系数一般取5~6，小车牵引绳和臂架拉绳的安全系数取3，塔式起重机电梯升降绳安全系数不得小于10。

变幅小车是水平臂架塔式起重机必备的部件。整套变幅小车由车架结构、钢丝绳、滑轮、行轮、导向轮、钢丝绳承托轮、钢丝绳防脱辊、小车牵引绳张紧器及断绳保险器等组成。

其他的零部件还有滑轮、回转支撑、吊钩和制动器等。

3. 塔式起重机的工作机构

塔式起重机的工作机构有起升机构、变幅机构、小车牵引机构、回转机构和大车行走机构（行走式的塔式起重机）五种。

4. 塔式起重机的电气设备

塔式起重机的主要电气设备包括电缆卷筒、中央集电环、电动机、操作电动机用的电器、保护电器等。

5. 塔式起重机的液压系统

塔式起重机液压系统中的主要元器件是液压泵、液压油缸、控制元件、油管和管接头、油箱和液压油滤清器等。

6. 塔式起重机的安全装置

安全装置是塔式起重机必不可少的关键设备之一，可以分为：限位开关（限位器）；超负荷保险器（超载断电装置）；缓冲止挡装置；钢丝绳防脱装置；风速计；紧急安全开关；安全保护音响信号。限位开关按功能可分为吊钩行程限位开关、回转限位开关、小车行程限位开关、大车行程限位开关，如图6-4所示。

7. 自升式塔式起重机的附着装置

当自升式塔式起重机在达到其自由高度继续向上顶升接高时，为了增强其稳定系数保持起重能力，必须通过锚固附着于建筑结构上。附着层次与施工层建

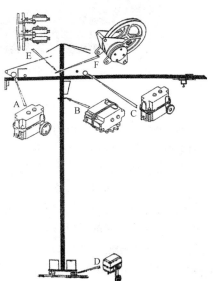

图6-4 塔式起重机安全保护装置示意

A—吊钩行程限位器；B—回转限位器；
C—小车回程限位器；D—大车回程限位器；
E—力矩限位器；F—起重量限位器

筑总高度、塔式起重机和塔身结构、塔身自由高度有关，一般每隔20 m左右用一套锚固装置与高层建筑结构相连接，以保证塔身的刚度和稳定，如图6-5所示。在建筑物上选择附着点时要注意：两附着固定点之间的距离适当；固定点应设置在丁字墙和外墙转角处；对框架结构，附着点宜布置在靠近柱的根部；布置在靠近楼板处，以利传力和安装。要保证塔式起重机的安全使用和取得比较长的使用寿命，必须对它进行润滑、故障排除、定期保养与零部件的检修。

(二)塔式起重机的选择

在高层建筑施工中，应根据工程的不同情况和施工要求，选择合适的塔式起重机。选择时应主要考虑以下几个方面：

1. 塔式起重机的主要参数

塔式起重机的主要参数包括工作幅度、起升高度、起重量和起重力矩。

工作幅度为塔式起重机回转中心线至吊钩中心线的水平距离。最大工作幅度 R_{max} 为最远吊点至回转中心的距离，可按图6-6确定。其中，附着式外塔的 B_2 点可定在建筑物的外墙线上或其内、外一定距离。

图6-5 塔式起重机的附着装置

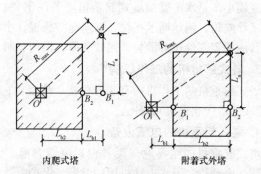

内爬式塔 　　　　　　附着式外塔

图6-6 塔式起重机所需最大工作幅度

塔式起重机的起重高度应不小于建筑物总高度加上构件(或吊斗、料笼)、吊索(吊物顶面至吊钩)和安全操作高度(一般为2～3 m)。当塔式起重机需要越过建筑物顶面的脚手架、井架或其他障碍物时(其超越高度一般应不小于1 m)，还应满足此最大超越高度的需要。

起重量包括吊物(包括笼斗和其他容器)、吊具(铁扁担、吊架)和索具等作用于塔式起重机起重吊钩上的全部重量。起重力矩为起重量乘以工作幅度，工作幅度越大起重量越小，以不超过其额定起重力矩为限。因此塔式起重机的技术参数中一般都给出最小工作幅度时的最大起重量和最大工作幅度时的(最小)起重量。应当注意的是，大多数的塔式起重机都不宜长时间地处于其额定起重力矩的工作状态之下，一般宜控制在其额定起重力矩的75%之下，这不仅对确保吊装和垂直运输作业安全很重要，而且对确保塔式起重机本身安全和延长其使用寿命也很重要。

2. 塔式起重机的生产率

塔式起重机的台班生产率 P(单位为 t/h)等于8 h乘以额定起重量 Q(单位为 t)、吊次 n(单位为次/h)、额定起重量利用系数 K_q 和工作时间利用系数 K_t，即

$$P=8QnK_qK_t \tag{6-1}$$

但实际确定时，由于施工需要和安排的不同，常需按以下不同情况来考虑：

(1)塔式起重机以满足结构安装施工为主，服务垂直运输为辅。又可分为以下情况：

1)在吊装作业进行时段，不能承担垂直运输任务。

2)在吊装作业时段，可以利用吊装的间隙承担部分垂直运输任务。

3)在不进行吊装作业的时段，可全部用于垂直运输。

4)结构安装工程阶段结束后，塔式起重机转入以承担垂直运输为主、部分零星吊装为辅。

在1)、2)两种情况下，均不能对塔式起重机服务于垂直运输方面做出任何定时和定量的要求，需要另行考虑垂直运输设施。在3)情况下，除非施工安排和控制均有把握将全部或大部分的垂直运输作业放在不进行结构吊装的时段内进行，但仍需考虑另设垂直运输设施，以确保施工的顺利进行。

塔式起重机生产率，在1)、3)和4)三种情况下分别按承担吊装或垂直运输的工作情况用式(6-1)确定；而在2)情况下，则应采用下式确定，即

$$P=[t_1 n_1 K_{q1} K_{t1}+(8-t_1)n_2 K_{q2} K_{t2}]Q \tag{6-2}$$

式中　t_1，n_1，K_{q1}，K_{t1}——承担吊装工作的时间、吊次、额定起重量利用系数和工作时间利用系数；

　　　n_2，K_{q2}，K_{t2}——承担垂直运输工作的吊次、额定起重量利用系数和工作时间利用系数。

在式(6-1)和式(6-2)中，$K_q Q=\overline{Q}$ 为实际的平均吊重量，$nK_t=\overline{n}$ 为实际的平均吊次，将 $\overline{Q}$、$\overline{n}$ 代入以上两式中，可得以下简化计算式：

$$P=8\overline{Q}\,\overline{n} \tag{6-3}$$

$$P=\overline{Q_1}\,\overline{n_1}+\overline{Q_2}\,\overline{n_2} \tag{6-4}$$

(2)塔式起重机以满足垂直运输为主，以零星结构安装为辅。例如，采用现浇混凝土结构的工程，塔式起重机以承担钢筋、模板、混凝土和砂浆等材料的垂直运输为主，可采用式(7-1)确定其生产率是否能满足施工的需要。当不能满足时，应选择供应能力适合的塔式起重机或考虑增加其他垂直运输设施。

3. 综合考虑、择优选用

当塔式起重机主要参数和生产率指标均可满足施工要求时，还应综合考虑择优选用性能好、工效高和费用低的塔式起重机。

高层建筑工程一般选用附着式上回转塔式起重机，如 QTZ120、QT80、QT80A、Z80；而30层以上的高层建筑应优先采用内爬式塔式起重机，如 QTP60 等。

外墙附着式自升塔式起重机的适应性强、装拆方便，且不影响内部施工，但塔身接高和附墙装置随高度增加，台班费用较高；而内爬式塔适用于小施工现场、装设成本低、台班费用也低，但装拆麻烦，爬升洞的结构需适当加固。因此，应综合比较其利弊后择优选用。

任务实施

调查一下你周围的施工项目所用塔式起重机型号与建筑工程规模的关系。

思 考 题

1. 塔式起重机的安装方式有哪些？

2. 如何选择塔式起重机？

【参考资料】

建筑施工手册(第五版)。

任务二 选择合适的施工升降机

引导问题

1. 什么是施工升降机?
2. 常见的施工升降机有哪些种类?
3. 施工升降机适用于什么情况?

工作任务

为某 20 层、58.5 m 高的工程选择合适的施工升降机。

知识链接

施工升降机(也称为建筑施工电梯、外用电梯)是高层建筑施工中主要的垂直运输设备之一,如图 6-7 所示,其附着在外墙或其他结构部位上,随建筑物升高,架设高度可达 200 m 以上(国外施工升降机的最高提升高度已达 645 m)。

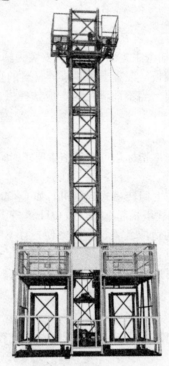

图 6-7 施工升降机

一、施工升降机的分类、性能和架设高度

施工升降机是用吊笼载人、载物沿导轨做上下运输的施工机械。施工升降机按其传动形式可分为齿轮齿条式、钢丝绳式和混合式三种。施工升降机按用途可以分为货用施工升降机(用于运载货物,禁止运载人员的施工升降机)和人货两用施工升降机(用于运载人员及货物的施工升降机)。

施工升降机的一般特点见表 6-6，施工升降机的型号由类组、形式、特性、主参数和变形更新代号组成，如图 6-8 所示。

表 6-6　施工升降机的一般特点

项目	SC 系列	SS 系列	SH 系列
传动形式	齿轮齿条式	钢丝绳牵引式	混合式
驱动方式	双电机驱动或三电机驱动	卷扬驱动	梯笼电机驱动 货笼卷扬驱动
安全装置	锥鼓限速器，过载、短路、断绳保护，限位和急停开关等	主安全装置（杠杆增力摩擦制动式安全钳）和辅助安全装置（电磁卡块、手动卡块）	梯笼安全装置与 SC 系列相同；货笼设断绳保护和安全门等
提升速度	一般在 40 m/min 以内，最高可达 90 m/min	一般在 40 m/min 内	
架设高度	一般在 200 m 内，先进者可达 300 m 以上	一般在 100 m 内	

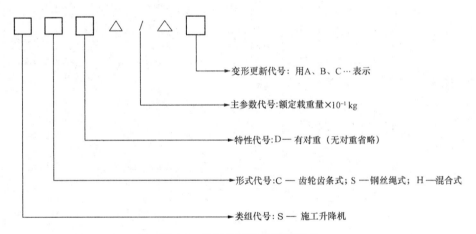

图 6-8　施工升降机的型号组成

变形更新代号：用 A、B、C… 表示

主参数代号:额定载重量×10^{-1} kg

特性代号:D — 有对重（无对重省略）

形式代号:C — 齿轮齿条式；S — 钢丝绳式；H —混合式

类组代号:S — 施工升降机

施工升降机的主要技术参数如下：
(1)额定载重量：工作工况下吊笼允许的最大载荷。
(2)额定安装载重量：安装工况下吊笼允许的最大载荷。
(3)额定乘员人数：包括司机在内的吊笼限乘人数。
(4)额定提升速度：吊笼装载额定载重量，在额定功率下稳定上升的设计速度。
(5)最大提升高度：吊笼运行至最高上限位置时，吊笼底板与底架平面间的垂直距离。
(6)最大行程：吊笼允许的最大运行距离。
(7)最大独立高度：导轨架在无侧面附着时，能保证施工升降机正常作业的最大架设高度。
目前，我国各施工升降机厂家以生产 SC 系列居多（表 6-7），SS 系列（表 6-8）和 SH 系列较少，但多数产品的架设高度在 150 m 以内。

表6-7　SC系列施工升降机的型号、规格和性能

升降机型号	额定值 载重量/kg	额定值 乘员人数/(人·笼⁻¹)	额定值 提升速度/(m·min⁻¹)	安装载重量/kg	最大提升高度/m	传动形式	吊笼 数量	吊笼 尺寸 长×宽×高/(m×m×m)	吊笼 单重/kg	导轨架标准节 断面尺寸/(m×m)	导轨架标准节 长度/m	导轨架标准节 质量/kg	电动机功率/kW	小吊杆吊重/kg	对重/(kg·台⁻¹)	整机质量/kg	生产厂家
SCD100	1 000	12	34.2	500	100	齿轮齿条	1	3×1.3×2.8	1 730			117	5	200	1 700		北京市设备安装工程机械厂
SCD100/100	1 000	12	34.2	500	100	齿轮齿条	2	3×1.3×2.8	1 730			161	5	200	1 700		
SC120 I	1 200	12	26	500	80	齿轮齿条	1	2.5×1.6×2	700			80	7.5	100	—		
SC120 II	1 200	12	32	500	80	齿轮齿条	1	2.5×1.6×2	950			80	5.5	100	1 700		
SCD200	2 000	24	40	500	100	齿轮齿条	1	3×1.3×2.7	1 800			117	7.5	200	1 700		
SCD200/200 I	2 000	24	40	500	100	齿轮齿条	2	3×1.3×2.7	1 800			161	7.5	200	1 700		
SCD200/200 II	2 000	24	40	500	150	齿轮齿条	2	3×1.3×3.0	1 950			220	7.5	250	1 700		
SC80	800	8	24	500	60	齿轮齿条	1	2×1.3×2.0		△0.45×0.45	1.508	83	7.5	100	—	4 980 (50 m高)	上海宝山建筑机械厂
SCD100/100A	1 000	12	37	500	100	齿轮齿条	2	3×1.3×2.5		□0.8×0.8	1.508	163	11		1 800	27 500 (100 m高)	
SCD200/200	2 000	15	36.5	500	150	齿轮齿条	2	3×1.3×2.5		□0.8×0.8	1.508	163	7.5		1 300	27 880 (102 m高)	
SCD200/200A	2 000	15	31.6	500	220	齿轮齿条	2	3×1.3×216	2 100	□0.8×0.8	1.508	190	11	240	2 000		
SC120	1 200	12	32	500	80	齿轮齿条	1	2.5×1.6×2.0		△0.45×0.45	1.508	83	7.5	100	—	5 830 (50 m高)	
SF12A	1 200		35	500	100	齿轮齿条	1	3×1.3×2.6	1 971		1.508		7.5		1 765		四川建筑机械厂
SC100	1 000	12	35	500	100	齿轮齿条	1	3×1.3×2.8		□0.65×0.65	1.508	150	7.5			15 000	
SC100/100	1 000	12	35	500	100	齿轮齿条	1	3×1.3×2.8		□0.65×0.65	1.508	175	7.5			18 000	北京第一建筑工程公司机械处
SC200-D	2 000	24	37	500	100	齿轮齿条	1	3×1.3×2.8		□0.65×0.65	1.508	150	7.5		1 200	16 500	
SC200/200D	2 000	24	37	500	100	齿轮齿条	2	3×1.3×2.8		□0.65×0.65	1.508	180	7.5		1 200	21 000	

升降机型号	额定值					传动形式	吊笼			导轨架标准节			电动机功率/kW	小吊杆吊重/kg	对重/(kg·台⁻¹)	整机质量/kg	生产厂家
	载重量/kg	乘员人数/(人·笼⁻¹)	提升速度/(m·min⁻¹)	安装载重量/kg	最大提升高度/m		数量	尺寸 长×宽×高/(m×m×m)	单重/kg	断面尺寸/(m×m)	长度/m	质量/kg					
SC160-D	1 600	19	37		200	齿轮齿条	1	3.2×1.3×2.8		□ 0.8×0.8	1.508	170	7.5		1 400	38 000 (200 m 高)	北京第一建筑工程公司机械处
SC160/100-D	1 600	19	37		200	齿轮齿条	2	3.2×1.3×2.8		□ 0.8×0.8	1.508	200	7.5		1 400	40 000 (200 m 高)	
SC200-D	2 000	24	37		200	齿轮齿条	1	3.2×1.3×2.8		□ 0.8×0.8	1.508	160~170	7.5		1 400	38 000 (200 m 高)	
SC200/200-D	2 000	24	37		200	齿轮齿条	2	3.2×1.3×2.8		□ 0.8×0.8	1.508	140~200	7.5		1 400	40 000 (200 m 高)	
SCD200/200	2 000	25	35		100	齿轮齿条	2	3×1.3×2.6		□ 0.8×0.8	1.508	178	9.5		2 200	29 500	江苏连云港机械厂
SCD200/200A	2 000	25	35		100	齿轮齿条	2	3×1.3×2.6		□ 0.8×0.8	1.508	178	9.5		2 200	29 500	
SCD120/120	1 200	15	35		120	齿轮齿条	2	3×1.3×2.6		□ 0.8×0.8	1.508	178	5		1 760	29 000 (100 m 高)	
SCD120/120A	1 200	15	35		120	齿轮齿条	2	3×1.3×2.6		□ 0.8×0.8	1.508	178	5		2 200	30 250 (100 m 高)	
SC120	1 200	16	26		80	齿轮齿条	1	3×1.3×2.0		0.55×0.55	1.508	87	7.5		—	5 500 (50 m 高)	内蒙古建筑机械厂
SC200/200-D	2 000	19	38.5		150	齿轮齿条	2	3×1.3×2.7		□ 0.71×0.71	1.508	192	7.5		1 386		红岩机械厂
SC200-D	2 000	19	38.5		150	齿轮齿条	1	3×1.3×2.7		□ 0.71×0.71	1.508	159	7.5		1 380		
SC100 (WT183)	1 000	12	40		100	齿轮齿条	1	3×1.3×2.7		□ 0.65×0.65	1.508	117	7.5		2 050	28 000	四川省川安化工厂
SC160/160-D	1 600	20	40		150	齿轮齿条	2	3×1.3×2.8		□ 0.65×0.65	1.508	140	9.5		2 200	30 000	
SF10	1 000	—	22.5		60	齿轮齿条	1	2×1.5		□ 0.45×0.45	1.508	83	7.5		—	4 400 (50 m 高)	潍坊市通用机械厂
SWF-15	1 500	15	31		100	齿轮齿条	1	3×1.5×2.6		△ 0.45×0.45	1.508	110	7.5		1 700	6 800	哈尔滨市安装公司
SF10	1 000	—	22.5		60	齿轮齿条	1	2×1.3		△ 0.45×0.45	1.508	83	7.5		—	4 400 (50 m 高)	瓦房店液压件厂
JT1	1 000	12	38		150	齿轮齿条	2	3×1.3×2.7		□ 0.71×0.71	1.508	172	7.5		—	35 441 (150 m 高)	国营江麓机械厂

表 6-8　SS 型施工升降机技术性能参数

型　号		RHS-1	SFD100	SS100
额定载重量/kg		1 000	1 000	1 000
乘员人数/(人·笼⁻¹)		7	11	
最大提升高度/m		80	100	40
额定提升速度/(m·min⁻¹)		30	30～36	38
吊笼	数目	1	1	1
	尺寸(长×宽×高)/(m×m×m)	2.5×1.3×2.1	2.5×1.3×1.90	3.0×1.5
导轨架	断面尺寸/(m×m)	△0.6×0.6	△0.6×0.6	△0.65×0.65
	标准节长度/m	1.5	1.5	2
	标准节质量/kg	63	65	100
电动机	型号		YZR200L-8	
	功率/kW	16	15	16
	转速/(r·min⁻¹)		712	
传动形式		钢丝绳	钢丝绳	钢丝绳
小吊杆吊重/kg			120	
额定安装载重量/kg			500	
标准节中心距建筑物距离/m		3	3	
整机质量/kg		4 500	8 000(高 100 m)	4 000
生产厂家		辽宁省建筑机械厂	北京市房管局建筑机械修造厂	内蒙古建筑机械厂

施工升降机的架设高度取决于导轨架自重和偏心荷载、风荷载等不利工况所产生的高应力区的情况。

施工升降机的组成部分包括以下几项：

(1)导轨架。用以支撑和引导吊笼、对重等装置运行的金属构架。

(2)底架。用来安装施工升降机导轨架及围栏等构件的机架。

(3)地面防护围栏。地面上包围吊笼的防护围栏。

(4)附墙架。按一定间距连接导轨架与建筑物或其他固定结构，从而支撑导轨架的构件。

(5)标准节。组成导轨架的可以互换的构件。

(6)吊笼。用来运载人员或货物的笼形部件，以及用来运载物料的带有侧护栏的平台或斗状容器的总称。

(7)天轮。导轨架顶部的滑轮总称。

(8)对重。对吊笼起平衡作用的重物。

(9)层站。建筑物或其他固定结构上供吊笼停靠和人货出入的地点。

(10)层门。层站上通往吊笼的可封闭的门。

(11)层站栏杆。层站上通往吊笼出入口的栏杆。

(12)安全装置。保证施工升降机使用安全的一些装置。

二、施工升降机的安全装置

施工升降机是载人或载货的垂直运输机具，如果施工升降机在运行过程中发生冒顶（升降机从导轨架顶端冲出）、急速降落、楼层门未关闭或者施工升降机门未关闭等情况，就会发生危及人员和财产的情况。因此，施工升降机的安全装置非常重要。

施工升降机的安全装置包括限速装置、防坠安全器、上下限位、极限限位、防断绳开关、缓冲弹簧、门限位开关、围栏门锁、制动系统、超载保护装置等。施工升降机的安全保护装置如图 6-9 所示。

1. 限速制动装置

限速制动装置有重锤离心式摩擦捕捉器和双向离心摩擦锥鼓限速装置两种。重锤离心式摩擦捕捉器在作用时产生的动荷载较大，对电梯结构和机构可能产生不利的影响；双向离心摩擦锥鼓式限速装置（图 6-10）的优点在于减少了中间传力路线，在齿条上实现柔性直接制动，安全可靠性大，冲击性小，且其制动行程也可以预调。当梯笼超速 30% 时，其电气部分即自行切断主回路；超速 40% 时，机械部分即开始动

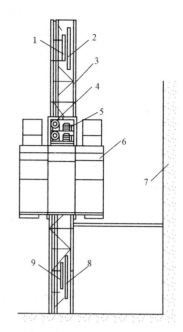

图 6-9　施工升降机的安全保护装置
1—上极限限位碰铁；2—上限位碰铁；3—导轨架；
4—防冲顶保护装置；5—驱动装置；6—吊笼；
7—建筑物；8—下限位碰铁；9—下极限限位碰铁

作，在预调行程内实现制动，可有效地防止上升时"冒顶"和下降时出现"自由落体"的现象。

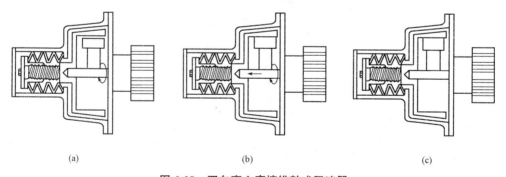

(a)　　　　　　　　　　(b)　　　　　　　　　　(c)

图 6-10　双向离心摩擦锥鼓式限速器
(a)不介入；(b)介入降速；(c)介入制动

2. 制动装置

除上述限速制动装置外，还有以下几种制动装置：

(1)限位装置。由限位碰铁和限位开关构成。设在梯架顶部的为最高限位装置，可防止冒顶；设在楼层的为分层停车限位装置，可实现准确停层。

SCD100，SCD100/100，SCD100/100A 和 SCD200，SCD200/200 Ⅰ～Ⅱ型升降机的各个限位装置的位置如图 6-11 所示；SC120 Ⅰ～Ⅱ型升降机的各限位开关的安装位置如图 6-12 所示。

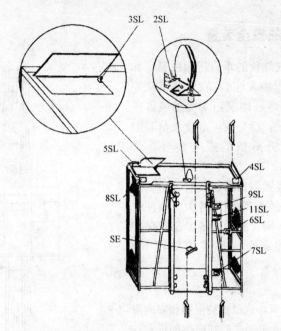

**图 6-11　SCD100，SCD100/100，SCD100/100A，SCD200，SCD200/200
Ⅰ～Ⅱ型升降机的限位开关安装位置**

2SL—断绳保护开关；3SL—活板门安全开关；4SL—双开门限位开关；5SL，8SL—单开门限位开关；
6SL—上终端限位开关；7SL—下终端站开门联锁开关；9SL—下终端站限位开关；
11SL—安装作业下终端站限位开关(仅 SCD100、SCD100/100 用 SE—极限开关)

注：1SL—限速保护开关(位于限速器尾端)。

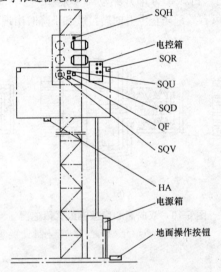

图 6-12　SC120Ⅰ～Ⅱ型各限位开关安装位置

SQH—平层限位开关；SQR—里笼门限位开关；SQU，SQD—上、下行限位开关；
SQV—限速保护开关(位于限速器尾端)；QF—冒顶开关；HA—音响器

（2）电机制动器。有内抱制动器和外抱电磁制动器等。

（3）紧急制动器。有手动楔块制动器和脚踏液压紧急制动等，在限速和传动机构都发生故障时，可紧急实现安全制动。

3. 断绳保护开关

梯笼在运行过程中因某种原因使钢丝绳断开或放松时，断绳保护开关可立即控制梯笼停止运行。

4. 塔形缓冲弹簧

塔形缓冲弹簧安装在基座下面，使梯笼降落时免受冲击，不致使乘员受震。

三、施工升降机的使用注意事项

(1)施工升降机应能在环境温度为-20 ℃～40 ℃的条件下正常作业，超出此范围时，按特殊要求，由用户与制造厂协商解决。

(2)施工升降机应能在顶部风速不大于 20 m/s 下正常作业，应能在风速不大于 13 m/s 条件下进行架设、接高和拆卸导轨架作业。如有特殊要求时，由用户与制造厂协商解决。

(3)施工升降机应能在电源电压值与额定电压值偏差为±5%、供电总功率不小于使用说明书规定的条件下正常作业。

(4)电梯司机必须身体健康(无心脏病和高血压病)，并经训练合格，严禁非司机开车。

(5)司机必须熟悉电梯的结构、原理、性能、运行特点和操作规程。

(6)严禁超载，防止偏重。

(7)班前、满载和架设时均应做电动机制动效果的检查(点动 1 m 高度，停 2 min，里笼无下滑现象)。

(8)坚持执行定期进行技术检查和润滑的制度。

(9)对于斗梯笼，严禁混凝土和人混装(乘人时不载混凝土；载混凝土时不乘人)。

(10)司机开车时应思想集中，随时注意信号，遇事故和危险时立即停车。

(11)在下列情况下严禁使用：电机制动系统不灵活可靠；控制元件失灵和控制系统不全；导轨架和管架的连接松动；视野很差(大雾及雷雨天气)、滑杆结冰以及其他恶劣作业条件；齿轮与齿条的啮合不正常；站台和安全栏杆不合格；钢丝绳卡得不牢或有锈蚀断裂现象；限速或手动制动器不灵；润滑不良；司机身体不正常；风速超过 12 m/s(六级风)；导轨架垂直度不符合要求；减速器声音不正常；齿条与齿轮齿厚磨损量大于 1.0 mm；制动楔块齿尖变钝，其平台宽大于 0.2 mm；限速器未按时检查与重新标定；导轨架管壁厚度磨损过大(100 m 梯超过 1.0 mm；75 m 梯超过 1.2 mm；50 m 梯超过 1.4 mm)。

(12)做好当班记录，发现问题及时报告并查明解决。

(13)按规定及时进行维修和保养，一般规定：一级保养 160 h；二级保养 480 h；中修 1 440 h；大修 5 760 h。

▶ 任务实施

调查一下你周围的施工工地所使用施工升降机的型号和安装方式。

思 考 题

施工升降机的安全装置有哪些？

【参考资料】

《高层建筑施工手册》。

任务三　选择混凝土泵

引导问题

1. 什么是混凝土泵?
2. 常见的混凝土泵有哪些种类?
3. 混凝土泵主要有哪些与施工相关的技术参数?

工作任务

为某 20 层、58.5 m 高的工程选择合适的混凝土泵。

以"如何选择高层建筑施工的混凝土泵"为题目,写一篇不少于 1500 字的论文。

以"高层建筑泵送混凝土施工时如何减少堵泵"为题目,与一篇不少于 1500 字的论文。

知识链接

一、认识混凝土泵

混凝土泵是利用压力将混凝土沿管道连续输送的机械,由泵体和输送管组成,按结构形式可分为活塞式、挤压式、水压隔膜式。泵体装在汽车底盘上,再装备可伸缩或曲折的布料杆,就组成泵车[目前有泵车(带布料臂)、车载泵、托式泵、搅拌车臂架泵等]。

混凝土泵的主要技术参数有最大理论输送量、最大理论输出压力、发动机额定功率、整车总质量、外形尺寸等。其中,最大理论输送量、最大理论输出压力是与选择混凝土泵密切相关的参数。图 6-13 所示为某混凝土泵的铭牌。

图 6-13　某混凝土泵的铭牌

二、混凝土泵的选型

混凝土泵的选型,应根据混凝土工程特点、要求的最大输送距离、最大输出量及混凝土浇筑计划确定。

混凝土泵的泵送能力,根据具体施工情况可按下列方法之一进行验算,同时应符合产品说明中的有关规定:

(1)计算的配管整体水平换算长度,应不超过确定的最大水平泵送距离。

(2)换算的总压力损失,应小于混凝土泵正常工作时的最大出口压力。

施工要求的最大输送距离就是混凝土输送管的水平换算长度。混凝土输送管的水平换算长度可按表 6-9 换算。

表 6-9　混凝土输送管的水平换算长度

类　别	单　位	规　格	水平换算长度/m
向上垂直管	每米	100 mm	3
		125 mm	4
		150 mm	5

类 别	单 位	规 格		水平换算长度/m
锥形管	每根	175 mm→150 mm		4
		150 mm→125 mm		8
		125 mm→100 mm		16
弯管	每根	90°	$R=0.5$ m	12
			$r=1.0$ m	9
软管		每5～8 m 长的1根		

注：1. 表中 R 为曲率半径；
    2. 弯管的弯曲角度小于90°时，需将表列数值乘以该角度与90°角的比值；
    3. 向下垂直管，其水平换算长度等于其自身长度；
    4. 斜向配管时，根据其水平及垂直投影长度，分别按水平、垂直配管计算。

混凝土泵的最大水平输送距离，可按下列方法之一确定：

(1)由试验确定。

(2)参照产品的性能表(曲线)确定。

(3)根据混凝土泵的最大出口压力、配管情况、混凝土性能指标和输出量，按混凝土泵最大水平输送距离计算公式计算。

混凝土泵送的换算压力损失见表6-10。

表6-10 混凝土泵送的换算压力损失

管件名称	换算量	换算压力损失/MPa
水平管	每20 m	0.10
垂直管	每5 m	0.10
45°弯管	每只	0.05
90°弯管	每只	0.10
管道接环(管卡)	每只	0.10
管路截止阀	每个	0.80
3.5 m橡皮软管	每根	0.20

注：附属于泵体的换算压力损失：V形管175→125 mm，0.05 MPa；每个分配阀，0.08 MPa；每台混凝土泵起动内耗，2.80 MPa。

$$L_{\max}=\frac{p_{\max}}{\Delta p_{\mathrm{H}}} \tag{6-5}$$

$$\Delta p_{\mathrm{H}}=\frac{2}{R_0\left[k_1+k_2\left(1+\frac{t_2}{t_1}\right)v_2\right]\alpha_2} \tag{6-6}$$

$$k_1=(3.00-0.1s_1)\times10^2 \tag{6-7}$$

$$k_2=(4.00-0.1s_1)\times10^2 \tag{6-8}$$

式中 L_{max}——混凝土泵的最大水平输送距离(m);

p_{max}——混凝土泵的最大出口压力(Pa);

Δp_H——混凝土在水平输送管内流动每米产生的压力损失(Pa/m);

R_0——混凝土输送管半径(m);

k_1——黏着系数(Pa);

k_2——速度系数$[Pa/(m \cdot s^{-1})]$;

t_2/t_1——混凝土泵分配阀切换时间与活塞推压混凝土时间之比,一般取0.3;

v_2——混凝土拌合物在输送管内的平均流速(m/s);

α_2——径向压力与轴向压力之比,对普通混凝土取0.90;

s_1——混凝土坍落度(mm)。

注:Δp_H 值也可用其他方法确定,且宜通过试验验证。

混凝土泵的台数,可根据混凝土浇筑数量、单机的实际平均输出量和施工作业时间,按下式计算:

$$N_2 = \frac{Q}{Q_1} T_0 \tag{6-9}$$

式中 N_2——混凝土泵数量(台);

Q——混凝土浇筑数量(m^3);

Q_1——每台混凝土泵的实际平均输出量(m^3/h);

T_0——混凝土泵送施工作业时间(h)。

重要工程的混凝土泵送施工,混凝土泵的所需台数,除根据计算确定外,宜有一定的备用台数。

三、混凝土泵的设置要求

混凝土泵设置处,场地应平整、坚实,道路畅通,供料方便,距离浇筑地点近,便于配管,接近排水设施和供水、供电方便。在混凝土泵的作业范围内,不得有高压线等障碍物。

当高层建筑采用接力泵泵送混凝土时,接力泵的设置位置应使上、下泵的输送能力匹配。设置接力泵的楼面应验算其结构所能承受的荷载,必要时应采取加固措施。

任务实施

调查一下你周围施工工地所使用混凝土泵的型号和动力形式。

思 考 题

1. 如何选择混凝土泵?
2. 如果高层建筑施工时混凝土泵管经常堵塞,应该从哪些方面考虑排除?

项目七　高层建筑模板

任务一　大模板施工

引导问题

1. 以前我们学习了哪些模板？
2. 高层建筑在模板支设上与多层建筑有哪些相同和不同的地方？
3. 什么是大模板？
4. 大模板施工有什么特点？

工作任务

1. 如果某20层、58.5 m高工程采用大模板施工，设计大模板的施工方案。
2. 以"大模板工程施工中的质量安全控制"为题目，写一篇字数不少于1 000字的论文。

【主要参考资料】

1.《高层建筑混凝土结构技术规程》(JGJ 3)。
2.《建筑工程大模板技术标准》(JGJ/T 74)。
3.《混凝土结构工程施工质量验收规范》(GB 50204)。
4.《高层建筑施工手册》。
5. 网络资源库。

知识链接

一、大模板施工流水段的划分与设计

大模板由面板系统、支撑系统、操作平台系统、对拉螺栓等组成，是利用辅助设备按模位整装整拆的整体式或拼装式模板，如图7-1所示。大模板可分为整体式大模板和拼装式大模板。整体式大模板是直接按模位尺寸需要加工的大模板。拼装式大模板是以符合建筑模数的标准模板为主、非标准模板为辅，组拼出模位尺寸需要的大模板。

模板是进行现浇剪力墙结构施工的一种工具式模板，一般配以相应的起重吊装机械，通过合理的施工组织安排，以机械化施工方式在现场浇筑混凝土竖向(主要是墙、壁)结构构件。

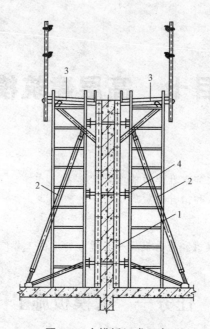

图 7-1　大模板组成示意

1—面板系统；2—支撑系统；3—操作平台系统；4—对拉螺栓

1. 大模板流水段的划分

大模板流水段的划分要根据建筑物的平面、工程量、工期要求和机具设备条件综合考虑。一般应注意以下几点：

(1)尽量使各流水段的工程量大致相等，模板的型号、数量基本一致，劳动力配备相对稳定，以利于组织均衡施工。

(2)要使各流水段的吊装次数大致相等，以便充分发挥垂直起重设备的能力。

(3)采取有效的技术组织措施，做到每天完成一个流水段的支、拆模工序，使大模板得到充分的利用，即配备一套大模板，按日夜两班制施工，每 24 h 完成一个施工流水段，其流水段的范围是几条轴线(指内横轴线)。另外，根据流水段的范围，计算全部工程量和所需的吊装次数，以确定起重设备(一般采用塔式起重机)的台数。

2. 确定施工周期

由于大模板工程的施工周期与结构施工的一些技术要求(如墙体混凝土强度达到 1 MPa，方可拆模；达到 4 MPa，方可安装楼板)有关，因此，施工周期的长短，与每个施工流水段能否实现 24 h 完成有密切关系。

一般大模板都需要由模板生产厂家进行专门设计和生产。

二、大模板安装与拆除

(1)大模板运到现场后，要清点数量、核对型号；清除表面锈蚀和焊渣，板面拼缝处要用环氧树脂腻子嵌缝；背面涂刷防锈漆，并用醒目字体注明编号，以便安装时对号入座。

大模板的三角挂架、平台、护身栏以及背面的工具箱，必须经全部检查合格后，方可组装就位。对模板的自稳角要进行调试，并检测地脚螺栓是否灵敏。

(2)大模板安装前，应将安装处的楼面清理干净。施工时要弹好模板的安装位置线，保证模板就位准确。为防止模板缝隙偏大出现漏浆，一般可采取在模板下部抹找平层砂浆，待砂浆凝固后再安装模板；或在墙体部位用专用模具，先浇筑高为 5～10 cm 的混凝土导墙，然后再安装模板。

（3）安装模板时，应按顺序吊装就位。先安装横墙一侧的模板，靠吊垂直后，放入穿墙螺栓和塑料套管，然后安装另一侧的模板，并经靠吊垂直后才能旋紧穿墙螺栓。横墙模板安装完毕后，再安装纵墙模板。墙体的厚度主要靠塑料套管和导墙来控制。因此，塑料套管的长度必须和墙体厚度一致。

（4）靠吊模板的垂直度，可采用 2 m 长双十字靠尺检查（图 7-2）。如板面不垂直或横向不水平，则必须通过支撑架地脚螺栓或模板下部地脚螺栓进行调整。

大模板的横向必须水平，不平时可用模板下部的地脚螺栓调平。

（5）大模板安装后，如底部仍有空隙，应用水泥砂浆或木条塞紧，以防漏浆。但不可将其塞入墙体内，以免影响墙体的断面尺寸。

（6）大模板连接固定圈梁模板后，与后支架高低不一致。为保证安全，可在地脚螺栓下部嵌 100 mm 高垫木，以保持大模板的稳定，防止倾倒伤人。

（7）安装外墙大模板时，要注意上下楼层和相邻模板的平整度和垂直。用倒链和钢丝绳将外墙大模板与内墙拉接固定，严防振捣混凝土时模板发生位移。

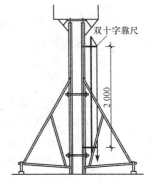

图 7-2　双十字靠尺

（8）外墙施工时，在内横墙端部要留好连接钢筋，做好堵头模板的连接固定。

（9）如果外墙采用装饰混凝土，拆模时不能沿用传统的方法。可在外侧模板后支架的下部，安装与板面垂直的滑动轨道，使模板做前后和左右移动，以方便模板拆除。

三、大模板施工安全要求

（1）大模板的存放应满足自稳角的要求，并采取面对面存放。长期存放模板，应将模板连成整体。没有支架或自稳角不足的大模板，要存放在专用的插放架上或平卧堆放，不得靠在其他物体上，防止滑移倾倒。在楼层内存放大模板时，必须采取可靠的防倾倒措施。遇有大风天气，应将大模板与建筑物固定。

（2）大模板必须有操作平台、上人梯道、防护栏杆等附属设施，如有损坏应及时补修。

（3）大模板起吊前，应将吊装机械位置调整适当、稳起稳落、就位准确，严禁大幅度摆动。

（4）大模板安装就位后，应及时用穿墙螺栓、花篮螺栓将全部模板连接成整体，防止倾倒。

（5）全现浇大模板工程在安装外墙外侧模板时，必须确保三角挂架、平台或爬模提升架安装牢固。外侧模板安装后，应立即穿好销杆，紧固螺栓。安装外侧模板、提升架及三角挂架的操作人员必须挂好安全带。

（6）模板安装就位后，要采取防止触电保护措施，将大模板串联起来，并同避雷网接通，防止漏电伤人。

（7）大模板组装或拆除时，指挥和操作人员必须站在安全、可靠的地方，防止意外伤人。

（8）模板拆模起吊前，应检查所有穿墙螺栓是否全都拆除。在确无遗漏，模板与墙体完全脱离后，方准起吊。拆除外墙模板时，应先挂好吊钩，绷紧吊索，门、窗洞口模板拆除后再行起吊。待起吊高度越过障碍物后，方准行车转臂。

（9）大模板拆除后，要加以临时固定，面对面放置，中间留出 60 cm 宽的人行道，以便清理和涂刷脱模剂。

（10）外模板拆除时，必须检查全部附墙连接件是否拆除，操作人员必须挂好安全带。

调查一个施工大模板的工程，写出调查报告。

1. 内墙大模板的安装要求有哪些？
2. 外墙大模板的安装与拆除有哪些要求？

【参考资料】

1.《高层建筑混凝土结构技术规程》(JGJ 3)。
2.《建筑工程大模板技术标准》(JGJ/T 74)。
3.《混凝土结构工程施工质量验收规范》(GB 50204)。
4.《高层建筑施工手册》。

任务二　爬升模板施工

1. 什么是爬升模板？
2. 爬升模板与大模板相比有哪些优势？

爬模施工工艺

分析某20层、高58.5 m剪力墙结构工程采用爬升模板施工，在技术上是否可行，在经济上是否可行？如果要你设计爬升模板的施工方案，你会从哪几个方面考虑？列出施工方案的大纲。

【主要参考资料】

1.《高层建筑混凝土结构技术规程》(JGJ 3)。
2.《建筑工程大模板技术标准》(JGJ/T 74)。
3.《混凝土结构工程施工质量验收规范》(GB 50204)。
4.《液压爬升模板工程技术标准》(JGJ/T 195)。
5.《高层建筑施工手册》。
6. 网络资源库。

一、认识爬升模板

液压爬升模板是爬模装置通过承载体附着在混凝土结构上，当新浇筑的混凝土脱模后，以液压油缸为动力，以导轨为爬升轨道，将爬模装置向上爬升一层，反复循环作业的施工工艺，简称爬模。爬模装置是为爬模配置的模板系统、架体与操作平台系统、液压爬升系统及电气控制系统的总称。承载体是将爬模装置自重、施工荷载及风荷载传递到混凝土结构上的承力部件。

爬升模板(爬模)是一种适用于现浇钢筋混凝土竖直或倾斜结构施工的模板工艺，如墙体、桥梁、塔柱等。爬模可分为"有架爬模"(模板爬架子、架子爬模板)和"无架爬模"(模板爬模板)两种。目前已逐步发展形成"模板与爬架互爬""爬架与爬架互爬"和"模板与模板互爬"三种工艺，其中第一种最为普遍。本书侧重介绍第一种。

爬升模板是综合大模板与滑动模板工艺和特点的一种模板工艺，具有大模板和滑动模板共同的优点，尤其适用于超高层建筑施工。

爬升模板施工前应编制安全专项施工方案，爬模工程施工前应对爬模施工方案进行安全、技术交底，并应进行记录。爬模安全专项施工方案应包括下列内容：

(1)工程概况和编制依据。

(2)爬模施工部署：

1)管理目标；

2)施工组织；

3)总包和专业分包分工、协调；

4)劳动组织与培训计划；

5)施工程序；

6)施工进度计划；

7)主要机械设备计划；

8)施工总平面布置。

(3)爬模装置设计：

1)爬模装置系统；

2)爬模装置构造；

3)爬模装置计算书；

4)模板平面图、架体布置图、油路图及主要节点图；

5)与爬模施工相关的设计。

(4)爬模主要施工方法及措施：

1)爬模装置安装；

2)水平结构同步或滞后施工；

3)变截面、斜面及其他特殊部位施工；

4)钢牛腿、钢结构、钢板墙部位施工；

5)测量控制与纠偏。

(5)施工管理措施：

1)安全措施；

2)水电安装配合措施；

3)季节性施工措施；

4)爬模装置维护与成品保护；

5)现场文明施工；

6)环保措施；

7)应急预案。

二、导轨式液压爬升模板

(一)工艺原理

新型导轨式液压爬升模板属模板与爬架互爬体系，其最大的特点是：爬架在结构施工期间就可以插入装修装饰作业，即爬模爬架联体上升完成结构施工、分体下降进行装修装饰作业，如图7-3所示。

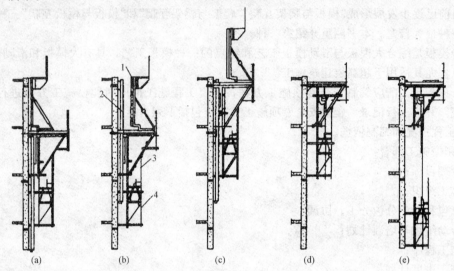

图7-3　新型导轨式液压爬升模板工艺流程

(a)墙体混凝土浇筑完毕；(b)拆模；(c)提升爬架；(d)拆卸大模板、安设吊篮提升设备；(e)上、下架体分开

1—大模板；2—导轨；3—上架体；4—下架体

(二)构造与组成

新型导轨式液压爬模主要由附着装置、导轨、升降爬箱与架体系统，模板系统或作业平台系统，液压升降与控制系统，吊篮设备系统，安全防护系统以及防坠装置等部分组成(图7-4)。新型升降爬模主要参数如下：

架体支承跨度　　　　　　　≤8 m

架体高度　　　　　　　　　9.8～13.5 m(随结构层高而定)

架体宽度　　　　　　　　　≤2.25 m

模板台车移动距离　　　　　0.75 m

步距　　　　　　　　　　　1.85～2.7 m

步数　　　　　　　　　　　4～6

作业层数及施工荷载　　　　顶层≤1.5 kN/m²，中层≤3 kN/m²，底层≤1 kN/m²

1. 架体系统

新型升降模板的架体，其竖向主要由上承力架和下承力架组成；其横向主要由水平梁架及相应的架管等组成。

(1)上承力架。上承力架是爬模爬架在竖向的主承力框架，呈三角形结构(用于带模板爬升的装备中)，或长方形框架(用于不带模板爬升的装备中)与附墙调节支腿以及上爬升箱轴座等部件组成。

在承力架的两侧组焊有供连接水平梁架用的耳板，在支腿部位设计有供导轨升降用和防止架体倾覆用导向开口式夹板。

(2)下承力架。下承力架是爬架在竖向的次承力框架，它通过销轴悬挂在主承力架的下端。如同上承力架一样，在其两侧设有供连接水平梁架用的耳板。当下承力架与相应的水平梁架等组装好后，吊挂在主承力架的下端，简称吊篮挂架。

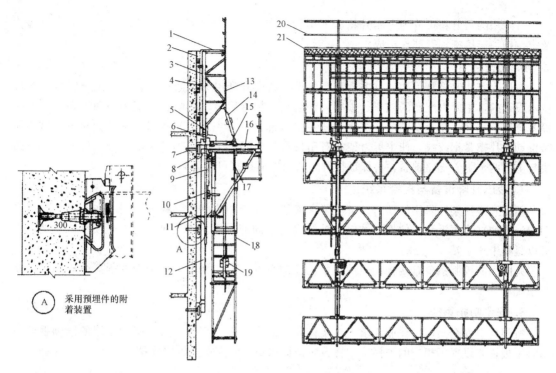

图 7-4　新型导轨式液压爬模构造

1—平台板；2—外模板；3—附加背楞；4—锁紧钩；5—模板高低调节装置；6—防坠装置；7—穿墙螺栓；
8—附墙装置；9—液压缸；10—爬升箱；11—上架体支腿；12—导轨；13—模板支撑架体；14—调节支腿；
15—模板平移装置；16—上架体；17—水平梁架；18—下架体；19—下架体提升机；20—栏杆；21—踢脚板

（3）水平梁架。水平梁架又称横向架体梁架。在新型升降模架的横向，位于相邻竖向承力架之间的内外两边分别设有桁架式水平梁架，通过钢管扣件连接在一起，并在相应的位置铺设脚手板。根据承力架的高度和使用要求，可设多道水平梁架。

2. 模板系统或作业平台系统

坐落在三脚支承架上面的模板系统由新设计的无背楞大模板和相应的模板支承装置、高度调节装置、垂直调节装置以及模板水平移动小车等组成。

对于不带模板爬升的爬模爬架，在主承力架上面安装由竖向桁架、横向水平梁架等组成的作业平台系统。

3. 吊篮设备系统

吊篮设备系统是爬架的下架体作为吊篮挂架使用时在主承力架下部安装的吊篮设备及相应的控制系统，其主要包括吊篮提升机、滑轮、钢丝绳、安全锁等。

4. 附着装置

附着装置既是新型升降模架附着在建筑工程或构筑工程结构上的承力支座，又是新型升降模架升降时的导向装置和防倾覆装置。当附着的建筑结构厚度较小时，在建筑结构内使用预埋钢套管；当附着的结构厚度较大时，在混凝土结构内预埋套件和使用相应的部件。

5. 导轨与升降爬箱

升降用的导轨为 H 型钢，其长度大于两个标准楼层或相邻两个楼层的高度，H 型钢顶部的内侧面上组焊有带有斜面的钩座，H 型钢外侧面上组焊有爬升箱升降用的支承块（踏步块）和导向块，支承块或导向块相互之间的距离应与行程相匹配。

升降用的爬升箱可分为上爬升箱和下爬升箱，其主要由箱体、凸轮摆块（承力块）、导向轮及定位锁、连接销轴等部件组成。

6. 防坠装置

按照附着式升降脚手架的有关规定与要求，新型升降模架的防坠装置是采用预应力锚夹具技术设计的，主要由配套的锚座、锁座、钢绞线及护管组成。防坠装置上端为固定端，安装在提升导轨上端部；锁紧端固定在主承力架主梁端部，在为主承力架相对于提升导轨下降时，弹簧推动夹片楔紧钢绞线，使主承力架相对于提升导轨停止下坠，提升导轨上分别有上下两个挡块与上下两个附着支座锁紧，可保证提升导轨与墙面连接可靠，确保安全。

7. 液压升降设备与控制系统

新型升降模架升降用的动力设备主要由液压油缸与相应的泵站组成。安装在上下爬升箱之间的液压油缸为可拆卸的便携式油缸，油缸设有双向液压锁，液压泵站可以是便携式泵站，也可以是集中式泵站。

升降用的控制系统有两种：一种是手动控制系统；另一种是由可编程控制器组成的自动控制系统。

8. 安全防护系统

按照高空安全操作与作业要求，在架体相应的作业平台部位设置有坚固耐用的钢脚手板或木脚手板，并设置了相应的护栏、护杆、防护板和安全网等安全防护装置。

任务实施

通过互联网搜索调查一项采用爬升模板施工的工程，说明这个工程使用爬升模板的理由。

思 考 题

爬升模板有几种形式？常用的是哪种？

【参考资料】

1.《高层建筑混凝土结构技术规程》(JGJ 3)。

2.《建筑工程大模板技术标准》(JGJ/T 74)。

3.《混凝土结构工程施工质量验收规范》(GB 50204)。

4.《液压爬升模板工程技术标准》(JGJ/T 195)。

5.《高层建筑施工手册》。

任务三　滑升模板施工

引导问题

1. 什么是滑升模板？

2. 滑升模板和大模板、爬升模板相比有何异同？

滑升模板

1. 分析某20层、58.5 m高的工程是否可以采用滑升模板施工。

2. 以"滑升模板施工中的关键技术要点"为题目,写一篇不少于1 500字的论文。

【主要参考资料】

1.《高层建筑混凝土结构技术规程》(JGJ 3)。

2.《混凝土结构工程施工质量验收规范》(GB 50204)。

3.《高层建筑施工手册》。

4.《建筑施工安全检查标准》(JGJ 59)。

5.《建筑施工高处作业安全技术规程》(JGJ 80)。

6.《液压滑动模板施工安全技术规程》(JGJ 65)。

7. 网络资源库。

知识链接

滑升模板(简称滑模)施工,是采用液压千斤顶和支撑杆件支撑模板,边浇筑混凝土,边提升模板,如同模板在混凝土外侧滑动上升。与常规施工方法相比,这种施工工艺施工速度快、机械化程度高,可节省支模和搭设脚手架所需的工料,能较方便地将模板进行拆散和灵活组装并可重复使用。

我国自1988年以来,相继颁布了《滑动模板工程技术标准》(GB/T 50113)、《液压滑动模板施工安全技术规程》(JGJ 65)等国家标准和行业标准,采用滑模工艺施工的工程,在设计和施工中除应遵照上述标准外,还应遵照其他有关标准,如《混凝土结构设计规范(2015年版)》(GB 50010)、《混凝土结构工程施工质量验收规范》(GB 50204)、《烟囱工程施工及验收规范》(GB 50078)等进行滑模工程的设计和施工。

滑模装置的形式可因地制宜,常见的烟囱和高层建筑滑模装置如图7-5和图7-6所示。

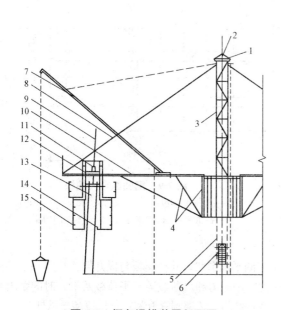

图7-5 烟囱滑模装置剖面图

1—天轮梁;2—天轮;3—井架;4—操作平台钢结构;
5—导索;6—吊笼;7—扒杆;8—井架斜杆;9—支承杆;
10—操作平台;11—千斤顶;12—提升架;13—模板;
14—内吊脚手架;15—外吊脚手架

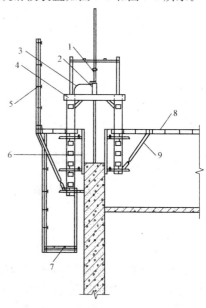

图7-6 高层建筑滑模装置剖面图

1—支承杆;2—千斤顶;3—液压油路系统;
4—提升架;5—栏杆;6—模板;
7—外吊脚手架;8—操作平台;9—挑架

一、滑模装置的组成

滑模装置主要由模板系统、配套系统等部分组成(图7-7)。模板系统包括模板、围圈、提升架;配套系统包括操作平台和液压提升系统。

(一)模板

模板又称为围板,依赖围圈带动其沿混凝土的表面向上滑动。模板的主要作用是承受混凝土的侧压力、冲击力和滑升时的摩阻力,并使混凝土按设计要求的截面形状成型。模板按其所在部位及作用不同,可分为内模板、外模板、堵头模板以及变截面工程的收分模板等。图7-8所示为一般墙体钢模板,也可采用组合模板改装。

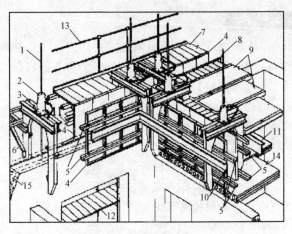

图7-7　滑模装置示意图

1—支承杆;2—液压千斤顶;3—提升架;4—模板;5—围圈;
6—外挑三脚架;7—外挑操作平台;8—固定操作平台;
9—活动操作平台;10—内围圈;11—外围圈;12—吊脚手架;
13—栏杆;14—楼板;15—混凝土墙体

当施工对象的墙体尺寸变化不大时,宜采用围圈与模板组合成一体的"围圈组合大模板"(图7-9)。

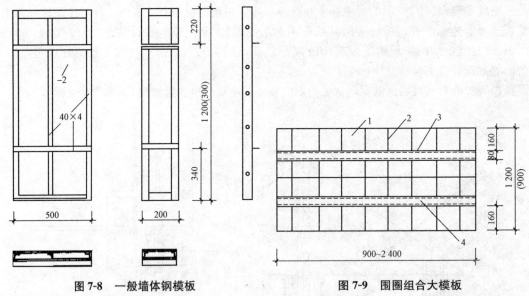

图7-8　一般墙体钢模板

图7-9　围圈组合大模板

1—4 mm 厚钢板;2—6 mm 厚、80 mm 宽肋板;
3—8 号槽钢上围圈;4—8 号槽钢下围圈

(二)围圈

围圈又称围檩,其主要作用是使模板保持组装的平面形状,并将模板与提升架连接成一个整体。围圈在工作时,承受由模板传递来的混凝土侧压力、冲击力和风荷载等水平荷载及滑升时的摩阻力,作用于操作平台上的静荷载和施工荷载等竖向荷载,并将其传递到提升架、千斤顶和支承杆上。

在每侧模板的背后,按建筑物所需要的结构形状,通常设置上下各一道闭合式围圈,其间距一般为450~750 mm。围圈应有一定的强度和刚度,其截面应根据荷载大小由计算确定。围圈构造如图7-10所示。

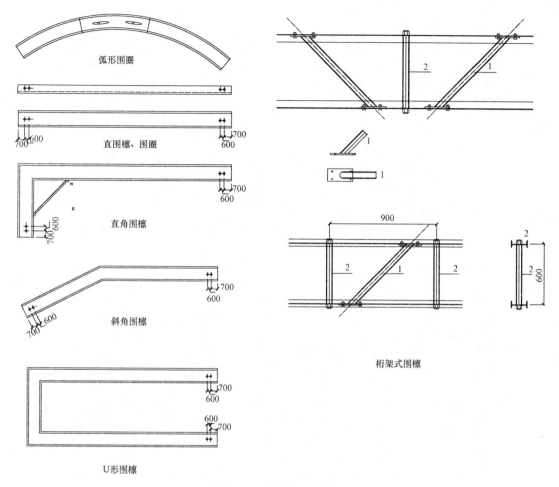

图 7-10　围圈构造示意图

1，2—围圈

模板与围圈的连接，一般采用挂在围圈上的方式。当采用横卧工字钢作围圈时，可用双爪钩将模板与围圈钩牢，并用顶紧螺栓调节位置(图 7-11)。

(三)提升架

提升架又称为千斤顶架，是安装千斤顶并与围圈、模板连接成整体的主要构件。

提升架的主要作用是控制模板、围圈由于混凝土的

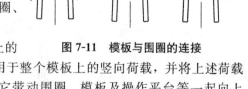

图 7-11　模板与围圈的连接

侧压力和冲击力而产生的向外变形；同时，承受作用于整个模板上的竖向荷载，并将上述荷载传递给千斤顶和支承杆。当提升机具工作时，通过它带动围圈、模板及操作平台等一起向上滑动。

提升架的立面构造形式，一般可分为单横梁"冂"形、双横梁的"开"形或单立柱的"Γ"形等几种，如图 7-12 所示。

提升架的平面布置形式，一般可分为"I"形"Y"形"X"形"冂"形和"口"形等几种如图 7-13 所示。对于变形缝双墙、圆弧形墙壁交叉处或厚墙壁等摩阻力及局部荷载较大的部位，可采用双千斤顶提升架。双千斤顶提升架可沿横梁布置(图 7-14)，也可垂直于横梁布置。

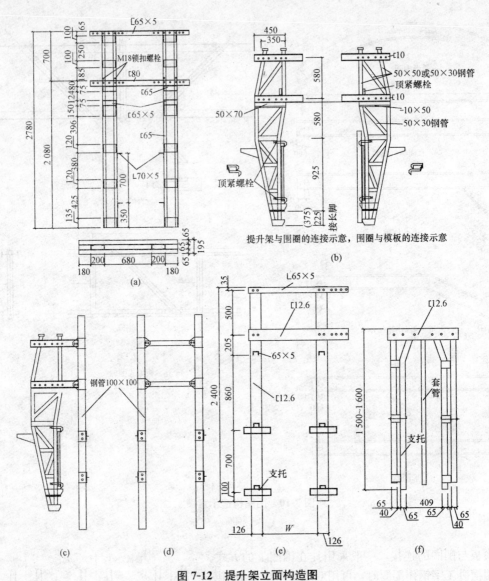

图 7-12　提升架立面构造图

(a)开形提升架；(b)钳形提升架；(c)转角处提升架；

(d)十字交叉处提升架；(e)变截面提升架；(f) ⌐ 形提升架

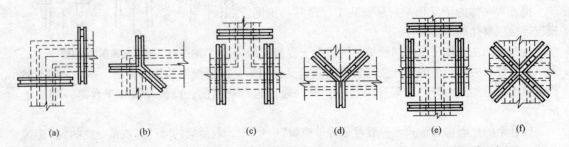

图 7-13　提升架平面布置图

(a)"I"形；(b)、(d)"Y"形；(c)"⌐ ￢"形；(e)"口"形；(f)"X"形

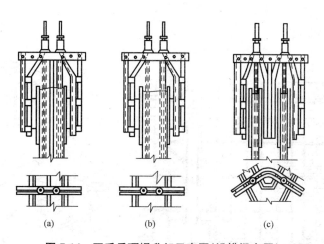

图 7-14 双千斤顶提升架示意图（沿横梁布置）

(a)用于变形缝双墙；(b)用于厚墙体；(c)用于转角墙体

(四)操作平台

滑模的操作平台即工作平台，是绑扎钢筋、浇筑混凝土、提升模板、安装预埋件等工作的场所，也是钢筋、混凝土、预埋件等材料和千斤顶、振动器等小型备用机具的暂时存放场地。液压控制机械设备，一般布置在操作平台的中央部位。有时还利用操作平台架设垂直运输机械设备，也可将操作平台作为现浇混凝土顶盖的模板。

按结构平面形状的不同，操作平台的平面可组装成矩形、圆形等各种形状。图 7-15 所示为矩形操作平台。

(五)液压提升(传动)系统

液压提升(传动)系统主要由支承杆、液压千斤顶、液压控制台和油路系统等部分组成，如图 7-16 所示。

1. 支承杆

支承杆又称爬杆、千斤顶杆或钢筋轴等，它支承着作用于千斤顶的全部荷载。为了使支承杆不产生压屈变形，应用一定强度的圆钢或钢管制作。滚珠式卡具液压千斤顶支承杆一般采用直径 25 mm 的 Q235 圆钢制作。楔块式卡具液压千斤顶，可用 $\phi 25 \sim \phi 28$ mm 的螺纹钢筋作支承杆。因此，对于框架柱等结构，可直接以受力钢筋作支承杆使用。

支承杆的连接方法常用的有丝扣连接、插接和剖口焊接三种。

2. 液压千斤顶

液压千斤顶又称穿心式液压千斤顶或爬升器，其中心穿支承杆，在周期式的液压动力作用下，千斤顶可沿支承杆做爬升动作，以带动提升架、操作平台和模板随之一起上升。目前，国内生产的滑模液压千斤顶型号主要有滚珠卡具 GYD-35 型、GSD-35 型、GYD-60 型，楔块卡具 QYD-35 型、QYD-60 型、QYD-100 型，松卡式 SQD-90-35 型及混合式 QGYD-60M 等型号，额定起重量为 30～100 kN。

液压千斤顶工作原理

3. 液压控制台

液压控制台是液压传动系统的控制中心，是液压滑模的心脏，主要由电动机、齿轮油泵、换向阀、溢流阀、液压分配器和油箱等组成。

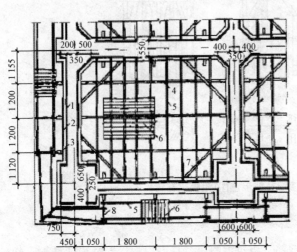

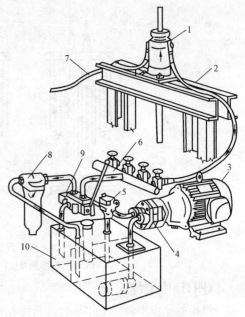

图 7-15　矩形操作平台平面构造图
1—模板；2—围圈；3—提升架；4—承重桁架；
5—楞木；6—平台板；7—围圈斜撑；8—三角挑架

图 7-16　液压提升系统示意图
1—液压千斤顶；2—提升架；3—电动机；
4—齿轮油泵；5—溢流阀；6—液压分配器；
7—油管；8—滤油器；9—换向阀；10—油箱

4. 油路系统

油路系统是连接控制台到千斤顶的液压通路，主要由油管、管接头、液压分配器和截止阀等元、器件组成。油管一般采用高压无缝钢管及高压橡胶管两种。

二、滑模施工工程的设计

工程中使用的液压滑动模板，一般都需要由厂家进行专门设计。针对不同的结构形式，滑升模板的形式也不一样。

三、一般滑模施工

(一)钢筋和预埋件

1. 钢筋

(1)钢筋的加工应符合下列规定：

1)横向钢筋的长度一般不宜大于 7 m。当要求加长时，应适当增加操作平台宽度。

2)竖向钢筋的直径小于或等于 12 mm 时，其长度不宜大于 5 m。若滑模施工操作平台设计为双层并有钢筋固定架，则竖向钢筋的长度不受上述限制。

(2)钢筋绑扎时，应保证钢筋位置准确，并应符合下列规定：

1)每一浇筑层混凝土浇筑完成后，在混凝土表面以上至少应有一道绑扎好的横向钢筋。

2)竖向钢筋绑扎后，其上端应用限位支架等临时固定。

3)双层配筋的墙或筒壁，其立筋应成对并立排列，钢筋网片间应有 A 形拉结筋或用焊接钢筋骨架定位，如图 7-17 所示。

4)门窗等洞口上下两侧横向钢筋端头应绑扎平直、整齐，有足够钢筋保护层，下口横筋宜与竖钢筋焊接。

5)钢筋弯钩均应背向模板面。

6)必须有保证钢筋保护层厚度的措施，如图7-18所示。

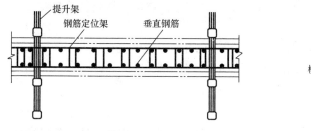

图7-17　垂直钢筋定位架图

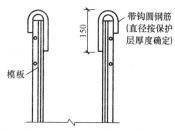

图7-18　保证钢筋保护层措施

7)当滑模施工结构有预应力钢筋时，对预应力筋的留孔位置应有相应的成型固定措施。

8)墙体顶部的钢筋如挂有砂浆，在滑升前应及时清除掉。

(3)梁的配筋采用自承重骨架时，其起拱值应满足下列规定：

1)当梁跨度小于或等于6 m时，应为跨度的2‰～3‰。

2)当梁跨度大于6 m时，应由计算确定。

2. 预埋件

预埋件的留设位置与型号必须准确。滑模施工前，应有专人熟悉图纸，绘制预埋件平面图，详细注明预埋件的标高、位置、型号及数量；必要时，可将所有预埋件统一编号，施工中采用销号的方法逐层留设，以防遗漏。

预埋件的固定，一般可采用短钢筋与结构主筋焊接或绑扎等方法连接牢固，但不得凸出模板表面。模板滑过预埋件后，应立即清除表面的混凝土，使其外露，其位置偏差不应大于20 mm。

对于安放位置和垂直度要求较高的预埋件，不应以操作平台上的某点作为控制点，以免因操作平台出现扭转而使预埋件位置偏移，应采用线坠吊线或经纬仪定垂线等方法确定位置。

(二)支承杆

(1)支承杆的直径、规格应与所使用的千斤顶相适应，第一批插入千斤顶的支承杆其长度不得少于4种，两相邻接头高差应不小于1 m或ϕ25支承杆直径的35倍，同一高度上支承杆接头数不大于总量的1/4。

当采用钢管支承杆且设置在混凝土体外时，对支承杆的调直、接长、加固应做专项设计，确保支承体系的稳定。

(2)支承杆上如有油污应及时清除干净，对兼作受力钢筋的支承杆表面不得有油污。

(3)对采用平头对接、榫接或丝扣接头的非工具式支承杆，当千斤顶通过接头部位后，应及时对接头进行焊接加固；当采用钢管支承杆并设置在混凝土体外时，应采用工具式扣件及时加固。

(4)选用ϕ48×3.5钢管支承杆时，支承杆可分别设置在混凝土结构体内或体外，也可体内、体外混合设置，并应符合下列要求：

1)当支承杆设置在结构体内时，一般采用埋入方式，不回收。当需要回收时，支承杆应增设套管，套管的长度应从提升架横梁下至模板下缘。

2)当支承杆设置在结构体外时，一般采用工具式支承杆。支承杆的制备数量应能满足5～6个楼层高度的需要；必须在支承杆穿过楼板的位置用扣件卡紧，使支承杆的荷载通过传力钢板、传力槽钢传递到各层楼板上。

3)设置在体外的工具式支承杆可采用脚手架钢管和扣件进行加固。当支承杆为群体时，相互间采用纵、横向钢管水平连接成整体；当支承杆为单根时，可用两根钢管和扣件与支承杆平行进行竖向连接。

(5)当发生支承杆失稳，被千斤顶带起或弯曲等情况时，应立即进行加固处理。对兼作受力钢筋使用的支承杆，加固时应满足受力钢筋的要求。当支承杆穿过较高洞口或模板滑空时，应对支承杆进行加固。

(6)工具式支承杆可在滑模施工结束后一次拔出，也可在中途停歇时拔出。分批拔出时应按实际荷载确定每批拔出的数量，并不得超过总数的1/4。对墙板结构、内外墙交接处的支承杆，不宜中途抽拔。

(三)混凝土

(1)用于滑模施工的混凝土，应事先做好混凝土配合比的试配工作，其性能除应满足设计所规定的强度、抗渗性、耐久性及施工季节等要求外，还应满足下列规定：

1)混凝土早期强度的增长速度，必须满足模板滑升速度的要求。

2)薄壁结构的混凝土宜用硅酸盐水泥或普通硅酸盐水泥配制。

3)混凝土坍落度宜符合表 7-1 的规定。

表 7-1　混凝土浇筑时的坍落度

结 构 种 类	坍 落 度[①]/mm	
	非泵送混凝土[②]	泵送混凝土
墙板、梁、柱	50～70	140～200
配筋密集的结构(筒壁结构及细柱)	60～90	140～200
配筋特密结构	90～120	140～200
① 坍落度是指混凝土入模时的坍落度。		
② 采用人工捣实时，非泵送混凝土的坍落度可适当增加。		

4)在混凝土中掺入的外加剂或掺合料，其品种和掺量应通过试验确定。

5)高强度等级混凝土(＞C40)，还应满足流动性、包裹性、可泵性和可滑性等要求，并应使入模后的混凝土凝结速度与模板滑升速度相适应；混凝土配合比设计初定后应做滑升模拟试验，再做调整。

(2)混凝土的浇筑应满足下列规定：

1)必须分层均匀对称交圈浇灌，每一浇灌层的混凝土表面应在一个水平面上，并应有计划地均匀变换浇灌方向。

2)分层浇灌的厚度不应大于 200 mm。

3)各层混凝土浇灌的间隔时间(包括混凝土运输、浇筑及停歇的全部时间)不得大于混凝土的凝结时间(相当于混凝土达 3.5 MPa 贯入阻力值时的时间)；当间隔时间超过规定时，接槎处应按施工缝的要求处理。

4)在气温高的季节，宜先浇灌内墙，后浇灌阳光直射的外墙；先浇灌墙角、墙垛及门窗洞口等的两侧，后浇灌直墙；先浇灌较厚的墙，后浇灌较薄的墙。

5)预留孔洞、门窗口、烟道口、变形缝及通风管道等两侧的混凝土，应对称、均匀地浇灌。

(3)在采用布料机布送混凝土时应符合下列规定：

1)布料机的活动半径应能覆盖全部待浇混凝土的部位。

2)布料机的活动高度应能满足模板系统和钢筋的高度。

3)布料机不宜直接支承在滑升平台上,当必须支承在平台上时,支承系统必须进行专门设计,并有大于2.0的安全储备。

4)布料机和泵送系统之间应有可靠的通信联系,混凝土应布料在操作平台上,不应直接送入模板内,并应严格控制每一区域的布料数量。

5)平台上的混凝土渣应及时清出,不得铲入模板内或掺入新混凝土中使用。

6)晚间作业时应有足够的照明。

(4)混凝土的振捣应满足下列要求:

1)振动混凝土时,振动器不得直接触及支承杆、钢筋或模板。

2)振动器插入前一层混凝土内深度不应超过50 mm。

(5)每次提升后,应对脱出模板下口的混凝土表面进行检查:

1)情况正常时,对混凝土表面先做常规修整,然后进行设计规定的水泥砂浆抹面。

2)若有裂缝或坍塌,应及时研究处理。

(6)混凝土的养护应符合下列规定:

1)混凝土出模后应及时进行修整,必须及时进行养护。

2)养护期间应保持混凝土表面湿润,除冬期施工外,养护时间不少于7 d。

3)养护方法宜选用连续喷雾养护或喷涂养护液。

(四)用贯入阻力测量混凝土凝固的试验方法

贯入阻力试验是在筛出混凝土粗骨料的砂浆中进行。其原理为:以1根测杆在约10 s的时间内垂直插入砂浆中25 mm深度时,测杆端部单位面积上所需力——贯入阻力的大小来判定混凝土凝固的状态。

1. 试验仪器与工具

(1)贯入阻力仪(图7-19)。测杆荷载的指示读数精度应准确至5 N。附有可拆装的测杆5个,其承压面积为100 mm²、50 mm²、25 mm²、12.5 mm²、10 mm²五种。测杆长为100 mm,在距离贯入端25 mm处刻一圈标记。

(2)砂浆试模。试模高度为150 mm,圆柱体试模的内径为150 mm,也可用边长为150 mm的立方体试模,试模需用刚性不吸水的材料制作。

(3)捣固棒。直径为16 mm,长约为500 mm,一端为半球形。

(4)筛子。筛取砂浆用,筛孔直径为5 mm的标准筛。

(5)吸液管。用以吸除砂浆试件表面的泌水。

(6)其他。温度计、秒表等。

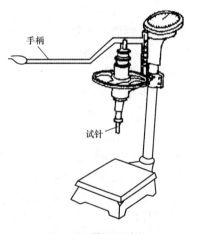

手柄

试针

图7-19 贯入阻力仪

2. 砂浆试件的制备及养护

(1)从要进行测试的混凝土拌合物中,取有代表性的试样,用筛子将砂浆筛落在不吸水的垫板上,砂浆数量满足需要后,再由人工搅拌均匀,然后装入试模中。捣实后,砂浆表面低于试模上沿约10 mm。

(2)砂浆试件可用振动器,也可用人工捣实。用振动器的振动时间,以砂浆平面大致形成为止;人工捣实时,可在试件表面每隔20~30 mm用棒插捣一次,然后用棒敲击试模周边,使插捣的印穴弥合,表面用抹子轻轻抹平。

(3)将试件编号后,置于温度为(20±3)℃的环境中养护,避免阳光直晒,为不使水分过快蒸发可加以覆盖，以待试验。

3. 测试方法

(1)在测试前 5 min 吸除试件表面的泌水，在吸除时试模可稍微倾斜，但要避免振动和强力摇动。

(2)根据混凝土砂浆凝固情况，选用适当规格的贯入测杆，其参考数值见表 7-2。

表 7-2　贯入测杆参考数值

贯入阻力/MPa	0.2～3.5	3.5～20	20～28
测杆截面面积/mm²	100	50	20

(3)测试时，将砂浆试模置于测试平台上，读记砂浆与试模质量之和作为基数。然后，将测杆端部与砂浆表面接触，按动手柄徐徐加压，约在 10 s 的时间内使测杆贯入砂浆深度25 mm，并记录贯入阻力仪的指针读数，此值扣除砂浆及试模重量之和后，即为贯入压力(F)。

(4)对于一般混凝土，在常温下贯入阻力的测试时间，可以从搅拌后 2 h 开始进行，每隔 1 h测试一次，每次测 3 点(最少不少于 2 点)，直至贯入阻力达到 28 MPa 时为止。对于速凝或缓凝的混凝土及气温过高或过低时，可将测试时间适当调整。

(5)计算贯入阻力。将测杆贯入时所需的力除以测杆截面面积，即得贯入阻力，可按式(7-1)确定。每次测试的三点取平均值，当三点数值的最大差异超过 20%时，取相近两点的平均值。

$$P = \frac{F}{S} \tag{7-1}$$

式中　P——贯入阻力；

　　　F——贯入深度 25 mm 的压力；

　　　S——贯入测杆断面面积。

4. 绘制混凝土贯入阻力曲线

以贯入阻力为纵坐标(单位为 10 MPa)，以混凝土龄期(单位为 h)为横坐标，绘制曲线，试验数据不得少于 6 个。

5. 分析及应用

(1)按施工技术规范所要求的混凝土出模时应达到的贯入阻力范围，从混凝土贯入阻力曲线上，可以得出混凝土的最早出模时间(龄期)及适宜滑升的速度范围，并可以此检查实际施工时的滑升速度是否合适。

(2)当滑升速度已确定时，可从事先绘制好的许多混凝土凝固的贯入阻力曲线中，选择与已定滑升速度相适应的混凝土配合比。

(3)在现场施工中，及时测定所用混凝土的贯入阻力，校核滑升时间是否合适。

(五)模板的滑升

滑升过程是滑模施工的主导工序，其他各工序作业均应安排在限定时间内完成，不宜以停滑或减缓滑升速度来迁就其他作业。

在确定滑升程序或平均滑升速度时，除应考虑混凝土出模强度要求外，还应考虑下列相关因素：

(1)气温条件。温度高则滑升速度快。

(2)混凝土原材料及强度等级。

(3)结构特点，包括结构形状、构件厚度及配筋的变化数。

(4)模板条件，包括模板表面状况及清理维护情况等。

模板的滑升可分为初滑、正常滑升和完成滑升三个阶段。

1. 模板的初滑阶段

初滑时，首次分层交圈浇筑的混凝土至 500～700 mm(或模板高度的 1/2～2/3)高度后，第一层混凝土强度达到 0.2 MPa 左右(相当贯入阻力值 4 MPa)应进行 1～2 个千斤顶行程的提升，并对滑模装置和混凝土凝结状态进行检查，确定正常后方可转为正常滑升。

2. 模板的正常滑升阶段

(1)在正常滑升过程中，两次提升的时间间隔不应超过 0.5 h。

(2)在提升过程中，应使所有的千斤顶充分地进油、排油。在提升过程中，如出现油压增至正常滑升工作压力值的 1.2 倍，尚不能使全部千斤顶升起时，停止提升操作，立即检查原因，及时进行处理。

(3)在正常滑升过程中，操作平台应保持基本水平。每滑升 200～400 mm，应对各千斤顶进行一次调平(如采用限位调平卡等)，特殊结构或特殊部位应按施工组织设计的相应要求实施。各千斤顶的相对标高差不得大于 40 mm。相邻两个提升架上千斤顶升差不得大于 20 mm。

(4)连续变截面结构，每滑升 200 mm 高度，至少应进行一次模板收分，模板一次收分量不宜大于 7 mm。当结构的坡度大于 3.3% 时，应减小每次提升高度。当设计支承杆数量时，应适当降低其设计承载能力。

(5)在滑升过程中，应检查和记录结构垂直度、水平度、扭转及结构截面尺寸等偏差数值。检查及纠偏、纠扭应符合下列规定：

1)对连续变截面和整体刚度较小的结构，如烟囱、电视塔、水塔、单体筒仓、独立柱、小型框架等，每滑升 200～300 mm 高度应检查、记录一次。

2)对整体刚度较大的结构，每滑升 1 m 至少应检查、记录一次。

3)在纠正结构垂直度偏差时，应缓慢进行，避免出现硬弯。

4)当采用倾斜操作平台的方法纠正垂直偏差时，操作平台的倾斜度应控制在 1% 之内。

5)对圆形筒壁结构，任意 3 m 高度上的相对扭转值不应大于 30 mm，且任意一点的全高最大扭转值不应大于 200 mm。

(6)在滑升过程中，应随时检查操作平台结构、支承杆的工作状态及混凝土的凝结状态。如发现异常，应及时分析原因并采取有效的处理措施。

(7)框架结构柱子模板的停歇位置，宜设在梁底以下 100～200 mm 处。

(8)在滑升过程中，应及时清理粘结在模板上的砂浆和转角模板、收分模板与活动模板之间的夹灰，已硬结的干灰不得落入模板内混进混凝土中。

(9)在滑升过程中，不得出现油污。凡被油污染的钢筋和混凝土，应及时处理干净。

3. 模板的完成滑升阶段

模板的完成滑升阶段，又称为末升阶段。当模板滑升至距离建筑物顶部标高 1 m 左右时，滑模即进入完成滑升阶段。此时应放慢滑升速度，并进行准确的抄平和找正工作，以使最后一层混凝土能够均匀地交圈，保证顶部标高及位置的正确。

4. 停滑措施

因施工需要或其他原因不能连续滑升时，应有准备地采取下列停滑措施：

(1)混凝土应浇灌至同一标高。

(2)模板应每隔一定时间(接近混凝土初凝时间前或出模混凝土强度达到贯入阻力值 3.0 MPa 前)提升 1～2 个千斤顶行程，直至模板与混凝土不再粘结为止。对滑空部位的支承杆，应采取适当的加固措施。

(3)采用工具式支承杆时，在模板滑升前应先转动并适当托起套管，使其与混凝土脱离，以免将混凝土拉裂。

(4)继续施工时，应对模板与液压系统进行检查。

模板滑升施工前，应事先验算支承杆在操作平台自重、施工荷载、风荷载等共同作用下的稳定性。稳定性不满足要求时，应对支承杆采取可靠的加固措施，并可适当增加支承杆的数量。

混凝土出模强度宜控制在 0.2～0.4 MPa，或贯入阻力值为 3.0～10.5 MPa。

5. 模板滑升速度

模板滑升速度，可按下列规定确定：

(1)当支承杆无失稳可能时，按混凝土的出模强度控制，可按式(7-2)确定：

$$v=\frac{H-h_0-a}{t} \tag{7-2}$$

式中　v——模板滑升速度(m/h)；

H——模板高度(m)；

h_0——每层浇筑层厚度(m)；

a——混凝土浇筑后其表面到模板上口的距离，取 0.05～0.1 m；

t——混凝土从浇灌到位至达到出模强度所需的时间(h)。

(2)当支承杆受压时，按支承杆的稳定条件控制模板的滑升速度，可按式(7-3)确定：

1)对于 HPB300 级 ϕ25 支承杆：

$$v\leqslant\frac{1.05}{T\sqrt{KP}}+\frac{0.6}{T} \tag{7-3}$$

式中　v——模板滑升速度(m/h)；

P——单根支承杆承受的荷载(kN)；

T——在作业班的平均气温条件下，混凝土强度达到 0.7～1.0 MPa 所需的时间(h)，由试验确定；

K——安全系数，取 K＝2.0。

2)对于 ϕ48×3.5 钢管支承杆：

$$v\leqslant\frac{26}{T_2\sqrt{KP}}+\frac{0.6}{T_2} \tag{7-4}$$

式中　T_2——在作业班平均气温条件下，混凝土强度达到 2.0 MPa 所需的时间(h)，由试验确定。

(3)滑升速度的确定应同时考虑工程结构在滑升过程中的整体稳定问题，也应根据工程结构的具体情况，经计算确定。

任务实施

调查一个滑升模板的工程。

.... **思 考 题** ....

滑升模板施工有什么优点？

项目八 高层建筑钢筋工程

知识目标

◆ 掌握高层建筑筏形基础和箱形基础钢筋的构造要求。

◆ 掌握梁、柱钢筋的施工工艺。

能力目标

◆ 能写出钢筋施工的技术交底。

任务一 高层建筑基础的钢筋施工

引导问题

1. 高层建筑的基础形式有哪些?

2. 高层建筑的基础钢筋有什么特点?

工作任务

1. 掌握基础钢筋的绑扎要求。

2. 以"高层建筑施工的基础钢筋绑扎要点"为题目写一篇不少于 1 500 字的论文。要求论文涉及独立基础、筏形基础、箱形基础、桩基础和地下连续墙等基础形式。

【主要参考资料】

1.《高层建筑混凝土结构技术规程》(JGJ 3)。

2.《高层建筑筏形与箱形基础技术规范》(JGJ 6)。

3.《建筑设计防火规范(2018 年版)》(GB 50016)。

4.《混凝土结构工程施工质量验收规范》(GB 50204)。

5.《高层建筑施工手册》。

6. 网络资源库。

知识链接

高层钢筋混凝土结构采用的基础形式有独立基础、筏形基础、箱形基础、深基础(桩基、墩基础、沉井、沉箱、地下连续墙等)。本任务主要讨论高层建筑的筏形基础和箱形基础的钢筋施工。

一、梁板式箱形基础、筏形基础钢筋构造

(一)基础钢筋的构造要求

1. 箱形基础钢筋的构造要求

箱形基础的墙体内应设置双面钢筋,竖向和水平钢筋的直径不应小于 10 mm,间距不应大于 200 mm。除上部为剪力墙外,内、外墙的墙顶处宜配置两根直径不小于 20 mm 的通长构造钢筋。

墙体洞口周围应设置加强钢筋，洞口四周附加钢筋面积不应小于洞口内被切断钢筋面积的一半，且不少于两根直径为 16 mm 的钢筋，此钢筋应从洞口边缘处延长 40 倍钢筋直径。

底层柱纵向钢筋伸入箱形基础的长度应符合下列规定：

(1)柱下三面或四面有箱形基础墙的内柱，除四角钢筋应直通基底外，其余钢筋可终止在顶板底面以下 40 倍钢筋直径处。

(2)外柱、与剪力墙相连的柱及其他内柱的纵向钢筋应直通到基底。

2. 筏形基础钢筋的构造要求

墙体内应设置双面钢筋，竖向和水平钢筋的直径不应小于 10 mm，间距不应大于 200 mm。

考虑到整体弯曲的影响，柱下筏板带和跨中板带的底部钢筋应有 1/3～1/2 贯通全跨，且配筋率不应小于 0.15%；顶部钢筋应按实际配筋全部连通。

3. 桩箱与桩筏复合基础钢筋的构造要求

桩顶嵌入箱形基础或筏形基础底板内的长度，对于大直径桩，不宜小于 100 mm；对于中小直径的桩，不宜小于 50 mm。

桩的纵向钢筋锚入箱形基础或筏形基础底板内的长度不宜小于钢筋直径的 35 倍，对于抗拔桩基不应小于钢筋直径的 45 倍。

(二)后浇带与施工缝

基础长度超过 40 m 时，宜设置施工缝，缝宽不宜小于 80 cm。在施工缝处，钢筋必须贯通。当主楼与裙房采用整体基础，且主楼基础与裙房基础之间采用后浇带时，后浇带的处理方法应与施工缝相同。

二、筏形基础、箱形基础的钢筋下料

筏形基础和箱形基础的钢筋一般比较长，计算下料长度时应注意以下问题：

(1)钢筋的配置是双层双向还是双层单向，特别是在基础外墙外有悬挑的基础。

(2)长向钢筋和短向钢筋哪个在上、哪个在下，一般设计图纸对此均不十分清楚，必须让设计人员明确。

(3)钢筋接头位置的设置。如果设计图纸有明确规定，则按规定执行；如果没有规定，则必须由设计人员明确。

三、筏形基础、箱形基础的钢筋施工工艺

筏形基础、箱形基础受力钢筋接头按设计要求的方式进行连接。现在，一般采用闪光对焊或直螺纹连接的方式，如采用搭接，则同一截面搭接接头数量小于 50%。将下好料的钢筋运至现场，并避免钢筋被泥土等污染。

钢筋绑扎顺序：基础下层钢筋→地梁钢筋(如果有)→安装钢筋马凳→基础上层钢筋→柱墙插筋。

因筏形基础、箱形基础的钢筋直径较大，绑扎基础钢筋一般采用双股 20 号镀锌钢丝，将纵横向钢筋的交点全部扎牢，绑扎扣方向应呈"八"字形。严禁出现漏绑、松扣现象。基础下层钢筋绑扎完毕，应及时垫上混凝土保护层垫块。

一般承台的上下两层钢筋采用钢筋马凳支撑(图 8-1)。一般采用"A"形支架或"几"字形支架，每隔 1 m 梅花形放置，以保证钢筋位置准确。其钢筋支撑架直径：当板厚 $h<300$ mm 时，为 8～12 mm；当板厚 $h=300～500$ mm 时，为 12～18 mm；当板厚 $h>500$ mm 时，宜采用通长支架。当上层钢筋重量较大时，一般采用型钢支架。型钢支架的型钢型号、间距等应经计算确定。

马凳安装完毕，即可绑扎基础上层钢筋。下层钢筋的弯钩应朝上，不要倒向一边；但双层钢筋网的上层钢筋弯钩应朝下。

基础上层钢筋绑扎完毕，即可开始柱墙插筋。绑扎柱插筋时，先在柱位放置一个柱箍，用线坠将垫层上的位置线吊至基础上层钢筋，按此位置固定柱箍，然后插筋。墙体插筋时，先用同样方法在基础上部固定两排定位钢筋，然后插筋。所有竖向构件(柱、墙等)的纵向钢筋必须伸至筏形基础、箱形基础底部，并应满足锚固长度要求。

钢筋绑扎完毕，应及时组织自检和隐蔽验收。

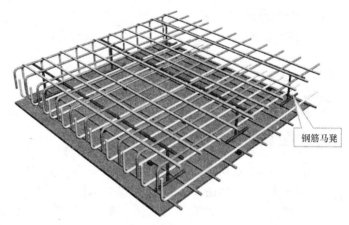

钢筋马凳

图 8-1　钢筋马凳支撑

▶ 任务实施 ▶

调查一个采用筏形基础钢筋施工的施工现场，并写出调查报告。

········· 思　考　题 ·········

后浇带部位的钢筋能否断开？为什么？

【参考资料】

1.《高层建筑混凝土结构技术规程》(JGJ 3)。

2.《高层建筑筏形与箱形基础技术规范》(JGJ 6)。

3.《建筑设计防火规范(2018 年版)》(GB 50016)。

4.《混凝土结构工程施工质量验收规范》(GB 50204)。

5.《高层建筑施工手册》。

任务二　柱、墙钢筋施工

▶ 引导问题 ▶

高层建筑的柱、墙钢筋有什么特点？

▶ 工作任务 ▶

掌握柱墙钢筋的绑扎要求。

【主要参考资料】

1.《高层建筑混凝土结构技术规程》(JGJ 3)。

2.《高层建筑筏形与箱形基础技术规范》(JGJ 6)。

3.《建筑设计防火规范(2018年版)》(GB 50016)。

4.《混凝土结构工程施工质量验收规范》(GB 50204)。

5.《高层建筑施工手册》。

6. 网络资源库

知识链接

一、柱钢筋施工

当框架结构的高层建筑受拉钢筋直径大于28 mm、受压钢筋直径大于32 mm时,不宜采用绑扎搭接接头。现浇钢筋混凝土框架梁、柱纵向受力钢筋的连接方法,应符合下列规定:

(1)框架柱。一、二级抗震等级及三级抗震等级的底层,宜采用机械连接接头,也可采用绑扎搭接或焊接接头;三级抗震等级的其他部位和四级抗震等级,可采用绑扎搭接或焊接接头。

(2)框支梁、框支柱,宜采用机械连接接头。

(3)框架梁。一级抗震等级宜采用机械连接接头;二、三、四级抗震等级可采用绑扎搭接或焊接接头。

位于同一连接区段内的受拉钢筋接头面积百分率不宜超过50%;当接头位置无法避开梁端、柱端箍筋加密区时,宜采用机械连接接头,且钢筋接头面积百分率不应超过50%。

钢筋的机械连接、绑扎搭接及焊接,还应符合国家现行有关标准的规定。粗直径钢筋宜采用机械连接。机械连接可采用直螺纹套管连接、套筒挤压连接、锥螺纹套管连接等方法。焊接时可采用电渣压力焊等方法。钢筋连接应符合现行行业标准《钢筋机械连接技术规程》(JGJ 107)、《钢筋机械连接用套筒》(JG/T 163)、《钢筋焊接及验收规程》(JGJ 18)和《钢筋焊接接头试验方法标准》(JGJ/T 27)等的有关规定。

柱钢筋的施工,应按以下步骤进行:

(1)柱钢筋的绑扎,应在模板安装前进行。

(2)套柱箍筋。按图纸要求间距,计算好每根柱箍筋数量,先将箍筋套在下层伸出的搭接筋上,然后立柱子钢筋(包括采用机械连接或电渣压力焊连接施工)。当采用绑扎搭接连接时,在搭接长度内绑扣应不少于3个,且绑扣要向柱中心。

(3)搭接绑扎竖向受力筋。柱子主筋立起后,绑扎接头的搭接长度应符合设计要求和规定。框架梁、牛腿及柱帽等钢筋,应放在柱的纵向钢筋内侧。

(4)画箍筋间距线。在立好的柱子竖向钢筋上,按图纸要求用粉笔画箍筋间距线。

(5)柱箍筋绑扎。

1)按已画好的箍筋位置线,将已套好的箍筋往上移动,由上往下绑扎,宜采用缠扣绑扎,如图8-2所示。

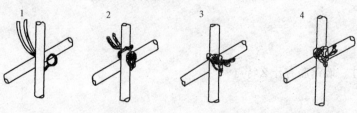

图8-2 缠扣绑扎示意图

2)箍筋的接头(弯钩叠合处)应交错布置在四角纵向钢筋上;箍筋转角与纵向钢筋交叉点均应扎牢(箍筋平直部分与纵向钢筋交叉点可间隔扎牢),绑扎箍筋时绑扣相互间应成八字形。箍筋与主筋要垂直。

3）箍筋的弯钩叠合处应沿柱子竖筋交错布置，并绑扎牢固。

4）如箍筋采用90°搭接，搭接处应焊接，单面焊缝长度不小于5d。

5）柱上下两端箍筋应加密，加密区长度及加密区内箍筋间距应符合设计图纸要求。如设计要求箍筋设拉筋时，拉筋应钩住箍筋。

6）下层柱的钢筋露出楼面部分，宜用工具式柱箍将其收进一个柱筋直径，以便上层柱的钢筋搭接。当柱截面有变化时，其下层柱钢筋的露出部分必须在绑扎梁的钢筋之前先行收缩准确。

二、墙钢筋施工

剪力墙竖向及水平分布钢筋的搭接连接（图8-3），一、二级抗震等级剪力墙的加强部位，接头位置应错开，每次连接的钢筋数量不宜超过总数量的50%，错开净距不宜小于500 mm；其他情况下，剪力墙的钢筋可在同一部位连接。非抗震设计时，分布钢筋的搭接长度不应小于1.2l_a；抗震设计时，不应小于1.2l_{aE}。暗柱及端柱内纵向钢筋连接和锚固要求与框架柱相同。

剪力墙钢筋（图8-4）的绑扎要求如下：

（1）墙钢筋的绑扎，应在模板安装前进行。

（2）立2～4根竖筋，将竖筋与下层伸出的搭接筋绑扎，在竖筋上画好水平筋分档标志，在下部及齐胸处绑两根横筋定位，并在横筋上画好竖筋分档标志，接着绑其余竖筋，最后再绑横筋。横筋在竖筋里面或外面应符合设计要求。钢筋的弯钩应朝向混凝土内。

（3）竖筋与伸出搭接筋的搭接处需绑3根水平筋，其搭接长度及位置均应符合设计要求。

（4）剪力墙筋应逐点绑扎，双排钢筋之间应绑拉筋或支撑筋，可用直径为6～10 mm的钢筋制成，其纵横间距不大于600 mm，钢筋外皮绑扎垫块或用塑料卡。

（5）剪力墙与框架柱连接处，剪力墙的水平横筋应锚固到框架柱内，其锚固长度要符合设计要求。如先浇筑柱混凝土后绑剪力墙筋，柱内要预留连接筋或柱内预埋铁件，待柱拆模绑墙筋时作为连接用。其预留长度应符合设计或规范的规定。

（6）剪力墙水平筋在两端头、转角、十字节点、连梁等部位的锚固长度以及洞口周围加固筋等，均应符合抗震设计要求。

（7）合模后对伸出的竖向钢筋应进行修整，宜在搭接处绑一道横筋定位，浇筑混凝土时应有专人看管，浇筑后再次调整以保证钢筋位置的准确。

（8）墙（包括水塔壁、烟囱筒身、池壁等）的垂直钢筋每段长度不宜超过4 m（钢筋直径不大于12 mm）或6 m（钢筋直径大于12 mm），以便于绑扎和防止变形。

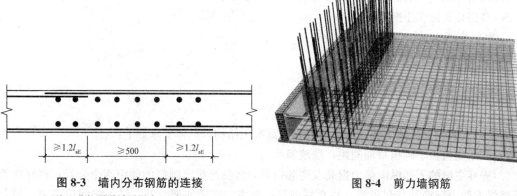

图8-3　墙内分布钢筋的连接
（注：非抗震设计时图中l_{aE}应取l_a）

图8-4　剪力墙钢筋

请到施工现场实际体验一下柱、墙钢筋的绑扎步骤。

思 考 题

1. 柱钢筋有哪些绑扎要求?
2. 墙钢筋有哪些绑扎要求?

【参考资料】

1.《高层建筑混凝土结构技术规程》(JGJ 3)。
2.《高层建筑筏形与箱形基础技术规范》(JGJ 6)。
3.《建筑设计防火规范(2018 年版)》(GB 50016)。
4.《混凝土结构工程施工质量验收规范》(GB 50204)。
5.《高层建筑施工手册》。
6. 互联网资源。

任务三　梁、板钢筋施工

引导问题

高层建筑的梁、板钢筋有什么特点?

工作任务

掌握梁、板钢筋绑扎的要求。

【主要参考资料】

1.《高层建筑混凝土结构技术规程》(JGJ 3)。
2.《高层建筑筏形与箱形基础技术规范》(JGJ 6)。
3.《建筑设计防火规范(2018 年版)》(GB 50016)。
4.《混凝土结构工程施工质量验收规范》(GB 50204)。
5.《高层建筑施工手册》。
6. 网络资源库。

知识链接

一、梁钢筋施工

高层建筑梁钢筋的施工要求同普通的钢筋混凝土结构,具体要求如下:

(1)在梁侧模板上画出箍筋间距,摆放箍筋。

(2)先穿主梁的下部纵向受力钢筋及弯起钢筋,将箍筋按已画好的间距逐个分开;再穿次梁的下部纵向受力钢筋及弯起钢筋,并套好箍筋;放主、次梁的架立筋;隔一定间距将架立筋与箍筋绑扎牢固；最后调整箍筋间距使间距符合设计要求，绑架立筋，再绑主筋，主、次梁同时配合进行。

（3）框架梁上部纵向钢筋应贯穿中间节点，梁下部纵向钢筋伸入中间节点的锚固长度及伸过中心线的长度要符合设计要求。框架梁纵向钢筋在端节点内的锚固长度也要符合设计要求。

（4）绑梁上部纵向筋的箍筋，宜用套扣法绑扎，如图 8-5 所示。箍筋的接头（弯钩叠合处）应交错布置在两根架立钢筋上，其余同柱。

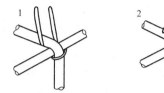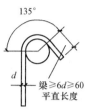

图 8-5　套扣绑扎示意图

（5）箍筋在叠合处的弯钩，在梁中应交错绑扎，箍筋弯钩为 135°，平直部分长度为 10d；如做成封闭箍，单面焊缝长度为 5d。

（6）梁端第一个箍筋应设置在距离柱节点边缘 50 mm 处。梁端与柱交接处箍筋应加密，其间距与加密区长度均要符合设计要求。

（7）板、次梁与主梁交叉处，板的钢筋在上，次梁的钢筋居中，主梁的钢筋在下；当有圈梁或垫梁时，主梁的钢筋在上。在主、次梁受力筋下均应垫垫块（或塑料卡），保证保护层的厚度。纵向受力钢筋采用双层排列时，两排钢筋之间应垫以直径≥25 mm 的短钢筋，以保持其设计距离。梁筋的搭接长度末端与钢筋弯折处的距离，不得小于钢筋直径的 10 倍。

（8）框架节点处钢筋穿插十分稠密时，应特别注意梁顶面主筋间的净距要有 30 mm，以利于浇筑混凝土。梁、板钢筋绑扎时，应防止水电管线将钢筋抬起或压下。

（9）梁钢筋的绑扎与模板安装之间的配合关系：梁的高度较小时，梁的钢筋架空在梁顶上绑扎，然后再落位；梁的高度较大（≥1.2 m）时，梁的钢筋宜在梁底模上绑扎，其两侧模或一侧模后装。

二、板钢筋施工

（1）板钢筋安装前，应清理模板上面的杂物，并按主筋、分布筋间距在模板上弹出位置线。按弹好的线，先摆放受力主筋，后摆放分布筋。预埋件、电线管、预留孔等及时配合安装。在现浇板中有板带梁时，应先绑板带梁钢筋，再摆放板钢筋。

（2）绑扎板筋时一般采用顺扣（图 8-6）或八字扣，除外围两根筋的相交点应全部绑扎外，其余各点可交错绑扎（双向板相交点须全部绑扎）。如板为双层钢筋，两层筋之间须加钢筋马凳，以确保上部钢筋的位置。负弯矩钢筋每个相交点均要绑扎。

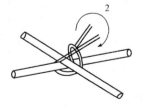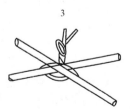

图 8-6　顺扣绑扎示意图

（3）板钢筋的下面垫好砂浆垫块，一般间距为 1.5 m。垫块的厚度等于保护层厚度，并应满足设计要求；钢筋搭接长度与搭接位置的要求应符合有关规定。

任务实施

现场体验梁板钢筋的绑扎。

······ 思 考 题 ······

梁、板钢筋有哪些绑扎要求？

任务四　型钢混凝土中的钢筋施工

引导问题

1. 什么是型钢混凝土？
2. 型钢混凝土和普通混凝土有何区别与联系？

工作任务

调查你所在城市的正在施工的带有型钢混凝土的工程。

【主要参考资料】

1.《高层建筑混凝土结构技术规程》（JGJ 3）。
2.《高层建筑筏形与箱形基础技术规范》（JGJ 6）。
3.《组合结构设计规范》（JGJ 138）。
4.《混凝土结构工程施工质量验收规范》（GB 50204）。
5.《高层建筑施工手册》。
6. 网络资源库。

知识链接

大约在 10 年前我国型钢混凝土结构（图 8-7）还是一种新结构，施工经验不多，现在型钢混凝土结构已经在很多工程上大量使用。

型钢混凝土结构（图 8-7）是钢结构与混凝土结构的组合体，这两者的施工方法都可以应用到型钢混凝土结构中。但由于两者并存，使型钢混凝土结构具有一定的复杂性，若能充分理解并利用其结构特点，就能使施工效率大大提高。

型钢混凝土柱的特点主要有：柱内型钢截面尺寸大、质量大，安装不便；柱内钢筋密集，箍筋加工复杂，绑扎不便；型钢混凝土柱与其他结构构件相交点多，钢筋处理复杂；柱内型钢第一节生根须牢固，质量要求高；柱内型钢之间的连接质量要求高；柱与型钢钢梁连接要求高。

图 8-7　型钢混凝土结构示意图

型钢混凝土柱内型钢与梁的纵向钢筋相交时，相互穿插复杂，同时，也是结构的重要位置，须按设计和规范要求精心提前放样钻孔，并严格保证开孔直径只大于钢筋直径 2 mm。梁主筋穿过型钢后，重新焊接洞口封闭，焊接时不伤害梁主筋，以保证梁、柱受力不削弱(图 8-8)。

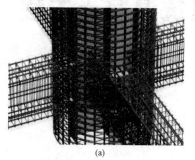
(a)

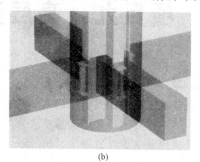
(b)

图 8-8　型钢混凝土的节点构造

(a)节点构造实图；(b)节点构造示意图

型钢混凝土结构的钢筋绑扎，与钢筋混凝土结构中的钢筋绑扎基本相同。由于柱的纵向钢筋不能穿过梁的翼缘，因此柱的纵向钢筋只能设在柱截面的四角或无梁的部位。

在梁、柱节点部位，柱的箍筋要在型钢梁腹板上已留好的孔中穿过，由于整根箍筋无法穿过，只好将箍筋分段，再用电弧焊焊接。不宜将箍筋焊在梁的腹板上，因为节点处受力较复杂。如腹板上开孔的大小和位置不合适时，征得设计者的同意后，再用电钻补孔或用铰刀扩孔，不得用气割开孔。

任务实施

调查一项采用型钢混凝土结构施工的工程，并写出调查报告。

思 考 题

为什么高层建筑会采用型钢混凝土结构？

【实践任务】

以"型钢混凝土结构施工要点"为题目，写一篇字数不少于 1 000 字的论文。

项目九　高层建筑混凝土工程

任务一　基础大体积混凝土施工

引导问题

高层建筑的大体积混凝土基础有什么特点？

工作任务

调查所在城市的一栋在建高层的基础混凝土是怎样施工的，并写出调查报告。

【主要参考资料】

1.《高层建筑混凝土结构技术规程》(JGJ 3)。

2.《高层建筑筏形与箱形基础技术规范》(JGJ 6)。

3.《混凝土结构工程施工质量验收规范》(GB 50204)。

4.《高层建筑施工手册》。

5. 网络资源库。

知识链接

高层建筑基础底板的大体积混凝土施工，质量控制难度很大。大体积混凝土是指混凝土结构物实体最小几何尺寸不小于 1 m 的大体量混凝土，或预计会因混凝土中胶凝材料水化引起的温度变化和收缩而导致有害裂缝产生的混凝土。

现代高层建筑的混凝土基础一般都达到了大体积混凝土的标准，因此，大体积混凝土的施工是高层建筑施工中必须面对的问题。

一、基础大体积混凝土施工的内容及要求

基础长度超过 40 m 时，宜设置施工缝。在施工缝处，钢筋必须贯通。当主楼与裙房采用整体基础，且主楼基础与裙房基础之间采用后浇带时，后浇带的处理方法应与施工缝相同。施工缝或后浇带及整体基础底面的防水处理应同时做好，并注意保护。

基础混凝土应采用同一品种的水泥、掺合料、外加剂和同一配合比。

1. 基础大体积混凝土施工的主要内容

基础的大体积混凝土施工应编制施工组织设计或施工技术方案。大体积混凝土施工组织设计应包括下列主要内容：

(1)大体积混凝土浇筑体温度应力和收缩应力的计算，可按《大体积混凝土施工标准》(GB 50496)计算。

(2)施工阶段主要抗裂构造措施和温控指标的确定。

(3)原材料优选、配合比设计、制备与运输。

(4)混凝土主要施工设备和现场总平面布置。

(5)温控监测设备和测试布置图。

(6)混凝土浇筑运输顺序和施工进度计划。

(7)混凝土保温和保湿养护方法，其中保温覆盖层的厚度可根据温控指标的要求进行计算。

(8)主要应急保障措施。

(9)特殊部位和特殊气候条件下的施工措施。

2. 基础大体积混凝土施工的主要要求

基础大体积混凝土工程除应满足设计规范及生产工艺的要求外，还应符合下列要求：

(1)大体积混凝土的设计强度等级宜为C25～C40，并可采用混凝土60 d或90 d的强度作为混凝土配合比设计、混凝土强度评定及工程验收的依据。

(2)大体积混凝土的结构配筋除应满足结构强度和构造要求外，还应结合大体积混凝土的施工方法配置控制温度和收缩的构造钢筋。

(3)大体积混凝土置于岩石类地基上时，宜在混凝土垫层上设置滑动层。

(4)设计中宜采用减少大体积混凝土外部约束的技术措施。

(5)设计中宜根据工程情况提出温度场和应变的相关测试要求。

大体积混凝土工程施工前，宜对施工阶段大体积混凝土浇筑体的温度、温度应力及收缩应力进行试算，并确定施工阶段大体积混凝土浇筑体的温升峰值、里表温差及降温速率的控制指标，制定相应的温控技术措施。

基础大体积混凝土温控指标宜符合下列规定：

(1)混凝土浇筑体在入模温度基础上的温升值不宜大于50 ℃。

(2)混凝土浇筑块体的里表温差(不含混凝土收缩的当量温度)不宜大于25 ℃。

(3)混凝土浇筑体的降温速率不宜大于2.0 ℃/d。

(4)混凝土浇筑体表面与大气温差不宜大于20 ℃。

大体积混凝土施工前，应做好各项施工前的准备工作，并与当地气象台、站联系，掌握近期气象情况。必要时应增添相应的技术措施，在冬期施工时，还应符合国家现行有关混凝土冬期施工的标准。

二、基础大体积混凝土的原材料、配合比、制备及运输

1. 原材料及其质量要求

配制大体积混凝土所用水泥的选择及其质量，应符合下列规定：

(1)所用水泥应符合现行国家标准《通用硅酸盐水泥》(GB 175)的有关规定，当采用其他品种时，其性能指标必须符合现行国家有关标准的规定。

(2)应选用中、低热硅酸盐水泥或低热矿渣硅酸盐水泥，大体积混凝土施工所用水泥其3 d的水化热不宜大于240 kJ/kg，7 d的水化热不宜大于270 kJ/kg。

(3)当混凝土有抗渗指标要求时，所用水泥的铝酸三钙含量不宜大于 8%。

(4)所用水泥在搅拌站的入机温度不应大于 60℃。

骨料的选择，除应符合现行国家标准《普通混凝土用砂、石质量及检验方法标准》(JGJ 52)的有关规定外，还应符合下列规定：

(1)细骨料宜采用中砂，其细度模数宜大于 2.3，含泥量不大于 3%。

(2)粗骨料宜选用粒径为 5～31.5 mm 的砂子，并连续级配，含泥量不大于 1%。

(3)应选用非碱活性的粗骨料。

(4)当采用非泵送施工时，粗骨料的粒径可适当增大。

粉煤灰和粒化高炉矿渣粉，其质量应符合现行国家标准《用于水泥和混凝土中的粉煤灰》(GB/T 1596)和《用于水泥、砂浆和混凝土中的粒化高炉矿渣粉》(GB/T 18046)的有关规定。

所用外加剂的质量及应用技术，应符合现行国家标准《混凝土外加剂》(GB 8076)、《混凝土外加剂应用技术规范》(GB 50119)和有关环境保护的规定。外加剂的品种、掺量应根据工程所用胶凝材料经试验确定；应提供外加剂对硬化混凝土收缩等性能的影响分析；耐久性要求较高或寒冷地区的大体积混凝土，宜采用引气剂或引气减水剂。

拌合用水的质量应符合国家现行标准《混凝土用水标准》(JGJ 63)的有关规定。

2. 配合比设计

大体积混凝土配合比设计，除应符合现行国家标准《普通混凝土配合比设计规程》(JGJ 55)外，还应符合下列规定：

(1)采用混凝土 60 d 或 90 d 强度作为指标时，应将其作为混凝土配合比的设计依据。

(2)所配制的混凝土拌合物，到浇筑工作面的坍落度不宜低于 160 mm。

(3)拌合用水量不宜大于 175 kg/m³。

(4)粉煤灰掺量不宜超过胶凝材料用量的 40%；矿渣粉的掺量不宜超过胶凝材料用量的 50%；粉煤灰和矿渣粉掺合料的总量不宜大于混凝土中胶凝材料用量的 50%。

(5)水胶比不宜大于 0.55。

(6)砂率宜为 35%～42%。

(7)拌合物泌水量宜小于 10 L/m³。

在混凝土制备前，应进行常规配合比试验，并应进行水化热、泌水率、可泵性等对大体积混凝土控制裂缝所需的技术参数的试验，必要时其配合比设计应当通过试泵送。

在确定混凝土配合比时，应根据混凝土的绝热温升、温控施工方案的要求等，提出混凝土制备时粗细骨料和拌合用水及入模温度控制的技术措施。

3. 制备及运输

混凝土的制备量与运输能力应满足混凝土浇筑工艺的要求，并应选用具有生产资质的预拌混凝土生产单位，其质量应符合现行国家标准《预拌混凝土》(GB/T 14902)的有关规定，并应满足施工工艺对坍落度损失、入模坍落度、入模温度等的技术要求。多厂家制备预拌混凝土的工程，应符合原材料、配合比、材料计量等级相同，以及制备工艺和质量检验水平基本相同的原则。

混凝土拌合物的运输应采用混凝土搅拌运输车，运输车应具有防风、防晒、防雨和防寒设施。搅拌运输车在装料前应将罐内的积水排尽。搅拌运输车的数量应根据工程实际结合计算确定。

搅拌运输车单程运送时间，采用预拌混凝土时，应符合现行国家标准《预拌混凝土》(GB/T 14902)的有关规定。

在搅拌运输过程中需补充外加剂或调整拌合物质量时，宜符合下列规定：

(1)当运输过程中出现离析或使用外加剂进行调整时，搅拌运输车应进行快速搅拌，搅拌时间不应小于 120 s。

(2)运输过程中严禁向拌合物中加水。

在运输过程中，坍落度损失或离析严重，经补充外加剂或快速搅拌已无法恢复混凝土拌合物的工艺性能时，不得浇筑入模。

三、基础大体积混凝土的施工

1. 一般情况下的大体积混凝土施工

大体积混凝土工程的施工宜采用整体分层连续浇筑施工（图 9-1）或推移式连续浇筑施工（图 9-2）。

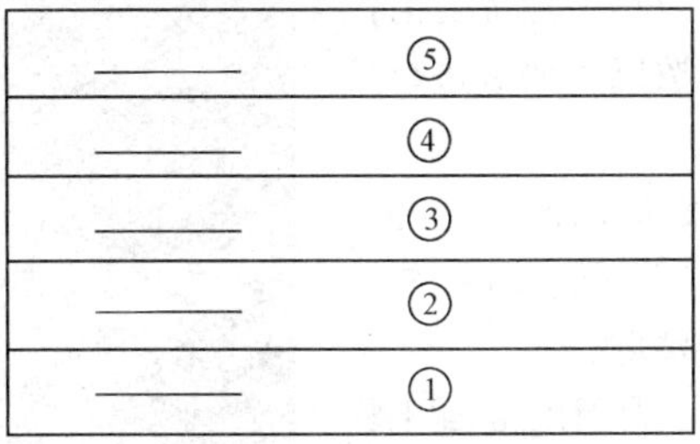

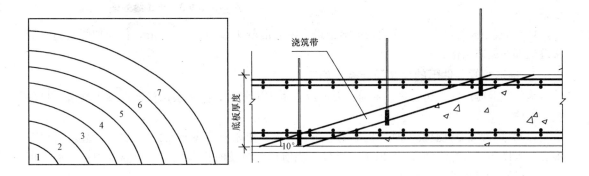

图 9-1 整体分层连续浇筑施工

图 9-2 推移式连续浇筑施工

大体积混凝土施工设置水平施工缝时，除应符合设计要求外，还应根据混凝土浇筑过程中温度裂缝控制的要求、混凝土的供应能力、钢筋工程的施工、预埋管件安装等因素确定其间隙时间。

超长大体积混凝土施工，应选用下列方法控制结构不出现有害裂缝：

(1)留置变形缝：变形缝的设置和施工应符合现行国家有关标准的规定。

(2)后浇带施工：后浇带的设置和施工应符合现行国家有关标准的规定。

(3)跳仓法施工：跳仓的最大分块尺寸不宜大于 40 m，跳仓间隔施工的时间不宜小于 7 d，跳仓接缝处应按施工缝的要求设置和处理。

大体积混凝土的浇筑工艺应符合下列规定：

(1)混凝土浇筑层厚度应根据所用振动器的作用深度及混凝土的和易性确定，整体连续浇筑时宜为 300～500 mm。

(2)整体分层连续浇筑或推移式连续浇筑，应缩短间歇时间，并应在前层混凝土初凝之前将次层混凝土浇筑完毕。层间最长的间歇时间不应大于混凝土的初凝时间，混凝土的初凝时间应通过试验确定。当层间间隔时间超过混凝土的初凝时间时，层面应按施工缝处理。

（3）混凝土浇筑宜从低处开始，沿长边方向自一端向另一端进行。当混凝土供应量有保证时，也可多点同时浇筑。

（4）混凝土浇筑宜采用二次振捣工艺。大体积混凝土浇筑面应及时进行二次抹压处理。

大体积混凝土施工采取分层间歇浇筑混凝土时，水平施工缝的处理应符合下列规定：

（1）清除浇筑表面的浮浆、软弱混凝土层及松动的石子，并均匀地露出粗骨料。

（2）在上层混凝土浇筑前，应用压力水冲洗混凝土表面的污物，充分润湿，但不得有积水。

（3）对非泵送及低流动度混凝土，在浇筑上层混凝土时应采取接浆措施。

在大体积混凝土浇筑过程中，应采取措施防止受力钢筋、定位筋、预埋件等移位和变形。混凝土的泌水宜采用抽水机抽吸或在侧模上开设泌水孔排除。

在施工缝处继续浇筑时，已浇筑混凝土抗压强度不应小于 1.2 MPa，并按以下要求进行处理（图 9-3）：

（1）在已硬化的混凝土表面加以凿毛，并清除垃圾、水泥薄膜、表面松动砂石，用水冲洗干净；冬期宜用空压机将杂质清除。

（2）在施工缝处，防止钢筋周围的混凝土松动和损坏。在浇筑混凝土前，宜先在施工缝处铺一层水泥浆或与混凝土内成分相同的水泥砂浆。

图 9-3　施工缝处理

（3）机械振捣前，宜向施工缝处逐渐推进，距离混凝土边 80～100 mm，但应加强对施工缝接缝边部的振捣工作。

2. 特殊气候条件下的大体积混凝土施工

大体积混凝土施工遇炎热、冬期、大风或者雨雪天气时，必须采用保证混凝土浇筑质量的技术措施。

（1）炎热天气浇筑混凝土时，宜采用遮盖、洒水、拌冰屑等降低混凝土原材料温度的措施，混凝土入模温度宜控制在 30 ℃以下。混凝土浇筑后，应及时进行保湿、保温养护；条件许可时，应避开高温时段浇筑混凝土。

（2）冬期浇筑混凝土，宜采用热水拌合、加热骨料等提高混凝土原材料温度的措施，混凝土入模温度不宜低于 5 ℃。混凝土浇筑后，应及时进行保湿、保温养护。

（3）大风天气浇筑混凝土，在作业面应采取挡风措施，并增加混凝土表面的抹压次数，应及时覆盖塑料薄膜和保温材料。

（4）雨雪天不宜露天浇筑混凝土，当需施工时应采取确保混凝土质量的措施。在浇筑过程中突遇大雨或大雪天气时，应及时在结构合理部位留置施工缝，并应尽快中止混凝土浇筑；对已浇筑还未硬化的混凝土应立即进行覆盖，严禁雨水直接冲刷新浇筑的混凝土。

任务实施

1. 调查一个采用大体积混凝土施工的项目，并写出调查报告。
2. 以"大体积混凝土施工质量控制要点"为题目，写一篇不少于 1 500 字的论文。

1. 大体积混凝土的原材料和配合比有哪些要求？
2. 一般情况下，大体积混凝土施工有哪些要求？

任务二　混凝土的泵送

引导问题

高层建筑的混凝土采用塔式起重机、施工升降机和手推车运输是否可行？

工作任务

调查一栋正在施工建筑的泵送混凝土的配合比和现场所用的混凝土泵的型号和泵送能力。

【主要参考资料】

1.《高层建筑混凝土结构技术规程》(JGJ 3)。

2.《高层建筑筏形与箱形基础技术规范》(JGJ 6)。

3.《混凝土泵送施工技术规程》(JGJ/T 10)。

4.《混凝土结构工程施工质量验收规范》(GB 50204)。

5.《高层建筑施工手册》。

6. 网络资源库。

知识链接

一、泵送混凝土原材料和配合比

1. 泵送混凝土原材料

拌制泵送混凝土所用的水泥应符合现行国家标准《通用硅酸盐水泥》(GB 175)的要求。

粗骨料最大粒径与输送管径之比：泵送高度在 50 m 以下时，对碎石不宜大于 1∶3，对卵石不宜大于 1∶2.5；泵送高度在 50～100 m 时，宜为 1∶3～1∶4；泵送高度在 100 m 以上时，宜为 1∶4～1∶5。粗骨料应符合现行国家标准《普通混凝土用砂、石质量及检验方法标准》(JGJ 52)的规定。粗骨料应采用连续级配，针片状颗粒含量不宜大于 10%。

细骨料应符合国家现行标准《普通混凝土用砂、石质量及检验方法标准》(JGJ 52)的规定。细骨料宜采用中砂，通过 0.315 mm 筛孔的砂不应少于 15%。

拌制泵送混凝土所用的水，应符合国家现行标准《混凝土用水标准》(JGJ 63)的规定。

泵送混凝土掺用的外加剂，应符合国家现行标准《混凝土外加剂》(GB 8076)、《混凝土外加剂应用技术规范》(GB 50119)和《预拌混凝土》(GB/T 14902)的有关规定。

泵送混凝土宜掺适量粉煤灰，并应符合国家现行标准《用于水泥和混凝土中的粉煤灰》(GB/T 1596)和《预拌混凝土》(GB/T 14902)的有关规定。

2. 泵送混凝土配合比

泵送混凝土配合比，除必须满足混凝土设计强度和耐久性的要求外，还应使混凝土满足可泵性要求。泵送混凝土的水胶比宜为 0.4～0.6，砂率宜为 38%～45%，最小水泥用量宜为 300 kg/m³。

泵送混凝土配合比设计，应符合现行行业标准《普通混凝土配合比设计规程》(JGJ 55)、国家标准《混凝土结构工程施工质量验收规范》(GB 50204)、《混凝土强度检验评定标准》(GB/T 50107)和《预拌混凝土》(GB/T 14902)的有关规定，并应根据混凝土原材料、混凝土运输距离、混凝土泵与混凝土输送管径、泵送距离、气温等具体施工条件试配。必要时，应通过试泵送确定泵送混凝土配合比。

混凝土的可泵性，可用压力泌水试验结合施工经验进行控制。一般 10 s 时的相对压力泌水率 S_{10} 不宜超过 40%。

泵送混凝土的坍落度，可按现行国家标准《混凝土结构工程施工质量验收规范》(GB 50204—2015)的规定选用。对不同泵送高度入泵时混凝土的坍落度，可按表 9-1 选用。混凝土经时坍落度损失值可按表 9-2 确定。

表 9-1　不同泵送高度入泵时混凝土坍落度选用值

泵送高度/m	30 以下	30～60	60～100	100 以上
坍落度/mm	100～140	140～160	160～180	180～200

表 9-2　混凝土经时坍落度损失值

大气温度/℃	10～20	20～30	30～35
混凝土经时坍落度损失值(掺粉煤灰和木钙，经时 1 h)	5～25	25～35	35～50

注：掺粉煤灰与其他外加剂时，坍落度经时损失值可根据施工经验确定。无施工经验时，应通过试验确定。

泵送混凝土应掺加适量外加剂，外加剂的品种和掺量宜由试验确定，不得任意使用。掺用引气剂型外加剂的泵送混凝土的含气量不宜大于 4%。

掺粉煤灰的泵送混凝土配合比设计，必须经过试配确定，并应符合现行国家标准《混凝土外加剂应用技术规范》(GB 50119)、行业标准《普通混凝土配合比设计规程》(JGJ 55)等有关规定。

二、泵送混凝土供应

泵送混凝土宜采用预拌混凝土，可在现场设搅拌站，供应泵送混凝土。不得采用手工搅拌的混凝土进行泵送。

泵送混凝土的交货检验，应在交货地点，按现行国家标准《预拌混凝土》(GB/T 14902)的有关规定进行；现场拌制的泵送混凝土供料检验，宜按现行国家标准《预拌混凝土》(GB/T 14902)的有关规定执行。

泵送混凝土的运送应采用混凝土搅拌运输车。在现场搅拌站搅拌的泵送混凝土可采取适当的方式运送，但必须防止混凝土的离析和分层。混凝土搅拌运输车的数量应根据所选用混凝土泵的输出量决定。

混凝土泵的实际平均输出量可根据混凝土泵的最大输出量、配管情况和作业效率，按下式计算：

$$Q_1 = Q_{max} \alpha_1 \eta \tag{9-1}$$

式中　Q_1——每台混凝土泵的实际平均输出量(m^3/h)；

　　　Q_{max}——每台混凝土泵的最大输出量(m^3/h)；

　　　α_1——配管条件系数，可取 0.8～0.9；

　　　η——作业效率，根据混凝土搅拌运输车向混凝土泵供料的间断时间、拆装混凝土输送管和布料停歇等情况，可取 0.5～0.7。

当混凝土泵连续作业时，每台混凝土所需配备的混凝土搅拌运输车台数，可按下式计算：

$$N_1 = \frac{Q_1}{60V_1}\left(\frac{60L_1}{S_0} + t_1\right) \tag{9-2}$$

式中　N_1——混凝土搅拌运输车台数(台)；

　　　Q_1——每台混凝土泵的实际平均输出量(m^3/h)，按式(10-1)计算；

　　　V_1——每台混凝土搅拌车容量(m^3)；

　　　S_0——混凝土搅拌运输车平均行车速度(km/h)；

　　　L_1——混凝土搅拌运输车往返距离(km)；

　　　t_1——每台混凝土搅拌运输车总计停歇时间(min)。

混凝土搅拌运输车的现场行驶道路，应符合下列规定：

(1)混凝土搅拌运输车行车的线路宜设置成环行车道，并应满足重车行驶的要求。

(2)车辆出入口处，宜设置交通安全指挥人员。

(3)夜间施工时，在交通出入口的运输道路上应有良好照明，危险区域应设警戒标志。

混凝土搅拌运输车装料前，必须将拌筒内积水倒净。运输途中，严禁往拌筒内加水。泵送混凝土运送延续时间可按下列要求执行：

(1)未掺外加剂的混凝土，可按表9-3执行。

(2)掺木质素磺酸钙时，宜不超过表9-4的规定。

(3)采用其他外加剂时，可按实际配合比和气温条件测定混凝土的初凝时间，其运输延续时间不宜超过所测得的混凝土初凝时间的1/2。

表9-3　泵送混凝土运输延续时间

混凝土出机温度/℃	运输延续时间/min
25～30	50～60
5～25	60～90

表9-4　掺木质素磺酸钙时的泵送混凝土运输延续时间　　　　　　　　　　min

混凝土强度等级	气温/℃	
	≤25	>25
≤C30	120	90
>C30	90	60

混凝土搅拌运输车给混凝土泵喂料时，应符合下列要求：

(1)混凝土泵进料斗上，应安置网筛并设专人监视喂料，以防粒径过大的骨料或异物入泵，造成堵塞。

(2)喂料前，中、高速旋转拌筒，使混凝土拌合均匀；喂料时，反转卸料应配合泵送均匀进行，且应使混凝土保持在骨料斗内高度标志线以上；中断喂料作业时，应使拌筒低转速搅拌混凝土。上述作业应由本车驾驶员完成，严禁非驾驶人员操作。

(3)混凝土搅拌运输车喂料完毕后，应及时清洗拌筒并排尽积水。

三、混凝土泵送管道的选择与布置

1. 配管设计

混凝土输送管，应根据工程和施工场地特点、混凝土浇筑方案进行配管；宜缩短管线长度，少用弯管和软管；输送管的铺设应保证安全施工，便于清洗管道、排除故障和装拆维修。

在同一条管线中，应采用相同管径的混凝土输送管；同时采用新、旧管段时，应将新管布置在泵送压力较大处；管线宜布置得横平竖直。应绘制布管简图，列出各种管件、管连接环、弯管等的规格和数量，提出备件清单。

混凝土输送管应根据粗骨料最大粒径、混凝土泵型号、混凝土输出量和输送距离，以及输送难易程度等进行选择。输送管应具有与泵送条件相适应的强度。应使用无龟裂、无凹凸损伤和无弯折的管段。输送管的接头应严密，有足够强度并能快速装拆。

垂直向上配管时，地面水平管长度不宜小于垂直管长度的 1/4，且不宜小于 15 m，或遵守产品说明书中的规定。在混凝土泵机 V 形管出料口 3～6 m 处的输送管根部应设置截止阀，以防止混凝土拌合物反流。

泵送施工地下结构物时，地上水平管轴线应与 V 形管出料口轴线垂直。

倾斜向下配管时，应在斜管上端设排气阀；当高差大于 20 m 时，应在斜管下端设 5 倍高差长度的水平管；如条件限制，可增加弯管或环形管，以满足 5 倍高差长度要求。

混凝土输送管的固定，不得直接支撑在钢筋、模板及预埋件上，并应符合下列规定：

(1)水平管宜每隔一定距离用支架、台垫、吊具等固定，以便于排除堵管、装拆和清洗管道。

(2)垂直管宜用预埋件固定在墙和柱或楼板顶留孔处。在墙及柱上每节管不得少于 1 个固定点，在每层楼板预留孔处均应固定。

(3)垂直管下端的弯管，不应作为上部管道的支撑点，宜设钢支撑承受垂直管重量。

(4)当垂直管固定在脚手架上时，根据需要可对脚手架进行加固。

(5)管道接头卡箍处不得漏浆。

(6)炎热季节施工，宜用湿罩布、湿草袋等遮盖混凝土输送管，避免阳光照射；严寒季节施工，宜用保温材料包裹混凝土输送管，防止管内混凝土受冻并保证混凝土的入模温度。

(7)当水平输送距离超过 200 m，垂直输送距离超过 40 m，输送管垂直向下或斜管前面布置水平管，混凝土拌合物单位水泥用量低于 300 kg/m³ 时，必须合理选择配管方法和泵送工艺，宜采用直径大的混凝土输送管和长的锥形管，少用弯管和软管。

(8)应定期检查管道，特别是弯管等部位的磨损情况，以防爆管。

2. 配置布料设备的要求

(1)应根据工程结构特点、施工工艺、布料要求和配管情况等选择布料设备。

(2)应根据结构平面尺寸、配管情况和布料杆长度布置布料设备，且其应能覆盖整个结构平面，并能均匀、迅速地进行布料。

(3)布料设备应安设牢固和稳定。

四、混凝土的泵送

混凝土泵送施工现场，应有统一指挥和调度，以保证顺利施工。混凝土泵送施工时，应规定联络信号和配备通信设备，可采用有线或无线通信设备等进行混凝土泵、搅拌运输车和搅拌站与浇筑地点之间的通信联络。

布料设备不得碰撞或直接搁置在模板上，手动布料杆下的模板和支架应加固，手动布料杆应设钢支架架空，不得直接支撑在钢筋骨架上。

泵送混凝土时，混凝土泵的支腿应完全伸出并插好安全销。混凝土泵与输送管连通后，应按所用混凝土泵使用说明书的规定全面检查，符合要求后方能开机空运转。

混凝土泵启动后，应先泵送适量水以湿润混凝土泵的料斗、活塞及输送管的内壁等直接与混凝土接触的部位。

经泵送水检查，确认混凝土泵和输送管中无异物后，应采用下列方法之一润滑混凝土泵和输送管内壁：

(1)泵送水泥浆。

(2)泵送 1∶2 水泥砂浆。

（3）泵送与混凝土内除粗骨料外的其他成分相同配合比的水泥砂浆，润滑用的水泥浆或水泥砂浆应分散布料，不得集中浇筑在同一处。

在混凝土泵送过程中，若需接长 3 m 以上（含 3 m）的输送管，则仍应预先用水和水泥浆或水泥砂浆进行湿润和润滑管道内壁。

开始泵送时，混凝土泵应处于慢速、匀速并随时可反泵的状态。泵送速度应先慢后快，逐步加速。同时，应观察混凝土泵的压力和各系统的工作情况，待各系统运转顺利后，方可以正常速度进行泵送。

混凝土泵送应连续进行。如必须中断时，其中断时间不得超过混凝土从搅拌至浇筑完毕所允许的延续时间。

泵送混凝土时，活塞应保持最大行程运转。泵送混凝土时，如输送管内吸入了空气，应立即反泵吸出混凝土至料斗中重新搅拌，排出空气后再泵送。

泵送混凝土时，水箱或活塞清洗室中应经常充满水保护。

当混凝土泵出现压力升高且不稳定、油温升高、输送管明显振动等现象而泵送困难时，不得强行泵送，并应立即查明原因，采取措施排除。可先用木槌敲击输送管弯管、锥形管等部位，并进行慢速泵送或反泵，防止堵塞。

当输送管被堵塞时，应采取下列方法排除：

（1）重复进行反泵和正泵，逐步吸出混凝土至料斗中，重新搅拌后泵送。

（2）用木槌敲击等方法查明堵塞部位，将混凝土击松后，重复进行反泵和正泵，排除堵塞。

（3）当上述两种方法无效时，应在混凝土卸压后拆除堵塞部位的输送管，排出混凝土堵塞物后方可接管；重新泵送前，应先排出管内空气后方可拧紧接头。

在混凝土泵送过程中，有计划中断时，应在预先确定的中断浇筑部位停止泵送，且中断时间不宜超过 1 h。

当混凝土泵送出现非堵塞性中断时，应采取下列措施：

（1）混凝土泵车卸料清洗后重新泵送，或利用臂架将混凝土泵入料斗，进行慢速间歇循环泵送；有配管输送混凝土时，可进行慢速间歇泵送。

（2）固定式混凝土泵，可利用混凝土搅拌运输车内的料进行慢速间歇泵送，或利用料斗内的料进行间歇反泵和正泵。

（3）慢速间歇泵送时，应每隔 4～5 min 进行四个行程的正、反泵。

向下泵送混凝土时，应先将输送管上气阀打开，待输送管下段混凝土有了一定压力时，方可关闭气阀。

混凝土泵送即将结束前，应正确计算还需用的混凝土数量，并应及时告知混凝土搅拌处。

泵送完毕时，应将混凝土泵和输送管清洗干净。

排除堵塞，重新泵送或清洗混凝土泵时，布料设备的出口应朝安全方向，以防止堵塞物或废浆高速飞出伤人。

当多台混凝土泵同时泵送或与其他输送方法组合输送混凝土时，应预先规定各自的输送能力、浇筑区域和浇筑顺序，并应分工明确、互相配合、统一指挥。

任务实施

调查一下你所在城市在建筑施工现场泵送混凝土的配合比情况。

1. 泵送混凝土的原材料和配合比有哪些要求?

2. 如果你施工的工程项目采用商品混凝土,如果混凝土搅拌站不给你提供混凝土配合比,你要怎么处理这件事?

3. 由于等待时间过长,混凝土搅拌运输车中的混凝土卸出后无法泵送,应该如何处理这种事件?

任务三 混凝土的浇筑

引导问题

泵送混凝土有什么特点?浇筑时应该注意哪些问题?

工作任务

观察泵送混凝土的浇筑过程,写出报告。

【主要参考资料】

1.《高层建筑混凝土结构技术规程》(JGJ 3)。

2.《高层建筑筏形与箱形基础技术规范》(JGJ 6)。

3.《混凝土泵送施工技术规程》(JGJ/T 10)。

4.《混凝土结构工程施工质量验收规范》(GB 50204)。

5.《高层建筑施工手册》。

6. 网络资源库。

知识链接

一、泵送混凝土的浇筑

(1)划分混凝土的浇筑区域。施工前,应根据工程结构特点、平面形状和几何尺寸、混凝土供应和泵送设备能力、劳动力和管理能力,以及周围场地大小等条件,预先划分好混凝土浇筑区域。混凝土的浇筑应符合现行国家标准《混凝土结构工程施工质量验收规范》(GB 50204)的有关规定。

(2)混凝土的浇筑顺序,应符合下列规定:

1)当采用输送管输送混凝土时,应由远而近浇筑。

2)同一区域的混凝土,应按先竖向结构后水平结构的顺序分层连续浇筑。

3)当不允许留设施工缝时,区域之间、上下层之间的混凝土浇筑间歇时间不得超过混凝土的初凝时间。

4)当下层混凝土初凝后,浇筑上层混凝土时,应先按留设施工缝的规定处理。

(3)混凝土的布料方法,应符合下列规定:

1)在浇筑竖向结构混凝土时,布料设备的出口离模板内侧面不应小于 50 mm,且不得向模板内侧面直冲布料,也不得直冲钢筋骨架。

2)浇筑水平结构混凝土时,不得在同一处连续布料,应在 2~3 m 范围内水平移动布料,且宜垂直于模板布料。

(4)混凝土浇筑分层厚度宜为 300～500 mm。当水平结构的混凝土浇筑厚度超过 500 mm 时，可按 1：6～1：10 坡度分层浇筑，且上层混凝土应超前覆盖下层混凝土 500 mm 以上。

(5)振捣泵送混凝土时，插入式振动器移动间距宜为 400 mm 左右，振捣时间宜为 15～30 s，且隔 20～30 min 后进行第二次复振。

(6)对于有预留洞、预埋件和钢筋太密的部位，应预先制定技术措施，确保顺利布料和振捣密实。在浇筑混凝土时应经常观察，当发现混凝土有不密实等现象时，应立即采取措施予以纠正。

(7)水平结构的混凝土表面，应适时用木抹子磨平搓毛两遍以上。必要时，还应先用铁滚筒压两遍以上，以防止产生收缩裂缝。

大体积混凝土宜采用斜面式薄层浇捣，利用自然流淌形成斜坡，并应采取有效措施防止混凝土将钢筋推离设计位置。大体积混凝土必须进行二次抹面工作，以减少表面收缩裂缝。

混凝土的泌水宜采用抽水机抽吸或在侧模上开设泌水孔排除。

基础施工完毕后，基坑应及时回填。回填前应清除基坑中的杂物；回填应在相对的两侧或四周同时均匀进行，并分层夯实。

二、确保节点核心区的混凝土强度

节点核心区混凝土强度是指柱和梁相交部分的混凝土强度，如果没有特殊说明，这部分的混凝土强度必须按柱的混凝土强度浇筑。对于高层建筑，柱的混凝土强度等级一般比梁的混凝土强度等级高。因此，节点核心区的混凝土强度等级是按柱混凝土强度等级浇筑的。一般在此位置，采用设置后浇带模板相同的方式支设快易收口网等永久性模板，或者设置钢板网来确保混凝土梁的混凝土不会浇筑到节点核心区。

任务实施

1. 现场体验混凝土的浇筑。
2. 以"混凝土浇筑过程的安全管理要点"为题目，写一篇不少于 1 500 字的论文。论文应分析混凝土浇筑过程中的危险源，论文应涉及如何在混凝土浇筑过程中避免模板支架的坍塌。

思 考 题

为什么要确保节点核心区的混凝土强度？

任务四　混凝土的养护

引导问题

1. 混凝土养护的方法有哪些？
2. 高层建筑对混凝土的养护有哪些不利的条件？

工作任务

调查一栋高层建筑混凝土的养护情况，分析是否正确。

【主要参考资料】

1.《高层建筑混凝土结构技术规程》(JGJ 3)。

2.《高层建筑筏形与箱形基础技术规范》(JGJ 6)。

3.《混凝土泵送施工技术规程》(JGJ/T 10)。

4.《混凝土结构工程施工质量验收规范》(GB 50204)。

5.《高层建筑施工手册》。

6. 网络资源库。

知识链接

一、混凝土养护的要求

混凝土浇筑后，应在其表面立即覆盖一层塑料薄膜，进行保温隔热养护。在养护期间根据温控系统测得混凝土内外温差和降温速率，对养护措施及时进行调整。混凝土养护，一方面能避免温度过快降低；另一方面能避免混凝土表面水分的过快散发，避免暴晒，防止阴阳面产生温差。潮湿养护的时间应尽量长，养护时间不应少于一个月。

大体积混凝土除应按普通混凝土进行常规养护外，还应及时按温控技术措施的要求进行保温养护，并应符合下列规定：

(1)应专人负责保温养护工作，并应按《大体积混凝土施工标准》(GB 50496)的有关规定操作，同时应做好测试记录。

(2)保湿养护的持续时间不得少于 14 d，应经常检查塑料薄膜或养护剂涂层的完整情况，保持混凝土表面湿润。

(3)保温覆盖层的拆除应分层逐步进行，当混凝土的表面温度与环境最大温差小于 20 ℃时，可全部拆除。

在混凝土浇筑完毕、初凝前，宜立即进行喷雾养护工作。

塑料薄膜、麻袋、阻燃保温被等，可作为保温材料覆盖混凝土和模板，必要时可搭设挡风保温棚或遮阳降温棚。在保温养护过程中，应对混凝土浇筑体的里表温差和降温速率进行现场监测。当实测结果不满足温控指标的要求时，应及时调整保温养护措施。

高层建筑转换层的大体积混凝土施工，应加强养护，其侧模、底模的保温构造应在支模设计时确定。

大体积混凝土拆模后，地下结构应及时回填，地上结构应尽早进行装饰，不宜长期暴露在自然环境中。

二、温控施工的现场监测与试验

大体积混凝土浇筑体里表温差、降温速率及环境温度与温度应变的测试，在混凝土浇筑后，每昼夜不应少于 4 次；入模温度的测量，每台班不少于 2 次。

大体积混凝土浇筑体内监测点的布置，应真实地反映出混凝土浇筑体内最高温升、里表温差、降温速率及环境温度，可按下列方式布置：

(1)监测点的布置范围应以所选混凝土浇筑体平面图对称轴线的半条轴线为测试区，在测试区内监测点按平面分层布置。

(2)在测试区内，监测点的位置与数量可根据混凝土浇筑体内温度场分布情况及温控的要求确定。

(3)在每条测试轴线上，监测点位宜不少于 4 处，应根据结构的几何尺寸布置。

(4)沿混凝土浇筑体厚度方向必须布置外面、底面和中间温度测点，其余测点宜按测点间距不大于 600 mm 布置。

(5)保温养护效果及环境温度监测点数量应根据具体需要确定。

(6)混凝土浇筑体的外表温度，宜为混凝土外表以内 50 mm 处的温度。

(7)混凝土浇筑体底面的温度，宜为混凝土浇筑体底面上 50 mm 处的温度。

施工中应进行大体积混凝土的测温工作。测温点的布置应便于绘制温度变化梯度图，可布置在基础平面的对称轴和对角线上。测温点应设在混凝土结构厚度的 1/2、1/4 和表面处，离钢筋的距离应大于 30 mm。

三、泵送混凝土质量控制

泵送混凝土原材料应按相应标准的规定进行试验，经检验合格后方可使用。泵送混凝土原材料应妥善保管、存放，确保使用质量，且应符合现行国家标准《预拌混凝土》(GB/T 14902)和《混凝土结构工程施工质量验收规范》(GB 50204)的有关规定。原材料的储备量，应满足混凝土泵送要求。

泵送混凝土原材料的计量允许偏差，应符合现行国家标准《预拌混凝土》(GB/T 14902)的有关规定。

泵送混凝土的生产质量，应按现行国家标准《混凝土强度检验评定标准》(GB/T 50107)规定的生产质量水平进行控制。

泵送混凝土的质量控制应符合下列要求：

(1)混凝土的可泵性，应满足泵送要求。

(2)混凝土强度的检验评定，应符合现行国家标准《混凝土强度检验评定标准》(GB/T 50107)的规定。

(3)混凝土入泵时的坍落度及其误差，应符合表 9-5 的规定。

表 9-5　混凝土坍落度允许误差　　　　　　　　　　　　　　　　　mm

坍落度	坍落度允许误差
≤100	±20
>100	±30

泵送混凝土质量检查，应按现行国家标准《混凝土结构工程施工质量验收规范》(GB 50204)的有关规定进行。用作评定结构或构件混凝土强度质量的试件，应在浇筑地点取样、制作，且混凝土的取样、试件制造、养护和试验均应符合现行国家标准《混凝土强度检验评定标准》(GB/T 50107)的有关规定。

当混凝土可泵性差，出现泌水、离析，难以泵送和浇灌时，应立即对配合比、混凝土泵、配管、泵送工艺等重新进行研究，并采取相应措施。

应结合施工现场具体情况，建立质量控制制度，对材料、设备、泵送工艺、混凝土强度等进行系统的科学管理。

▶ 任务实施 ◀

1. 调查一项建筑工程的混凝土养护情况，并写出调查报告。

2. 以"如何做好混凝土的养护"为题目，写一篇不少于 1 500 字的论文。论文中应涉及常温、高温及低温气象情况下的混凝土养护。

········· 思 考 题 ·········

1. 混凝土养护不好有什么后果？

2. 如果混凝土养护后达不到设计强度，你应该如何处理这种情况？

项目十　高层建筑施工的安全

知识目标

◆ 了解高层建筑施工中的安全防护措施、消防措施和环保措施。

能力目标

◆ 能初步识别高层建筑施工中的危险源。

引导问题

高层建筑施工和多层建筑施工相比，危险性是否增大了？

工作任务

调查正在施工的一栋高层建筑，了解施工单位都采取了哪些安全措施。

【主要参考资料】

1.《施工现场临时用电安全技术规范》(JGJ 46)。

2.《建筑施工安全检查标准》(JGJ 59)。

3.《建筑施工高处作业安全技术规范》(JGJ 80)。

4.《建筑施工扣件式钢管脚手架安全技术规范》(JGJ 130)。

5.《混凝土泵送施工技术规程》(JGJ/T 10)。

6.《高层建筑施工手册》。

7.《危险性较大的分部分项工程安全管理规定》。

8. 网络资源。

知识链接

一、危险源的辨识与评价

危险源是指一个系统中具有潜在能量和物质释放危险的、可造成人员伤害、在一定的触发因素作用下可转化为事故的部位、区域、场所、空间、岗位、设备及其位置。施工单位在开工前应根据工程特点、施工现场周边环境(工程所处位置、周围居民情况等)对危险源进行识别、评价和分类管理。

评价时按各施工阶段确定项目可能存在的危险、危害因素，针对辨识、评价出的重大危险源编制职业健康安全管理方案，制定预防措施。

施工过程中，施工单位应根据不同施工阶段(基础、主体、装饰)，及时组织对所辖区域存在的危险源进行重新辨识、评价。如出现新的重大危险源，施工单位应对职业健康安全管理方案进行修订。

施工单位应在工程开工前组织对该项目的危险源进行辨识和评价，并在施工现场显著位置进行危险源公示，根据辨识的危险源编制专项安全方案，组织对管理人员和作业人员进行方案交底、安全技术交底，在实施过程中，进行过程旁站，最后进行验收，形成危险源的闭环管理。

危险性较大的分部分项工程(简称危大工程)是指在建筑施工生产过程中容易发生群死群伤

或重大社会不良影响的分部分项工程，施工单位应对项目存在的危大工程进行辨识，编制专项安全方案，超过一定规模的危大工程施工单位还应组织进行专家论证。

(一)危险性较大的分部分项工程范围

1. 基坑工程

(1)开挖深度超过 3 m(含 3 m)的基坑(槽)的土方开挖、支护、降水工程。

(2)开挖深度虽未超过 3 m，但地质条件、周围环境和地下管线复杂，或影响毗邻建、构筑物安全的基坑(槽)的土方开挖、支护、降水工程。

2. 模板工程及支撑体系

(1)各类工具式模板工程：包括滑模、爬模、飞模、隧道模等工程。

(2)混凝土模板支撑工程：搭设高度 5 m 及以上，或搭设跨度 10 m 及以上，或施工总荷载(荷载效应基本组合的设计值，以下简称设计值)10 kN/m² 及以上，或集中线荷载(设计值)15 kN/m 及以上，或高度大于支撑水平投影宽度且相对独立无联系构件的混凝土模板支撑工程。

(3)承重支撑体系：用于钢结构安装等满堂支撑体系。

3. 起重吊装及起重机械安装拆卸工程

(1)采用非常规起重设备、方法，且单件起吊重量在 10 kN 及以上的起重吊装工程。

(2)采用起重机械进行安装的工程。

(3)起重机械安装和拆卸工程。

4. 脚手架工程

(1)搭设高度 24 m 及以上的落地式钢管脚手架工程(包括采光井、电梯井脚手架)。

(2)附着式升降脚手架工程。

(3)悬挑式脚手架工程。

(4)高处作业吊篮。

(5)卸料平台、操作平台工程。

(6)异型脚手架工程。

5. 拆除工程

可能影响行人、交通、电力设施、通信设施或其他建、构筑物安全的拆除工程。

6. 暗挖工程

采用矿山法、盾构法、顶管法施工的隧道、洞室工程。

7. 其他

(1)建筑幕墙安装工程。

(2)钢结构、网架和索膜结构安装工程。

(3)人工挖孔桩工程。

(4)水下作业工程。

(5)装配式建筑混凝土预制构件安装工程。

(6)采用新技术、新工艺、新材料、新设备可能影响工程施工安全，尚无国家、行业及地方技术标准的分部分项工程。

(二)超过一定规模的危险性较大的分部分项工程范围

1. 深基坑工程

开挖深度超过 5 m(含 5 m)的基坑(槽)的土方开挖、支护、降水工程。

2. 模板工程及支撑体系

(1)各类工具式模板工程：包括滑模、爬模、飞模、隧道模等工程。

(2)混凝土模板支撑工程：搭设高度 8 m 及以上，或搭设跨度 18 m 及以上，或施工总荷载（设计值）15 kN/m² 及以上，或集中线荷载（设计值）20 kN/m 及以上。

(3)承重支撑体系：用于钢结构安装等满堂支撑体系，承受单点集中荷载 7 kN 及以上。

3. 起重吊装及起重机械安装拆卸工程

(1)采用非常规起重设备、方法，且单件起吊重量在 100 kN 及以上的起重吊装工程。

(2)起重量 300 kN 及以上，或搭设总高度 200 m 及以上，或搭设基础标高在 200 m 及以上的起重机械安装和拆卸工程。

4. 脚手架工程

(1)搭设高度 50 m 及以上的落地式钢管脚手架工程。

(2)提升高度在 150 m 及以上的附着式升降脚手架工程或附着式升降操作平台工程。

(3)分段架体搭设高度 20 m 及以上的悬挑式脚手架工程。

5. 拆除工程

(1)码头、桥梁、高架、烟囱、水塔或拆除中容易引起有毒有害气（液）体或粉尘扩散、易燃易爆事故发生的特殊建、构筑物的拆除工程。

(2)文物保护建筑、优秀历史建筑或历史文化风貌区影响范围内的拆除工程。

6. 暗挖工程

采用矿山法、盾构法、顶管法施工的隧道、洞室工程。

7. 其他

(1)施工高度 50 m 及以上的建筑幕墙安装工程。

(2)跨度 36 m 及以上的钢结构安装工程，或跨度 60 m 及以上的网架和索膜结构安装工程。

(3)开挖深度 16 m 及以上的人工挖孔桩工程。

(4)水下作业工程。

(5)重量 1 000 kN 及以上的大型结构整体顶升、平移、转体等施工工艺。

(6)采用新技术、新工艺、新材料、新设备可能影响工程施工安全，尚无国家、行业及地方技术标准的分部分项工程。

二、安全防护措施

建立与工程相适应的安全防护措施，可预防安全事故的发生。工程的安全防护措施应包括：个人安全防护系统，如安全帽、安全带等；用电安全防护设施，如漏电保护器等；脚手架安全防护；临边、"四口"的安全防护；各种防护棚等。

(一)脚手架防护

(1)一般采用落地式或悬挑式双排脚手架进行防护，采用悬挑脚手架时每次悬挑高度不得大于 20 m，否则应组织专家论证。

(2)脚手架操作人员应是经过培训合格的专业架子工。

(3)外脚手架每层满铺脚手板，使脚手架与结构之间不留空隙，外侧用密目安全网全封闭。

(4)安全网在国家定点生产厂购买，并索取合格证。进场后，由项目部安全员验收合格后方可投入使用。

(5)所有的脚手架均经过验收后方准使用。

(二)"四口"防护

1. 通道口

通道口用钢管搭设防护架子，顶面满铺双层竹笆，两层竹笆的间距为800 mm，用铁丝绑扎牢固。

2. 预留洞口

楼面洞口边长在500 mm以下时，楼板配筋不要切断，用木板覆盖洞口并固定。楼面洞口边长在1 500 mm以上时，四周必须设两道护身栏杆，如图10-1所示。

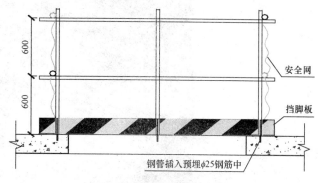

图10-1　预留洞口安全防护

竖向不通行的洞口用固定防护栏杆；竖向需通行的洞口，装活动门扇，不用时锁好。

3. 楼梯口

楼梯扶手用粗钢筋焊接搭设，栏杆的横杆应为两道，或使用标准化、定型化防护栏杆进行临边防护，如图10-2和图10-3所示。

图10-2　楼梯口

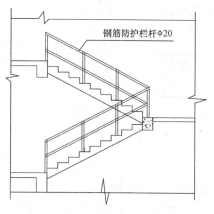

图10-3　楼梯防护—钢筋防护

4. 电梯井口

电梯井的门洞用粗钢筋做成网格与预留钢筋焊接，或使用标准化防护工具进行防护。电梯井口立面防护如图10-4所示。

正在施工的电梯井筒内搭设满堂钢管架，操作层满铺脚手板，并随着竖向高度的上升逐层上翻。井筒内每两层用木板或竹笆封闭，作为隔离层。

(三)临边防护

(1)楼层在砖墙未封闭之前，周边均需用粗钢筋制作成护栏，高度不小于1.2 m，外挂安全网，刷红白警戒色，或使用标准化工具进行防护，如图10-5所示。

图10-4　电梯井口立面防护

(2)外挑板在正式栏杆未安装前，用粗钢筋制作成临时护栏，高度不小于1.2 m，外挂安全网。

图 10-5　楼层标准化工具临边防护

(四)交叉作业的防护

根据《高处作业分级》(GB/T 3608)规定，可能坠落范围半径见表 10-1。

表 10-1　可能坠落范围半径　　　　　　　　　　　　　　　　　　　　m

序号	上层作业高度	坠落半径
1	$2 \leqslant h < 5$	3
2	$5 \leqslant h < 15$	4
3	$15 \leqslant h < 30$	5
4	$h \geqslant 30$	6

凡在同一立面上同时进行上下作业时，属于交叉作业，应符合下列要求：

(1)禁止在同一垂直面的上下位置作业，否则中间应有隔离防护措施。

(2)在进行模板安拆、架子搭设拆除、电焊、气割等作业时，其下方不得有人操作。模板、架子拆除必须遵守安全操作规程，并应设立警戒标志，有专人监护。

(3)楼层堆物(如模板、扣件、钢管等)应整齐、牢固，且与楼板外沿的距离不得小于 1 m。

(4)高空作业人员带工具袋，严禁从高处向下抛掷物料。

(5)严格执行"三宝一器"使用制度。凡进入施工现场的人员必须按规定戴好安全帽，按规定要求使用安全带和安全网。用电设备必须安装质量好的漏电保护器。现场作业人员不准赤背，高空作业不得穿硬底鞋。

(五)临时用电管理措施

(1)施工现场用电须编制专项施工组织设计，并经主管部门批准后实施。

(2)施工现场采用三相五线制配电系统，楼梯间照明和行灯电压采用 36 V 安全电压。

(3)所有施工用电应由专业电工进行施工。

(4)施工现场应满足三级配电，两级保护基本要求，使用 TN-S 接零保护系统，按照总箱—分箱—开关箱—用电设备的供电顺序布线，并满足"一机一闸"基本要求。

(5)施工现场临电线路应采取架空、埋地、套管敷设等防护方式，禁止拖地、泡水，过路电缆线应采取防护措施。

(6)施工现场周边存在高压线时，应采取防护措施或转移高压线等相关措施，避免发生触电事故。

(六)机械安全措施

(1)中小型机械应在操作场所悬挂安全操作规程牌，操作人员应熟悉其内容，并按要求操作。操作人员应持证上岗，操作时专心致志，不得将自己的机械交他人操作。机械要做到上有盖、下有垫，电箱要有安全装置，以及漏电保护装置。

(2)对电锯、钢筋机械，其传动部分应有防护罩，电锯应有安全装置，以及漏电保护装置。

(3)电焊机一次线接机处应有保护罩，电线不得任意布放，放置露天应有防雨装置。手把线不乱拉，手把要绝缘，不跑电、不随意拖地。

(4)搅拌机应放平、安稳，离合器、制动器要灵敏可靠。

(5)乙炔瓶上应有明显标志。瓶上应有防振圈，要防爆、防晒。

(6)大型机械由专人负责，并定期做好记录。

(七)高处作业吊篮安全防护措施

(1)吊篮安装必须由具备资质的单位安装，禁止无资质单位施工作业。

(2)吊篮作业人员必须从地面进出吊篮，禁止从楼层、阳台等部位进出吊篮。

(3)吊篮不得超载使用，不得作为接料、卸料平台使用。

(4)作业人员必须穿戴齐全劳动防护用品，戴好安全帽，安全带必须与生命线张挂，并保证一人一绳，独立使用。

(5)吊篮配重数量质量要满足要求，不得缺失、破损，固定应牢固可靠，不易发生倾覆。

(6)吊篮各限位应保证动作灵敏、可靠，安全锁在标定期限内，上限位挡板灵敏。

(7)工作钢丝绳和安全钢丝绳应独立设置在两根受力销轴上，禁止共用一根销轴。

三、消防管理措施

(1)建立义务消防队，定期进行教育训练，熟练掌握防火、灭火知识和消防器材的使用方法，做到能防火和扑救火灾。

(2)现场要有明显的防火宣传标志，每月对职工进行一次防火教育，定期组织防火检查，建立防火工作档案。

(3)电工、焊工从事电气设备安装和电、气焊切割作业，要有操作证和用火证。动火前，要清除附近易燃物，配备看火人员和灭火用具。用火证当日有效，动火地点变换，要重新办理用火证手续。

(4)施工材料的存放、保管，应符合防火安全要求，库房应用非燃材料支搭。易燃易爆物品应专库储存，分类单独存放，保持通风，用火符合防火规定。

(5)消防器材一般按"四四制"配置，即每套消防器材除包括消防砂池外，还包括消防锹、消防斧各4把，消防桶、灭火器各4只，砂池内始终保持填满砂，如图10-6所示。

图10-6 消防器材配置

四、环保管理措施

将做好环境保护、实现绿色施工作为工程的管理目标之一。建立环境管理体系，加强对现场人员的培训与教育，提高现场人员的环保意识。

(1)施工现场防扬尘措施。施工垃圾使用封闭的专用垃圾道或采用容器吊运，严禁随意凌空抛散造成扬尘。施工垃圾要及时清运，清运前，要适量洒水减少扬尘。施工现场要在施工前做施工道路规划和设置，尽量利用设计中永久性的施工道路。路面及其余场地地面要硬化，闲置场地要绿化。水泥和其他易飞扬的细颗粒散体材料尽量安排库内存放。露天存放时要严密覆盖，运输和卸运时防止遗洒飞扬，以减少扬尘。施工现场要制定洒水降尘制度，配备专用洒水设备及指定专人负责，在易产生扬尘的季节，施工场地采取洒水降尘。茶炉采用电热开水器，食堂大灶使用液化气。门口设置冲刷池和沉淀池，防止出入车辆的遗洒和轮胎夹带物等污染周边和公共道路。

(2)油漆油料库的防漏控制措施。施工现场要设置专用的油漆油料库，油库内严禁放置其他物资，库房地面和墙面要做防渗漏的特殊处理，储存、使用和保管要由专人负责，防止油料的跑、冒、滴、漏污染水体。

禁止将有毒、有害废弃物用做土方回填，以免污染地下水和环境。

(3)其他污染的控制措施。木模通过电锯加工的木屑、锯末必须当天进行清理，以免锯末刮入空气中。钢筋加工产生的钢筋皮、钢筋屑及时清理。建筑物外围立面采用密目安全网，降低楼层内风的流速，阻挡灰尘进入施工现场周围的环境。

制订水、电、办公用品(纸张)的节约措施，通过减少浪费、节约能源达到保护环境的目的。

任务实施

1. 编写一个"四口"防护的技术交底。
2. 以"高层建筑施工中的安全管理要点"为题目，写一篇不少于 1 000 字的论文。

思 考 题

高层建筑工程的施工中有哪些危险源？

第三篇　预应力混凝土工程及装配式混凝土结构工程施工

项目十一　预应力混凝土工程施工

知识目标

◆理解预应力混凝土结构施工原理；掌握先张法、后张法、无粘结预应力混凝土结构构件的施工工艺和质量控制方法；掌握预应力混凝土结构质量验收标准及检测方法；掌握预应力混凝土结构施工的安全技术。

能力目标

◆能进行预应力混凝土结构施工技术交底与安全交底；会选择预应力混凝土结构施工方法；能进行质量验收；能分析处理施工过程中的技术问题、评价施工质量。

任务一　预应力混凝土结构的基本知识

引导问题

1. 在日常生活中，有哪些工程领域应用了预应力？
2. 在预应力混凝土构件中预应力是如何建立的？

工作任务

某工程的框架梁拟采用预应力框架梁，并且采用后张法施工，请选择原材料及相应锚具。

知识链接

一、预应力混凝土的应用

预应力混凝土工程是一门专项技术，在世界各国得到了广泛的应用。近年来，随着预应力混凝土设计理论、施工工艺与设备不断完善和发展，高强度材料性能的改进，预应力混凝土得到进一步的推广应用。目前，预应力混凝土广泛用于各种桥梁、工业与民用建筑、特殊结构等，另外，应用锚杆技术的各类塔架、水坝、隧道等均离不开预应力专项技术，随着这项技术的不断发展，其应用前景将更加广泛。

普通钢筋混凝土构件的抗拉极限应变值只有 $0.0001 \sim 0.00015$，即每米只允许伸长 $0.1 \sim 0.15$ mm，超过此值混凝土就会开裂。如果设计要求混凝土不开裂，构件内的受拉钢筋每米伸长只有 $0.1 \sim 0.15$ mm，此时钢筋应力只能达到 $20 \sim 30$ N/mm²，远远低于钢筋的设计强度。如果允许构件开裂，由于钢筋混凝土构件受裂缝宽度的限制，受拉钢筋的应力也只能达到 $150 \sim$

250 N/mm^2。因此，虽然高强度钢材不断发展，却在普通钢筋混凝土构件中不能充分发挥其作用。预应力混凝土是解决这一矛盾的有效方法。

与普通混凝土相比，预应力混凝土除提高构件的拉裂性和刚度外，还具有减轻自重、增加构件的耐久性、用于大跨度结构、降低造价等优点。

二、预应力混凝土的基本原理及分类

(一)预应力混凝土的基本原理

预应力混凝土就是受外荷载作用前，在结构(构件)的受拉区预先施加压力产生预压应力，当结构(构件)使用阶段因荷载作用产生拉应力时，要先全部抵消预应力后才开始受拉，从而推迟了裂缝出现的时间(指外荷载更大时才能出现裂缝)并限制裂缝的开展，提高结构(构件)的抗裂性和刚度。图 11-1、图 11-2 分别表明了非预应力构件和预应力构件的受力状态。

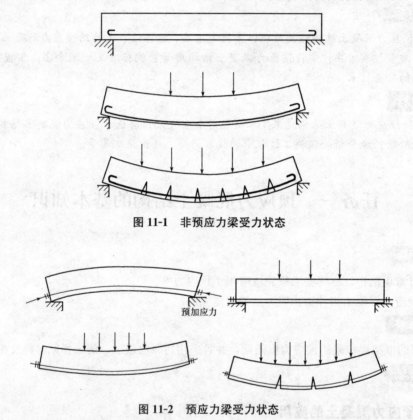

图 11-1　非预应力梁受力状态

图 11-2　预应力梁受力状态

(二)预应力混凝土的分类

预应力混凝土按施工方法不同可分为先张法和后张法两大类。后张法按预应力筋与混凝土之间是否有粘结作用，分为后张有粘结预应力混凝土和后张无粘结预应力混凝土；按钢筋张拉方式不同可分为机械张拉、电热张拉与自应力张拉法；按预应力筋与混凝土之间是否允许相对滑动可分为有粘结预应力和无粘结预应力两类。

先张法是在浇筑混凝土前，在台座(或钢模)上张拉预应力筋并用夹具临时固定，然后浇筑混凝土，待混凝土达到一定强度，保证预应力筋与混凝土有足够的粘结力时，放松预应力筋，借助于预应力筋与混凝土之间的粘结及预应力筋的回缩作用，对构件混凝土产生预压应力。先张法适用于定型的中小型构件，如空心板、屋面板、吊车梁、檩条等。

后张法有粘结预应力混凝土是先生产混凝土结构或构件，同时预留孔道，待混凝土强度达到设计规定值后，在孔道内穿入预应力筋(也可采用先穿束法)进行张拉，并用锚具在结构或构件端部将预应力筋锚固，最后进行孔道灌浆。预应力筋的张拉主要靠端部的锚具传递给混凝土，使混凝土产生预压应力。后张法有粘结预应力混凝土既可用于制作生产大型预制构件，又可用于各类现浇结构，目前常用于现浇大跨度梁中。

无粘结预应力混凝土是指在预应力构件中的预应力筋与混凝土没有粘结力，预应力筋张拉力完全靠构件两端的锚具传递给构件。它属于后张法施工。其施工过程是先制作无粘结预应力筋，再将钢筋放入设计位置，然后直接浇筑混凝土并养护，待混凝土达到一定强度后，张拉预应力钢筋，最后锚固。

三、预应力混凝土材料

(一)混凝土

选择混凝土等级时，应综合考虑施工方法、构件跨度、使用情况及钢筋种类等因素。《混凝土结构设计规范(2015 年版)》(GB 50010)规定，预应力混凝土结构的混凝土强度等级不宜低于 C40，且不应低于 C30。

(二)预应力筋

(1)预应力混凝土结构对预应力筋的要求。

1)在预应力混凝土制作和使用过程中，由于种种原因，预应力筋中的预先施加的张拉应力会产生损失，因此，为使得扣除应力损失后应力筋仍具有较高的张拉应力，必须使用高强度钢筋(钢丝)做预应力筋。

2)为避免在超载情况下发生脆性破断，预应力筋还必须具有一定的塑性。同时，还要求具有良好的加工性能，以满足对钢筋焊接、镦粗的加工要求。

3)对钢丝类预应力筋，还要求具有低松弛性和与混凝土良好的粘结性能，通常采用"刻痕"或"压波"方法来提高与混凝土的粘结强度。

总之要求钢筋强度高，具有一定的塑性和良好的加工性能及与混凝土之间有较好的粘结强度。《混凝土结构设计规范(2015 年版)》(GB 50010)规定，预应力筋宜采用预应力钢丝、钢绞线和预应力螺纹钢筋。

(2)常用的预应力筋。

1)预应力钢丝。中强度预应力钢丝是采用优质碳素钢盘条经冷拔制成的。其直径有 5 mm、7 mm、9 mm。钢丝表面有光面，也有带螺旋肋钢丝。其强度为 800～1 270 MPa。

冷拔后的高强度钢丝内部存在强大的内应力，有一部分会残留下来，称为残留应力。它对钢丝的使用性能影响较大，一般采用回火处理，冷却到室温条件的高强度钢丝，称为消除应力钢丝。其直径有 5 mm、7 mm、9 mm。钢丝表面有光面，也有带螺旋肋钢丝。其强度为 1 470～1 860 MPa。

高强度钢丝在一定拉力作用条件下，短时热处理，其松弛损失可减少到消除应力钢丝的 1/3 左右，称为低松弛钢丝。

2)钢绞线。钢绞线是由多根平行高强度钢丝以一根直径稍粗的钢丝为轴心，沿同一方向扭转，并经低温回火处理而成的(图 11-3)。其规格有 2、3、7 股等，而最常用的是 7 股钢绞线。钢绞线可分为标准型钢绞线、刻痕钢绞线、模拔型钢绞线。标准型钢绞线是由冷拉光圆钢丝捻制成的钢绞线；刻痕钢绞线是由刻痕钢丝捻制成的钢绞线；模拔型钢绞线是捻制后再经冷拔制成的钢绞线。其强度为 1 570～1 960 MPa。钢绞线面积较大，柔软，操作方便，适用于先张法和后张法施工。将钢绞线外层涂防腐油脂并以塑料薄膜进行包裹，可用作无粘结预应力筋。

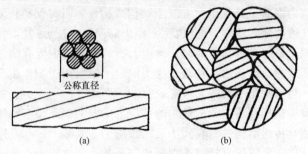

图 11-3　钢绞线截面

(a)7 股钢绞线；(b)模拔型钢绞线

3)预应力螺纹钢筋。预应力螺纹钢筋是一种热轧成带有不连续的外螺纹的直条钢筋，该钢筋在任意截面处，均可用带有匹配形状的内螺纹的连接器或锚具进行连接或锚固。

四、夹具、锚具与连接器

夹具和锚具是制作预应力混凝土构件时锚固预应力钢筋必不可少的工具。

锚具是在后张法结构中，用于保持预应力筋的拉力并将其传递到结构上所用的永久性锚固装置。锚具可分为两类：一类是张拉端锚具，安装在预应力钢筋端部且可以张拉的锚具；另一类是固定端锚具，安装在预应力钢筋固定端部，通常不用于张拉的锚具。

夹具是在先张法预应力混凝土构件生产过程中，用于保持预应力筋的拉力并将其固定在生产台座(或设备)上的临时性锚固装置；在后张法结构或构件张拉预应力筋的过程中，在张拉千斤顶或设备上夹持预应力筋的工具性锚固装置也属于夹具。夹具和锚具夹住或锚住钢筋是靠摩阻、握裹和承压锚固。

对夹具或锚具的要求如下：

(1)性能安全可靠。要求夹具或锚具本身具有足够的强度和刚度，且工作时又不能损伤钢筋。

(2)滑移、变形小。要求预应力筋在锚具内尽可能不产生滑移，以减少预应力损失。

(3)构造简单，易加工制作，施工方便。

(4)节约钢材，造价低。

连接器是用于连接预应力筋的装置。

(一)夹具

先张法中钢丝的夹具分两类：一类是将预应力筋锚固在台座或钢模上的锚固夹具；另一类是张拉时夹持预应力筋用的夹具。锚固夹具与张拉夹具都是重复使用的工具。夹具的种类繁多，此处仅介绍一些常用的钢丝夹具。图 11-4 所示为钢丝用锚固夹具；图 11-5 所示为钢丝用张拉夹具。

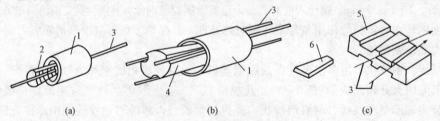

图 11-4　钢丝用锚固夹具

(a)圆锥齿板式；(b)圆锥槽式；(c)楔形

1—套筒；2—齿板；3—钢丝；4—锥塞；5—锚板；6—楔块

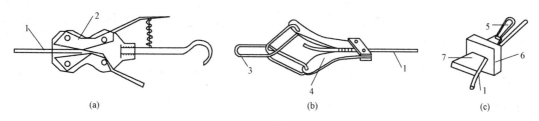

图 11-5　钢丝用张拉夹具

(a)钳式；(b)偏心式；(c)楔形

1—钢丝；2—钳齿；3—拉钩；4—偏心齿条；5—拉环；6—锚板；7—楔块

(二)锚具

1. 单根粗钢筋锚具

(1)螺丝端杆锚具。螺丝端杆锚具由螺丝端杆、垫板和螺母组成，其适用于锚固直径不大于 36 mm 的冷拉 HPB335、HRB400 级钢筋，如图 11-6(a)所示。螺丝端杆锚具可用在张拉端或固定端，与预应力筋对焊。对焊时应在预应力筋冷拉以前进行。

(2)帮条锚具。帮条锚具由一块方形衬板与三根帮条组成，如图 11-6(b)所示。帮条采用与预应力筋同级别的钢筋。焊接时可在预应力筋冷拉前进行。该锚具一般用在固定端。

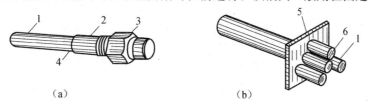

图 11-6　单根粗钢筋锚具

(a)螺丝端杆锚具；(b)帮条锚具

1—钢筋；2—螺丝端杆；3—螺母；4—焊接接头；5—衬板；6—帮条

2. 钢筋束、钢绞线束锚具

钢筋束、钢绞线束使用的锚具有 XM 型、QM 型、KT-Z 型、JM 型、OVM 型系列锚具及镦头锚具等。目前，较常用的有 XM 型、QM 型系列锚具。

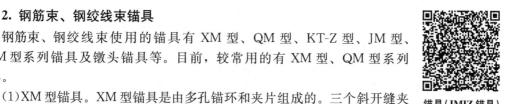

锚具(JMIZ 锚具)

(1)XM 型锚具。XM 型锚具是由多孔锚环和夹片组成的。三个斜开缝夹片为一组构成一个锚固单元，夹持一束预应力筋中的一根，如图 11-7 所示。使用 XM 型锚具，既可单根张拉预应力筋，也可成束同时张拉。XM 型锚具除可用作工作锚外，还可兼作工具锚。

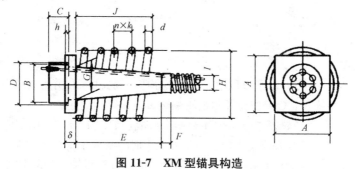

图 11-7　XM 型锚具构造

（2）QM 型锚具。QM 型锚具的组成与 XM 型锚具相同，除锚板和夹片外，也备有配套喇叭形铸铁垫板与弹簧圈等。QM 型锚具构造如图 11-8 所示。

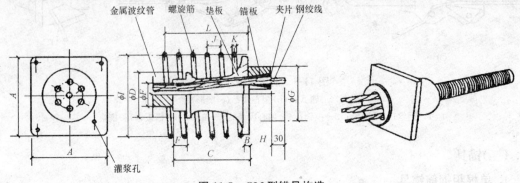

图 11-8　QM 型锚具构造

以上几种多孔锚具（群锚）均可用于锚固 $\phi12\sim\phi15.7$ mm、强度高达 1 860 MPa 的钢绞线，既可用于张拉端，也可用于固定端。当然，固定端可采用镦头锚具（用于钢筋束，原理同先张法）、压花式锚具和挤压式锚具。压花式锚具和挤压式锚具如图 11-9 和图 11-10 所示。

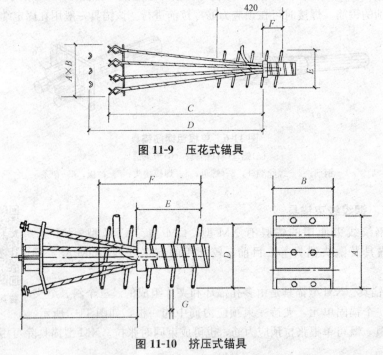

图 11-9　压花式锚具

图 11-10　挤压式锚具

应当注意的是，以上几种形式的锚具及其配件的规格尺寸应根据预应力筋根数选用，在此不一一列出。

3. 钢丝束锚具

由几根到几十根 $\phi3\sim\phi5$ mm 平行碳素钢丝作为预应力筋时，采用的锚具有钢质锥塞锚具、锥形螺杆锚具、XM 型锚具、QM 型锚具和钢丝束镦头锚具等。

（1）钢质锥塞锚具。钢质锥塞锚具由锚环和锚塞组成，如图 11-11 所示。钢丝分布在锚环锥孔内侧，由锚塞塞紧锚固。其缺点是钢丝直径误差较大时，易产生单根滑丝现象，且很难补救。

（2）钢丝束镦头锚具。钢丝束镦头锚具有 DM5A 型和 DM5B 型两种。A 型用于张拉端，由锚环和螺母组成，锚环的内外壁均有丝扣，内丝扣用于连接张拉螺杆；B 型用于固定端，如图 11-12 所示。

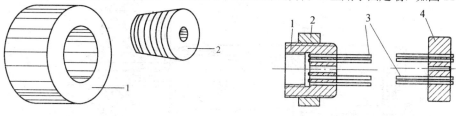

图 11-11　钢质锥塞锚具

1—锚环；2—锚塞

图 11-12　钢丝束镦头锚具

1—A 型锚环；2—螺母；3—钢丝束；4—锚板

（3）锥形螺杆锚具。锥形螺杆锚具由锥形螺杆、套筒、螺母、垫板组成，如图 11-13 所示。

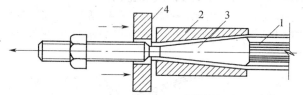

图 11-13　锥形螺杆锚具

1—钢丝；2—套筒；3—锥形螺杆；4—垫板

锚具除应满足静载锚固性能、疲劳锚固性能及周期反复作用的荷载试验要求外，还应满足下列规定：

（1）当预应力筋锚具组装件达到实测极限拉力时，除锚具设计允许的现象外，全部零件均不得出现肉眼可见的裂缝或破坏。

（2）除能满足分级张拉及补张拉工艺外，宜具有能放松预应力筋的性能。

（3）锚具或其附件上宜设置灌浆孔道，其截面大小应能使浆液通畅。

用于后张法的预应力筋连接器，其性能要求与相同环境条件下的锚具性能要求一致。

五、张拉设备

张拉设备主要有千斤顶和高压油泵。

(一)千斤顶

1. 千斤顶的选用

千斤顶的选用必须根据预应力筋及其锚具的类型确定。拉杆式千斤顶（YL 型，如图 11-14 所示）主要用于张拉带有螺丝端杆锚具的粗钢筋、锥形螺杆锚具和镦头锚具的钢丝束。锥锚式千斤顶（YZ 型，如图 11-15 所示）主要用于张拉 KT-Z 型锚具锚固的钢筋束或钢绞线束、钢质锥塞锚具的钢丝束。穿心式千斤顶（YC 型）主要用于张拉采用 JM12 型、QM 型、XM 型及 B&S 体系 Z 系列锚具的钢丝束、钢筋束和钢绞线束。这种千斤顶经改装，即配置撑脚和拉杆等附件后，可作为拉杆式千斤顶使用；在千斤顶前端装上分束顶压器套环等附件，并接长承力筒（撑脚）后，可作为 YZ 型千斤顶使用。千斤顶型号选择时，其公称张拉力必须满足预应力筋总张拉力的要求。如 YDC 650-150 型穿心式千斤顶表示公称张拉力为 650 kN，公称张拉行程为 150 mm。

穿心式千斤顶的特点是千斤顶中心有穿通的孔道，以便预应力筋穿过后用工具锚临时固定在千斤顶的末端进行张拉。穿心式千斤顶的种类较多，除 YC 系列外，目前国内厂家生产的 YCQ、YCD、YCW、YDN 等系列均为穿心式千斤顶，张拉吨位为 180～12 000 kN，能满足各种预应力工程的需要。图 11-16 所示为 YC-60 型千斤顶的构造，可完成张拉、持荷、顶压和回程四个动作。

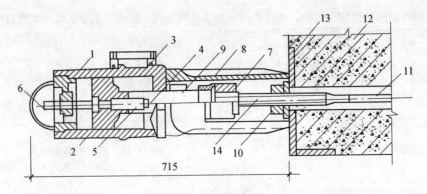

图 11-14 拉杆式千斤顶

1—主缸；2—主缸活塞；3—主缸油嘴；4—副缸；5—副缸活塞；6—副缸油嘴；7—连接器；
8—顶杆；9—拉杆；10—螺母；11—预应力筋；12—混凝土构件；13—预埋钢板；14—螺丝端杆

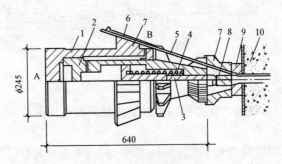

图 11-15 锥锚式千斤顶

1—张拉油缸；2—预压油缸（张拉活塞）；3—顶压活塞；4—弹簧；
5—预应力筋；6—楔块；7—对中套；8—锚塞；9—锚环；10—构件

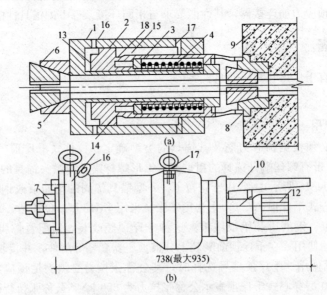

图 11-16 YC-60型千斤顶

（a）构造与工作原理；（b）加撑脚后的外貌图

1—张拉油缸；2—顶压油缸（即张拉活塞）；3—顶压活塞；4—弹簧；5—预应力筋；6—工具锚；
7—螺母；8—锚环；9—构件；10—撑脚；11—张拉杆；12—连接器；13—张拉工作室；
14—顶压工作室；15—张拉回程油室；16—张拉油缸嘴；17—顶压油缸嘴；18—油孔

高压油泵是千斤顶的动力源，与液压千斤顶配套使用，完成供油、回油过程。油泵的额定油压和流量，必须满足配套千斤顶的要求。后张法有粘结预应力工程中常采用大吨位千斤顶，可选用 $ZB_3/630$ 型、$2ZB_4-500$ 型、ZB_4-500 型、$2ZB10-32×4-80$ 型等几种电动高压油泵。其中 ZB_4-500 型表示每分钟流量为 4 L，额定油压为 50 MPa。

2. 千斤顶的校验与使用

由于千斤顶活塞与油缸之间存在着摩阻力，而且摩阻随油压高低、使用时间的变化以及不同的千斤顶而不同，使用前必须进行校验（或称标定），制成油压表读数和张拉力关系的曲线或表格，供施工中查用。

千斤顶的校验应在具有检测条件和资格的部门进行。校验时，应使千斤顶、油泵、油压表、油管等一起配套进行，校验期不应超过半年。在下列情况发生时应重新校验：新千斤顶初次使用前；油压表指针不能回零，更换新表后；千斤顶、油压表和油管进行更换或维修后；张拉时出现断筋而又找不到原因时；停放三个月后重新使用之前；油表受到摔碰等大的冲击时。

液压千斤顶所采用的油液，50 ℃运动黏度为 $12\sim60$ N/mm²，杂质直径不大于 137 μm，具有一定防锈能力。通常采用 20 号机械油，冬季或工作油压较低时用 10 号机械油，夏季或工作油压较高时用 30 号机械油或相应的液压用油。油液应注意清洁，防止在安装油管时把污垢、泥砂、棉丝带入油缸，造成缸体拉毛、摩阻增加，甚至损坏油缸。通常在半年或使用 500 h 后更换一次油液。

使用聚氨酯制造的防尘圈和密封圈时，应注意防水、防潮，以延长使用寿命。另外，设备使用和搬运过程中应注意轻拿轻放。

思 考 题

1. 预应力的形成有哪些方式？
2. 预应力混凝土对混凝土的强度等级及钢筋有什么要求？预应力筋的种类有哪些？
3. 常用的夹具与锚具有哪些？各有何特点？
4. 预应力筋的张拉设备有哪些？

任务二 预应力混凝土结构施工

引导问题

什么是先张法？什么是后张法？两者有什么区别？

工作任务

某预应力混凝土结构工程，框架梁为后张有粘结钢绞线，钢绞线采用 $1×7\phi^S15.24$ 低松弛高强度钢绞线，$f_{ptk}=1\,860$ N/mm²；锚具为夹片式群锚、单孔锚和单孔挤压锚，均为 I 类锚具；预应力孔道预留采用金属波纹管成型。

任务要求：

1. 编写预应力混凝土框架梁施工技术交底。
2. 进行预应力混凝土原材料检验。

一、先张法预应力混凝土结构施工

(一)先张法施工原理

先张法施工是在浇筑混凝土前张拉预应力筋并将张拉的预应力筋临时固定在台座或钢模上，然后浇筑混凝土，待混凝土达到一定强度(一般不低于设计强度标准值的75%)，保证预应力筋与混凝土有足够的粘结力时，放松预应力筋，借助于混凝土与预应力筋的粘结，使混凝土产生预压应力。先张法施工示意如图11-17所示。

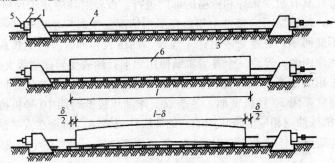

图11-17　先张法施工示意

1—台座承力结构；2—横梁；3—台面；4—预应力筋；5—锚固夹具；6—混凝土构件

(二)先张法施工工艺

1. 先张法施工工艺流程

先张法施工工艺流程如图11-18所示。

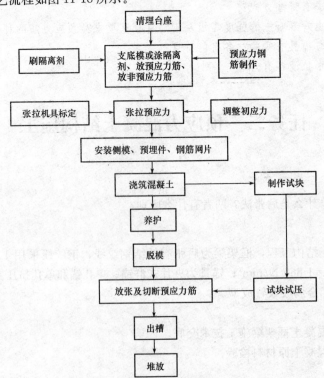

图11-18　先张法施工工艺流程

2. 台座及张拉设备

(1)台座。常用的台座有墩式台座和槽式台座。墩式台座由台墩、台面与横梁组成，如图 11-19 所示；槽式台座由端柱、传力柱、柱垫、横梁和台面等组成，如图 11-20 所示，既可承受张拉力，又可作为蒸汽养护槽，适用于张拉吨位较高的大型构件。

(2)张拉设备。张拉设备有油压千斤顶、卷扬机、电动螺杆张拉机、弹簧测力计等。

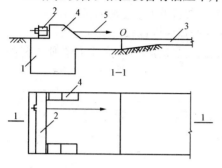

图 11-19 墩式台座

1—钢筋混凝土墩式台座；2—横梁；

3—混凝土台面；4—牛腿；5—顶应力筋

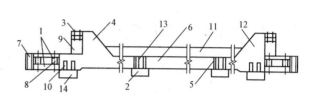

图 11-20 槽式台座

1—下横梁；2—基础板；3—上横梁；4—张拉端柱；

5—卡环；6—中间传力柱；7—钢横梁；8，9—垫块；

10—连接板；11—砖墙；12—锚固端柱；

13—砂浆嵌缝；14—支座底板

3. 预应力筋的铺设

预应力筋铺设前先做好台面的隔离剂，应选用非油类模板隔离剂，隔离剂不得使预应力筋受污，以免影响钢筋与混凝土的粘结。钢丝接长可借助钢丝拼接器用 20～22 号铁丝密排绑扎。钢丝拼接器如图 11-21 所示。

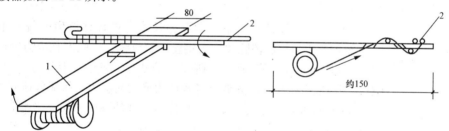

图 11-21 钢丝拼接器

1—拼接器；2—钢丝

4. 预应力筋张拉应力的确定

预应力筋的张拉控制应力应符合设计要求。施工如采用超张拉，可比设计要求高 5%。《混凝土结构设计规范(2015 年版)》(GB 50010)规定预应力筋的张拉控制应力应符合表 11-1 的规定。

表 11-1 预应力筋的张拉控制应力

钢种	张拉控制应力
消除预应力钢丝、钢绞线	$0.75 f_{ptk}$
中强度预应力钢丝	$0.70 f_{ptk}$
预应力螺纹钢筋	$0.85 f_{pyk}$
注：f_{ptk}—预应力钢筋极限强度标准值；f_{pyk}—预应力螺纹钢筋屈服强度标准值。	

施加预应力时，混凝土强度应符合设计要求，如设计无规定时，不宜低于设计的混凝土强度等级值的 75%。当张拉预应力筋是为防止混凝土早期出现的收缩裂缝时，可不受上述限制，但应符合局部受压承载力的规定。

消除预应力钢丝、钢绞线、中强度预应力钢丝张拉控制应力不应小于 $0.4f_{ptk}$；预应力螺纹钢筋张拉控制应力不宜小于 $0.5f_{pyk}$。

当符合下列情况之一时，上述张拉控制应力限值可相应提高 $0.05f_{ptk}$ 或 $0.05f_{pyk}$：

(1)要求提高构件在施工阶段的抗裂性能而在使用阶段受压区内设置的预应力筋；

(2)要求部分抵消由于应力松弛、摩擦、钢筋分批张拉，以及预应力筋与张拉台座之间的温差等因素产生的预应力损失。

5. 预应力筋张拉力的计算

$$P=(1+m)\sigma_{con}A_P \tag{11-1}$$

式中　　P——预应力筋张拉力；

m——超张拉百分率(%)；

σ_{con}——张拉控制应力；

A_P——预应力筋截面面积。

6. 预应力筋的张拉程序

预应力钢筋张拉程序一般可按下列程序之一进行：

$$0 \longrightarrow 103\%\sigma_{con} \tag{11-2}$$

或

$$0 \longrightarrow 105\%\sigma_{con}(持荷 2\ min)\longrightarrow\sigma_{con} \tag{11-3}$$

第一种张拉程序中，超张拉 3%，其目的是弥补预应力筋的松弛损失。

第二种张拉程序中，超张拉 5% 并持荷 2 min，其目的是减少预应力筋的松弛损失。

7. 预应力筋的张拉要点

预应力筋张拉时应校核预应力筋的伸长值。实际伸长值与设计计算值的偏差不得超过 $\pm6\%$，否则应停拉；张拉控制应力控制消除预应力钢丝、钢绞线、中强度预应力钢丝张拉控制应力不应小于 $0.4f_{ptk}$，预应力螺纹钢筋张拉控制应力不宜小于 $0.5f_{pyk}$，且不大于规定数值。

钢筋张拉时应注意：多根成组张拉，应先调整各预应力筋的初应力，保证各预应力筋的应力一致；为避免台座过大的偏心压力，应先张拉靠近台座重心处的预应力筋；拉速平稳，锚固松紧一致，设备缓慢放松；锚固时张拉端的预应力筋内缩量不得大于设计规定值；预应力筋位置与设计偏差不得大于 5 mm，并不大于构件截面短边长度的 4%；冬季张拉时，温度不小于 -15 ℃；两端严禁站人，敲击楔块不得过猛。

8. 混凝土浇筑与养护

(1)浇筑。预应力筋张拉完毕后应立即浇筑混凝土，混凝土的浇筑应一次完成，不允许留设施工缝。混凝土的用水量和水泥用量必须严格控制，以减少混凝土由于收缩和徐变而引起的预应力损失。预应力混凝土构件浇筑时必须振捣密实(特别是在构件的端部)。振动器不得碰撞预应力筋。混凝土未达到强度前，也不允许碰撞或踩动预应力筋。采用平卧迭浇法制作预应力混凝土构件时，其下层构件混凝土的强度需达到 5 MPa 后，方可浇筑上层构件混凝土并应有隔离措施。

(2)养护。混凝土可采用自然养护或蒸汽养护。

当预应力混凝土构件在台座上进行湿热养护时，由于预应力筋张拉后锚固在台座上，温度升高预应力筋膨胀伸长，使预应力筋的应力减小，在这种情况下混凝土逐渐硬结，而预应力筋由于预应力筋膨胀伸长引起的应力损失不能恢复，因此应采取正确的养护制度。

一般可采用两次升温的措施：初次升温是在混凝土尚未结硬、未与预应力筋粘结时进行，初次升温的温差一般可控制在20℃以内；第二次升温是在混凝土构件具备一定强度(7.5~10 MPa)，即混凝土与预应力筋的粘结力足以抵抗温差变形后，再将温度升到养护温度进行养护。

在采用机组流水法用钢模制作、蒸汽养护时，由于钢模和预应力筋同样伸缩，所以不存在因温差而引起的预应力损失，可以采用一般加热养护制度。

9. 预应力筋的放张

(1)放张要求。混凝土强度达到设计规定的数值(一般不小于混凝土标准强度的75%)后，才可放松预应力筋；预应力筋放松应选用正确的方法和顺序，防止构件翘曲、开裂和断筋等现象。

(2)放张方法。配筋不多的中、小型构件，钢丝可用砂轮锯或切断机等方法放张。预应力钢筋数量较多时，可用千斤顶、砂箱(图11-22)、楔块等装置同时放张(图11-23)。

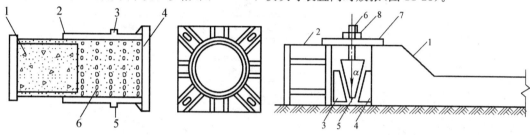

图11-22　砂箱

1—活塞；2—钢套箱；3—进砂口；
4—钢套箱底板；5—出砂口；6—砂

图11-23　楔块放张

1—台座；2—横梁；3, 4—钢块；
5—钢楔块；6—螺杆；7—承力板；8—螺母

(3)预应力筋的放张顺序，如设计无规定，可按下列要求进行：

1)轴心受预压的构件(如拉杆、桩等)，所有预应力筋应同时放张。

2)偏心受预压的构件(如梁等)，应先同时放张预压力较小区域的预应力筋，再同时放张预压力较大区域的预应力筋。

3)如不能满足上述要求时，应分阶段、对称、交错地放张，以防止在放张过程中构件产生弯曲、裂纹和预应力筋断裂。

二、后张法预应力混凝土结构施工

(一)后张法施工原理

后张法施工是在浇筑混凝土构件时，在放置预应力筋的位置处预留孔道，待混凝土达到一定强度(一般不低于设计强度标准值的75%)后，将预应力筋穿入孔道中并进行张拉，然后用锚具将预应力筋锚固在构件上，最后进行孔道灌浆。将预应力筋承受的张拉力通过锚具传递给混凝土构件，使混凝土产生预压应力。先张法施工示意如图11-24所示。

后张法施工由于直接在混凝土构件上进行张拉，故不需要固定的台座设备，不受地

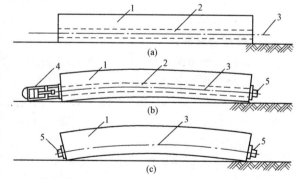

图11-24　先张法施工示意

1—混凝土构件；2—孔道；3—预应力筋；
4—张拉设备；5—锚具

点限制，适用于在施工现场生产大型预应力混凝土构件，特别是大跨度构件。后张法施工工序较多，工艺复杂，锚具作为预应力筋的组成部分，将永远留置在预应力混凝土构件上，不能重复使用。

(二)后张法施工工艺

1. 工艺流程

后张法有粘结预应力混凝土施工工艺主要有预应力筋制作加工、孔道留设、穿筋、张拉预应力筋及孔道灌浆等，用于现浇结构中时，其工艺流程如图 11-25 所示。

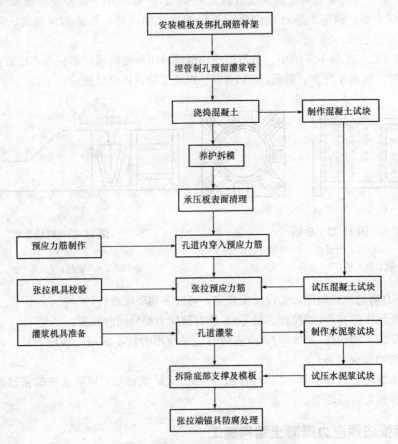

图 11-25　后张法有粘结施工工艺流程图

2. 预应力筋制作

用钢绞线作为预应力筋，其制作一般包括下料计算、切割、切口处理、组装挤压锚具（当为双端张拉时无此工序）和编束等工作。

钢绞线应采用连续无接头的通长筋，下料长度 L 可按下式计算：

一端张拉时：
$$L=l+a+b+n\Delta \tag{11-4}$$

两端张拉时：
$$L=l+2a+n\Delta \tag{11-5}$$

式中　l——构件孔道长度；

a——张拉端留量，与锚具和张拉千斤顶尺寸有关；

b——固定端留量，以不滑脱且锚固后夹片外露长度不少于 30 mm 为准，一般取 80～120 mm。当采用挤压式锚具固定端时，则不计算固定端留量；

Δ——每个对焊接头的压缩量，取一个钢筋直径。

按计算好的长度和根数，采用砂轮锯切割。切割前宜在切口两侧各 50 mm 处用铁丝绑扎，以免松散。现在常采用切割后在切口处用宽胶带缠紧，以便于穿筋。采用挤压式锚具固定端时，必须在编束前组装好挤压锚头、承压铁板等。挤压式锚具须用专用的挤压机具组装完成。为使成束钢绞线相互不发生扭结，应编束处理，即把钢绞线调直理顺，用铁丝每隔 1 m 左右绑扎一道，形成束状。

3. 孔道留设

孔道留设有钢管抽芯法、胶管抽芯法和预埋波纹管法。

(1)钢管抽芯法。制作后张法预应力混凝土构件时，在预应力筋位置预先埋设钢管，待混凝土初凝后再将钢管旋转抽出的留孔方法。为防止在浇筑混凝土时钢管产生位移，每隔 1.0 m 用钢筋井字架固定牢靠。钢管接头处可用长度为 30～40 cm 的镀锌薄钢板套管连接。在混凝土浇筑后，每隔一定时间慢慢转动钢管，使之不与混凝土粘结；待混凝土初凝后、终凝前抽出钢管，即形成孔道。钢管抽芯法仅适用于留设直线孔道。

(2)胶管抽芯法。制作后张法预应力混凝土构件时，在预应力筋的位置预先埋设胶管，待混凝土结硬后再将胶管抽出的留孔方法。采用 5～7 层帆布胶管。为防止在浇筑混凝土时胶管产生位移，直线段每隔 60 cm 用钢筋井字架固定牢靠，曲线段应适当加密。胶管两端应有密封装置。在浇筑混凝土前，胶管内充入压力为 0.6～0.8 MPa 的压缩空气或压力水，管径增大约 3 mm。待浇筑的混凝土初凝后，放出压缩空气或压力水，管径缩小，混凝土脱开，随即拔出胶管。胶管抽芯法适用于留设直线与曲线孔道。

(3)预埋波纹管法。预埋波纹管法适用于直线、曲线和折线孔道，更适于现浇结构，目前采用较为普遍。金属波纹管是用冷轧钢带或镀锌钢带在卷管机上压波后螺旋咬口而成，如图 11-26 所示。

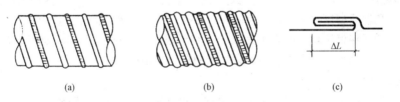

(a) (b) (c)

图 11-26 圆形金属螺旋杆
(a)单波纹；(b)双波纹；(c)咬口

波纹管的安装，宜事先按设计要求的坐标在梁的侧模上、已成型的钢筋骨架上画线、画点，以控制管底为准(换算好预应力筋合力中心至管底的距离)。采用钢筋井字架固定波纹管的位置，并用铁丝绑扎牢固以免浇混凝土时使其移位。井字架的间距宜为 1 m。波纹管接长时，采用大一号(内径大一个级差)同型波纹管作为接头管，长度为 200 mm，承插不少于 50 mm 深度，用胶带密封或用热塑管封口。螺旋管的连接示意如图 11-27 所示。

波纹管安装过程中或安装完毕后应设置灌浆孔(兼做排气孔)。灌浆孔一般设在构件的两端、连续梁的中间支座处以及每跨的跨中部位，考虑孔道内气流通畅，灌浆孔内径不小于 16 mm，间距不宜大于 12 m。端部灌浆孔可设置在锚具或铸铁喇叭处，中间灌浆孔的设置如图 11-28 所示。在波纹管上开口，用带嘴(接口管)的塑料或金属弧形压板覆盖并用铁丝扎牢，弧形盖板与波纹管间垫海绵垫片，弧形盖板边缘用胶带缠绕密实以防漏浆。最后在嘴(接口管)处，用塑料管接出梁表面高度不小于 500 mm 作为灌浆管。塑料管宜稍坚硬一些以防浇筑混凝土时挤扁。也可在浇筑混凝土前先在塑料管内临时插放一根 φ12～φ14 mm 的钢筋，灌浆前拔出。

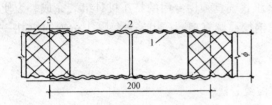

图 11-27　螺旋管的连接示意图

1—螺旋管；2—接头管；3—密封胶带

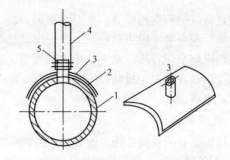

图 11-28　螺旋管上中间灌浆孔的设置

1—螺旋管；2—海绵垫片；3—塑料弧形压板；

4—塑料管；5—铁丝扎牢

波纹管、灌浆管安装完毕后，应认真检查其位置、曲线形状是否符合设计要求，固定是否牢靠，管壁有无破损、接头是否密封等，并及时用胶带修补。还应防止其他作业的电焊火花烧伤管壁。

波纹管位置的垂直偏差一般不宜大于 ±20 mm，水平偏差在 1 000 mm 范围内也不宜大于 ±20 mm。

4. 预应力筋穿束

预应力筋穿入孔道，简称穿束。根据穿束与浇筑混凝土之间的先后关系，可分为先穿束法和后穿束法两种。

(1)先穿束法。先穿束法即在浇筑混凝土之前穿束。此法穿束省力，但穿束占用工期，束的自重引起的波纹管摆动会增大摩擦损失，束端保护不当易生锈。

(2)后穿束法。后穿束法即在浇筑混凝土之后穿筋。此法可在混凝土养护期内进行，不占工期，便于用通孔器或高压水通孔，穿束后即行张拉，易于防锈，但穿束较为费力。

先穿束法和后穿束法均可由人工完成。但对于超长束、特重束、多波曲线束等整束穿的情况，人工穿束确有困难，可采用卷扬机穿束或用穿束机穿束。

5. 预应力筋张拉

后张法张拉预应力筋时，混凝土强度应符合设计要求，如设计无规定时，不应低于混凝土设计强度等级的 75%。

(1)张拉控制应力和张拉程序。张拉控制应力取值按设计要求，并应符合表 11-1 的规定。预应力筋的张拉程序可按下列程序之一进行：

$$0 \rightarrow 103\% \sigma_{con}$$

或

$$0 \rightarrow 105\% \sigma_{con}(持荷 2 \ min) \rightarrow \sigma_{con}$$

(2)张拉顺序。张拉应使构件不扭转与侧弯，不产生过大偏心力，也不应使结构产生较大的不利影响，故张拉顺序应按设计要求确定。预应力筋一般应对称张拉。当配有多束预应力筋不能同时张拉时，应分批、分阶段对称张拉。

分批张拉时，由于后批张拉力的作用，使混凝土再次产生弹性压缩导致先批预应力筋应力下降。施工时，可通过计算确定应力损失值并加到先批张拉的应力中去，也可在后批张拉后对先批预应力筋逐束补足。

(3)张拉端的设置。为了减少预应力筋与孔壁摩擦引起的应力损失，对预埋波纹管孔道，曲线预应力筋和长度大于 30 m 的直线预应力筋，宜在两端张拉；对于抽芯孔道，曲线预应力筋和长度大于 24 m 的直线预应力筋，应在两端张拉。长度不大于 30 m 的直线波纹管孔道和长度不大于 24 m 的直线抽芯孔道均可在一端张拉。当同一截面中有多束一端张拉的预应力筋时，张拉端宜分别设在结构或构件的两端，以免受力不均匀。

（4）预应力值的校核和伸长值的测定。在后张法施工中，应通过测定实际伸长值的方法校核应力建立的可靠性。《混凝土结构设计规范（2015 年版）》（GB 50010）规定，实际伸长值与计算伸长值（理论伸长值）的相对误差应在 ±6% 以内；预应力筋张拉锚固后，实际预应力值与工程设计规定检验值的相对允许偏差为 ±5%。理论伸长值按设计取定或由项目工程师在张拉前计算确定。实际伸长值的确定与先张法相似，即初应力以下推算伸长值加上初应力至最终应力的实测伸长值减去混凝土结构或构件的弹性压缩值。

预应力筋的实际应力值测定也可在张拉锚固 24 h 后孔道灌浆前重新张拉，根据油压表开始持力时的读数确定。

通过张拉阶段油表读数和二次张拉油表读数确定实际应力的方法施工简便，是当前普遍用于预应力筋张拉力值测定方法，但精度较低。对重要工程、重要场合应选用测力传感器进行测定。目前，国内设计生产的测力传感器有电阻应变式传感器（如 CYL 型、LY 型传感器）和振弦式测力传感器（如 XC 型振弦式测力传感器）。

6. 孔道灌浆

预应力筋张拉完毕后，应进行孔道灌浆。其目的是防止预应力筋锈蚀，增加结构的整体性和耐久性，改善结构出现裂缝时的状况，提高结构的抗裂性。

水泥浆强度不应低于 M20，且应有较好的流动性，流动度为 150～200 mm，应有较小的干缩性和泌水性。水泥应选用不低于 32.5 级普通硅酸盐水泥，水胶比控制在 0.4～0.45，搅拌后 3 h 泌水率宜控制在 2%，最大不得超过 3%，对孔隙较大的孔道，可采用水泥砂浆灌浆。

孔道上应设置灌浆孔、排气孔、排水孔与泌水管。灌浆孔或排气孔设置在构件两端及跨中处或在锚具处，孔距不宜大于 12 m；排水孔设在每跨曲线孔道的最低点，开口向下，便于排水；泌水管设在每跨曲线孔道的最高点处，开口向上；灌浆顺序先下后上，至最高点排气孔排尽空气并溢出浓浆为止。

灌浆前应用压力水冲洗孔道，湿润孔壁，保证水泥浆流动正常。对于金属波纹管孔道，可不冲洗，但应用空气泵检查通气情况。

灌浆从一个灌浆孔开始，连续进行，不得中断。由近至远逐个检查出浆口，待出浓浆后逐一封闭，最后一个出浆孔出浓浆后，封闭出浆孔并继续加压至 0.5～0.6 MPa。当有上下两层孔道时，应先下后上，以避免上层孔道漏浆时把下层孔道堵塞。当灰浆强度达到 20 N/mm² 时，方可拆除结构的底部支撑。孔道灌浆的质量可通过冲击回波仪检测。

三、无粘结预应力混凝土结构施工

无粘结预应力是指在预应力构件中的预应力筋与混凝土没有粘结力，预应力筋张拉力完全靠构件两端的锚具传递给构件，其属于后张法施工。

（一）无粘结预应力筋的制作、包装及运输

1. 无粘结预应力筋的制作

无粘结预应力筋是采用专用防腐润滑油脂和塑料涂包的单根预应力钢绞线，其与被施加预应力的混凝土之间可保持相对滑动。

无粘结预应力筋的制作，采用挤压涂塑工艺而成，即外包聚乙烯或聚丙烯套管，内涂防腐建筑油脂，经过挤压机挤出成型，塑料包裹层一次成型在钢绞线或钢丝束上。无粘结预应力筋截面如图 11-29 所示。

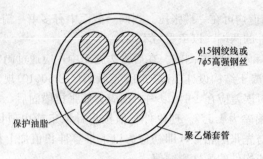

图 11-29　无粘结预应力筋截面示意

钢丝束、钢绞线单根无粘结预应力筋的挤压涂塑工艺，如图 11-30 所示。

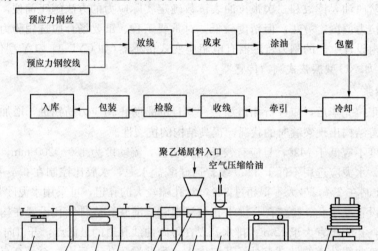

图 11-30　挤压涂塑工艺示意

1—钢绞线放线盘；2—滚动支架；3—给油装置；4—塑料挤压机；5—成型机；
6—风冷装置；7—水冷装置；8—牵引机；9—定位装置；10—收线盘

　　用于制作无粘结预应力筋的钢材由 7 根 5 mm 或 4 mm 的钢丝绞合而成的钢绞线或 7 根直径 5 mm 的碳素钢丝束组成，其质量应符合现行国家标准。无粘结预应力筋的涂料层应具有良好的化学稳定性，对周围材料无侵蚀作用；不透水，不吸湿，抗腐蚀性能强；润滑性能好，摩擦阻力小；在 −20 ℃～+70 ℃的温度范围内，高温不流淌，低温不变脆，并有一定韧性。无粘结预应力筋的护套材料，宜采用高密度聚乙烯，有可靠实践经验时，也可采用聚丙烯，不得采用聚氯乙烯。护套材料应具有足够的韧性、抗磨及抗冲击性，对周围材料应无侵蚀作用，在 −20 ℃～+70 ℃的温度范围内，低温不脆化，高温化学稳定性好；无粘结预应力筋应连续生产，钢绞线或钢丝束中的每根钢丝应由整根钢丝组成，不得有接头及死弯；无粘结预应力筋出厂时应表面光滑无裂缝，无明显褶皱。

　　钢绞线、钢丝束无粘结预应力筋应按批验收，每批由同一钢号、同一规格、同一生产制度生产的钢绞线、钢丝束无粘结预应力筋组成。每个用户每次订货为一个检验批且每批质量不大于 30 t。当全部检验项目均符合技术要求时，该批产品为合格品；当检验结果有不合格项目时，对不合格项目应重新加倍取样进行复验，若复验结果仍不合格，则该批产品为不合格品。

2. 无粘结预应力筋的包装及运输

无粘结预应力筋出厂产品应有质量保证书，产品上应有明显标牌，标牌上应注明：产品名称、规格、标记、数量、商标、厂名、生产日期。产品出厂必须有妥善包装。当有特殊要求时，包装材料和包装方法按供需双方协商确定。

无粘结预应力筋在成品堆放期间，应按不同规格分类成捆、成盘挂牌，整齐堆放在通风良好的仓库中。露天堆放时，严禁放置在受热影响的场所，应搁在支架上，不得直接与地面接触，并覆盖雨布。在成品堆放期间严禁碰撞、踩压。

无粘结预应力筋可整盘运输或按设计下料组装后成盘运输，在运输、装卸过程中，应采取可靠保护措施。吊索应外包橡胶、尼龙带等材料，严禁钢丝绳或其他坚硬吊具与无粘结预应力筋的外包层直接接触。无粘结预应力筋应轻装轻卸，严禁摔掷或在地上拖拉，严禁锋利物品损坏无粘结预应力筋。

(二)锚具及张拉设备

1. 锚具

锚具的选用，应根据预应力筋品种和锚固部位的不同，由工程设计单位确定。由工程设计单位所选定的锚具均已在施工图纸上注明。锚具的代换，必须经工程设计单位同意，并按现行规范中规定的原则进行。在无粘结预应力混凝土工程中，用钢绞线制作的无粘结预应力筋，张拉端常采用夹片式锚具，固定端常采用挤压锚具；用钢丝束制作的无粘结预应力筋，张拉端常采用夹片式锚具(必须采用斜开缝的夹片，即斜夹片)，固定端常采用镦头锚具。常用锚具及其组装节点如图 11-31～图 11-33 所示。

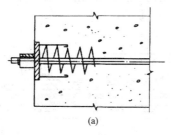 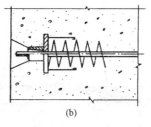

(a)　　　　　　　　　　　　(b)

图 11-31　张拉端构造形式

(a)凸出式；(b)凹入式

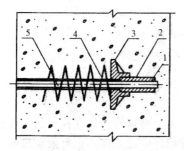

图 11-32　挤压锚具系统固定端构造

1—夹片；2—锚环；3—承压板；

4—螺旋筋；5—无粘结预应力筋

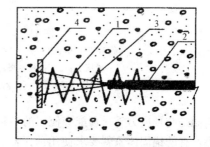

图 11-33　镦头锚具系统构造

1—螺旋筋；2—塑料保护套；

3—无粘结预应力筋；4—镦头锚板

夹片锚具系统在锚固阶段，预应力筋在张拉端的内缩量不应大于 5 mm，单根无粘结预应力筋在构件端面上的水平和竖向排列最小间距可取 60 mm。镦头锚具系统在锚固阶段，预应力筋在张拉端的内缩量不应大于 1 mm，钢丝束的使用长度不宜大于 25 m，单根无粘结预应力筋在构件端面上的水平和竖向排列最小间距可取 80 mm。

在无粘结预应力混凝土梁（框架梁、井式梁等）中，为了满足设计计算和构造上的要求，有时采用群锚体系，即在一块锚板上可锚固几根甚至十几根的无粘结预应力筋，这些单根的无粘结预应力筋的张拉锚固工作，既可同时进行，又可单独进行而互不影响。群锚可采用有粘结预应力结构中常用的锚具形式，但在无粘结预应力结构中应用时必须满足Ⅰ类锚具的性能要求。

2. 张拉设备

张拉设备由液压千斤顶、顶压器和电动高压油泵组成。电动高压油泵提供动力，推动千斤顶完成预应力筋的张拉锚固作业。在无粘结预应力工程中，多为单根钢绞线或钢丝束的张拉，故主要使用穿心式系列中小吨位的 YCQ20、YCN23、YCN25 等前卡式千斤顶。这些小吨位千斤顶具有性能优良、质量轻、操作方便、工具锚夹片重复使用次数多等特点，特别适用于高层建筑中预应力筋的张拉作业。同时，由于前卡式设计，对预应力筋的张拉工作长度要求较小，节约预应力钢材。YCQ20 型千斤顶如图 11-34 所示。

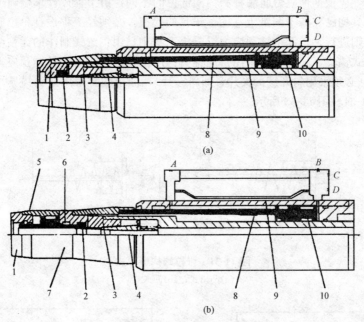

图 11-34　YCQ20 型千斤顶

(a)不带顶压 YCQ 型前卡式千斤顶；(b)带顶压前卡式千斤顶

1—承压头；2—退楔螺母；3—锚环；4—夹片；5—顶压缸；

6—顶压活塞；7—顶压器；8—冶塞；9—油缸；10—油封

顶压器是与预应力千斤顶配套使用的一种机具。为了使锚具的夹片在锚固的过程中跟进的整齐可靠，有的锚固体系就要求使用顶压器。顶压器可制作成独立体，也有的顶压器与千斤顶装配成一体。YCQ 20 型千斤顶就是后一种形式。

高压油泵是预应力液压机具的动力源。油泵的额定油压和流量，必须满足配套机具的要求。大部分预应力液压千斤顶等机具，都要求油压在 50 MPa 以上，流量较小，能够连续供高压油，供油稳定，操作方便。为适应小千斤顶及高空作业对小油泵的需要，在无粘结预应力工程中，主要采用 ZB0.8/500 和 ZB0.6/630 型电动小油泵。

(三)无粘结预应力筋施工工艺

无粘结预应力筋工艺流程为：制作无粘结预应力筋→将钢筋放入设计位置→直接浇混凝土并养护→张拉钢筋→锚固。不必预留孔洞、穿筋、灌浆，简化了后张法施工程序。

1. 无粘结预应力筋的铺设及混凝土浇筑

无粘结预应力筋铺放之前，应及时检查其规格尺寸和数量。逐根检查并确认其端部组装配件可靠无误后，方可在工程中使用。对护套轻微破损处，可采用外包防水聚乙烯胶带进行修补，严重破损的应予以报废。

张拉端端部模板预留孔应按施工图中规定的无粘结预应力筋的位置编号和钻孔。张拉端的承压板应采用可靠的措施固定在端部模板上，且应保持张拉作用线与承压板面垂直。

无粘结预应力筋应按设计图纸的规定进行铺放，通过计算确定无粘结预应力筋的位置，其竖向高度易采用支撑钢筋控制，也可与其他钢筋绑扎；其位置易保持顺直；铺设双向配置的无粘结预应力筋时，一般是根据双向钢丝束交点的标高差，绘制钢丝束的铺设顺序图，底层钢丝束先行铺设，然后依次铺设上层钢丝束，这样可以避免钢丝束之间的相互穿插。用短钢筋或混凝土垫块等架起来控制标高，再用铁丝将无粘结预应力筋与非预应力筋绑扎牢固，防止钢丝束在浇筑混凝土施工过程中位移。敷设的各种管线不应将无粘结预应力筋的垂直位置抬高或压低，当集束配置多根无粘结预应力筋时，应保持平行走向，防止相互扭绞，束之间的水平净间距不宜小于 50 mm，束至构件边缘的净间距不宜小于 40 mm，并保证混凝土密实且能裹住预应力筋。

若有曲线形状，则用钢筋制成的"马凳"来架设。一般施工顺序是依次放置间距不大于 2 m的钢筋马凳，然后按顺序铺设钢丝束，钢丝束就位后，调整曲率及其水平位置，经检查无误后，用铁丝将无粘结预应力筋与非预应力筋绑扎牢固。

浇筑混凝土时，除按有关规范的规定执行外，还应遵守下列规定：

(1)无粘结预应力筋铺放、安装完毕后，应进行隐蔽工程验收，当确认合格后方可浇筑混凝土。

(2)混凝土浇筑时，严禁踏压撞碰无粘结预应力筋、支撑架及端部预埋部件。

(3)张拉端、固定端混凝土必须振捣密实。

2. 无粘结预应力筋的张拉

预应力筋张拉时，混凝土强度应符合设计要求，当无要求时，混凝土强度达到设计强度的75%方可开始张拉。无粘结预应力的张拉控制应力不宜超过 $0.75f_{ptk}$，并应符合设计要求。如需提高张拉控制应力值，则不应大于钢绞线抗拉强度标准值的80%。

张拉程序一般采用 $0 \to 103\%\sigma_{con}$。

张拉顺序应符合设计要求，如无设计要求时，可采用分批、分阶段对称张拉或依次张拉。一般根据其铺设顺序，先铺设的先张拉，后铺设的后张拉。

预应力筋长度小于 25 m 时，宜一端张拉；当大于 25 m，两端张拉；长度超过 50 m 时，分段张拉。由于无粘结预应力筋一般为曲线配筋，故应采用两端同时张拉。

无粘结预应力筋一般长度大，有时又呈曲线形布置，如何减少其摩阻损失值是一个重要的问题。影响摩阻损失值的主要因素是润滑介质、包裹物和预应力筋截面形式。其中，截面形式则影响较大，不同界面形式其离散性不同，但如能保证截面形状在全长内一致，则其摩阻损失值就能在很小范围内波动。否则，因局部阻塞就可能导致其损失值无法测定。摩阻损失值可用标准测力计或传感器等测力装置进行测定。

施工时，为降低摩阻损失值，宜采用多次重复张拉工艺。成束无粘结筋正式张拉前，一般先用千斤顶往复抽动1~2次。无粘结预应力筋在张拉过程中应避免预应力筋断裂或滑脱，当发生断裂或滑脱时，其数量不应超过结构同一截面无粘结预应力筋总根数的3‰，且每束无粘结预应力筋中不得超过1根钢丝断裂；对于多跨双向连续板，其同一截面应按每跨计算。

3. 预应力筋端部处理

(1)张拉端处理。张拉端处理方式取决于无粘结筋和锚具的种类。

采用镦头锚具，锚头部位的外径比较大，因此，预应力筋两端应在构件上预留有一定长度的孔道(塑料套筒)，其直径略大于锚具的外径。预应力筋张拉锚固以后，其端部便留下孔道，并且该部分没有涂层，应加以处理保护预应力筋。锚头端部处理如图11-35所示。

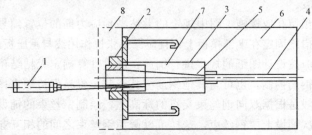

图11-35　锚头端部处理方法

1—油枪；2—锚具；3—端部孔道；4—有涂层的无粘结预应力筋；
5—无涂层的端部钢丝；6—构件；7—注入孔道的油脂；8—混凝土封闭

第一种方法是在孔道中注入油脂并加以封闭；第二种方法是在两端留设的孔道内注入环氧树脂水泥砂浆，其抗压强度不低于35 MPa，灌浆时同时将锚头封闭，防止钢筋锈蚀，也起一定的锚固作用。预留孔道中注入油脂或环氧树脂水泥砂浆后，用C30级的细石混凝土封闭锚头部位。

采用无粘结钢绞线夹片式锚具时，张拉端头钢绞线预留长度不小于150 mm，多余部分割掉，然后在锚具及承压板表面涂防水涂料，再进行封闭。锚固区可以用后浇的钢筋混凝土圈梁封闭，将锚具外伸的钢绞线散开打弯，埋在圈梁内加强[图11-36(a)]。

(2)固定端处理。固定端可设置在构件内。无粘结钢丝束采用扩大的墩头锚板，并用螺旋筋加强；无粘结钢绞线锚固端采用压花成型[图11-36(b)]。

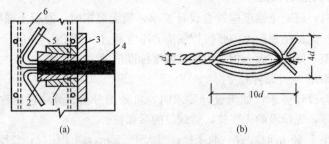

(a)　　　　　　　　　　　　(b)

图11-36　无粘结钢绞线夹片式锚具

(a)张拉端；(b)固定端

1—锚环；2—夹片；3—预埋件；5—软塑管；5—散开打弯钢丝；6—圈梁

(四)无粘结预应力筋的特点

(1)构造简单、质量轻。不需要预留预应力筋孔道，适合构造复杂、曲线布筋的构件，构件尺寸减小、自重减轻。

(2)施工简便、设备要求低。无须预留管道、穿灌浆等复杂工序，在中小跨度桥梁制造中代替先张法可省去张拉支架，简化了施工工艺，加快了施工进度。

（3）预应力损失小、可补拉。预应力筋与外护套间设防腐油脂层，张拉摩擦损失小，使用期预应力筋可补张拉。

（4）抗腐蚀能力强。涂有防腐油脂、外包 PE 护套的无粘结预应力筋，具有双重防腐能力。可以避免因压浆不密实而可能发生预应力筋锈蚀等危险。

（5）使用性能良好。采用无粘结预应力筋和普通钢筋混合配筋，可以在满足极限承载能力的同时避免出现集中裂缝，使之具有有粘结部分预应力混凝土相似的力学性能。

（6）抗疲劳性能好。无粘结预应力筋与混凝土纵向可相对滑移，使用阶段应力幅度小，无疲劳问题。

（7）抗震性能好。当地震荷载引起大幅度位移时，可滑移的无粘结预应力筋一般始终处于受拉状态，应力变化幅度较小并保持在弹性工作阶段，而普通钢筋则使结构能量消散得到保证。

然而，无粘结预应力筋对锚具安全可靠性、耐久性的要求较高；由于无粘结预应力筋与混凝土纵向可相对滑移，故预应力筋的抗拉能力不能充分发挥，并需配置一定的体内有粘结筋以限制混凝土的裂缝。

四、预应力混凝土结构质量验收

（一）一般规定

（1）浇筑混凝土之前，应进行预应力隐蔽工程验收，其内容应包括：预应力筋的品种、级别、规格、数量和位置；成孔管道的规格、数量、位置、形状、连接以及灌浆孔、排气兼泌水孔；局部加强钢筋的牌号、规格、数量和位置；预应力筋锚具和连接器及锚垫板的品种、规格、数量和位置。

（2）预应力筋、锚具、夹具、连接器、成孔管道进场检验，当满足下列条件之一时，其检验批容量可扩大一倍：获得认证的产品；同一厂家、同一品种、同一规格的产品，连续三批均一次检验合格。

（3）预应力筋张拉机具及压力表应定期维护和标定。张拉设备和压力表应配套标定和使用，标定期限不应超过半年。

（二）原材料

主控项目：

（1）预应力筋进场时，应按国家现行相关标准的规定抽取试件做抗拉强度、伸长率检验，其检验结果必须符合国家现行相关标准的规定。

检查数量：按进场的批次和产品的抽样检验方案确定。

检验方法：检查质量证明文件和抽样检验报告。

（2）无粘结预应力钢绞线进场时，应进行防腐润滑脂量和保护套厚度的检验，检验结果应符合现行行业标准《无粘结预应力钢绞线》(JG/T 161) 的规定。

经观察认为涂包质量可保证时，无粘结预应力筋可不做油脂量和护套厚度的抽样检验。

检查数量：按现行行业标准《无粘结预应力钢绞线》(JG/T 161) 的规定确定。

检验方法：观察，检查质量证明文件和抽样检验报告。

（3）预应力筋用锚具应和锚垫板、局部加强钢筋配套使用，锚具、夹具和连接器进场时，应按现行行业标准《预应力筋用锚具、夹具和连接器应用技术规程》(JGJ 85) 的相关规定对其性能进行检验，检验结果应符合该标准的规定。

锚具、夹具和连接器用量不足检验批规定数量的 50%，且供货方提供有效的检验报告时，可不作静载锚固性能试验。

检查数量：按现行行业标准《预应力筋用锚具、夹具和连接器应用技术规程》(JGJ 85)的规定确定。

检验方法：检查质量证明文件、锚固区传力性能试验报告和抽样检验报告。

(4)处于三 a、三 b 类环境条件下的无粘结预应力筋用锚具系统，应按现行行业标准《无粘结预应力混凝土结构技术规程》(JGJ 92)的相关规定检验其防水性能，检验结果应符合该标准的规定。

检查数量：同一品种、同一规格的锚具系统为一批，每批抽取 3 套。

检验方法：检查质量证明文件和抽样检验报告。

(5)孔道灌浆用水泥应采用硅酸盐水泥或普通硅酸盐水泥，水泥、外加剂的质量应分别符合《混凝土结构工程施工质量验收规范》(GB 50204)的相关规定；成品灌浆材料的质量应符合现行国家标准《水泥基灌浆材料应用技术规范》(GB/T 50448)的相关规定。

检查数量：按进场批次和产品的抽样检验方案确定。

检验方法：检查质量证明文件和抽样检验报告。

一般项目：

(1)预应力筋进场时，应进行外观检查，并应符合下列规定：

有粘结预应力筋的表面不应有裂纹、小刺、机械损伤、氧化薄钢板和油污等，展开后应平顺，不应有弯折；无粘结预应力钢绞线护套应光滑、无裂缝，无明显褶皱；轻微破损处应外包防水塑料胶带修补，严重破损者不得使用。

检查数量：全数检查。

检验方法：观察。

(2)预应力筋用锚具、夹具和连接器进场时，应进行外观检查，其表面应无污物、锈蚀、机械损伤和裂纹。

检查数量：全数检查。

检验方法：观察。

(3)预应力成孔管道进场时，应进行管道外观质量检查、径向刚度和抗渗漏性能检验，其检验结果应符合下列规定：

1)金属管道外观应清洁，内外表面应无锈蚀、油污、附着物、孔洞；金属波纹管不应有不规则褶皱，咬口应无开裂、脱扣；钢管焊缝应连续。

2)塑料波纹管的外观应光滑、色泽均匀，内外壁不应有气泡、裂口、硬块、油污、附着物、孔洞及影响使用的划伤。

3)径向刚度和抗渗漏性能应符合现行行业标准《预应力混凝土桥梁用塑料波纹管》(JT/T 529—2016)或《预应力混凝土用金属波纹管》(JG 225)的规定。

检查数量：外观应全数检查；径向刚度和抗渗漏性能的检查数量应按进场的批次和产品的抽样方案确定。

检验方法：观察，检查质量证明文件和抽样检验报告。

(三)制作与安装

主控项目：

(1)预应力筋安装时，其品种、规格、级别和数量必须符合设计要求。

检查数量：全数检查。

检验方法：观察、尺量。

(2)预应力筋的安装位置应符合设计要求。

检查数量：全数检查。

检验方法：观察，尺量。

一般项目：

(1)预应力筋端部锚具的制作质量应符合下列规定：钢绞线挤压锚具挤压完成后，预应力筋外端露出挤压套筒不应少于1 mm；钢绞线压花锚具的梨形头尺寸和直线锚固段长度不应小于设计值；钢丝镦头不应出现横向裂纹，镦头的强度不得低于钢丝强度标准值的98％。

检查数量：对挤压锚，每工作班抽查5％，且不应少于5件；对压花锚，每工作班抽查3件；对钢丝镦头强度，每批钢丝检查6个镦头试件。

检验方法：观察，尺量，检查镦头强度试验报告。

(2)预应力筋或成孔管道的安装质量应符合下列规定：①成孔管道的连接应密封；②预应力筋或成孔管道应平顺，并应与定位支撑钢筋绑扎牢固；③当后张有粘结预应力筋曲线孔道波峰和波谷的高差大于300 mm时，应在孔道波峰设置排气孔；④锚垫板的承压面应与预应力筋或孔道曲线末端垂直，预应力筋或孔道曲线末端直线段长度应符合表11-2的要求。

检查数量：全数检查。

检验方法：观察，尺量。

表11-2　预应力筋曲线起始点与张拉锚固点之间直线段最小长度

预应力束张拉力 N/kN	$N \leqslant 1\ 500$	$1\ 500 < N \leqslant 6\ 000$	$N > 6\ 000$
直线段最小长度/mm	400	500	600

(3)预应力筋或成孔管道曲线控制点的竖向位置偏差应符合表11-3的规定，其合格点率应达到90％及以上，且不得有超过表中数值1.5倍的尺寸偏差。

检查数量：在同一检验批内，应抽查各类型构件总数的10％，且不少于3个构件，每个构件不应少于5处。

检验方法：尺量。

表11-3　预应力筋或成孔管道曲线控制点的竖向位置允许偏差

构件截面高(厚)度/mm	$h \leqslant 300$	$300 < h \leqslant 1\ 500$	$h > 1\ 500$
允许偏差/mm	±5	±10	±15

(四)张拉和放张

主控项目：

(1)预应力筋张拉或放张前，应对构件混凝土强度进行检验。同条件养护的混凝土立方体抗压强度应符合设计要求，设计无要求时应符合下列规定：应达到配套锚固产品技术要求的混凝土最低强度且不应低于设计的混凝土强度等级值的75％；对采用消除应力钢丝或钢绞线作为预应力筋的先张法构件，不应低于30 MPa。

检查数量：全数检查。

检验方法：检查同条件养护试件抗压强度试验报告。

(2)对后张法预应力结构构件，钢绞线出现断裂或滑脱的数量不应超过同一截面钢绞线总根数的3％，且每根断裂的钢绞线断丝不得超过一丝；对多跨双向连续板，其同一截面应按每跨计算。

检查数量：全数检查。

检验方法：观察，检查张拉记录。

(3)先张法预应力筋张拉锚固后，实际建立的预应力值与工程设计规定检验值的相对允许偏差为±5%。

检查数量：每工作班抽查预应力筋总数的1%，且不应少于3根。

检验方法：检查预应力筋应力检测记录。

一般项目：

(1)预应力筋张拉质量验收应符合下列规定：采用应力控制方法张拉时，张拉力下预应力筋伸长实测值与计算值的相对偏差不应超过±6%；最大张拉应力应符合现行国家标准《混凝土结构工程施工规范》(GB 50666)的规定。

检查数量：全数检查。

检验方法：观察，检查张拉记录。

(2)先张法预应力构件，应检查预应力筋张拉后的位置偏差，张拉后预应力筋的位置与设计位置的偏差不应大于5 mm，且不得大于构件截面短边边长的4%。

检查数量：每工作班抽查预应力筋总数的3%，且不应少于3束。

检验方法：尺量。

(3)锚固阶段张拉端预应力筋的内缩量应符合设计要求。当设计无具体要求时，应符合表11-4的规定。

检查数量：每工作班抽查预应力筋总数的3%，且不应少于3束。

检验方法：尺量。

表 11-4　张拉端预应力筋的内缩量限值

锚具类别		内缩量限值/mm
夹片式锚具	有顶压	5
	无顶压	6~8

(五)灌浆及封锚

主控项目：

(1)预留孔道灌浆后，孔道内水泥浆应饱满、密实。

检查数量：全数检查。

检验方法：观察，检查灌浆记录。

(2)灌浆用水泥浆的性能应符合下列规定：3 h自由泌水率宜为0，且不应大于1%，泌水应在24 h内全部被水泥浆吸收；水泥浆中氯离子含量不应超过水泥重量的0.06%；当采用普通灌浆工艺时，24 h自由膨胀率不应大于6%；当采用真空灌浆工艺时，24 h自由膨胀率不应大于3%。

检查数量：同一配合比检查一次。

检验方法：检查水泥浆性能试验报告。

(3)现场留置的灌浆用水泥浆试件的抗压强度不应低于30 MPa。

试件抗压强度检验应符合下列规定：

1)每组应留取6个边长为70.7 mm的立方体试件，并应标准养护28 d。

2)试件抗压强度应取6个试件的平均值；当一组试件中抗压强度最大值或最小值与平均值相差超过20%时，应取中间4个试件强度的平均值。

检查数量：每工作班留置一组。

检验方法：检查试件强度试验报告。

(4)锚具的封闭保护措施应符合设计要求。当设计无要求时，外露锚具和预应力筋的混凝土保护层厚度不应小于：一类环境时 20 mm，二 a、二 b 类环境时 50 mm，三 a、三 b 类环境时 80 mm。

  检查数量：在同一检验批内，抽查预应力筋总数的 5%，且不应少于 5 处。

  检验方法：观察、尺量。

  一般项目：

  后张法预应力筋锚固后，锚具外的外露长度不应小于预应力筋直径的 1.5 倍，且不应小于 30 mm。

  检查数量：在同一检验批内，抽查预应力筋总数的 3%，且不应少于 5 束。

  检验方法：观察，尺量。

五、安全措施

  (1)所用张拉设备仪表，应由专人负责使用与管理，并定期进行维护与检验，设备的测定期不超过半年，否则须及时重新测定。施工时，根据预应力筋种类合理选择张拉设备，预应力筋的张拉力不应大于设备额定张拉力，严禁在负荷时拆换油管或压力表。接电源时，机壳必须接地，经检查绝缘可靠后，才可试动转。

  (2)先张法施工中，张拉机具与预应力筋应在一条直线上；顶紧锚塞时，用力不要过猛，以防钢丝折断。台座法生产，其两端应设有防护设施，并在张拉预应力筋时，沿台座长度方向每隔 4~5 m 设置一个防护架，两端严禁站人，更不准进入台座。

  (3)后张法施工中，张拉预应力筋时，任何人不得站在预应力筋两端，同时，在千斤顶后面设立防护装置。操作千斤顶的人员应严格遵守操作规程，应站在千斤顶侧面工作。在油泵开动过程中，不得擅自离开岗位，如需离开，应将油阀全部松开或切断电路。

  (4)钢丝、钢绞线、热处理钢筋及冷拉Ⅳ级钢筋，严禁采用电弧切割。

任务实施

预应力混凝土框架梁施工技术交底(可扫下面二维码查看)。

预应力混凝土框架梁施工技术交底

思考与练习

  1. 简述先张法的钢筋张拉顺序和放松预应力筋的方法。

  2. 在后张法施工中，孔道留设方法有哪些？如何留设？

  3. 简述后张法的钢筋张拉顺序和放松预应力筋的方法。

  4. 后张法预应力筋张拉完后，为什么需对孔道进行灌浆？如何灌浆？

  5. 无粘结预应力与有粘结预应力施工工艺有何区别？

  6. 如何制作无粘结预应力筋？

项目十二　装配式混凝土结构施工

知识目标

◆了解各种构件进场要求及装配式混凝土结构施工的准备工作；熟悉装配式混凝土结构施工相关规定；掌握各预制构件的安装与连接要点。

能力目标

◆能组织预制构件进场、施工准备工作，能初步组织工人进行预制构件的安装与连接。

◆能够编写装配式混凝土结构施工技术交底，若施工中出现质量问题，能对其进行简单的分析与处理。

引导问题

1. 什么是装配式混凝土结构？它与现浇混凝土结构相比有什么优势？
2. 装配式混凝土结构中有哪些预制构件？预制构件是如何连接在一起的？

工作任务

概况：某工程C10楼为装配式工程，二层顶至三十一层顶楼板为叠合板，三层至三十一层楼梯为装配式楼梯。叠合板总厚度分为130 mm、140 mm、150 mm、160 mm四种，预制板厚度均为60 mm；墙体与顶板分开浇筑，墙体采用组合钢模板。标准层东单元预制板46块，西单元预制板51块，单层合计97块，详见编号图，单块最大面积尺寸为4.42×2＝8.84(m³)，重量约为1.33 t；楼梯为剪刀梯，每个单元两挂楼梯，每挂楼梯约为2.3 m³，约5.7 t。混凝土强度等级见表12-1。

表12-1　叠合板混凝土强度等级

2~11层叠合板	C35	2~11层预制楼梯	C35
12~31层叠合板	C30	12~31层预制楼梯	C30

试写出此工程构件吊装技术交底。

知识链接

装配式混凝土结构是由预制混凝土构件(预制构件主要有叠合板、叠合梁、预制剪力墙、预制柱、预制楼梯、预制阳台、外挂墙板、预制内隔墙)通过各种可靠的连接方式装配而成的混凝土结构，其包括装配整体式结构和全装配式混凝土结构等。装配整体式混凝土结构是由预制混凝土构件通过各种可靠的方式进行连接，并与现场后浇混凝土、水泥基灌浆料形成的装配式混凝土结构。装配整体式混凝土结构现在主要有装配整体式混凝土框架结构、装配整体式混凝土框架-剪力墙结构、装配整体式混凝土剪力墙结构等。装配整体式混凝土框架是全部或部分框架梁、柱采用预制构件建成的装配整体式混凝土结构。装配整体式混凝土剪力墙结构是全部或部分剪力墙采用预制墙板构建成的装配整体式混凝土结构。

装配式钢筋混凝土结构是我国建筑结构发展的重要方向之一，它有利于我国建筑工业化的发展，提高生产效率节约能源，发展绿色环保建筑，并且有利于提高和保证建筑工程质量。与现浇施工工法相比，装配式PC结构有利于绿色施工，因为装配式施工更能符合绿色施工的节地、节能、节材、节水和环境保护等要求，降低对环境的负面影响，包括降低噪声、防止扬尘、减少环境污染、清洁运输、减少场地干扰、节约水、电、材料等资源和能源，遵循可持续发展的原则。

一、装配式混凝土结构工程施工基本规定

施工单位应建立相应的管理体系、施工质量控制和检验制度。装配式混凝土建筑应综合协调建筑、结构、设备和内装等专业，制定相互协同的施工组织设计。装配式混凝土建筑施工前，应组织设计、生产、施工、监理等单位对设计文件进行图纸会审，确定施工工艺措施。施工单位应准确理解设计图纸的要求，掌握有关技术要求及细部构造，根据工程特点和相关规定，进行施工复核及验算、编制专项施工方案。施工单位应根据装配式建筑工程的管理和施工技术特点，按计划定期对管理人员与作业人员进行专项培训及技术交底。预制构件深化设计应满足建筑、结构和机电设备等各专业，以及预制构件制作、运输、安装等各环节的综合要求。装配式混凝土建筑施工宜采用自动化、机械化、工具式的施工工具、设备。施工中采用的新技术、新工艺、新材料、新设备，应按有关规定进行评审、备案。施工单位应根据装配式结构工程施工要求，合理选择和配备吊装设备；应根据预制构件存放、安装和连接等要求，确定安装使用的工(器)具。施工所采用的原材料及构配件应符合现行国家相关规范要求，应有明确的进场计划，并应按规定进行施工进场验收。装配式混凝土建筑施工应采取相应的成品保护措施。

二、装配式混凝土结构工程施工

(一)一般规定

预制构件进场时，构件生产单位应提供相关质量证明文件。质量证明文件应包括出厂合格证、混凝土强度检验报告、钢筋复验单、钢筋套筒等其他构件钢筋连接类型的工艺检验报告、合同要求的其他质量证明文件。预制构件、连接材料、配件等应按现行国家相关标准的规定进行进场验收，未经验收或验收不合格的产品不得使用。结构施工宜采用与构件相匹配的工具化、标准化工装系统。施工前宜选择有代表性的单元或构件进行试安装，根据试安装结果及时调整完善施工方案。装配式混凝土结构的连接节点及叠合构件的施工应进行隐蔽工程验收。预制构件吊装、安装施工应严格按照施工方案执行，各工序的施工应在前一道工序质量检查合格后进行，工序控制应符合规范和设计要求。施工现场从事特种作业的人员应取得相应的资格证书后才能上岗作业。灌浆施工人员应进行专项培训，合格后方可上岗。结构施工全过程应对预制构件及其上的建筑附件、预埋件、预埋吊件等采取保护措施，不得出现损伤或污染。

(二)原材料

装配式混凝土结构施工中采用专用定型产品时，专用定型产品及施工操作应符合现行有关国家、行业标准及产品应用技术手册的规定。采用钢筋套筒灌浆连接时，灌浆料应符合现行有关国家、行业标准的规定。采用钢筋浆锚搭接连接时，应采用水泥基灌浆料，灌浆料应符合现行有关国家、行业标准的规定。

(三)施工准备

施工前应完成深化设计，深化设计文件应经原设计单位认可。施工单位应校核预制构件加工图纸、对预制构件施工预留和预埋进行交底。施工单位应在施工前根据工程特点和施工规定，

进行施工措施复核及验算、编制装配式结构专项施工方案。专项施工方案宜包括工程概况、编制依据、进度计划、施工场地布置、预制构件运输与存放、安装与连接施工、成品保护、绿色施工、安全管理、质量管理、信息化管理、应急预案等内容。

现场运输道路和存放堆场应平整坚实，并有排水措施。运输车辆进入施工现场的道路，应满足预制构件的运输要求。卸放、吊装工作范围内不应有障碍物，并应有满足预制构件周转使用的场地。装配式混凝土结构施工前，施工单位应按照装配式结构施工的特点和要求，对作业人员进行安全技术交底。

在吊装前，根据构件特点验算后选择起重设备、吊具和吊索；应由专人检查核对确保型号、机具与方案一致；安装施工前应按工序要求检查核对已施工完成结构部分的质量，测量放线后，标出安装定位标志，必要时应提前安装限位装置；预制构件搁置的底面应清理干净；吊装设备应满足吊装重量、构件尺寸及作业半径等施工要求，并调试合格。

(四)构件进场

预制构件进场前，应对构件生产单位设置的构件编号、构件标识进行验收。预制构件进场时，混凝土强度应符合设计要求。当设计无具体要求时，混凝土同条件立方体抗压强度不应小于混凝土强度等级值的75%。预制构件进场时，应符合《装配式混凝土建筑施工规程》(T/CCI-AT 0001)的规定。预制构件有粗糙面时，与预制构件粗糙面相关的尺寸允许偏差可放宽1.5倍。采用装饰、保温一体化等技术体系生产的预制部品、构件，其质量应符合现行国家和行业有关标准的规定。

预制构件装卸时应采取可靠措施；预制构件边角部或与紧固用绳索接触部位，宜采用垫衬加以保护。预制构件运送到施工现场后，应按规格、品种、使用部位、吊装顺序分类设置存放场地。存放场地宜设置在塔式起重机有效起重范围内，并设置通道。预制墙板可采用插放或靠放的方式，堆放工具或支架应有足够的刚度，并支垫稳固。采用靠放方式时，预制外墙板宜对称靠放、饰面朝外，且与地面倾斜角度不宜小于80°。预制水平类构件可采用叠放方式，层与层之间应垫平、垫实，各层支垫应上下对齐。垫木距离板端不大于200 mm，且间距不大于1 600 mm，最下面一层支垫应通长设置，堆放时间不宜超过两个月。预制构件堆放时，预制构件与支架、预制构件与地面之间宜设置柔性衬垫保护。预应力构件需按其受力方式进行存放，不得颠倒其堆放方向(图12-1)。

(五)构件安装与连接

装配式结构安装工艺流程：定位放线及标高抄测→竖向预留插筋矫正→竖向墙柱构件吊装(插筋进入套筒)→竖向构件临时支撑安装及构件垂直度矫正→拼缝及钢筋套筒注浆管灌浆→水平楼板、梁、楼梯构件吊装→绑扎现浇层钢筋、节点钢筋→模板支设→浇筑节点及现浇层混凝土→支撑(斜撑及垂直支撑)、模板拆除。

1. 预制构件的吊装

预制构件应按照施工方案吊装顺序提前编号，吊装时严格按编号顺序起吊；预制构件吊装就位并校准定位后，应及时设置临时支撑或采取临时固定措施。

预制构件起吊宜采用标准吊具均衡起吊就位，吊具可采用预埋吊环或埋置式接驳器的形式。专用内埋式螺母或内埋式吊杆及配套的吊具，应根据相应的产品标准和应用技术规定选用；应根据预制构件形状、尺寸及质量和作业半径等要求选择适宜的吊具和起重设备；在吊装过程中，吊索与构件的水平夹角不宜小于60°、不应小于45°；预制构件吊装应采用慢起、快升、缓放的操作方式；构件吊装校正，可采用起吊、静停、就位、初步校正、精细调整的作业方式；起吊应依次逐级增加速度，不应越挡操作。预制墙、叠合板及楼梯吊装如图12-2所示。

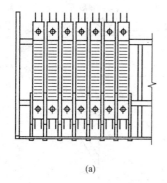

(a)

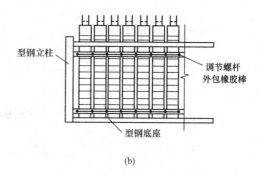

型钢立柱

调节螺杆
外包橡胶棒

型钢底座

(b)

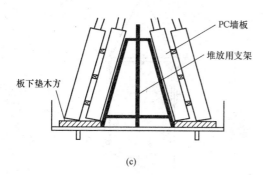

PC墙板

堆放用支架

板下垫木方

(c)

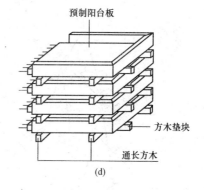

预制阳台板

方木垫块

通长方木

(d)

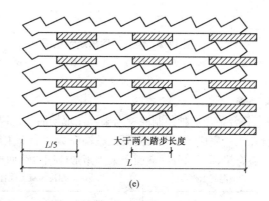

L/5   大于两个踏步长度

L

(e)

图 12-1　预制构件堆放示意图

（a)联排插放架堆垛平面图；（b)联排插放架堆垛立面图；
（c)背靠架堆垛立面图；（d)预制阳台堆垛图；（e)预制板式楼梯堆垛图

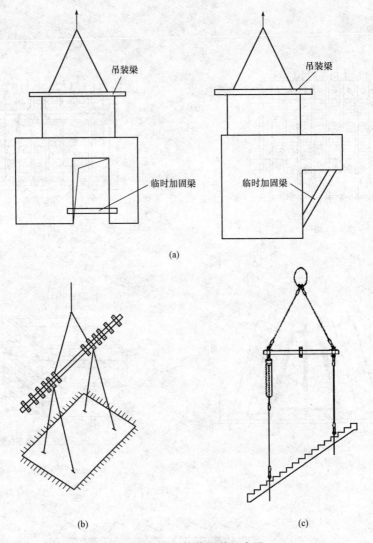

图 12-2　预制构件吊装示意图

(a)预制墙体吊装示意图；(b)预制叠合板吊装示意图；(c)预制楼梯吊装示意图

2. 梁、柱的安装

(1)叠合梁的安装。叠合梁是一种预制混凝土梁，在现场后浇混凝土而形成的整体受弯构件。一般叠合梁下部主筋已在工厂完成预制并与混凝土整浇完成，上部主筋需现场绑扎或在工程绑扎完毕但未包裹混凝土。叠合梁预制部分的截面可采用矩形或凹口截面形式如图 12-3 所示。

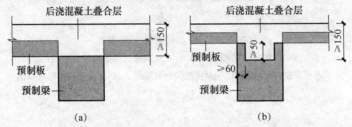

图 12-3　叠合梁预制部分截面图

(a)矩形截面；(b)凹口截面

叠合梁的箍筋可采用整体封闭箍筋或组合封闭箍筋的形式，如图12-4所示。抗震等级为一、二级的叠合框架梁的梁端箍筋加密区宜采用整体封闭箍筋。叠合梁的梁梁拼接节点(图12-5)宜在受力较小截面。梁下部纵向钢筋在后浇段内宜采用机械连接或焊接连接，上部纵向钢筋应在后浇段内连续。

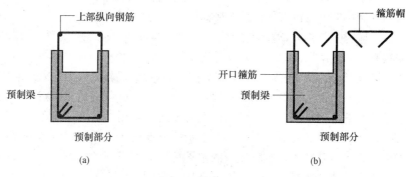

图 12-4　叠合梁箍筋示意图

(a)整体封闭箍；(b)组合封闭箍

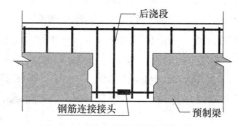

图 12-5　叠合梁的梁梁拼接节点

安装工艺流程：测量放线→支撑架体搭设→支撑架体调节→预制梁或叠合梁起吊→预制梁或叠合梁落位→调节梁位置与垂直度→梁钢筋连接→梁灌浆套筒灌浆。

梁安装顺序应遵循先主梁后次梁、先低后高的原则。安装前，应测量并修正柱顶和临时支撑标高，确保与梁底标高一致，柱上弹出梁边控制线。根据控制线对梁端、两侧、梁轴线进行精密调整，误差控制在2 mm以内。安装前，应复核柱钢筋与梁钢筋位置、尺寸，对梁钢筋与柱钢筋位置有冲突的，应按经设计单位确认的技术方案调整。安装时，梁伸入支座的长度与搁置长度应符合设计要求。安装就位后应对安装位置、标高进行检查。临时支撑应在后浇混凝土强度达到设计要求后，方可拆除。

(2)预制柱的安装。在装配整体式结构中一般部位的框架柱采用预制柱，重要或关键部位的框架柱应现浇，如穿层柱、跃层柱、斜柱，高层框架结构中地下室部分及首层柱。上下层预制柱连接宜设置在楼面标高处。抗震性能重要、框架柱的纵向钢筋直径较大、钢筋连接方式宜采用套筒灌浆连接，如图12-6所示。

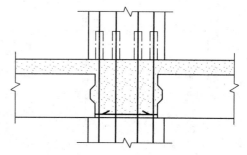

图 12-6　预制柱纵向钢筋连接

安装工艺流程：基层处理→测量→预制柱起吊→下层竖向钢筋对孔→预制柱就位→安装临时支撑→预制柱位置、标高调整→临时支撑固定→摘钩→堵缝、灌浆。

安装顺序应按吊装方案进行，如方案未明确要求宜按照角柱、边柱、中柱顺序进行安装，则与现浇结构连接的柱先行吊装；就位前应预先设置柱底抄平垫块，控制柱安装标高；预制柱的就位以轴线和外轮廓线为控制线，对于边柱和角柱，应以外轮廓线控制为准；预制柱安装就位后应在两个方向设置可调斜撑作临时固定，并应进行标高、垂直度、扭转调整和控制；采用灌浆套筒连接的预制柱调整就位后，柱脚连接部位应采用相关措施进行封堵。

预制柱安装后应对安装位置、安装标高、垂直度、累计垂直度进行校核与调整。对较高的预制柱，在安装其水平连系构件时，须采取对称安装方式。

(3)梁柱节点区的施工。梁柱节点现浇搭接连接后弯锚钢筋排列较紧密，吊装时存在梁筋与柱筋碰撞的问题。柱节点预制可形成单节点梁或双节点梁，尽量避免双节点梁，特别是较大跨度的梁，易造成吊装下落困难，在跨度较小的梁可以适当应用。在边柱或角柱的位置，也可将梁柱节点与柱一体化预制，形成带节点柱。对于梁柱节点后浇区域及现浇剪力墙区使用的模板宜采用定型钢模板，也可采用周转次数较少的木模板或其他类型的复合板，但应防止在混凝土浇筑时产生较大变形。节点区混凝土强度等级同 PC 柱要求。

3. 剪力墙墙板的安装

相对于现浇的剪力墙而言，预制剪力墙可以将墙体完全预制或做成中空，剪力墙的主筋需要在现场完成连接。在预制剪力墙外表面反打上外保温及饰面材料。剪力墙结构中一般部位的剪力墙可采用部分预制、部分现浇，也可全部预制；底部加强部位的剪力墙宜现浇。

预制剪力墙宜采用一字形，也可采用 L 形、T 形或 U 形；预制墙板洞口宜居中布置。楼层内相邻预制剪力墙之间连接接缝应现浇形成整体式接缝。当接缝位于纵横墙交接处的约束边缘构件区域时，约束边缘构件的阴影区域宜全部采用后浇混凝土，并应在后浇段内设置封闭箍筋。

吊装工艺流程：基层处理→测量→预制墙体起吊→下层竖向钢筋对孔→预制墙体就位→安装临时支撑→调整墙板水平位置、倾斜度、高度等→临时支撑固定(图 12-7)→封堵墙底部连接部位→后浇处钢筋安装。

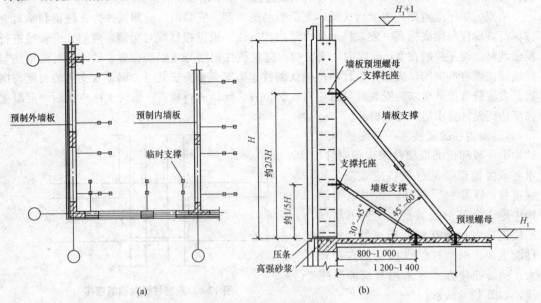

图 12-7 预制墙板支撑布置

(a)预制墙板临时支撑平面布置图；(b)预制墙板临时支撑立面布置图

与现浇连接的墙板宜先行吊装，其他墙板先外后内吊装；吊装前，应预先在墙板底部设置抄平垫块或标高调节装置，采用灌浆套筒连接、浆锚连接的夹心保温外墙板应在外侧设置弹性密封封堵材料，多层剪力墙采用座浆时应均匀铺设座浆料；墙板以轴线和轮廓线为控制线，外墙应以轴线和外轮廓线双控；安装就位后应设置可调斜撑作临时固定，测量预制墙板的水平位置、倾斜度、高度等，并通过墙底垫片、临时斜支撑进行调整；调整就位后，墙底部连接部位应采用相关措施进行封堵；墙板安装就位后，进行后浇处钢筋安装，墙板预留钢筋应与后浇段钢筋网交叉点全部扎牢。

每个预制构件应按照施工方案设置稳定可靠的临时支撑；对预制柱、墙板的上部斜支撑，其支撑点距离板底不宜小于柱、板高的2/3，且不应小于柱、板高的1/2。下部支撑垫块应与中心线对称布置；对单个构件高度超过10 m的预制柱、墙等，需设缆风绳；构件安装就位后，可通过临时支撑对构件的位置和垂直度进行微调。

预制墙板安装后应对安装位置、安装标高、垂直度、累计垂直度进行校核与调整。

4. 预制叠合板安装

叠合板是指预制混凝板顶部在现场后浇混凝土而形成的整体受弯构件，其主要形式有钢筋桁架混凝土叠合板、PK预应力混凝土叠合板、SP预应力空心楼板、双T板等。

(1)钢筋桁架混凝土叠合板[图12-8(a)]是目前国内最为流行的预制底板。叠合板可根据预制板接缝构造、支座构造、长宽比按单向或双向板设计。在预制板内设置钢筋桁架，可增加预制板的整体刚度和水平界面抗剪性能。钢筋桁架的下弦与上弦可作为楼板的下部和上部受力钢筋使用。施工阶段，验算预制板的承载力及变形时，可考虑桁架钢筋的作用，减少预制板下的临时支撑。

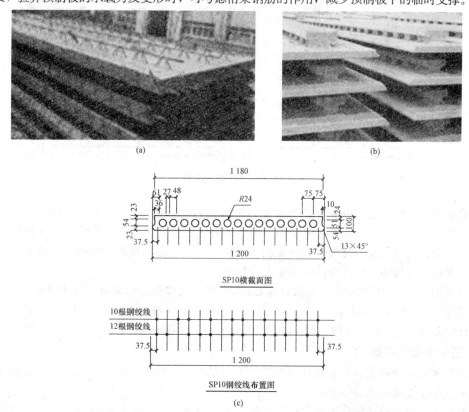

图12-8 叠合板

(a)钢筋桁架混凝土叠合板；(b)PK预应力混凝土叠合板；(c)SP10预应力空心楼板的截面图及预应力筋布置图

（2）PK 预应力混凝土叠合板［图 12-8(b)］是一种新型装配整体式预应力混凝土楼板。其是以倒"T"形预应力混凝土预制带肋薄板为底板，肋上预留椭圆形孔，孔内穿置横向非预应力受力钢筋，然后再浇筑叠合层混凝土从而形成整体双向受力楼板，可根据需要设计成单向板或双向板。板肋的存在，增大了新、老混凝土接触面，板肋预留孔洞内后浇叠合层混凝土与横向穿孔钢筋形成的抗剪销栓，能保证叠合层混凝土与预制带肋底板形成整体协调受力并共同承载，加强了叠合面的抗剪性能。

（3）SP 预应力空心楼板采用高强度、低松弛预应力钢绞线及干硬性混凝土冲捣挤压成型生产具有跨度大、承载力高、尺寸精确、平整度好、抗震、防火、保温、隔声效能佳的 SP 预应力空心板。该产品适用于混凝土框架结构、钢结构及砖混结构的楼板、屋面板与墙板，在工业与民用建筑中，具有广泛的应用前景。SP10 预应力空心板的截面图及预应力筋布置图如图 12-8(c)所示。

叠合板安装流程：测量放线→支撑架体搭设→支撑架体调节→叠合板起吊→叠合板落位→位置、标高确认→叠合板位置校正→绑扎叠合板负弯矩钢筋，支设叠合板拼缝处等后浇区域模板。

安装预制叠合板前，应检查支座顶面标高及支撑面(图 12-9)的平整度，并检查接合面粗糙度是否符合设计要求；预制叠合板之间的接缝宽度应满足设计要求；吊装就位后，应对板底接缝高差进行校核；当叠合板板底接缝高差不满足设计要求时，应将构件重新起吊，通过可调托座进行调节；临时支撑应在后浇混凝土强度达到设计要求后方可拆除。

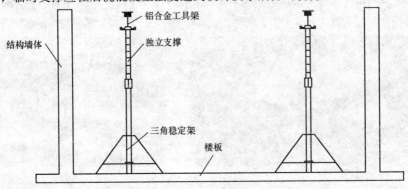

图 12-9　叠合楼板支撑

叠合层混凝土浇筑前，应清除叠合面上的杂物、浮浆及松散骨料，浇筑前应洒水润湿，洒水后不得留有积水；浇筑时宜采取由中间向两边的方式；叠合层与现浇构件交接处混凝土应振捣密实；叠合层混凝土浇筑时应采取可靠的保护措施；不应移动预埋件的位置，且不得污染预埋件连接部位；分段施工应符合设计及施工方案要求。

叠合类构件的支撑应根据设计要求或施工方案设置，支撑标高除应符合设计规定外，还应考虑支撑系统本身的施工变形；施工荷载不应超过设计规定。在叠合板内的预留孔洞、机电管线在深化设计阶段应进行优化，合理排布，叠合层混凝土施工时管线连接处应采取可靠的密封措施。

5. 预制楼梯的安装

预制楼梯安装的流程：测量放线→钢筋调直→垫垫片、找平→预制楼梯起吊→钢筋对孔校正→位置、标高确认→摘勾→灌浆。

安装前，应检查楼梯构件平面定位及标高，并应设置抄平垫块；就位后，应立即调整并固定，避免因人员走动造成的偏差及危险；预制楼梯端部安装，应考虑建筑标高与结构标高的差异，确保踏步高度一致；楼梯与梁、板采用预埋件焊接连接或预留孔连接时，应先施工梁、板，后放置楼梯段；采用预留钢筋连接时，应先放置楼梯段，后施工梁、板。

6. 预制阳台板、空调板的安装

预制阳台可分为预制叠合阳台板（图12-10）或全预制阳台。全预制阳台的表面的平整度可以和模具的表面一样平或者做成凹陷的效果，地面坡度和排水口也在工厂预制完成。

预制阳台板、空调板的安装流程：测量放线→临时支撑搭设→预制阳台板、空调板起吊→预制阳台板、空调板落位→位置、标高确认→摘勾。

安装前，应检查支座顶面标高及支撑面的平整度；吊装完毕后，应对板底接缝高差进行校核；如板底接缝高差不满足设计要求，应将构件重新起吊，通过可调托座进行调节；就位后，应立即调整并固定；预制板应待后浇混凝土强度达到设计要求后，方可拆除临时支撑。

图 12-10　预制叠合阳台板

7. 预制构件的连接

预制承重构件的纵向受力钢筋连接是装配整体混凝土结构中最为关键的技术，装配整体混凝土结构正是在连接技术的进步与革新的基础上得到应用和发展的。预制构件之间钢筋连接宜采用套筒灌浆连接、浆锚搭接连接及干式连接等形式。钢筋套筒灌浆连接是在预制混凝土构件内预埋的金属套筒中插入钢筋，并灌注水泥基灌浆料而实现的钢筋连接方式。钢筋浆锚搭接连接是在预制混凝土构件中预留孔道，在孔道中插入需要搭接的钢筋，并灌注水泥基灌浆料而实现的钢筋搭接连接方式。

（1）套筒灌浆连接。连接套筒包括全灌浆套筒和半灌浆套筒两种形式，如图12-11所示。全灌浆套筒是两端均采用灌浆方式与钢筋连接；半灌浆套筒是一端采用灌浆方式与钢筋连接，而另一端采用非灌浆方式与钢筋连接（通常采用螺纹连接）。

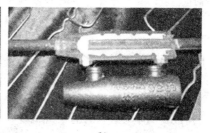

(a) (b)

图 12-11　连接套筒
(a)全灌浆套筒；(b)半灌浆套筒

采用钢筋套筒灌浆连接时，灌浆前应制定钢筋套筒灌浆操作的专项质量保证措施，套筒内表面和钢筋表面应洁净，被连接钢筋偏离套筒中心线的角度不应超过7°，灌浆操作全过程应由监理人员旁站；灌浆料应由经培训合格的专业人员按配置要求计量灌浆材料和水的用量，经搅拌均匀并测定其流动度满足设计要求后方可灌注；浆料应在制备后30 min内用完，灌浆作业应采取压浆法从下口灌注，当浆料从上口流出时应及时封堵，持压30 s后再封堵下口，灌浆后 24 h 内不得使构件和灌浆层受到振动、碰撞；灌浆作业应及时做好施工质量检查记录，并按要求每工作班应制作 1 组且每层不应少于 3 组 40 mm×40 mm×160 mm 的长方体试件，标准养护 28 d 后进行抗压强度试验；灌浆施工时环境温度不应低于 5 ℃；当连接部位温度低于 10 ℃时，应对连接处采取加热保温措施；灌浆作业应留下影像资料，作为验收资料。

（2）浆锚搭接连接。浆锚搭接连接（图 12-12）是指在预制混凝土构件中采用特殊工艺制成的孔道中插入需搭接的钢筋，并灌注水泥基灌浆料而实现的钢筋搭接连接方式，适用于较小直径的钢筋（$d \leqslant$ 20 mm）的连接，连接长度较大。

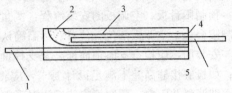

图 12-12　浆锚连接
1—预埋钢筋；2—注浆孔；3—金属波纹管；
4—出浆孔；5—待插入钢筋

目前我国的孔洞成型技术种类较多，尚无统一的论证，因此，《装配式混凝土结构技术规程》(JGJ 1) 要求纵向钢筋采用浆锚搭接连接时，对预留孔成孔工艺、孔道形状和长度、构造要求、灌浆料和被连接钢筋，应进行力学性能以及适用性的试验验证。

浆锚搭接连接金属波纹管浆锚搭接连接是比较成熟的技术。金属波纹管浆锚搭接连接：墙板主要受力钢筋采用插入一定长度的钢套筒或预留金属波纹管孔洞，灌入高性能灌浆料形成的钢筋搭接连接接头。

采用钢筋浆锚搭接连接时，灌浆前应对连接孔道及灌浆孔和排气孔全数检查，确保孔道通畅，内表面无污染；竖向构件与楼面连接处的水平缝应清理干净，灌浆前 24 h 连接面应充分浇水湿润，灌浆前不得有积水；竖向构件的水平拼缝采用与结构混凝土同强度或高一级强度等级的水泥砂浆进行周边坐浆密封，1 天以后方可进行灌浆作业；灌浆料应采用电动搅拌器充分搅拌均匀，搅拌时间从开始加水到搅拌结束应不少于 5 min，然后静置 2~3 min；搅拌后的灌浆料应在 30 min 内使用完毕，每个构件灌浆总时间应控制在 30 min 以内；浆锚节点灌浆必须采用机械压力注浆法，确保灌浆料能充分填充密实；灌浆应连续、缓慢、均匀地进行，直至排气孔排出浆液后，立即封堵排气孔，持压不小于 30 s，再封堵灌浆孔，灌浆后 24 h 内不得使构件和灌浆层受到振动、碰撞；灌浆结束后应及时将灌浆孔及构件表面的浆液清理干净，并将灌浆孔表面抹压平整；灌浆作业应及时做好施工质量检查记录，并按要求每工作班应制作 1 组且每层不应少于 3 组 40 mm×40 mm×160 mm 的长方体试件，标准养护 28 d 后进行抗压强度试验；灌浆作业应留下影像资料，作为验收资料。

采用钢筋套筒灌浆连接、钢筋浆锚搭接连接的预制构件就位前，应检查套筒、预留孔的规格、位置、数量和深度；被连接钢筋的规格、数量、位置和长度；当套筒、预留孔内有杂物时，应清理干净，并应检查注浆孔、出浆孔是否通畅；当连接钢筋倾斜时，应进行校正，连接钢筋偏离套筒或孔洞中心线符合有关规范规定。

（3）干式连接。采用干式连接时，应根据不同的连接构造编制施工方案，应符合相关国家、行业标准规定；采用螺栓连接时，应按设计或有关规范的要求进行施工检查和质量控制，螺栓型号、规格、配件应符合设计要求，表面清洁，无锈蚀、裂纹、滑丝等缺陷，并应对外露铁件采取防腐措施。螺栓紧固方式及紧固力须符合设计要求；采用焊接连接时，其焊接件、焊缝表面应无锈蚀，按设计打磨坡口，并应避免由于连续施焊引起预制构件及连接部位混凝土开裂。焊接方式应符合设计要求；采用预应力法连接时，其材料、构造需符合规范及设计要求；采用支座支撑方式连接时，其支座材料、质量、支座接触面等须符合设计要求。

8. 后浇混凝土节点施工

装配式结构的后浇混凝土节点应根据施工方案要求的顺序施工。

（1）后浇混凝土节点钢筋施工。

1）预制墙体间后浇节点主要有"一"字形、"L"形、"T"形几种形式。节点处钢筋施工工艺流程：安放封闭箍筋→连接竖向受力筋→安放开口筋、拉筋→调整箍筋位置→绑扎箍筋；

2）预制墙体间后浇节点钢筋施工时，可在预制板上标记出封闭箍筋的位置，预先把箍筋交叉就位放置；先对预留竖向连接钢筋位置进行校正，然后再连接上部竖向钢筋；

3）叠合构件叠合层钢筋绑扎前清理干净叠合板上的杂物，根据钢筋间距弹线绑扎，上部受力钢筋带弯钩时，弯钩向下摆放，应保证钢筋搭接和间距符合设计要求；

4）叠合构件叠合层钢筋绑扎过程中，应注意避免局部钢筋堆载过大。

（2）后浇混凝土节点模板施工。

1）预制墙板间后浇节点安装模板前应将墙内杂物清扫干净，在模板下口抹砂浆找平层，防止漏浆。预制墙板间后浇节点宜采用工具式定型模板，并应符合下列规定：模板应通过螺栓或预留孔洞拉结的方式与预制构件可靠连接，模板安装时应避免遮挡预制墙板下部灌浆预留孔洞，夹心墙板的外叶板应采用螺栓拉结或夹板等加强固定，墙板接缝部分及与定型模板接缝处均应采用可靠的密封、防漏浆措施。

2）连接节点、水平拼缝应连续浇筑，边缘构件、竖向拼缝应逐层浇筑，采取可靠措施确保混凝土浇筑密实；预制构件接缝处混凝土浇筑时，应确保混凝土浇筑密实。后浇节点施工时，应采取有效措施防止各种预埋管槽线盒位置偏移。

9. 浇筑混凝土

混凝土浇筑应布料均衡。浇筑和振捣时，应对模板及支架进行观察和维护，发生异常情况应及时进行处理。构件接缝混凝土浇筑和振捣应采取措施防止模板、相连接构件、钢筋、预埋件及其定位件移位。预制构件接缝混凝土浇筑完成后可采取洒水、覆膜、喷涂养护剂等养护方式，养护时间不应少于 14 d。装配式结构连接部位后浇混凝土或灌浆料强度达到设计规定的强度时方可进行支撑拆除。

10. 接缝处理

预制外墙板的接缝及门窗洞口等防水薄弱部位应按照设计要求的防水构造进行施工。预制外墙接缝构造应符合设计要求。外墙板接缝处，可采用聚乙烯棒等背衬材料塞紧，外侧用建筑密封胶嵌缝。外墙板接缝处等密封材料应符合《装配式混凝土结构技术规程》(JGJ 1)的相关规定。

外侧竖缝及水平缝建筑密封胶的注胶宽度、厚度应符合设计要求，建筑密封胶应在预制外墙板固定后嵌缝。建筑密封胶应均匀顺直，饱满密实，表面光滑连续。

预制外墙板接缝施工工艺流程：表面清洁处理→底涂基层处理→贴美纹纸→背衬材料施工→施打密封胶→密封胶整平处理→板缝两侧外观清洁→成品保护。

密封防水胶施工应在预制外墙板固定校核后进行；注胶施工前，墙板侧壁及拼缝内应清理干净，保持干燥；嵌缝材料的性能、质量应符合设计要求；防水胶的注胶宽度、厚度应符合设计要求，与墙板粘结牢固，不得漏嵌和虚粘；施工时，先放填充材料后打胶，不应堵塞防水空腔，注胶均匀、顺直、饱和、密实，表面光滑，不应有裂缝现象。

三、装配式结构质量验收

（一）一般规定

（1）装配式结构连接节点及叠合构件浇筑混凝土之前，应进行隐蔽工程验收。隐蔽工程验收主要内容应包括混凝土粗糙面的质量，键槽的尺寸、数量、位置；钢筋的牌号、规格、数挺、位置、间距，箍筋弯钩的弯折角度及平直段长度钢筋的连接方式、接头位置、接头数量、接头面积百分率、搭接长度、锚固方式及锚固长度；预埋件、预留管线的规格、数量、位置。

(2)装配式结构的接缝施工质量及防水性能应符合设计要求和现行国家相关标准的要求。

(二)预制构件

1. 主控项目

(1)预制构件的质量应符合现行国家相关规范、标准的规定和设计的要求。

检查数量：全数检查。

检验方法：检查质量证朗文件或质量验收记录。

(2)专业企业生产的预制构件进场时，预制构件结构性能检验应符合下列规定：

1)梁板类简支受弯预制构件进场时应进行结构性能检验，并应符合下列规定：结构性能检验应符合国家现行相关标准的有关规定及设计的要求，检验要求和试验方法应符合《混凝土结构工程施工质量验收规范》(GB 50204)附录 B 的规定。钢筋混凝土构件和允许出现裂缝的预应力混凝土构件应进行承载力、挠度和裂缝宽度检验；不允许出现裂缝的预应力混凝土构件应进行承载力、挠度和抗裂检验。对大型构件及有可靠应用经验的构件，可只进行裂缝宽度、抗裂和挠度检验。对使用数量较少的构件，当能提供可靠依据时，可不进行结构性能检验。

2)对其他预制构件，除设计有专门要求外，进场时可不做结构性能检验。

3)对进场时不做结构性能检验的预制构件，应采取下列措施：施工单位或监理单位代表应驻厂监督生产过程；当无驻厂监督时，预制构件进场时应对预制构件主要受力钢筋数量、规格、间距混凝土厚度及混凝土强度等进行实体检验。

检验数量：同一类型预制构件不超过 1 000 个一批，每批中应随机抽取一个构件进行检验。

检验方法：检查结构性能检验报告或实体检验报告。

注："同类型"是指同一钢种、同一混凝土强度等级、同一生产工艺和同一结构形式。抽取预制构件时，宜从设计荷载最大、受力最不利或生产数量最多的预制构件中抽取。

(3)预制构件的外观质量不应有严重缺陷，且不应有影响结构性能和安装、使用功能的尺寸偏差。

检查数量：全数检查。

检验方法：观察、尺量；检查处理记录。

(4)预制构件上的预埋件、预留插筋、预埋管线等的规格和数量以及预留孔、预留洞的数量应符合设计要求。

检查数量：全数检查。

检验方法：观察。

2. 一般项目

(1)预制构件应有标识。

检查数量：全数检查。

检验方法：观察。

(2)预制构件的外观质量不应有一般缺陷。

检查数量：全数检查。

检验方法：观察，检查处理记录。

(3)预制构件的尺寸偏差及检验方法应符合表 12-2 的规定；设计有专门规定时，还应符合设计要求，施工过程中临时使用的预埋件，其中心线位置允许偏差可取表 12-2 规定数值的 2 倍。

检查数量：同一类型的构件，不超过 100 件为一批，每批应抽查构件数量的 5%，且不应少于 3 件。

表 12-2 预制构件尺寸的允许偏差及检验方法

项目			允许偏差/mm	检验方法
长度	楼板、梁、柱、桁架	<12 m	±5	尺量
		≥12 m 且<18 m	±10	
		≥18 m	±20	
	墙板		±4	
宽度、高(厚)度	楼板、梁、柱、桁架		±5	尺量一端及中部，取其中偏差绝对值较大处
	墙板		±4	
表面平整度	楼板、梁、柱、墙板内表面		5	2 m 靠尺和塞尺量测
	墙板外表面		3	
侧向弯曲	楼板、梁、柱		L/750 且≤20	拉线、直尺量测最大侧向弯曲处
	墙板、桁架		L/1 000 且≤20	
翘曲	楼板		L/750	调平尺在两端量测
	墙板		L/1 000	
对角线	楼板		10	尺量两个对角线
	墙板		5	
预留孔	中心线位置		5	尺量
	孔尺寸		±5	
预留洞	中心线位置		10	尺量
	洞口尺寸、深度		±10	
预埋件	顶埋板中心线位置		5	尺量
	预埋板与混凝土面平面高差		0，−5	
	预埋螺栓		2	
	预埋螺栓外露长度		+10，−5	
	预埋套筒、螺母中心线位置		2	
	预埋套筒、螺母与混凝土面平面高差		±5	
预留插筋	中心线位置		5	尺量
	外露长度		+10，−5	
键槽	中心线位置		5	尺量
	长度、宽度		±5	
	深度		±10	

注：1. *l* 为构件长度，单位为 mm；
　　2. 检查中心线、螺栓和孔道位置偏差时，沿纵、横两个方向量测，并取其中偏差较大值。

(4)预制构件的粗糙面的质量及键槽的数量应符合设计要求。

检查数量：全数检查。

检验方法：观察。

(三)安装与连接

1. 主控项目

(1)预制构件临时固定措施的安装质量应符合施工方案的要求。

检查数量：全数检查。

检验方法：观察。

(2)钢筋采用套筒灌浆连接或浆锚搭接连接时，灌浆应饱满、密实。其材料及连接质量应符合国家现行行业标准《钢筋套筒灌浆连接应用技术规程》(JGJ 355)的规定。

检查数量：按国家现行行业标准《钢筋套筒灌浆连接应用技术规程》(JGJ 355)的规定确定。

检验方法：检查质量证明文件、灌浆记录及相关检验报告。

(3)钢筋采用焊接连接时，其接头质量应符合现行行业标准《钢筋焊接及验收规程》(JGJ 18)的规定。

检查数量：按现行行业标准《钢筋焊接及验收规程》(JGJ 18)的有关规定确定。

检验方法：检查质量证明文件及平行加工试件的检验报告。

(4)钢筋采用机械连接时，其接头质量应符合现行行业标准《钢筋机械连接技术规程》(JGJ 107)的规定。

检查数量：按现行行业标准《钢筋机械连接技术规程》(JGJ 107)的规定确定。

检验方法：检查质量证明文件、施工记录及平行加工试件的检验报告。

(5)预制构件采用焊接、螺栓连接等连接方式时，其材料性能及施工质量应符合国家现行标准《钢结构工程施工质量验收规范》(GB 50205—2001)和《钢筋焊接及验收规程》(JGJ 18)的相关规定。

检查数量：按国家现行标准《钢结构工程施工质量验收规范》(GB 50205)和《钢筋焊接及验收规程》(JGJ 18)的规定确定。

检验方法：检查施工记录及平行加工试件的检验报告。

(6)装配式结构采用现浇混凝土连接构件时，构件连接处后浇混凝土的强度应符合设计要求。

检查数量：对同一配合比混凝土，取样与试件留置每拌制 100 盘且不超过 100 m³ 时，取样不得少于一次；每工作班拌制不足 100 盘时，取样不得少于一次；连续浇筑超过 1 000 m³ 时，每 200 m³ 取样不得少于一次；每一楼层取样不得少于一次；每次取样应至少留置一组试件。

检验方法：检查混凝土强度试验报告。

(7)装配式结构施工后，其外观质量不应有严重缺陷，且不应有影响结构性能和安装、使用功能的尺寸偏差。

检查数量：全数检查。

检验方法：观察、量测；检查处理记录。

2. 一般项目

(1)装配式结构施工后，其外观质量不应有一般缺陷。

检查数量：全数检查。

检验方法：观察，检查处理记录。

(2)装配式结构施工后，预制构件位置、尺寸偏差及检验方法应符合设计要求；当设计无具体要求时，应符合表 12-3 的规定。预制构件与现浇结构连接部位的表面平整度应符合表 12-3 的规定。

检查数量：按楼层、结构缝或施工段划分检验批。在同一检验批内，对梁、柱和独立基础，应抽查构件数量的 10%，且不应少于 3 件；对墙和板，应按有代表性的自然间抽查 10%，且不应少于 3 间；对大空间结构，墙可按相邻轴线间高度 5 m 左右划分检查面，板可按纵、横轴线划分检查面，抽查 10%，且均不应少于 3 面。

表 12-3 装配式结构构件位置和尺寸允许偏差及检验方法

项目			允许偏差/mm	检验方法
构件轴线	竖向构件（柱、墙扳、桁架）		8	经纬仪及尺量
	水平构件（梁、楼板）		5	
标高	梁、柱、墙扳 楼板底面或顶面		±5	水准仪或拉线、尺量
构件垂直度	柱、墙板安装 后的高度	≤6 m	5	经纬仪或吊线、尺量
		>6 m	10	
构件倾斜度	梁、桁架		5	经纬仪或吊线、尺量
相邻构件平整度	梁、楼板底面	外露	3	2 m 靠尺和塞尺量测
		不外露	5	
	柱、墙板	外露	5	
		不外露	8	
构件搁置长度	梁、板		±10	尺量
支座、支垫中心位置	板、梁、柱、墙板、桁架		10	尺量
墙板接缝宽度			±5	尺量

装配式混凝土结构施工技术交底（可扫下面二维码查看）。

装配式混凝土结构施工技术交底

■■■■ 思 考 题 ■■■■

1. 叠合楼板、梁的施工的工艺流程是什么？要点有哪些？
2. 装配式混凝土结构与现浇混凝土结构相比各有哪些特点？

附 录

附录一 质量验收表

附表 1-1 模板安装工程检验批质量验收记录表

		单位（子单位）工程名称												
		分部（子分部）工程名称			验收部位									
		施工单位			项目经理									
		分包单位			分包项目经理									
		施工执行标准名称及编号		《混凝土结构工程施工质量验收规范》（GB 50204—2015）											

		施工质量验收规范的规定				施工单位检查评定记录									监理（建设）单位验收记录
						1	2	3	4	5	6	7	8	9	10	
主控项目	1	模板及支架			第4.2.1条											
	2	模板及支架的安装质量			第4.2.2条											
一般项目	1	模板安装的一般要求			第4.2.5条											
	2	隔离剂的品种和涂刷方法			第4.2.6条											
	3	模板起拱			第4.2.7条											
	4	预埋件、预留孔允许偏差	预埋钢板中心线位置/mm		3											
			预埋管、预留孔中心线位置/mm		3											
			插筋	中心线位置/mm	5											
				外露长度/mm	+10，0											
			预埋螺栓	中心线位置/mm	2											
				外露长度/mm	+10，0											
			预留洞	中心线位置/mm	10											
				尺寸/mm	+10，0											
	5	模板安装允许偏差	轴线位置/mm		5											
			底模上表面标高/mm		±5											
			截面内部尺寸/mm	基础	±10											
				柱、墙、梁	±5											
				楼梯相邻踏步高差	5											
			层高垂直度/mm	不大于6 m	8											
				大于6 m	10											
			相邻两板表面高低差/mm		2											
			表面平整度/mm		5											

施工单位检查评定结果	专业工长（施工员）		施工班组长	
	项目专业质量检查员：			年 月 日
监理（建设）单位验收结论	专业监理工程师：			
	（建设单位项目专业技术负责人）：			年 月 日

附表 1-2　模板拆除工程检验批质量验收记录表

单位(子单位)工程名称				
分部(子分部)工程名称			验收部位	
施工单位			项目经理	
分包单位			分包项目经理	
施工执行标准名称及编号	《混凝土结构工程施工规范》(GB 50666—2011)			

		施工质量验收规范的规定		施工单位检查评定记录	监理(建设)单位验收记录
主控项目	1	底模及其支架拆除时的混凝土强度	第4.5.2条		
	2	后张法预应力构件侧模和底模的拆除时间	第4.5.6条		
一般项目	1	避免拆模损伤	第4.5.8条		
	2	模板拆除、堆放和清运	第4.5.7条		

施工单位检查评定结果	专业工长(施工员)		施工班组长	
	项目专业质量检查员：　　　　　　　　　　　　　年　月　日			

监理(建设)单位验收结论	专业监理工程师： (建设单位项目专业技术负责人)：　　　　　　年　月　日

附表 1-3　钢筋原材料检验批质量验收记录表

工程名称			分项工程名称			验收部位	
施工单位						项目经理	
施工执行标准名称及编号			《混凝土结构工程施工质量验收规范》(GB 50204—2015)			专业工长	
分包单位			分包项目经理			施工班组长	

检控项目	序号	质量验收规范的规定		施工单位检查评定记录	监理(建设)单位验收记录
主控项目	1	钢筋进场检验	第5.2.1条		
	2	成型钢筋进场检验	第5.2.2条		
	3	抗震框架结构用钢筋	第5.2.3条		
	(1)	抗拉强度与屈服强度比值	≥1.25		
	(2)	屈服强度与强度标准值比值	≤1.30		
一般项目	1	钢筋外观质量	第5.2.4条		
	2	成型钢筋的外观质量	第5.2.5条		
	3	钢筋机械连接套筒、钢筋锚固板及预埋件	第5.2.6条		

施工单位检查评定结果	项目专业质量检查员：　　　　　　　　　　　　　　年　月　日
监理(建设)单位验收结论	专业监理工程师： (建设单位项目专业技术负责人)：　　　　　　　　年　月　日

附表 1-4 钢筋加工检验批质量验收记录表(Ⅰ)

单位(子单位)工程名称				
分部(子分部)工程名称			验收部位	
施工单位			项目经理	
施工执行标准名称及编号	《混凝土结构工程施工质量验收规范》(GB 50204—2015)			

施工质量验收规范的规定				施工单位检查评定记录	监理(建设)单位验收记录
主控项目	1	钢筋弯折的弯弧直径	第5.3.1条		
	2	纵向受力钢筋弯折后平直长度	第5.3.2条		
	3	箍筋、拉筋的末端做弯钩要求	第5.3.3条		
	4	盘卷钢筋调直后力学性能和重量偏差检验	第5.3.4条		
一般项目	钢筋加工形状、尺寸		第5.3.5条		
	钢筋加工的允许偏差	受力钢筋沿长度方向全长的净尺寸/mm	±10		
		弯起钢筋的弯折位置/mm	±20		
		箍筋外廓尺寸/mm	±5		

施工单位检查评定结果	专业工长(施工员)		施工班组长	
	项目专业质量检查员:		年 月 日	

监理(建设)单位验收结论	专业监理工程师: (建设单位项目专业技术负责人): 年 月 日

附表1-5 钢筋安装工程检验批质量验收记录表(Ⅱ)

单位(子单位)工程名称												
分部(子分部)工程名称							验收部位					
施工单位							项目经理					
分包单位							分包项目经理					
施工执行标准名称及编号		《混凝土结构工程施工质量验收规范》(GB 50204—2015)										

施工质量验收规范的规定				施工单位检查评定记录										监理(建设)单位验收记录
				1	2	3	4	5	6	7	8	9	10	
主控项目	1	钢筋牌号、规格和数量	第5.5.1条											
	2	受力钢筋的安装位置、锚固方式	第5.5.2条											
		搭接长度范围内的箍筋	第5.4.3条											
一般项目	钢筋安装允许偏差	绑扎钢筋网	长、宽/mm	±10											
			网眼尺寸/mm	±20											
		绑扎钢筋骨架	长/mm	±10											
			宽、高/mm	±5											
		纵向受力钢筋	锚固长度/mm	−20											
			间距/mm	±10											
			排距/mm	±5											
		纵向受力钢筋、箍筋的混凝土保护层厚度/mm	基础	±10											
			柱、梁	±5											
			板、墙、壳	±3											
		绑扎箍筋、横向钢筋间距/mm		±20											
		钢筋弯起点位置/mm		20											
		预埋件	中心线位置/mm	5											
			水平高差/mm	+3,0											

施工单位检查评定结果	专业工长(施工员)		施工班组长	
	项目专业质量检查员:		年 月 日	

监理(建设)单位验收结论	专业监理工程师: (建设单位项目专业技术负责人):	年 月 日

附表 1-6　钢筋安装工程检验批质量验收记录表(Ⅲ)
(钢筋闪光对焊接头)

<table>
<tr><td>工程名称</td><td></td><td>验收部位</td><td></td></tr>
<tr><td>施工单位</td><td></td><td>批号及批量</td><td></td></tr>
<tr><td>施工执行标准
名称及编号</td><td>《钢筋焊接及验收规程》
(JGJ 18—2012)</td><td>钢筋牌号及直径/mm</td><td></td></tr>
<tr><td>项目经理</td><td></td><td>分包项目经理</td><td></td></tr>
</table>

<table>
<tr><td rowspan="3">主控项目</td><td colspan="3">质量验收规范的规定</td><td>施工单位检查
评定记录</td><td>监理(建设)
单位验收记录</td></tr>
<tr><td>1</td><td>接头试件拉伸试验</td><td>第5.1.7条</td><td></td><td></td></tr>
<tr><td>2</td><td>接头试件弯曲试验</td><td>第5.1.8条</td><td></td><td></td></tr>
</table>

<table>
<tr><td rowspan="6">一般项目</td><td colspan="3" rowspan="2">质量验收规范的规定</td><td colspan="3">施工单位检查评定记录</td><td rowspan="2">监理(建设)
单位验收记录</td></tr>
<tr><td>抽检数</td><td>合格数</td><td>不合格</td></tr>
<tr><td>1</td><td>对焊接头表面应呈圆滑，带毛刺状，
不得有肉眼可见的裂纹</td><td>第5.3.2条</td><td></td><td></td><td></td><td></td></tr>
<tr><td>2</td><td>与电极接触处的钢筋表面
不得有明显烧伤</td><td>第5.3.2条</td><td></td><td></td><td></td><td></td></tr>
<tr><td>3</td><td>接头处的弯折角不得大于2°</td><td>第5.3.2条</td><td></td><td></td><td></td><td></td></tr>
<tr><td>4</td><td>轴线偏移不大于0.1倍钢筋直径，
且不得大于1 mm</td><td>第5.3.2条</td><td></td><td></td><td></td><td></td></tr>
</table>

<table>
<tr><td rowspan="2">施工单位检查评定结果</td><td>专业工长(施工员)</td><td></td><td>施工班组长</td><td></td></tr>
<tr><td colspan="4">项目专业质量检查员：　　　　　　　　　　　　　　　　　　　年　月　日</td></tr>
<tr><td>监理(建设)
单位验收结论</td><td colspan="4">监理工程师：
(建设单位项目专业技术负责人)：　　　　　　　　　　　　　年　月　日</td></tr>
</table>

注：1. 一般项目各小项检查评定不合格时，在小格内打×记号；
　　2. 本表由施工单位项目专业质量检查员填写，监理工程师(建设单位项目专业技术负责人)组织项目专业质量
　　　检查员等进行验收。

附表1-7 钢筋安装工程检验批质量验收记录表(Ⅳ)
(钢筋电弧焊接头)

工程名称			验收部位	
施工单位			批号及批量	
施工执行标准 名称及编号	《钢筋焊接及验收规程》 (JGJ 18—2012)		钢筋牌号及直径/mm	
项目经理			分包项目经理	

主控项目	质量验收规程的规定		施工单位检查评定记录	监理(建设) 单位验收记录
	接头试件拉伸试验	第5.1.7条		

一般项目	质量验收规程的规定		施工单位检查评定记录			监理(建设) 单位验收记录
			抽检数	合格数	不合格	
	1	焊缝表面应平整,不得 有凹陷或焊瘤	第5.5.2条			
	2	接头区域不得有肉眼可见的裂纹	第5.4.2条			
	3	咬边深度、气孔、夹渣等缺陷 允许值及接头尺寸允许偏差	第5.5.2条			
	4	焊缝余高应为2～4 mm	第5.5.2条			

施工单位检查评定结果	专业工长(施工员)		施工班组长	
	项目专业质量检查员:			年 月 日

监理(建设) 单位验收结论	
	监理工程师: (建设单位项目专业技术负责人): 　　　　　年 月 日

注:1. 一般项目各小项检查评定不合格时,在小格内打×记号;

　　2. 本表由施工单位项目专业质量检查员填写,监理工程师(建设单位项目专业技术负责人)组织项目专业质量检查员等进行验收。

附表1-8 钢筋安装工程检验批质量验收记录表（Ⅴ）
（钢筋电渣压力焊接头）

工程名称		验收部位	
施工单位		批号及批量	
施工执行标准 名称及编号	《钢筋焊接及验收规程》 （JGJ 18—2012）	钢筋牌号及直径/mm	
项目经理		分包项目经理	

主控项目	质量验收规程的规定		施工单位检查评定记录		监理（建设） 单位验收记录	
	接头试件拉伸试验	第5.1.7条				

一般项目		质量验收规程的规定		施工单位检查评定记录					监理（建设） 单位验收记录
				抽检数	合格数	不合格			
	1	当钢筋直径小于或等于25 mm时，焊包高度不得小于4 mm；当钢筋直径大于或等于28 mm时，焊包高度不得小于6 mm	第5.6.2条						
	2	钢筋与电极接触处无烧伤缺陷	第5.6.2条						
	3	接头处的弯折角不得大于2°	第5.6.2条						
	4	轴线偏移不得大于1 mm	第5.6.2条						

	专业工长（施工员）		施工班组长	
施工单位检查评定结果				
	项目专业质量检查员：		年 月 日	
监理（建设） 单位验收结论				
	监理工程师： （建设单位项目专业技术负责人）：		年 月 日	

注：1. 一般项目各小项检查评定不合格时，在小格内打×记号；
    2. 本表由施工单位项目专业质量检查员填写，监理工程师（建设单位项目专业技术负责人）组织项目专业质量检查员等进行验收。

（钢筋气压焊接头）

工程名称			验收部位		
施工单位			批号及批量		
施工执行标准名称及编号	《钢筋焊接及验收规程》（JGJ 18—2012）		钢筋牌号及直径/mm		
项目经理			分包项目经理		

主控项目		质量验收规程的规定		施工单位检查评定记录		监理（建设）单位验收记录
	1	接头试件拉伸试验	第5.1.7条			
	2	接头试件弯曲试验	第5.1.8条			

一般项目		质量验收规程的规定		施工单位检查评定记录			监理（建设）单位验收记录
				抽检数	合格数	不合格	
	1	轴线偏移不大于0.1d，且不大于1 mm	第5.7.2条				
	2	接头处表面不得有肉眼可见的裂纹	第5.7.2条				
	3	接头处的弯折角不大于2°	第5.7.2条				
	4	固态镦粗直径不小于1.4d，熔态镦粗直径不得小于1.2d	第5.7.2条				
	5	镦粗长度不小于1.0d	第5.7.2条				

施工单位检查评定结果	专业工长（施工员）		施工班组长	
	项目专业质量检查员：			年 月 日

监理（建设）单位验收结论	监理工程师：（建设单位项目专业技术负责人）：	年 月 日

注：1. 一般项目各小项检查评定不合格时，在小格内打×记号；
　　2. 本表由施工单位项目专业检查员填写，监理工程师（建设单位项目专业技术负责人）组织项目专业质量检查员等进行验收。

单位(子单位)工程名称					
分部(子分部)工程名称				使用部位	
施工单位				项目经理	
分包单位				分包项目经理	
施工执行标准名称及编号		《混凝土结构工程施工质量验收规范》(GB 50204—2015)			

施工质量验收规范的规定				施工单位检查评定记录	监理(建设)单位验收记录
主控项目	1	水泥进场检验	第7.2.1条		
	2	外加剂质量检验	第7.2.2条		
一般项目	1	矿物掺合料质量检验	第7.2.3条		
	2	粗、细骨料质量检验	第7.2.4条		
	3	混凝土拌制及养护用水检验	第7.2.5条		

施工单位检查评定结果	专业工长(施工员)		施工班组长	
	项目专业质量检查员：		年　月　日	

监理(建设)单位验收结论	
	专业监理工程师： (建设单位项目专业技术负责人)：　　　　　　　　　年　月　日

附表 1-11 混凝土施工检验批质量验收记录表

单位(子单位)工程名称				
分部(子分部)工程名称			验收部位	
施工单位			项目经理	
分包单位			分包项目经理	
施工执行标准名称及编号		《混凝土结构工程施工质量验收规范》(GB 50204—2015)		

	施工质量验收规范的规定			施工单位检查评定记录	监理(建设)单位验收记录
主控项目	混凝土强度等级及试件的取样和留置		第7.4.1条		
一般项目	1	后浇带留设位置及处理方法	第7.4.2条		
	2	混凝土养护要求	第7.4.3条		

	专业工长(施工员)		施工班组长	
施工单位检查评定结果				
	项目专业质量检查员:		年 月 日	
监理(建设)单位验收结论				
	专业监理工程师: (建设单位项目专业技术负责人):		年 月 日	

附表 1-12 现浇结构的外观质量、位置及尺寸偏差检验批质量验收记录表

单位(子单位)工程名称				
分部(子分部)工程名称			验收部位	
施工单位			项目经理	
分包单位			分包项目经理	
施工执行标准名称及编号	《混凝土结构工程施工质量验收规范》(GB 50204—2015)			

施工质量验收规范的规定				施工单位检查评定记录 1 2 3 4 5 6 7 8 9 10	监理(建设)单位验收记录
主控项目	1	外观质量	第 8.2.1 条		
	2	过大尺寸偏差处理及验收	第 8.3.1 条		
一般项目	1	现浇结构的位置与尺寸偏差	第 8.3.2 条		
	2	轴线位置 /mm	整体基础 15		
			独立基础 10		
			柱、墙、梁 8		
	3	垂直度 /mm	层高 ≤6 m 10		
			层高 >6 m 12		
			全高(H)≤300 m $H/30\,000+20$		
			全高(H)>300 m $H/10\,000$ 且≤80		
	4	标高/mm	层高 ±10		
			全高 ±30		
	5	截面尺寸	基础 +15,−10		
			柱、梁、板、墙 +10,−5		
			楼梯相邻踏步高差 6		
	6	电梯井	中心位置 10		
			长、宽尺寸 +25,0		
	7	表面平整度/mm	8		
	8	预埋设施中心线位置/mm	预埋板 10		
			预埋螺栓 5		
			预埋管 5		
			其他 10		
	9	预留洞、孔中心线位置	15		

施工单位检查评定结果	专业工长(施工员)	施工班组长	
	项目专业质量检查员:		年 月 日

监理(建设)单位验收结论	专业监理工程师: (建设单位项目专业技术负责人):	年 月 日

附表 1-13　混凝土结构子分部工程结构实体
混凝土强度验收记录表

工程名称			结构类型			强度等级数量	
施工单位			项目经理			项目技术负责人	
强度等级	试件强度代表值/MPa					强度评定结果	监理(建设)单位验收结论
检查结论			验收结论				
	项目专业技术负责人： 　　　　　　　年　月　日			监理工程师： (项目专业技术负责人)： 　　　　　　　年　月　日			

注：1. 本表中强度等级数量应根据实际情况确定；

　　2. 同条件养护试件的取样、留置、养护和强度代表值的确定应符合《混凝土结构工程施工质量验收规范》(GB 50204—2015)10.1节和附录 D 的规定；

　　3. 表中与某一强度等级对应的试件强度代表值，上一行填写根据《混凝土强度检验评定标准》(GB/T 50107—2010)确定的数值，下一行填写乘以折算系数后的数值；

　　4. 表中对强度等级一栏可填写 10 组试件的强度代表值，试件的具体组数应根据实际情况确定；

　　5. 同条件养护试件的留置组数、取样部位、放置位置、等效养护龄期、实际养护龄期和相应的温度测量等记录和资料应作为本表的附件。

附表 1-14 混凝土结构子分部工程结构实体
钢筋保护层厚度验收记录表

工程名称		结构类型		强度等级数量		梁	
施工单位		项目经理				板	

强度等级		钢筋保护层厚度/mm						合格点率	评定结果	监理（建设）单位验收结论
		设计值			实测值					
梁	1									
	2									
	3									
	4									
	5									
板	1									
	2									
	3									
	4									
	5									

检查结论		验收结论	
项目专业技术负责人：	年 月 日	监理工程师： （建设单位项目专业技术负责人）：	年 月 日

注：1. 本表中梁类、板类构件数量应根据实际情况确定；

2. 表中对每构件可填写 6 根钢筋的保护层厚度实测值，钢筋的具体数量应根据实际情况确定；

3. 钢筋保护层厚度检验的结构部位、构件数量、检验方法和验收符合《混凝土结构工程施工质量验收规范》（GB 50204—2015)10.1 节和附录 E 的规定；

4. 钢筋保护层厚度检验的结构部位、构件数量、检测钢筋数量和位置等记录和资料应作为本表的附件。

附表 1-15 预应力原材料检验批质量验收记录表（Ⅰ）

单位(子单位)工程名称						
分部(子分部)工程名称				验收部位		
施工单位				项目经理		
分包单位				分包项目经理		
施工执行标准名称及编号			《混凝土结构工程施工质量验收规范》(GB 50204—2015)			
施工质量验收规范的规定				施工单位检查评定记录		监理(建设)单位验收记录
主控项目	1	预应力筋力学性能检验	第6.2.1条			
	2	无粘结预应力筋的涂包质量	第6.2.2条			
	3	锚具、夹具和连接器的性能	第6.2.3条			
	4	三a、三b类环境下的无粘结预应力筋锚具系统防水性能	第6.2.4条			
	5	孔道灌浆用水泥、外加剂质量检验	第6.2.5条			
一般项目	1	预应力筋外观质量检验	第6.2.6条			
	2	锚具、夹具和连接器的外观质量	第6.2.7条			
	3	金属管道、塑料波纹管外观质量检验，径向刚度和抗渗性能检验	第6.2.8条			
施工单位检查评定结果		专业工长(施工员)			施工班组长	
		项目专业质量检查员：　　　　　　　　　　　　　　　年　月　日				
监理(建设)单位验收结论		专业监理工程师： (建设单位项目专业技术负责人)：　　　　　　　　　　年　月　日				

说明：

主控项目：

(1)预应力筋的性能。预应力筋进场时，应按《预应力混凝土用钢绞线》(GB/T 5224—2014)等的规定抽取试件作力学性能检验，其质量必须符合有关标准的规定。检查产品合格证、出厂检验报告和进场复验报告。

(2)无粘结预应力筋的涂包质量应符合无粘结预应力钢绞线标准的规定。观察和检查产品合格证及进场复验报告。

(3)预应力筋用锚具、夹具和连接器应按设计要求采用，其性能应符合《预应力筋锚具、夹具和边接器》(GB/T 14370—2015)等的规定。检查产品合格证、出厂检验报告和进场复验报告。

(4)孔道灌浆用水泥应采用普通硅酸盐水泥，其质量应符合《通用硅酸盐水泥》(GB 175—2007)的规定。孔道灌浆用外加剂的质量应符合《混凝土外加剂》(GB 8076—2008)的规定。检查产品合格证、出厂检验报告和进场复验报告。

一般项目：

(1)预应力筋使用前进行外观检查，其质量在符合下列要求：

1)有粘结预应力筋展开后平顺，不得有弯折，表面不应有裂纹、小刺、机械损伤、氧化薄钢板和油污等。

2)无粘结预应力筋护套应光滑、无裂缝、无明显褶皱。观察检查。

(2)预应力筋用锚具、夹具的连接器使用前应进行外观检查，其表面应无污物、锈蚀、机械损伤和裂纹。观察检查。

(3)预应力混凝土用金属螺旋管的尺寸和性能应符合《预应力混凝土用金属波纹管》(JG 225—2007)的规定。检查产品合格证、出厂检验报告和进场复验报告。

(4)预应力混凝土用金属螺旋管在使用前进行外观检查，其内外表面应清洁，无锈蚀，不应有油污、孔洞和不规则的褶皱。咬口不应有开裂或脱扣。观察检查。

附录二 材料强度

1. 混凝土轴心抗压强度设计值 应按附表 2-1 采用；混凝土轴心抗拉强度设计值应按附表 2-2 采用。

附表 2-1 混凝土轴心抗压强度设计值　　　　　N/mm²

强度	混凝土强度等级													
	C15	C20	C25	C30	C35	C40	C45	C50	C55	C60	C65	C70	C75	C80
f_c	7.2	9.6	11.9	14.3	16.7	19.1	21.1	23.1	25.3	27.5	29.7	31.8	33.8	35.9

附表 2-2 混凝土轴心抗拉强度设计值　　　　　N/mm²

强度	混凝土强度等级													
	C15	C20	C25	C30	C35	C40	C45	C50	C55	C60	C65	C70	C75	C80
f_t	0.91	1.10	1.27	1.43	1.57	1.71	1.80	1.89	1.96	2.04	2.09	2.14	2.18	2.22

2. 普通钢筋的抗拉强度设计值 f_y、抗压强度设计值 f_y 应按表附表 2-3 采用；预应力筋的抗拉强度设计值 f_{py}、抗压强度设计值 f_{py} 应按表附表 2-4 采用。当构件中配有不同种类的钢筋时，每种钢筋应采用各自的强度设计值。横向钢筋的抗拉强度设计值 f_{yv} 应按表中 f_y 的数值采用；当用作受剪、受扭、受冲切承载力计算时，其数值大于 360 N/mm² 时应取 360 N/mm²。

附表 2-3 普通钢筋的强度设计值　　　　　N/mm²

牌号	抗拉强度设计值 f_y	抗压强度设计值 f_y'
HPB300	270	270
HRB335	300	300
HRB400、HRBF400、RRB400	360	360
HRB500、HRBF500	435	435

附表 2-4 预应力筋强度设计值　　　　　N/mm²

种类	极限强度标准值 f_{pyk}	抗拉强度设计值 f_{py}	抗压强度设计值 f_{pk}
中强度预应力钢丝	800	510	410
	970	650	
	1 270	810	
消除应力钢丝	1 470	1 040	410
	1 570	1 110	
	1 860	1 320	
钢绞线	1 570	1 110	390
	1 720	1 220	
	1 860	1 320	
	1 960	1 390	

种类	极限强度标准值 f_{pyk}	抗拉强度设计值 f_{py}	抗压强度设计值 f_{pk}
预应力螺纹钢筋	980	650	400
	1 080	770	
	1 230	900	

注：当预应力筋的强度标准值不符合本表规定时，其强度设计值应进行相应的比例换算。

1. HPB300 级钢筋末端应做 180°弯钩，弯后平直段长度不小于 $3d$，但作为受压钢筋可不做弯钩。

2. 当锚固钢筋的保护层厚度不大于 $5d$ 时，锚固钢筋长度范围内应设置横向构造钢筋，其直径不应小于 $d/4$（d 为锚固钢筋的最大直径）。对梁、柱等构件间距不应大于 $5d$，对板、墙等构件间距不应大于 $10d$，且均不应大于 $100\ mm$（d 为锚固钢筋的最小直径）。

附录三　钢筋锚固长度及搭接长度

(1)受拉钢筋基本锚固长度(附表 3-1)及抗震设计时受拉钢筋基本锚固长度(附表 3-2)。

附表 3-1　受拉钢筋基本锚固长度 l_{ab}

钢筋种类	混凝土强度等级								
	C20	C25	C30	C35	C40	C45	C50	C55	≥C60
HPB300	39d	34d	30d	28d	25d	24d	23d	22d	21d
HRB335、HRBF335	38d	33d	29d	27d	25d	23d	22d	21d	21d
HRB400、HRBF400、RRB400	—	40d	35d	32d	29d	28d	27d	26d	25d
HRB500、HRBF500	—	48d	43d	39d	36d	34d	32d	31d	30d

附表 3-2　抗震设计时受拉钢筋基本锚固长度 l_{abE}

钢筋种类		混凝土强度等级								
		C20	C25	C30	C35	C40	C45	C50	C55	≥C60
HPB300	一、二级	45d	39d	35d	32d	29d	28d	26d	25d	24d
	三级	41d	36d	32d	29d	26d	25d	24d	23d	22d
HRB335 HRBF335	一、二级	44d	38d	33d	31d	29d	26d	25d	24d	24d
	三级	40d	35d	31d	28d	26d	24d	23d	22d	22d
HRB400 HRBF400	一、二级	—	46d	40d	37d	33d	32d	31d	30d	29d
	三级	—	42d	37d	34d	30d	29d	28d	27d	26d
HRB500 HRBF500	一、二级	—	55d	49d	45d	41d	39d	37d	36d	35d
	三级	—	50d	45d	41d	38d	36d	34d	33d	32d

注：1. 四级抗震时，$l_{abE}=l_{ab}$。

2. 当锚固钢筋的保护层厚度不大于 5d 时，锚固钢筋长度范围内应设置横向构造钢筋，其直径不应小于 d/4(d 为锚固钢筋的最大直径)；对梁、柱等构件间距不应大于 5d，对板、墙等构件间距不应大于 10d，且均不应大于 100 mm(d 为锚固钢筋的最小直径)。

(2)受拉钢筋锚固长度(附表 3-3)及受拉钢筋抗震锚固长度(附表 3-4)。

附表 3-3　受拉钢筋锚固长度 l_a

钢筋种类	混凝土强度等级																	
	C20		C25		C30		C35		C40		C45		C50		C55		≥C60	
	d≤25	d>25	d≤25	d>25	d≤25	d>25	d≤25	d>25	d≤25	d>25	d≤25	d>25	d≤25	d>25	d≤25	d>25	d≤25	d>25
HPB300	39d	34d	—	30d	—	28d	—	25d	—	24d	—	23d	—	22d	—	21d	—	
HRB335 HRBF335	38d	33d	—	29d	—	27d	—	25d	—	23d	—	22d	—	21d	—	21d	—	

钢筋种类	混凝土强度等级																
	C20	C25		C30		C35		C40		C45		C50		C55		≥C60	
	$d\leqslant25$	$d\leqslant25$	$d>25$	$d\leqslant25$	$d>25$	$d\leqslant25$	$d>25$	$d\leqslant25$	$d>25$	$d\leqslant25$	$d>25$	$d\leqslant25$	$d>25$	$d\leqslant25$	$d>25$	$d\leqslant25$	$d>25$
HRB400、HRBF400、RRB400	—	40d	44d	35d	39d	32d	35d	29d	32d	28d	31d	27d	30d	26d	29d	25d	28d
HRB500、HRBF500	—	48d	53d	43d	47d	39d	43d	36d	40d	34d	37d	32d	35d	31d	34d	30d	33d

附表 3-4　受拉钢筋抗震锚固长度 l_{aE}

钢筋种类及抗震等级		混凝土强度等级																
		C20	C25		C30		C35		C40		C45		C50		C55		≥C60	
		$d\leqslant25$	$d\leqslant25$	$d>25$	$d\leqslant25$	$d>25$	$d\leqslant25$	$d>25$	$d\leqslant25$	$d>25$	$d\leqslant25$	$d>25$	$d\leqslant25$	$d>25$	$d\leqslant25$	$d>25$	$d\leqslant25$	$d>25$
HPB300	一、二级	45d	39d	—	35d	—	32d	—	29d	—	28d	—	26d	—	25d	—	24d	—
	三级	41d	36d	—	32d	—	29d	—	26d	—	25d	—	24d	—	23d	—	22d	—
HRB335 HRBF335	一、二级	44d	38d	—	33d	—	31d	—	29d	—	26d	—	25d	—	24d	—	24d	—
	三级	40d	35d	—	30d	—	28d	—	26d	—	24d	—	23d	—	22d	—	22d	—
HRB400、HRBF400	一、二级	—	46d	51d	40d	45d	37d	40d	33d	37d	32d	36d	31d	35d	30d	33d	29d	32d
	三级	—	42d	46d	37d	41d	34d	37d	30d	34d	29d	33d	28d	32d	27d	30d	26d	29d
HRB500、HRBF500	一、二级	—	55d	61d	49d	54d	45d	49d	41d	46d	39d	43d	37d	40d	36d	39d	35d	38d
	三级	—	50d	56d	45d	49d	41d	45d	38d	42d	36d	39d	34d	37d	33d	36d	32d	35d

注：1. 当为环氧树脂涂层带肋钢筋时，表中数据尚应乘以 1.25。

　　2. 当纵向受拉钢筋在施工过程中易受扰动时，表中数据尚应乘以 1.1。

　　3. 当锚固长度范围内纵向受力钢筋周边保护层厚度为 3d、5d(d 为锚固钢筋的直径)时，表中数据可分别乘以 0.8、0.7；中间时按内插值。

　　4. 当纵向受拉普通钢筋锚固长度修正系数(注 1~注 3)多于一项时，可按连乘计算。

　　5. 受拉钢筋的锚固长度 l_a、l_{aE} 计算值不应小于 200 mm。

　　6. 四级抗震时，$l_{aE}=l_a$。

　　7. 当锚固钢筋的保护层厚度不大于 5d 时，锚固钢筋长度范围内应设置横向构造钢筋，其直径不应小于 $d/4$(d 为锚固钢筋的最大直径)；对梁、柱等构件间距不应大于 5d，对板、墙等构件间距不应大于 10d，且均不应大于 100 mm(d 为锚固钢筋的最小直径)。

(3)纵向受拉钢筋搭接长度(附表 3-5)、纵向受拉钢筋抗震搭接长度(附表 3-6)。

附表 3-5　纵向受拉钢筋搭接长度 l_l

钢筋种类及同一区段内搭接钢筋面积百分率		混凝土强度等级																
		C20	C25		C30		C35		C40		C45		C50		C55		C60	
		$d{\leqslant}25$	$d{\leqslant}25$	$d{>}25$	$d{\leqslant}25$	$d{>}25$	$d{\leqslant}25$	$d{>}25$	$d{\leqslant}25$	$d{>}25$	$d{\leqslant}25$	$d{>}25$	$d{\leqslant}25$	$d{>}25$	$d{\leqslant}25$	$d{>}25$	$d{\leqslant}25$	$d{>}25$
HPB300	≤25%	47d	41d	—	36d	—	34d	—	30d	—	29d	—	28d	—	26d	—	25d	—
	50%	55d	48d	—	42d	—	39d	—	35d	—	34d	—	32d	—	31d	—	29d	—
	100%	62d	54d	—	48d	—	45d	—	40d	—	38d	—	37d	—	35d	—	34d	—
HRB335	≤25%	46d	40d	—	35d	—	32d	—	30d	—	28d	—	26d	—	25d	—	25d	—
	50%	53d	46d	—	41d	—	38d	—	35d	—	32d	—	31d	—	29d	—	29d	—
	100%	61d	53d	—	46d	—	43d	—	40d	—	37d	—	35d	—	34d	—	34d	—
HRB400 HRBF400 RRB400	≤25%	—	48d	53d	42d	47d	38d	42d	35d	38d	34d	37d	32d	36d	31d	35d	30d	34d
	50%	—	56d	62d	49d	55d	45d	49d	41d	45d	39d	43d	38d	42d	36d	41d	35d	39d
	100%	—	64d	70d	56d	62d	51d	56d	46d	51d	45d	50d	43d	48d	42d	46d	40d	45d
HRB500 HRBF500	≤25%	—	58d	64d	52d	56d	47d	52d	43d	48d	41d	44d	38d	42d	37d	41d	36d	40d
	50%	—	67d	74d	60d	66d	55d	60d	50d	56d	48d	52d	45d	49d	43d	48d	42d	46d
	100%	—	77d	85d	69d	75d	62d	69d	58d	64d	54d	59d	51d	56d	50d	54d	48d	53d

注：1. 表中数值为纵向受拉钢筋绑扎搭接接头的搭接长度。

2. 两根不同直径钢筋搭接时，表中 d 取较细钢筋直径。

3. 当为环氧树脂涂层带肋钢筋时，表中数据尚应乘以 1.25。

4. 当纵向受拉钢筋在施工过程中易受扰动时，表中数据尚应乘以 1.1。

5. 当搭接长度范围内纵向受力钢筋周边保护层厚度为 $3d$、$5d$（d 为搭接钢筋的直径）时，表中数据尚可分别乘以 0.8、0.7；中间时按内插值。

6. 当上述修正系数（注 3～注 5）多于一项时，可按连乘计算。

7. 任何情况下，搭接长度不应小于 300。

8. 四级抗震等级时，$l_{l\mathrm{E}}=l_l$。

附表 3-6　纵向受拉钢筋抗震搭接长度 $l_{l\mathrm{E}}$

钢筋种类及同一区段内搭接钢筋面积百分率			混凝土强度等级																
			C20	C25		C30		C35		C40		C45		C50		C55		C60	
			$d{\leqslant}25$	$d{\leqslant}25$	$d{>}25$	$d{\leqslant}25$	$d{>}25$	$d{\leqslant}25$	$d{>}25$	$d{\leqslant}25$	$d{>}25$	$d{\leqslant}25$	$d{>}25$	$d{\leqslant}25$	$d{>}25$	$d{\leqslant}25$	$d{>}25$	$d{\leqslant}25$	$d{>}25$
一、二级抗震等级	HPB300	≤25%	54d	47d	—	42d	—	38d	—	35d	—	34d	—	31d	—	30d	—	29d	—
		50%	63d	55d	—	49d	—	45d	—	41d	—	39d	—	36d	—	35d	—	34d	—
	HRB335	≤25%	53d	46d	—	40d	—	37d	—	35d	—	31d	—	30d	—	29d	—	29d	—
		50%	62d	53d	—	46d	—	43d	—	41d	—	36d	—	35d	—	34d	—	34d	—
	HRB400 HRBF400	≤25%	—	55d	61d	48d	54d	44d	48d	40d	44d	38d	43d	37d	42d	36d	40d	35d	38d
		50%	—	64d	71d	56d	63d	52d	56d	46d	52d	45d	50d	43d	49d	42d	46d	41d	45d
	HRB500 HRBF500	≤25%	—	66d	73d	59d	65d	54d	59d	49d	55d	47d	52d	44d	48d	43d	47d	42d	46d
		50%	—	77d	85d	69d	76d	63d	69d	57d	64d	55d	60d	52d	56d	50d	55d	49d	53d
三级抗震等级	HPB300	≤25%	49d	43d	—	38d	—	35d	—	31d	—	30d	—	29d	—	28d	—	26d	—
		50%	57d	50d	—	45d	—	41d	—	36d	—	35d	—	34d	—	32d	—	31d	—
	HRB335	≤25%	48d	42d	—	36d	—	34d	—	31d	—	29d	—	28d	—	26d	—	26d	—
		50%	56d	49d	—	42d	—	39d	—	36d	—	34d	—	32d	—	31d	—	31d	—
	HRB400 HRBF400	≤25%	—	50d	55d	44d	49d	41d	44d	36d	41d	35d	40d	34d	38d	32d	36d	31d	35d
		50%	—	59d	64d	52d	57d	48d	52d	42d	48d	41d	46d	39d	45d	38d	42d	36d	41d
	HRB500 HRBF500	≤25%	—	60d	67d	54d	59d	49d	54d	46d	50d	43d	47d	41d	44d	40d	43d	38d	42d
		50%	—	70d	78d	63d	69d	57d	63d	53d	59d	50d	55d	48d	52d	46d	50d	45d	49d

附录四 二跨、三跨等截面连续梁的内力及变形表

（1）二跨等跨梁的内力和挠度系数（附表 4-1）。

附表 4-1 二跨等跨梁的内力和挠度系数

序号	荷载图	跨内最大弯矩		支座弯矩	剪力			跨度中点挠度	
		M_1	M_2	M_B	V_A	$V_{B左}$ $V_{B右}$	V_C	w_1	w_2
1	q 满布 A—B—C	0.070	0.070	−0.125	0.375	−0.625 0.625	−0.375	0.521	0.521
2	q 左跨	0.096	—	−0.063	0.437	−0.563 0.063	0.063	0.912	−0.391
3	F 两跨中点	0.156	0.156	−0.188	0.312	−0.688 0.688	−0.312	0.911	0.911
4	F 左跨中点	0.203	—	−0.094	0.406	−0.594 0.094	0.094	1.497	−0.586
5	F F F F 各三分点	0.222	0.222	−0.333	0.667	−1.333 1.333	−0.667	1.466	1.466
6	F F 左跨三分点	0.278	—	−0.167	0.833	−1.167 0.167	0.167	2.508	−1.042

（2）三跨等跨梁的内力和挠度系数（附表 4-2）。

附表 4-2 三跨等跨梁的内力和挠度系数

序号	荷载图	跨内最大弯矩		支座弯矩		剪力			跨度中点挠度		
		M_1	M_2	M_B	M_C	V_A	$V_{B左}$ $V_{B右}$	$V_{C左}$ $V_{C右}$	V_D	w_1	w_2	w_3
1	q 满布 A—B—C—D	0.080	0.025	−0.100	−0.100	0.400	−0.600 0.500	−0.500 0.600	−0.400	0.677	0.052	0.677

序号	荷载图	跨内最大弯矩		支座弯矩		剪力				跨度中点挠度		
		M_1	M_2	M_B	M_C	V_A	$V_{B左}$ / $V_{B右}$	$V_{C左}$ / $V_{C右}$	V_D	w_1	w_2	w_3
2	q on AB、CD, A B C D	0.101	—	−0.050	−0.050	0.450	−0.550 / 0	0 / 0.050	−0.450	0.990	−0.625	0.990
3	q on BC, A B C D	—	0.075	−0.050	−0.050	−0.050	−0.050 / 0.500	−0.500 / 0.050	0.050	−0.313	0.677	−0.313
4	q on AB、BC, A B C D	0.073	0.054	−0.117	−0.033	0.383	−0.167 / 0.583	−0.417 / 0.033	0.033	0.573	0.365	−0.208
5	q on AB, A B C D	0.094	—	−0.067	0.017	0.433	−0.567 / 0.083	0.083 / −0.017	−0.017	0.885	−0.313	0.104
6	F F F, A (M_1) B (M_2) C (M_3) D, l l l	0.175	0.100	−0.150	−0.150	0.350	−0.650 / 0.500	−0.500 / 0.650	−0.350	1.146	0.208	1.146
7	F F, A B C D	0.213	—	−0.075	−0.075	0.425	−0.575 / 0	0 / 0.575	−0.425	1.615	−0.937	1.615
8	F, A B C D	—	0.175	−0.075	−0.075	−0.075	−0.075 / 0.500	−0.500 / 0.075	0.075	−0.469	1.146	−0.469
9	F F, A B C D	0.162	0.137	0.175	−0.050	0.325	−0.675 / 0.625	−0.375 / 0.050	0.050	0.990	0.677	−0.312
10	F, A B C D	0.200	—	−0.100	0.025	0.400	−0.600 / 0.125	0.125 / −0.025	−0.025	1.458	−0.469	0.156
11	F F F F F F, A B C D	0.244	0.067	−0.267	−0.267	0.733	−1.267 / 1.000	−1.000 / 1.267	−0.733	1.883	0.216	1.883

序号	荷载图	跨内最大弯矩		支座弯矩		剪力				跨度中点挠度		
		M_1	M_2	M_B	M_C	V_A	$V_{B左}$ $V_{B右}$	$V_{C左}$ $V_{C右}$	V_D	w_1	w_2	w_3
12		0.289	—	−0.133	−0.133	0.866	−1.134 0	0 1.134	−0.866	2.716	−1.667	2.716
13		—	0.200	−0.133	−0.133	−0.133	−0.133 1.000	−1.000 0.133	0.133	−0.833	1.883	−0.883
14		0.229	0.170	−0.311	−0.089	0.689	−1.311 1.222	−0.778 0.089	0.089	1.605	1.049	−0.556
15		0.274	—	−0.178	0.044	0.822	−1.178 0.222	0.222 −0.044	−0.044	2.438	−0.833	0.278

注：1. 在均布荷载作用下：$M=$ 表中系数 $\times ql^2$；$V=$ 表中系数 $\times ql$；$w=\times \dfrac{ql^4}{100EI}$。

   2. 在集中荷载作用下：$M=$ 表中系数 $\times Fl$；$V=$ 表中系数 $\times F$；$w=\times \dfrac{Fl^3}{100EI}$。

附录五 混凝土结构的环境类别

混凝圭结构的环境类别见附表 5-1。

附表 5-1 混凝土结构的环境类别

环境类别	条件
一	室内干燥环境；无侵蚀性静水浸没环境
二 a	室内潮湿环境；非严寒和非寒冷地区的露天环境；非严寒和非寒冷地区与无侵蚀性的水或土壤直接接触的环境；严寒或寒冷地区的冰冻线以下与无侵蚀性的水或土壤直接接触的环境
二 b	干湿交替环境；水位频繁变动环境；严寒地区和寒冷地区的露天环境；严寒地区和寒冷地区冰冻线以上与无侵蚀性的水或土壤直接接触的环境
三 a	严寒地区和寒冷地区冬季水位变动区环境；受除冰盐影响的环境；海风环境
三 b	盐渍土环境；受除冰盐作用环境；海岸环境
四	海水环境
五	受人为或自然的侵蚀性物质影响的环境

注：1. 室内潮湿环境是指构件表面经常处于结露或湿润状态的环境。

2. 严寒或寒冷地区的划分应符合现行国家标准《民用建筑热工设计规范》(GB 50176—2016)的有关规定。

3. 海岸环境和海风环境宜根据当地情况，考虑主导风向及结构所处迎风、背风部位等因素的影响，由调查研究和工程经验确定。

4. 受除冰盐影响环境是指受到除冰盐盐雾影响的环境；受除冰盐作用环境是指被除冰盐溶液溅射的环境以及使用除冰盐地区的洗车房、停车楼等建筑。

5. 暴露的环境是指混凝土结构表面所处的环境。

参 考 文 献

[1]中华人民共和国住房和城乡建设部.GB 50010—2010 混凝土结构设计规范(2015 年版)[S].
北京：中国建筑工业出版社，2010.

[2]中华人民共和国住房和城乡建设部.GB 50204—2015 混凝土结构工程施工质量验收规范[S].
北京：中国建筑工业出版社，2014.

[3]中华人民共和国国家质量监督检验检疫总局，中国国家标准化管理委员会.GB/T 1499.1—
2017 钢筋混凝土用钢 第 1 部分：热轧光圆钢筋[S]. 北京：中国标准出版社，2017.

[4]中华人民共和国国家质量监督检验检疫总局，中国国家标准化管理委员会.GB/T 1499.2—
2018 钢筋混凝土用钢 第 2 部分：热轧带肋钢筋[S]. 北京：中国标准出版社，2018.

[5]中华人民共和国国家质量监督检验检疫总局，中国国家标准化管理委员会.GB 13788—2018
冷轧带肋钢筋[S]. 北京：中国标准出版社，2008.

[6]中华人民共和国住房和城乡建设部.GB 50214—2013 组合钢模板技术规范[S]. 北京：中国
计划出版社，2013.

[7]中华人民共和国国家质量监督检验检疫总局，中国国家标准化管理委员会.GB/T 20065—
2016 预应力混凝土用螺纹钢筋[S]. 北京：中国标准出版社，2016.

[8]中华人民共和国国家质量监督检验检疫总局，中国国家标准化管理委员会.GB/T 14370—
2015 预应力筋用锚具、夹具和连接器[S]. 北京：中国标准出版社，2015.

[9]中华人民共和国国家质量监督检验检疫总局，中国国家标准化管理委员会.GB/T 5224—
2014 预应力混凝土用钢绞线[S]. 北京：中国标准出版社，2014.

[10]中华人民共和国国家质量监督检验检疫总局，中国国家标准化管理委员会.GB 5223—2014
预应力混凝土用钢丝[S]. 北京：中国标准出版社，2014.

[11]中华人民共和国住房和城乡建设部.GB 50666—2011 混凝土结构工程施工规范.[S]. 北京：
中国建筑工业出版社，2012.

[12]中华人民共和国住房和城乡建设部.JGJ/T 104—2011 建筑工程冬期施工规程[S]. 北京：中
国建筑工业出版社，2011.

[13]中华人民共和国住房和城乡建设部.JGJ 18—2012 钢筋焊接及验收规程[S]. 北京：中国建
筑工业出版社，2012.

[14]中华人民共和国住房和城乡建设部.JGJ 107—2016 钢筋机械连接通用技术规程[S]. 北京：
中国建筑工业出版社，2016.

[15]中华人民共和国住房和城乡建设部.JGJ 162—2008 建筑施工模板安全技术规范[S]. 北京：
中国建筑工业出版社，2008.

[16]中华人民共和国住房和城乡建设部.JGJ/T 74—2017 建筑工程大模板技术标准[S]. 北京：
中国建筑工业出版社，2003.

[17]中华人民共和国建设部．JG 225—2007 预应力混凝土用金属波纹管[S]．北京：中国标准出版社，2007．

[18]中华人民共和国住房和城乡建设部．JGJ85—2010 预应力筋用锚具、夹具和连接器应用技术规程[S]．北京：中国建筑工业出版社，2010．

[19]中华人民共和国住房和城乡建设部．JG/T 161—2016 无粘结预应力钢绞线[S]．北京：中国标准出版社，2016．

[20]中华人民共和国住房和城乡建设部．JGJ 92—2016 无粘结预应力混凝土结构技术规程[S]．北京：中国建筑工业出版社，2016．

[21]中华人民共和国住房和城乡建设部．JGJ 1—2014 装配式混凝土结构技术规程[S]．北京：中国建筑工业出版社，2014．

[22]中国建筑业协会．TCCIAT 0001—2017 装配式混凝土建筑施工规程．[S]．北京：中国建筑工业出版社，2017．

[23]姚谨英．建筑施工技术[M]．6 版．北京：中国建筑工业出版社，2017．

[24]陈引花．混凝土结构施工[M]．北京：北京理工大学出版社，2011．

[25]常建立，赵占军．建筑工程施工技术[M]．3 版．北京：北京理工大学出版社，2017．

[26]中国建筑标准设计研究院．16G101—1 混凝土结构施工图平面整体表示方法制图规则和构造详图[S]．北京：中国计划出版社，2016．

[27]建筑施工手册编写组．建筑施工手册[M]．5 版．北京：中国建筑工业出版社，2012．

[28]中国建筑第八工程局．建筑工程施工技术标准[M]．北京：中国建筑工业出版社，2005．

[29]中国建筑工业出版社．现行建筑施工规范大全[M]．北京：中国建筑工业出版社，2009．

[30]中国建筑工业出版社．现行建筑结构规范大全[M]．北京：中国建筑工业出版社，2009．

[31]中华人民共和国住房和城乡建设部．建筑业 10 项新技术[M]．北京：中国建筑工业出版社，2017．

[32]中国建筑标准设计研究院．11G101—1 混凝土结构施工图平面整体表示方法制图规则和构造详图[S]．北京：中国计划出版社，2011．

附图一 某膨胀机厂房

结构设计说明

一、本工程建筑抗震类别

丙类；丙类建筑。

抗震设防烈度为8度；设计基本地震加速度值为0.20g；设计地震分组为第三组；建筑场地类别为Ⅱ类；设计特征周期值0.45 s；结构安全等级为二级；设计合理使用年限50年；地基基础设计等级为丙级；环境类别为一类。抗震等级为二级，结构形式为钢筋混凝土框架结构，四周有围护。

二、±0.000相当于绝对标高508.650 m

三、设计依据

1. 设计合同。
2. 各专业提供的设计条件。
3. 国家、地方和行业现行的设计规范。
4. 依据业主提供的设计资料。
5. 业主提供的本工程的岩土工程详细勘察报告。
6. 本结构设计采用PKPM CAD-2010系列软件计算。

四、荷载标准值取值

基本风压：0.50 kN/m²；地面粗糙度类别为B类。

基本雪压：0.70 kN/m²；楼面活载：4.0 kN/m²；检修荷载：15.0 kN/m²；楼梯活载：3.5 kN/m²。

在施工及使用过程中请严格控制，严禁超载。

五、地基

1. 根据甲方提供的岩土工程勘察报告，场地地基土自上而下大致可分层如下：

第1层粉土：土黄色、黄色，层厚0.2~1.0 m。场地内局部区域有分布，厚度较小，孔隙发育，无光泽反应，摇振反应中等，干强度低，韧性低，含有大量植物根系，局部含有少量砾石颗粒。稍湿，松散至稍密。

第2层卵石：青灰色为主，埋深0.0~1.0 m，整个场地均有分布，局部区域直接出露于地表。一般粒径2~6 cm，最大粒径可达38 cm，磨圆度较好，呈圆形亚圆形为主，以中、粗砂为主要充填物。该层上部（2 m以上）级配较差，卵石含量高，易坍塌，下部（2 m以下）级配一

般，骨架颗粒交错排列，结构较紧密，局部偶见漂石颗粒。本次勘察未揭穿该层，最大揭露厚度为20 m。稍湿，稍密至中密。承载力特征值：f_{ak}=400 kPa。

2. 水的腐蚀性评价：本次勘察在勘探深度范围内未见地下水，可不考虑地下水对拟建建（构）筑物基础的影响。

土的腐蚀性评价：场地土对建筑物混凝土结构具有弱腐蚀性，对钢筋混凝土结构中的钢筋具有微腐蚀性。

3. 建筑抗震地段划分：根据本次勘察结果及区域地质资料，综合判定该场地属于抗震有利地段，适宜本工程的建设。

4. 地基均匀性：当采用天然地基，基础位于第2层土时，场地地基土可视为均匀地基。

5. 本场地最大冻结深度为1.25 m。

六、材料

1. 所有结构材料均应按国家的有关规定进行质量检验合格后方可使用。

2. 水泥的选用应符合国家标准《通用硅酸盐水泥》（GB 175-2007）的要求。水泥的强度等级不得低于42.5 MPa。水泥应优先选用矿渣硅酸盐水泥、粉煤灰硅酸盐水泥、火山灰硅酸盐水泥，但对有抗冻要求的混凝土，不得使用火山灰质硅酸盐水泥。粗、细骨料的选用应符合《普通混凝土用砂、石质量及检验方法标准》（JGJ 52-2006）的要求，混凝土用水应符合《混凝土用水标准》（JGJ 63-2006）的要求。混凝土的配合比应严格按《普通混凝土配合比设计规程》（JGJ 55-2011）的规定进行试配、调整，直到满足要求为止。在混凝土配合比确定后，宜进行水化热的验算或测定。

3. 外加剂和掺合料的掺量应通过试验确定，并应符合现行的国家标准《混凝土外加剂应用技术规范》（GB 50119-2013）和《粉煤灰混凝土应用技术规程》（DG/TJ 08-230-2006）的规定。

4. 掺用粉煤灰的质量应符合现行的国家标准《粉煤灰混凝土应用技术规程》（DG/TJ 08-230-2006）中级的质量要求。

5. 混凝土：

垫层：C20；基础、柱、梁、板：C30。

6. 混凝土耐久性的要求：

基础、柱、梁、板：最大水胶比0.60，最大氯离子含量0.30 %；最大碱含量3 kg/m³，最小水泥用量300 kg/m³。

7. 钢筋：HRB335（Φ）级钢筋，f_y=300 MPa；HRB400（Φ）级钢筋，f_y=360 MPa。

普通钢筋检验所得的强度实测值应符合下列要求：

(1) 钢筋的抗拉强度实测值与屈服强度实测值的比值不应小于1.25。

(2) 钢筋的屈服强度实测值与强度标准值的比值不应大于1.3。

(3) 钢筋在最大拉力下的总伸长率实测值不应小于9%，且钢筋的强度标准值应具有95%的保证率。

8. 焊条：宜选用塑性、冲击韧性均较好的碱性焊条（低氢性焊条）；选用焊条应满足《钢筋焊接及验收规程》（JGJ 18-2012）的相关规定。

9. 砌体：维护墙体采用陶粒混凝土空心砌块，外墙300 mm厚，内墙200 mm厚，砌块强度等级为MU7.5，采用M7.5混合砂浆砌筑，砌体质量控制等级为B类。墙体综合容重不大于10 kN/m。

10. 部分框架柱纵筋兼作避雷引下线，与电气专业配合施工。

七、钢筋的锚固、搭接和保护层厚度

1. 纵向受压钢筋的搭接连接的搭接长度：采用搭接连接的纵向受压钢筋，其搭接长度不应小于其纵向受拉钢筋搭接长度的0.7倍，且在任何情况下不应小于200 mm（本图要求的纵向受力钢筋未特别注明时，均应按纵向受拉钢筋考虑和施工）。受拉钢筋的锚固、搭接详见《混凝土结构施工图平面整体表示方法制图规则和构造详图》（16G101）。

2. 框架柱中纵筋应采用机械连接方式，其他柱采用电渣压力焊，不得在竖向焊接后横置于梁、板等构件中作水平钢筋用。框架梁中纵筋应采用机械连接方式，次梁可采用闪光接触对焊。梁、柱中纵筋的焊接连接应避开箍筋加密区。梁柱钢筋接头的面积百分率不得大于50%。严禁在梁柱纵筋中焊有任何附件。用于机械连接的钢筋应符合现行国家标准《钢筋混凝土用钢 第2部分：热轧带肋钢筋》（GB 1499.2-2018）及《钢筋混凝土用余热处理钢筋》（GB 13014-2013）的规定。本图设计要求的纵向受力钢筋未特别注明时，均应按纵向受拉钢筋考虑和施工。

3. 如使用焊接接头，焊接接头的类型及质量应符合国家标准《钢筋焊接及验收规程》（JGJ 18-2012）。梁、柱中纵筋的焊接连接应避开箍筋加密区，柱中纵筋应采用电渣压力焊，不得在竖向焊接后横置于梁、板等构件中作水平钢筋用。框架梁中纵筋应采用闪光接触对焊连接。梁柱钢筋接头的面积百分率不得大于50%。严禁在梁柱纵筋中焊有任何附件。

4. 最外层钢筋保护层厚度：基础50 mm，基础梁35 mm，梁、柱35 mm，板20 mm。

八、施工要求

1. 维护墙有关做法参见《建筑物抗震构造详图》（11G329）。

2. 除特殊注明外，构造柱、圈梁、雨篷梁以及水平系梁钢筋分别锚入两端构件39d，先砌墙后浇筑混凝土。

3. 悬挑构件施工时，应保证上部钢筋位置正确且待混凝土达到设计强度100%后，方可拆模。

4. 混凝土梁跨度大于4 m时，模板应按跨度的0.3%起拱，悬臂构件均应按跨度的0.5%起拱，且起拱高度不小于20 mm。

5. 图集中所选构件在施工中严格按图集规定执行。

6. 本工程未考虑冬季施工，未进行设备吊装验算。沉降观测及观测点、基准点的设置严格按相关规范执行。

7. 填充墙构造说明：

（1）填充墙应沿框架柱全高每隔500 mm设拉筋，墙厚为200 mm时设置2Φ8拉筋，墙厚为300 mm时设置3Φ8拉筋，拉筋沿墙全长贯通。填充墙墙顶应与框架梁紧密接合。顶面与上部结构接触处宜采用一皮砖或配砖斜砌楔紧。

（2）墙长大于5 m或墙长超过2倍层高时墙顶与梁应有拉接措施，墙体中部应设置构造柱，墙厚为300 mm时构造柱尺寸为300 mm×300 mm，墙厚为200 mm时构造柱尺寸为200 mm×200 mm，纵筋4Φ16，箍筋Φ8@100/200。

（3）墙高超过4 m时，在墙体半高处设置一圈与柱连接的混凝土水平系梁，墙高超过6 m时，沿墙高每2 m设置与柱连接的水平系梁，梁宽同墙宽，高300 mm，主筋4Φ14，箍筋为Φ8@200。当梁被门窗洞口截断时，在洞口上部增设相同截面的附加系梁，搭接长度不小于其中到中垂直距离的2倍且不小于1 m，并增设2Φ16附加钢筋，每边伸入墙体500 mm。钢筋混凝土系梁应与门窗过梁的混凝土同时浇筑。当有洞口的填充墙尽端至门窗洞口边距离小于240 mm时，应采用钢筋混凝土门窗框。

（4）楼梯间的填充墙应采用钢丝网砂浆面层加强。

选用标准图目录

序号	标准图名称	标准图图号	备注
1	混凝土结构施工图平面整体表示方法制图规则和构造详图	16G101-1~3	国标
2	建筑物抗震构造详图（单层工业厂房）	11G329-3	国标
3	钢筋混凝土雨篷	03G372	国标

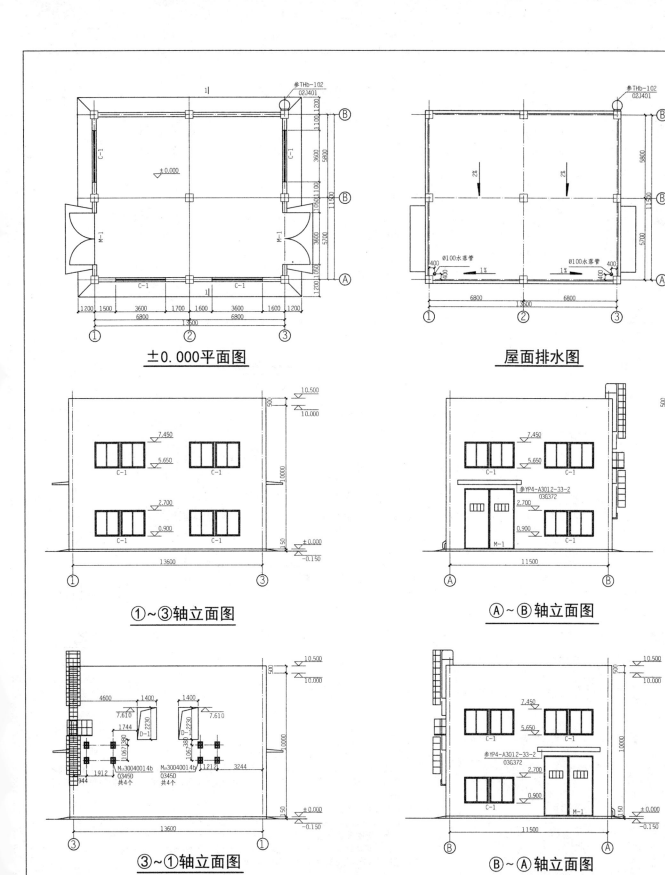

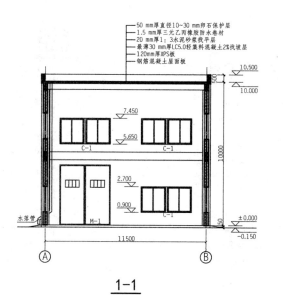

建北

±0.000平面图

屋面排水图

50 mm厚直径10~30 mm卵石保护层
1.5 mm厚三元乙丙橡胶防水卷材
20 mm厚1：3水泥砂浆找平层
最薄30 mm厚LC5.0轻集料混凝土2%找坡层
120mm厚XPS板
钢筋混凝土屋面板

1-1

①~③轴立面图

Ⓐ~Ⓑ轴立面图

③~①轴立面图

Ⓑ~Ⓐ轴立面图

门窗明细表

设计编号	洞口尺寸/mm		门窗标准				过梁		备注
	宽度	高度	编号	名称	图集号	数量	标准图集	型号	
M-1	3 600	4 200	M11-3642	平开钢木大门	02J611-1	2		详结构施工图	框架梁兼过梁
C-1	3 600	1 800	3618TC-Z	推拉组合塑钢窗	07J604	10	13G322-3	参GL-2362H	
D-1	1 400	2 230				2	13G322-3	参GL-2152H	

说明：
1. 填充墙为300 mm厚陶粒混凝土空心砌块，沿轴线居中布置。墙体工程其他要求见建筑设计说明。
2. 装修做法见建筑设计说明建筑做法表。
3. 屋面排水：本工程的屋面防水等级为Ⅱ级，采用有组织内排水，水落管采用φ100 mm镀锌钢管，水落管在距室外地面500~600 mm处穿墙而出，将屋面水排至室外。
4. 各专业应密切配合，凡未注明者，均按国家标准《混凝土结构工程施工规范》（GB 50666-2011）的要求施工。

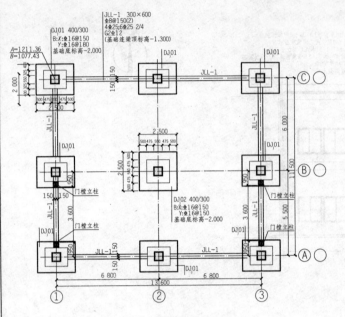

基础布置图

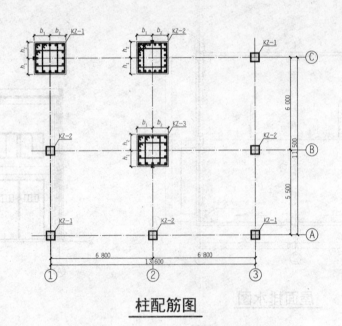

柱配筋图

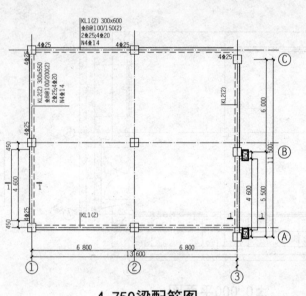

4.750梁配筋图

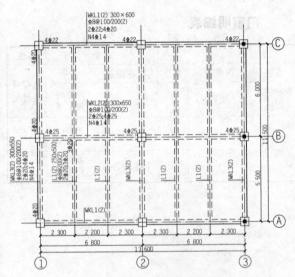

10.000梁配筋图

本层混凝土板厚110 mm，楼板配筋为Φ12@150双层双向

柱配筋一览表

柱号	标高/m	b×h /mm×mm	b_1 /mm	b_2 /mm	h_1 /mm	h_2 /mm	主筋总数	角筋	b边一侧中部钢筋	h边一侧中部钢筋	箍筋类型	箍筋
KZ-1	基础顶~10.000	550x550	275	275	275	275	16Φ25	4Φ25	3Φ25	3Φ25	4x4	Φ10@100
KZ-2	基础顶~4.750	550x550	275	275	275	275	20Φ22	4Φ22	4Φ22	4Φ22	4x4	Φ10@100/200
	4.750~10.000	550x550	275	275	275	275	16Φ22	4Φ22	3Φ22	3Φ22	4x4	Φ10@100/200
KZ-3	基础顶~10.000	550x550	275	275	275	275	16Φ22	4Φ22	3Φ22	3Φ22	4x4	Φ10@100/200

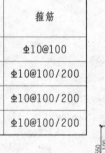

女儿墙配筋图

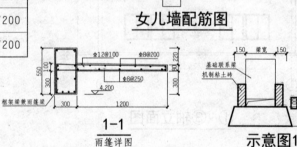

1-1
雨篷详图

示意图1

说明：

1. 材料：基础、基础梁、梁、板、柱、集水坑：C30；垫层：C20。

2. 基础施工时应将第1层粉土全部挖除，膨胀机厂房基础以第2层卵石为持力层，f_{ak}=400kPa等。

3. 最外层钢筋保护层厚度：基础50 mm，基础梁35 mm，梁、柱35 mm，板20 mm。

4. 场地土对混凝土的腐蚀性等级为弱，基础梁表面防护做法为：
 （1）环氧沥青或聚氨酯沥青涂层，厚度≥300 μm；
 （2）聚合物水泥砂浆，厚度≥5 mm；
 （3）聚合物水泥砂浆两遍。

5. 本结构抗震等级二级，施工应严格执行《混凝土结构施工图平面整体表示方法制图规则和构造详图》（16G101-1）。

6. 主次梁相交处，主梁每侧应附加3根与主梁箍筋同型号加密箍筋，且符合16G101-1附加箍筋的构造要求。

7. 图中未注明钢筋应满足钢筋的锚固长度。

8. 梁纵筋的连接采用闪光接触对焊，且须避开箍筋加密区。钢筋接头面积百分率不能大于50%，其余见工程说明。

9. 基础联系梁下铺垫250 mm厚中粗砂，垫层距梁底应有100 mm空隙，宽度为沿基础梁两边各向外扩出150 mm，做法见示意图1。

10. 填充墙构造说明详见结构设计说明。

11. 门楣立柱，截面300x300，纵筋4Φ14，箍筋Φ8@200，纵筋底部锚入基础梁内，锚固长度420 mm，顶部锚入雨篷梁。

12. GD1.5、GD3、MJ2a、MJ3尺寸及做法见0060-04000-06236-04第18张。

13. 混凝土保护层厚度：集水坑侧壁迎水面为50 mm，底板下层钢筋保护层厚度为40 mm，其余为35 mm。

14. 集水坑抗渗等级S8，抗冻等级DN100。

15. 集水坑内外侧用1:2水泥砂浆（掺5%防水剂）做20 mm厚二次抹面。

16. 其他未尽事宜严格按照相关规范执行。

17. 地沟做法见《地沟及盖板》02J331，盖板采用380 mm玻璃钢盖板。

18. 未标注的钢筋锚固长度为40d。

附图二 某高层剪力墙结构住宅

结构设计总说明（一）

一、工程概况

1. 建筑功能

本工程为××新城14街区14E-08-A地块公租房项目2#楼工程，地下1层，地上15层。

2. 工程指标

建筑面积	10 839.1 m²				
地上层数	15	地下层数	1层	地下1层	2.8 m
建筑物长度	47.00 m	建筑物宽度	17.90 m	各层层高	
				住宅	2.8 m
建筑结构选型	剪力墙结构	基础选型	筏板基础		
首层±0.000相当于绝对标高	40.950 m	基底标高	-5.000		

二、设计依据

1. 现行国家规范及规程

建筑结构可靠性设计统一标准 (GB 50068-2018)	建筑抗震设防分类标准 (GB 50223-2008)
建筑结构荷载规范 (GB 50009-2012)	混凝土结构设计规范（2015年版） (GB 50010-2010)
建筑抗震设计规范（2016年版） (GB 50011-2010)	建筑地基基础设计规范 (GB 50007-2011)
高层建筑混凝土结构技术规程 (JGJ 3-2010)	高层建筑箱形与筏形基础技术规范 (JGJ 6-2011)
地下工程防水技术规范 (GB 50108-2008)	钢筋机械连接通用技术规程 (JGJ 107-2010)
混凝土结构工程施工质量验收规范 (GB 50204-2015)	

2. 岩土工程勘察报告

名称	工程编号	编制日期	勘察单位
××公租房项目岩土工程勘察报告		××年09月	××勘察基础工程有限公司

三、主要技术指标

设计使用年限	50年	建筑结构安全等级	二级
抗震设防烈度	8度	建筑抗震设防分类	丙类

设计地震分组	第一组	地震基本加速度值	0.2g
场地类别	二类	液化判别	不考虑液化
抗震等级	二级		
地基基础设计等级	二级	地下室防水等级	P6
基本风压 / (kN·m⁻²)	0.45	地面粗糙度类别	B类
基本雪压 / (kN·m⁻²)	0.40	标准冻深 / m	标准冻深0.8 m
耐火等级	一级		
混凝土结构环境类别		室内正常环境：一类 室内潮湿、露天及水土直接接触部分：二b类	

四、设计荷载

均布活荷载标准值 / (kN·m⁻²)

类别	荷载标准值	类别	荷载标准值	类别	荷载标准值
住宅	2.0	电梯前室	3.5	楼梯	3.5
屋面（上人屋面）	2.0	楼梯、阳台等栏杆顶部荷载	0.5 kN/m		

大型设备荷载按实际质量考虑。

五、一般说明

1. 采用的计算程序

程序名称	版本	编制单位
SATWE	2012年	中国建筑科学研究院

2. 除注明者外，全部尺寸均以mm为单位，标高均以m为单位。

3. 本工程施工图是按"平面整体表示法"绘制而成，除施工图中注明者外，均需满足本说明及国家标准图集《混凝土结构施工图平面整体表示方法制图规则和构造要求》（16G101-1~3）中的相应要求。

4. 未经技术鉴定或设计许可，不得改变结构的用途和使用环境，且不得超过设计使用荷载。

5. 未经有资质的审查机构进行审查，不得进行施工。

六、材料

1. 混凝土

（1）构件混凝土强度等级

	构件名称			
楼层	剪力墙	框架柱	梁、楼板	圈梁、构造柱
地下	C40	/	C30	C20
1~3层	C40	C30	C30	C20
4~机房层	C30	C30	C30	C20

备注：筏板、地下室外墙均采用防水混凝土，除注明外设计抗渗等级均为P6。
楼梯混凝土强度等级同楼层梁板。

（2）本工程的混凝土含碱量应按混凝土结构耐久性的基本要求进行控制。

采用低碱水泥、低碱外加剂和低碱活性集料配制混凝土，应对混凝土的碱含量做出评估。

结构混凝土耐久性的基本要求

环境类别		最大水胶比	最低混凝土强度等级	最大氯离子含量/%	最大碱含量/ (kg·mm⁻³)
一		0.60	C20	0.3	不限制
二	a	0.55	C25	0.2	3.0
	b	0.50	C30	0.15	3.0
三	a	0.45	C35	0.15	3.0
	b	0.40	C40	0.10	3.0

氯离子含量是指其占水泥用量的百分率。当使用非碱活性骨料时，对混凝土中的碱含量可不作限制。

（3）当柱子混凝土强度等级高于楼层梁板时，梁柱节点处的混凝土按以下原则处理（以混凝土强度等级5 N/mm²为一级）：

▲ 柱子混凝土强度等级高于梁板混凝土强度等级不大于一级者，梁柱节点处的混凝土可随梁板一同浇筑。

▲ 柱子混凝土强度等级高于梁板混凝土强度等级不大于二级者，且柱子四边皆有现浇框架梁者，梁柱节点处的混凝土可随梁板一同浇筑。

▲ 当不符合上述两条规定时，梁柱节点处的混凝土应按柱子混凝土强度等级单独浇筑（图6-1），在混凝土初凝前即浇捣

梁板混凝土，并加强混凝土的振捣和养护。

（4）当剪力墙混凝土强度等级高于楼层梁板时，板墙节点处的混凝土按以下原则处理（以混凝土强度等级5 N/mm²为一级）：

▲ 凡剪力墙混凝土强度等级高于梁板混凝土强度等级不大于二级者，板墙节点处的混凝土可随梁板一同浇筑。

▲ 当不符合上述规定时，板墙节点处的混凝土应按剪力墙混凝土强度等级单独浇筑（图6-2），在混凝土初凝前即浇捣梁板混凝土并加强混凝土的振捣和养护。

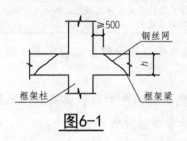

图6-1

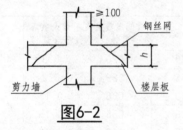

图6-2

2. 钢筋

符号	钢筋	强度设计值f_y/（N·mm⁻²）	焊条
Φ	HPB300	270	E43XX
Φ	HRB335	300	E50XX
Φ	HRB400	360	E50XX

备注：抗震等级为一、二、三级的框架和斜撑构件（含梯段），其纵向受力钢筋采用普通钢筋时，钢筋的抗拉强度实测值与屈服强度实测值的比值不应小于1.25；钢筋的屈服强度实测值与强度标准值的比值不应大于1.3。钢筋在最大拉力下的总伸长率实测值不应小于9%。

3. 砌体

部位及用途	材料	强度	密度	砂浆强度等级
填充内墙	轻集料砌块	≥MU7.5	≤800kg/m³	M5
填充外墙	加气混凝土砌块	≥MU7.5	≤800kg/m³	M5

---

4. 钢板：采用Q235、Q345钢。

5. 吊钩、吊环：均采用HPB300级钢筋，严禁采用冷加工钢筋。受力预埋件的锚筋应采用HPB300级、HRB335级或HRB400级钢筋，严禁采用冷加工钢筋。

6. 油漆：凡外露钢铁件必须在除锈后涂底漆两遍，面漆两道，并经常注意维护。

七、地基与基础

1. 地质概况

地形地貌			
层号	土层名称	抗浮设防水位/m	32.40
①	素填土	地下水类型	
②	砂质粉土	地下水的腐蚀性	不考虑
③	细中砂		
④	卵石		
⑤	粉质黏土、重粉质黏土		
⑥	卵石		

（土层描述）

2. 基础选型

基础选型	持力层	地基承载力特征值/kPa	最终沉降量/mm	整体倾斜
筏板基础	④层卵石层	300	≤60	≤0.002

3. 基坑开挖及回填

（1）基坑开挖后，如基底设计标高处未达持力层，应继续下挖至持力层或换填级配砂石。

（2）开挖基坑时应注意边坡稳定，定期观测其对周围道路市政设施和建筑有无不利影响，非自然放坡开挖时，基坑护壁应做专门设计。

（3）基槽（坑）开挖后应进行基槽检验。当发现与勘察报告和设计文件不一致，或遇异常情况时，须会同勘察、施工、设计、建设监理单位共同协商研究处理。

（4）基坑回填土及位于设备基础、地面、散水、踏步等基础之下的回填土，必需分层夯实，每层厚度不大于250 mm，压实系数不小于0.94。

（5）地下室各层顶板混凝土浇筑完毕后及侧壁防水层施工完成后，应尽早进行回填，并按要求分层夯实。

（6）筏基底板有反梁及墙时应按图7-1所示在板面处每隔3 m左右排列对齐预留排水洞口。

（7）除图中注明者外，当底板底（包括地坑）标高有变化时应按图7-2所示施工。

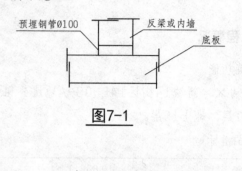

图7-1

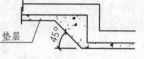

图7-2

4. 地下室的防水要求

（1）地下室防水应符合《地下工程防水技术规范》（GB 50108-2008）的各项规定。

（2）混凝土基础底板下（除注明外）设100 mm厚C15素混凝土垫层，每边宽出基础边100 mm。

（3）针对本工程，水平施工缝应按图7-4（a）和图7-4（b）所示施工。墙体有预留孔时，施工缝距孔边缘不应小于300 mm。

（4）不得在墙内留任何竖向施工缝，图中已标注了施工后浇带位置及尺寸。

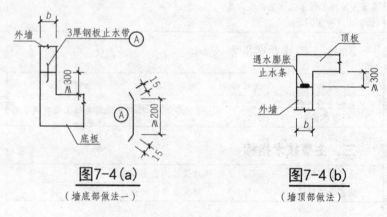

图7-4（a）
（墙底部做法一）

图7-4（b）
（墙顶部做法）

5．后浇带

（1）后浇带类型：

沉降后浇带：用于调整地基的初期不均匀沉降和混凝土初期收缩。

收缩后浇带：用于减少混凝土施工后的收缩。

后浇带钢筋不切断，本工程的后浇带位置详见各平面图。

（2）后浇带的封闭：

▲ 收缩后浇带的封闭：应在其两侧混凝土龄期达到60天后再封闭。

▲ 沉降后浇带的封闭：须根据沉降记录，在高层结构封顶后，实测其绝对沉降值的沉降差满足设计要求后，即可封闭。

▲ 封闭后浇带的混凝土应采用比两侧混凝土强度等级高一级的补偿收缩混凝土。

（3）后浇带构造做法（图7-5和图7-6）。必须清理干净湿润后再浇不收缩混凝土，并注意养护。

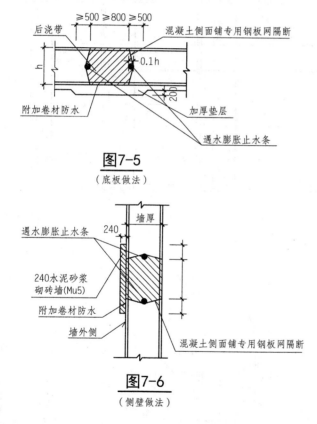

图7-5

（底板做法）

图7-6

（侧壁做法）

八、采用的通用图集

采用标准图，重复使用图或统一图时，均应按所用图集要求进行施工，所用图集列入下表。

图集名称	编号	图集类别
混凝土结构施工图平面整体表示方法制图规则和构造详图（现浇混凝土框架、剪力墙、梁、板）	16G101-1	国家建筑标准设计
混凝土结构施工图平面整体表示方法制图规则和构造详图（现浇混凝土板式楼梯）	16G101-2	国家建筑标准设计
混凝土结构施工图平面整体表示方法制图规则和构造详图（独立基础、条形基础、筏形基础及桩基承台）	16G101-3	国家建筑标准设计
建筑物抗震构造详图（单层工业厂房）	11G329-1	国家建筑标准设计
框架结构填充小型空心砌块墙体结构构造	02SG614	国家建筑标准设计
混凝土结构剪力墙边缘构件和框架柱构造钢筋选用	04SG330	国家建筑标准设计
地下建筑防水构造	02J301	国家建筑标准设计
地沟及盖板	02J331	国家建筑标准设计

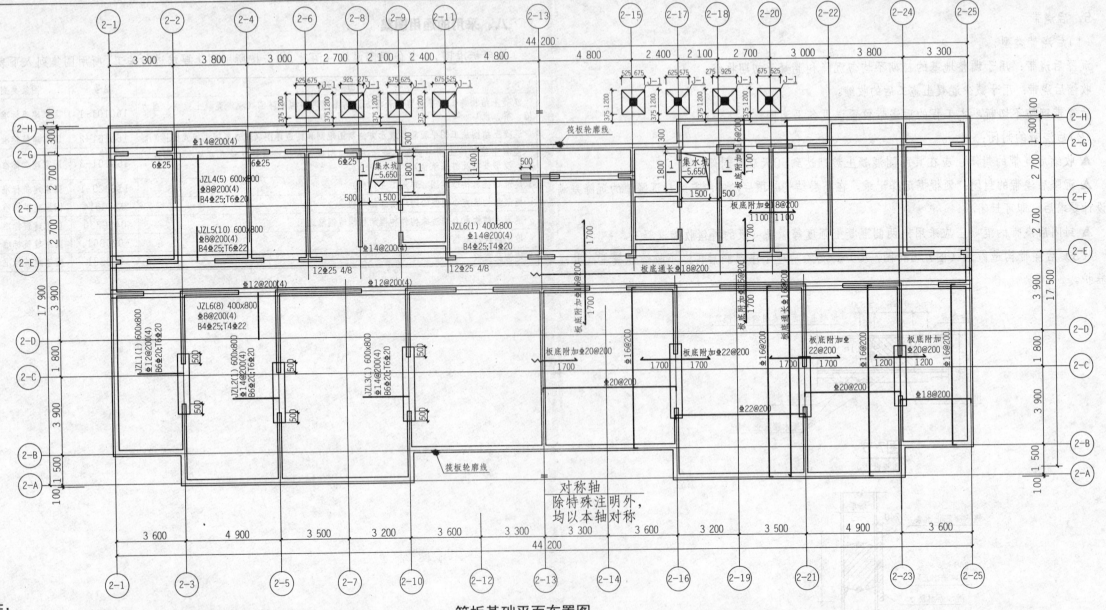

筏板基础平面布置图

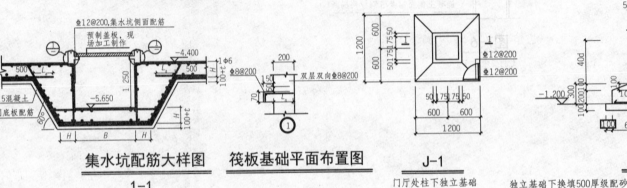

集水坑配筋大样图
1-1

筏板基础平面布置图

J-1
门厅处柱下独立基础

1-1
独立基础下换填500厚级配砂石，压实系数0.97，承载力不低于150 kPa，换填范围出垫层边500。换填砂石以下素土夯实。

附注：
1. 本工程平面位置见总图，±0.000相当于绝对标高40.950 m。
2. 本工程基础采用梁板式钢筋混凝土筏形基础，根据××勘察基础工程有限公司××年9月提供的《××公租房项目岩土工程勘察报告》（详细勘察）设计，基础持力层为第④层卵石层，地基承载力特征值为f_{spk}=300 kPa，如挖至设计标高处为其他层土时将其挖除，回填碎石或卵石，承载力300 kPa，压实系数不小于0.97。
3. 未注明筏板厚度600 mm。未注明筏板板底标高均为−5.000 m。
4. 地基梁均居轴中设置，基础梁底标高同基础板底高。
5. 未注明板板顶配筋为双向通长Φ16@200；板底附加筋尺寸标注自梁边算起。
6. 材料：基础底板C30，抗渗等级为P6，垫层：C15，钢筋：HRB400级（Φ）。
7. 底板下层钢筋在跨中1/3范围内接头，上层钢筋在支座处接头，钢筋接头应采用机械连接或搭接。
8. 基础外侧采用2：8灰土回填，出外墙800mm，压实系数不小于0.95。
9. 墙体、柱预留插筋应配合墙体配筋图、剪力墙柱表施工。
10. 基础施工过程应配合建筑、水、暖、电施工图，做好预留洞及预埋套管的敷设工作，不得遗忘。
11. 基础底板端部构造做法见图集16G101-3，侧面构造钢筋为Φ12@200。
12. 其他有关要求详见总说明。

剪 力 墙 柱 表 (-1)

截面								
编号	YBZ1	YBZ2(YBZ2a)	YBZ3	YBZ4	YBZ5	YBZ6	YBZ7(YBZ7a)[YBZ7b]	YBZ8
标高	基础顶~-0.100	基础顶~-0.100	基础顶~-0.100	基础顶~-0.100	基础顶~-0.100	基础顶~-0.100	基础顶~-0.100	基础顶~-0.100
纵筋	16Φ16	18Φ16	21Φ16	20Φ16	22Φ16	16Φ16	20Φ16	16Φ16
箍筋	Φ8@150	Φ8@150	Φ8@150	Φ8@150	Φ8@150	Φ8@150	Φ8@150	Φ8@150

截面							
编号	YBZ9	YBZ10	YBZ11	YBZ12	YBZ13	YBZ14	YBZ15
标高	基础顶~-0.100	基础顶~-0.100	基础顶~-0.160	基础顶~-0.100	基础顶~-0.100	基础顶~-0.100	基础顶~-0.100
纵筋	18Φ16	20Φ16	34Φ16	14Φ16	24Φ16	24Φ16	20Φ16
箍筋	Φ8@150	Φ8@150	Φ8@150	Φ8@150	Φ8@150	Φ8@150	Φ8@150

截面							
编号	YAZ1	YBZ1a	YBZ16				
标高	基础顶~-0.100	基础顶~-0.100	基础顶-0.500				
纵筋	6Φ16	12Φ16	20Φ16				
箍筋	Φ8@150	Φ8@150	Φ8@150				

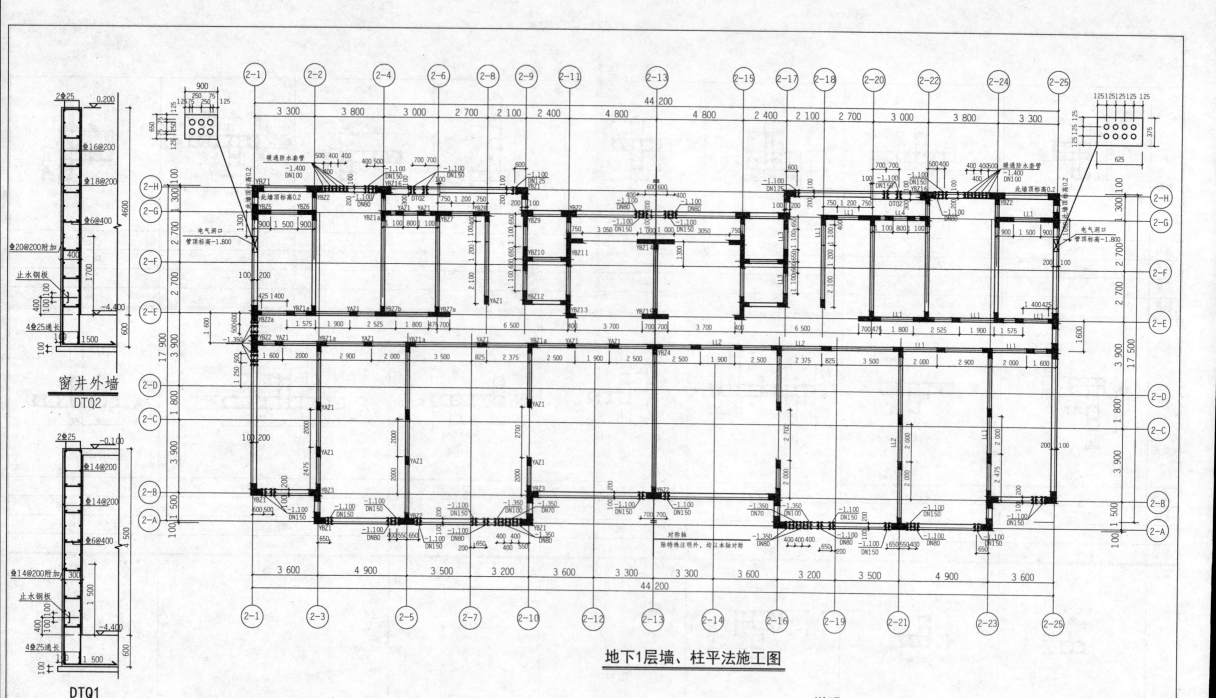

窗井外墙
DTQ2

DTQ1

地下1层墙、柱平法施工图

剪力墙梁表 (-1层)

编号	梁顶标高/m	梁截面 $b \times h$/mm×mm	上部纵筋	下部纵筋	箍筋	腰筋	备注
LL1	-0.100	200×400	2Φ16	2Φ16	Φ8@100(2)		
LL2	-0.100	200×400	3Φ16	3Φ16	Φ8@100(2)		
LL3	-0.100	200×1700	2Φ16	2Φ16	Φ8@100(2)	2Φ14@200	
LL4	±0.000	200×400	2Φ16	2Φ16	Φ8@100(2)		

剪力墙身表 (-1层)

编号	标高/m	墙厚/mm	水平分布筋	垂直分布筋	拉筋
Q1	基础顶~-0.100	200	Φ12@200	Φ10@200	Φ6@400@400

说明:
1. 未注明内墙均为Q1,未注明地下室外墙均为DTQ1,未注明墙体定位均为轴线居中。
2. 墙体施工配合楼梯详图。
3. 施工时必须仔细核对建筑图及其他专业图纸,核对无误后方可施工。
4. 连梁高度<700 mm时,在连梁高度范围内,抗震墙水平筋应作为连梁的腰筋(即纵向构造钢筋)在连梁范围内拉通连续布置;连梁高度≥700 mm时,连梁应单独设置腰筋Φ12@200,且两端的锚固长度≥l_{aE}。
5. 本层墙体混凝土强度等级为C40。
6. 图中所示为柔性防水套管,图中所示为管中心标高,需与给排水及暖通专业图纸配合,核对无误后方可施工。
7. 电气洞口做法以电气专业图纸为准。

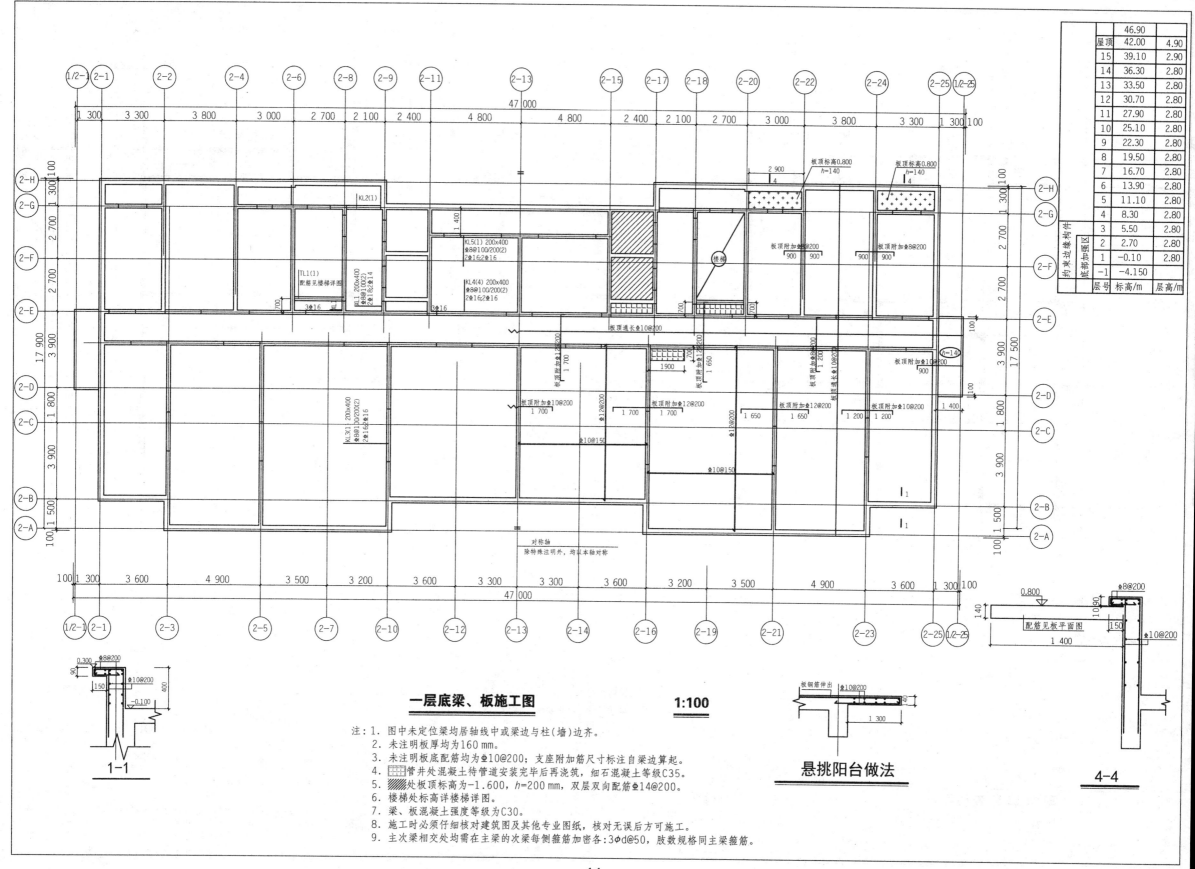

一层底梁、板施工图　　1:100

注：1. 图中未定位梁均居轴线中或梁边与柱(墙)边齐。
2. 未注明板厚均为160 mm。
3. 未注明板底配筋均为Φ10@200；支座附加筋尺寸标注自梁边算起。
4. ▦管井处混凝土待管道安装完毕后再浇筑，细石混凝土等级C35。
5. ▨处板顶标高为-1.600，h=200 mm，双层双向配筋Φ14@200。
6. 楼梯处标高详楼梯详图。
7. 梁、板混凝土强度等级为C30。
8. 施工时必须仔细核对建筑图及其他专业图纸，核对无误后方可施工。
9. 主次梁相交处均需在主梁的次梁每侧箍筋加密各：3Φd@50，肢数规格同主梁箍筋。

1-1

悬挑阳台做法

4-4

层号	标高/m	层高/m
	46.90	
屋顶	42.00	4.90
15	39.10	2.90
14	36.30	2.80
13	33.50	2.80
12	30.70	2.80
11	27.90	2.80
10	25.10	2.80
9	22.30	2.80
8	19.50	2.80
7	16.70	2.80
6	13.90	2.80
5	11.10	2.80
4	8.30	2.80
3	5.50	2.80
2	2.70	2.80
1	-0.10	2.80
-1	-4.150	

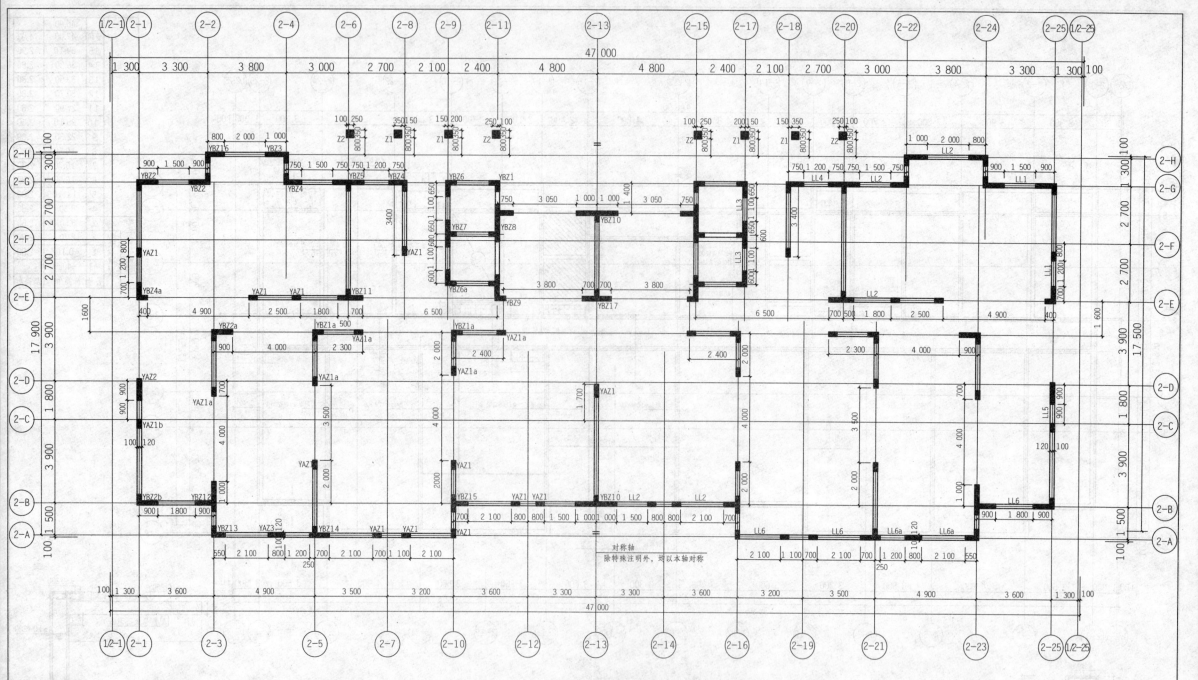

1层墙、柱平法施工图

剪力墙梁表 (1层)　*H*为建筑标高

编号	梁顶标高/m	梁截面 bxh/mmxmm	上部纵筋	下部纵筋	箍筋	腰筋	备注
LL1	H−0.10	200x400	4Φ16 2/2	4Φ16 2/2	Φ8@100(2)		梁下洞口高度1 400 mm, 洞下为Q1
LL2	H−0.10	200x400	3Φ16	3Φ16	Φ8@100(2)		
LL3	H−0.10	200x400	2Φ14	2Φ14	Φ8@100(2)		
LL4	1.370	200x400	3Φ16	3Φ16	Φ8@100(2)		
LL5	H−0.10	200x400	3Φ18	3Φ18	Φ8@100(2)	2Φ14	梁下洞口高度2 000 mm, 洞下为Q1
LL6	H−0.10	200 (220) x400	4Φ16 2/2	4Φ16 2/2	Φ8@100(2)		

剪力墙身表 (1层)

编号	标高/m	墙厚/mm	水平分布筋	垂直分布筋	拉筋
Q1	-0.100~2.700	200	Φ8@200	Φ10@200	Φ6@400@400

说明：

1. 未注明墙体均为Q1，未注明墙体定位均为轴线居中。
2. 墙体施工配合楼梯详图。
3. 施工时必须仔细核对建筑图及其他专业图纸，核对无误后方可施工。
4. 连梁高度＜700 mm时，在连梁高度范围内，抗震墙水平筋应作为连梁的腰筋 (即纵向构造钢筋) 在连梁范围内拉通连续布置；连梁高度≥700 mm时，连梁应单独设置腰筋Φ12@200，且两端的锚固长度≥*l*aE。
5. 本层墙体混凝土强度等级为C40。

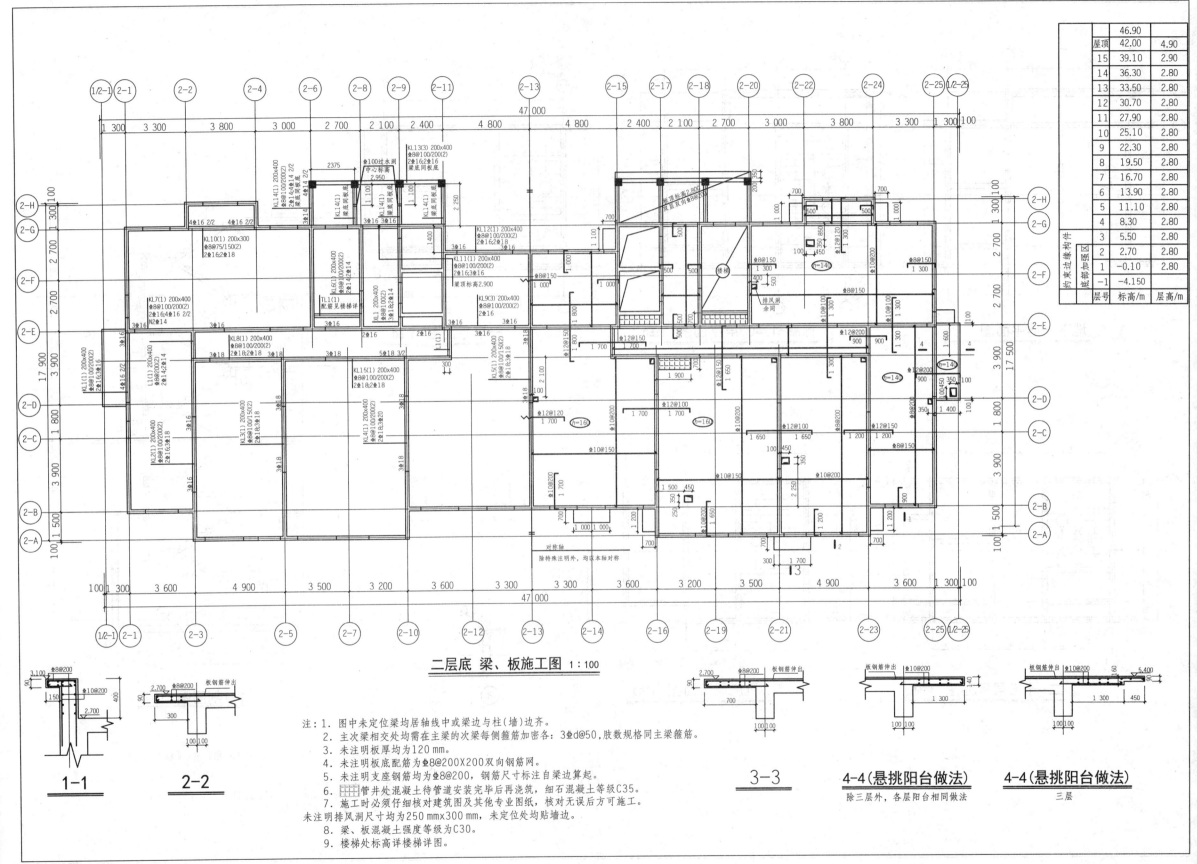

二层底 梁、板施工图 1:100

		46.90	
屋顶	42.00	4.90
15	39.10	2.90
14	36.30	2.80
13	33.50	2.80
12	30.70	2.80
11	27.90	2.80
10	25.10	2.80
9	22.30	2.80
8	19.50	2.80
7	16.70	2.80
6	13.90	2.80
5	11.10	2.80
4	8.30	2.80
3	5.50	2.80
2	2.70	2.80
1	-0.10	2.80
-1	-4.150	
层号	标高/m	层高/m

约束边缘构件
底部加强区

1-1 2-2

3-3 4-4(悬挑阳台做法) 4-4(悬挑阳台做法)
除三层外，各层阳台相同做法 三层

注：1. 图中未定位梁均居轴线中或梁边与柱(墙)边齐。
  2. 主次梁相交处均需在主梁的次梁每侧箍筋加密各：3Φd@50,肢数规格同主梁箍筋。
  3. 未注明板厚均为120 mm。
  4. 未注明板底配筋为Φ8@200X200双向钢筋网。
  5. 未注明支座钢筋均为Φ8@200，钢筋尺寸标注自梁边算起。
  6. ▦管井处混凝土待管道安装完毕后再浇筑，细石混凝土等级C35。
  7. 施工时必须仔细核对建筑图及其他专业图纸，核对无误后方可施工。
  未注明排风洞尺寸均为250 mm×300 mm，未定位处均贴墙边。
  8. 梁、板混凝土强度等级为C30。
  9. 楼梯处标高详楼梯详图。

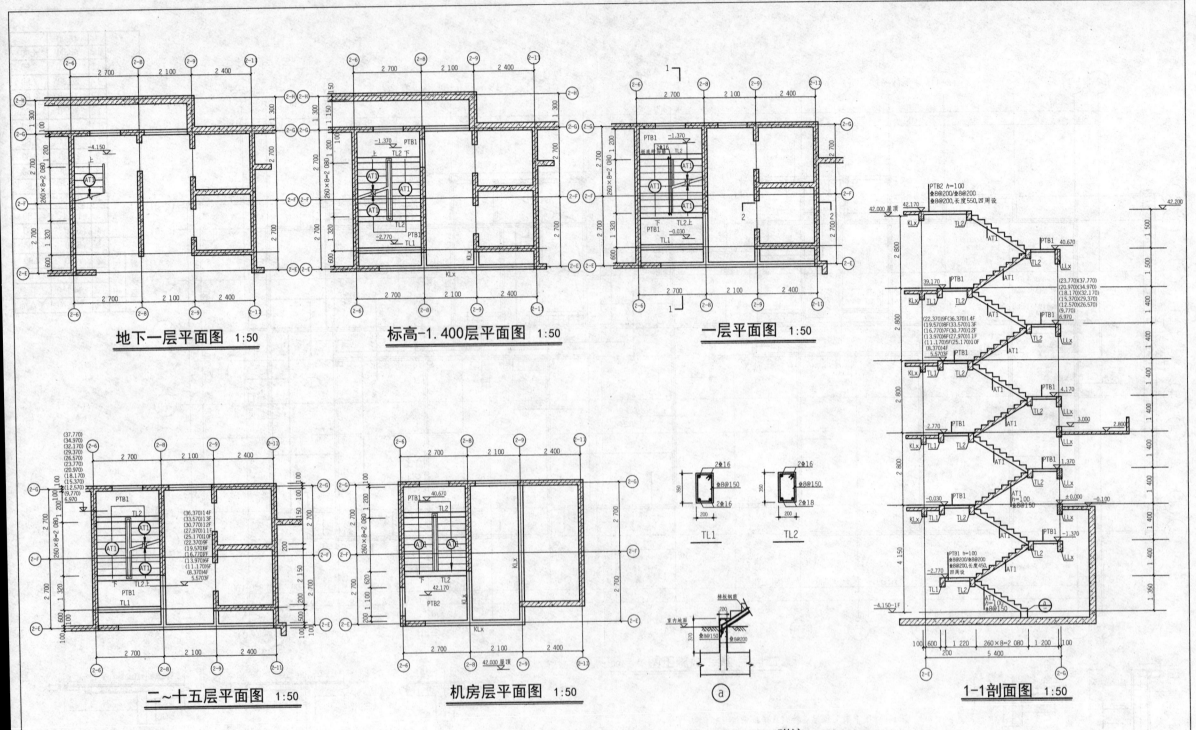

地下一层平面图 1:50

标高-1.400层平面图 1:50

一层平面图 1:50

二~十五层平面图 1:50

机房层平面图 1:50

TL1

TL2

1-1剖面图 1:50

附注:
1. 梯板分布筋的布置应保证每个踏步一根钢筋,楼梯各构件钢筋满足锚固要求。
2. 梯板预埋件位置详见建施图。
3. 梯板钢筋构造详见标准图集16G101-2。
4. 梯板分布筋均为Φ8@200。

14